"十四五"高等职业教育公共课程类系列教材

信 息 技 术

主　编　容　会　訾永所　邱鹏瑞
副主编　赵云薇　钱　民　王　军　王　旭　胡存林　王　竹
参　编　刘云昆　李宛鸿　陈云川　宋　浩　欧阳志平　王俊英　毕柱兰　邢玉凤
　　　　姜　维　罗玉梅　孙土土　董　娟　太梦思云　孟显富　姚　远　卢晶晶
　　　　陈鸿联　曾　秋　陈杉杉　陈　航

机械工业出版社

本书根据教育部发布的《高等职业教育专科信息技术课程标准（2021年版）》进行编写，同时兼顾全国计算机等级考试和云南省计算机等级考试要求。

本书由计算机基础知识、Windows 10操作系统、文字处理软件Word 2019、电子表格处理软件Excel 2019、演示文稿制作软件PowerPoint 2019、信息检索、新一代信息技术概述、信息素养与社会责任、计算机网络与Internet应用、多媒体技术基础、网页设计基础、信息安全、项目管理、机器人流程自动化、程序设计基础、大数据、人工智能、云计算、现代通信技术、物联网、数字媒体、虚拟现实、区块链共23个项目组成，突出实用性和知识点的完备性，注重学生的基本技能和信息素养思维能力的培养。

本书配套教学资料齐全（包括教学大纲、电子课件、案例素材、教学视频、习题答案、教学题库和程序源码），适合应用型本科及高职高专院校的师生使用。

图书在版编目（CIP）数据

信息技术 / 容会，訾永所，邱鹏瑞主编 . —北京：机械工业出版社，2022.9（2024.7重印）

ISBN 978-7-111-71330-2

Ⅰ. ①信… Ⅱ. ①容… ②訾… ③邱… Ⅲ. ①电子计算机 – 高等职业教育 – 教材 Ⅳ. ① TP3

中国版本图书馆 CIP 数据核字（2022）第 139025 号

机械工业出版社（北京市百万庄大街22号　邮政编码100037）
策划编辑：张雁茹　责任编辑：张雁茹　关晓飞　王振国
责任校对：陈　越　封面设计：张　静
责任印制：常天培
北京铭成印刷有限公司印刷
2024年7月第1版第3次印刷
184mm×260mm ・ 23印张 ・ 687千字
标准书号：ISBN 978-7-111-71330-2
定价：65.00元

电话服务　　　　　　　　网络服务
客服电话：010-88361066　机　工　官　网：www.cmpbook.com
　　　　　010-88379833　机　工　官　博：weibo.com/cmp1952
　　　　　010-68326294　金　书　网：www.golden-book.com
封底无防伪标均为盗版　　机工教育服务网：www.cmpedu.com

"信息技术"是应用型本科及高职高专各专业学生的一门科技素养课程,是提高学生计算机应用能力及信息素养思维能力的基础,在实现人才培养目标中具有重要的地位和作用。本书紧紧围绕党的二十大提出的"为党育人、为国育才",办好人民满意的教育,培养更多适应经济和社会发展需要的高素质技术技能人才的新思想、新要求,根据教育部发布的《高等职业教育专科信息技术课程标准(2021年版)》(以下简称"标准")进行编写,立足于"1+X"证书培养模式,兼顾全国计算机等级考试和云南省计算机等级考试要求,在标准的基础上,增加了计算机基础知识、Windows 10 操作系统、计算机网络与 Internet 应用、多媒体技术基础和网页设计基础 5 个项目,并将思政内容融入全书。本书使用的软件都是成熟的版本,结合虚拟仿真和平台可完成部分实验内容。同时,本书充分考虑了应用型本科及高职高专各专业学生的特点及培养目标的差异,以实现分类、分层的多样化教学目标。

本书由计算机基础知识、Windows 10 操作系统、文字处理软件 Word 2019、电子表格处理软件 Excel 2019、演示文稿制作软件 PowerPoint 2019、信息检索、新一代信息技术概述、信息素养与社会责任、计算机网络与 Internet 应用、多媒体技术基础、网页设计基础、信息安全、项目管理、机器人流程自动化、程序设计基础、大数据、人工智能、云计算、现代通信技术、物联网、数字媒体、虚拟现实、区块链共 23 个项目组成,突出实用性和知识点的完备性,注重学生的基本技能和信息素养思维能力的培养。学生通过学习本书和本书配套的《信息技术实验指导》实训教材,可以掌握计算机基础知识及办公软件操作方法,了解信息技术应用环境和云计算平台的使用方法。

在教学方面,各学校可根据课时和各专业学生的实际情况,选取合适的项目进行教学,其他项目可作为学生自修或选修内容,实训和实例教学请使用本书的配套教材《信息技术实验指导》,在教学过程中要注意培养学生的科技素养。对于理论和概念性的内容,可以采取精练讲解并指导学生自学的方法进行教学;对于操作性的内容,可以通过任务驱动的方法以及具体的实例使学生掌握软件的使用方法;对于云计算、大数据、人工智能、区块链等部分,要使用虚拟仿真实验培养学生的信息素养。

本书由长期从事计算机基础教学的一线教师和企业工程师共同编写。昆明冶金高等专科学校的容会、訾永所、邱鹏瑞任主编,昆明冶金高等专科学校的赵云薇、钱民、王军、王旭、王竹以及北京华晟经世信息技术股份有限公司的胡存林任副主编,昆明冶金高等专科学校的刘云昆、李宛鸿、陈云川、宋浩、欧阳志平、王俊英、毕柱兰、邢玉凤、姜维、罗玉梅、孙土土、董娟、太梦思云,以及北京华晟经世信息技术股份有限公司的孟显富、姚远、卢晶晶、陈鸿联、曾秋、陈杉杉、陈航参加编写。项目 1 由容会、欧阳志平编写,项目 2~项目 4 由訾永所编写,项目5由钱民编写，项目6由胡存林编写，项目7由陈鸿联编写，项目8由陈航编写，项目9由宋浩、罗玉梅、孙土土编写，项目10、项目11由赵云薇编写，项目12由孟显富编写，项目13由姚远编写，项目14由卢晶晶编写，项目15由邱鹏瑞、欧阳志平编写，项目16由陈云川编写，项目17由邱鹏瑞、王旭编写，项目18由王军、李宛鸿编写，项目19由王竹、刘云昆、太梦思云编写，项目20由曾秋编写，项目21由王俊英、毕柱兰、董娟编写，项目22由陈杉杉编写，项目23由邢玉凤、姜维编写。全书的大纲审定由訾永所完成，统稿及修改由容会完成。昆明冶金高等专科学校的领导对本书的编写进行了指导并给予了帮助，在此对各位领导表示衷心的感谢。

本书的教学资源包括教学大纲、电子课件、案例素材、教学视频、习题答案、教学题库和程序源码，读者可联系邮箱573233998@qq.com获取，也可在机工教育服务网（http://www.cmpedu.com）下载。

由于编者水平有限，书中难免有不妥之处，恳请各位读者批评指正。

编　者

扫一扫查看
更多资源

目录 Contents

前言

基础篇

项目 1 计算机基础知识 ·· 1
- 任务 1.1 认识计算机 ·· 1
- 任务 1.2 了解计算机的结构及工作原理 ·· 3
- 任务 1.3 计算机计算功能的实现 ·· 6
- 任务 1.4 个人计算机的选购 ·· 11
- 任务 1.5 计算机安全与信息安全 ·· 15
- 任务 1.6 计算思维 ·· 18

项目 2 Windows 10 操作系统 ··· 21
- 任务 简述 Windows 10 操作系统的基本功能模块 ··· 21

项目 3 文字处理软件 Word 2019 ·· 27
- 任务 3.1 文本录入 ·· 27
- 任务 3.2 排版诗词 ·· 33
- 任务 3.3 按照论文排版标准排版文章 ··· 42
- 任务 3.4 制作人才培养方案表 ·· 46
- 任务 3.5 图文混排 1 ··· 52
- 任务 3.6 图文混排 2 ··· 56
- 任务 3.7 制作中国古代政治制度体系结构 ··· 57
- 任务 3.8 编辑数学期末考试试卷 ·· 58
- 任务 3.9 高级应用排版 ·· 61
- 任务 3.10 邮件合并实现打印工资条 ·· 64
- 任务 3.11 长文档的排版 ·· 65
- 任务 3.12 多人协同编辑——招生宣传 ··· 67

项目 4 电子表格处理软件 Excel 2019 ··· 70
- 任务 4.1 录入职工基本信息表 ·· 70
- 任务 4.2 使用函数计算职工工资表 ··· 79
- 任务 4.3 使用函数实现职工信息自动填充 ··· 84
- 任务 4.4 制作迷你图与图表 ·· 86
- 任务 4.5 职工收入分类统计 ·· 91
- 任务 4.6 建立订单数据透视表 ·· 94
- 任务 4.7 打印公司销售明细表 ·· 99

项目 5 演示文稿制作软件 PowerPoint 2019 ··· 103

任务　制作生物多样性幻灯片 ·· 103

项目 6　信息检索 ··· 126
　　任务 6.1　用百度检索中国近现代最伟大的科学家 ······················· 126
　　任务 6.2　用知网检索文献 ·· 130

项目 7　新一代信息技术概述 ··· 132
　　任务 7.1　认识新一代信息技术 ·· 132
　　任务 7.2　列举你了解的新一代信息技术 ··································· 135

项目 8　信息素养与社会责任 ··· 141
　　任务 8.1　认识信息素养 ··· 141
　　任务 8.2　认识社会责任 ··· 144

项目 9　计算机网络与 Internet 应用 ·· 148
　　任务 9.1　绘制 4 种常见的网络布局模型 ·································· 148
　　任务 9.2　组建局域网 ·· 156
　　任务 9.3　收发电子邮件 ··· 166

项目 10　多媒体技术基础 ··· 173
　　任务 10.1　多媒体信息处理的共性 ··· 173
　　任务 10.2　掌握 Photoshop 学习的核心要素 ······························ 177
　　任务 10.3　掌握 Flash 学习的核心要素 ···································· 186

项目 11　网页设计基础 ·· 196
　　任务　制作"四个自信、四个意识、两个维护"宣传学习静态网站 ······· 196

拓　展　篇

项目 12　信息安全 ·· 211
　　任务 12.1　认识信息安全与国家安全 ······································· 211
　　任务 12.2　个人计算机安全保护 ·· 213

项目 13　项目管理 ·· 218
　　任务　绘制项目管理流程图 ·· 218

项目 14　机器人流程自动化 ·· 229
　　任务　描绘 RPA 部署要素 ··· 229

项目 15　程序设计基础 ·· 241
　　任务 15.1　程序设计语言 ··· 241
　　任务 15.2　程序的开发和编写 ··· 244
　　任务 15.3　程序设计方法和实践 ·· 246

项目 16　大数据 ·· 259
任务 16.1　认识大数据 ··· 259
任务 16.2　大数据应用 ··· 267

项目 17　人工智能 ·· 278
任务　认识人工智能 ··· 278

项目 18　云计算 ·· 288
任务 18.1　列举你身边的云计算 ······································· 288
任务 18.2　华为云平台四层架构提供的服务 ··················· 293

项目 19　现代通信技术 ··· 299
任务 19.1　移动通信技术发展历程 ··································· 299
任务 19.2　现代通信技术 5G 的性能指标 ······················· 309

项目 20　物联网 ·· 311
任务 20.1　认识物联网 ··· 311
任务 20.2　物联应用远景分析 ·· 313

项目 21　数字媒体 ·· 322
任务 21.1　数字媒体应用 ·· 322
任务 21.2　数字媒体素材处理软件应用 ··························· 329

项目 22　虚拟现实 ·· 335
任务　虚拟现实应用 ··· 335

项目 23　区块链 ·· 343
任务 23.1　认识区块链与比特币 ······································· 343
任务 23.2　区块链应用 ··· 352

参考文献 ··· 359

基础篇

项目 1
计算机基础知识

Project 1

回复 "71330+1"
观看视频

📢 项目导读

说起计算机，现代人可以说是无人不知、无人不晓，它在我们的工作和生活中也是随处可见。但是，对计算机的发展历程、基本结构、用途、工作原理及计算思维，不是每个人都非常清楚。本项目将带领大家学习计算机的基础知识。

📖 项目知识点

1）了解计算机的起源、历史和应用领域。
2）理解计算机的结构及工作原理。
3）熟悉计算机计算功能的实现。
4）了解计算机的工作原理、组件和选购。
5）了解计算机病毒的防范与信息安全。
6）了解计算思维的概念、内涵、特征和应用。

任务 1.1 认识计算机

📖 任务描述

通过本任务的学习，理解计算机的概念，了解计算机的发展历程和主要应用领域。

✍ 任务分析

学习本任务，需理解计算机的概念、特点和当前应用情况，了解计算机发展历程中的 4 个阶段，以及每个阶段的时间段和特征。

📋 任务知识模块

一、计算机概述

计算机是处理数据并将数据转化成有用信息的电子设备。也可以说，计算机是一种可以接收输入、处理数据、生成输出并存储数据的电子装置。计算机具有运算速度快、计算精度高、可靠性高、通用性强、可自动执行程序等特点，是人类 20 世纪最伟大的发明创造之一。

经过 70 多年的发展，计算机的应用已经渗透到我们生活、学习、工作的方方面面，其主要应用领域包括科学计算（SC）、数据处理（DP）、办公自动化（OA）、过程检测与控制（PD&C）、计算机辅助设计（CAD）、计算机辅助制造（CAM）、计算机集成制造系统（CIMS）、计算机辅助教学（CAI）、人工智能（AI）、计算机网络通信（CNC）、虚拟现实（VR）和多媒体技术应用（MTA）等。

随着计算机技术的发展和应用范围的日益广泛，计算机的类型越来越多样化。按计算机的用途来分，可分为通用机和专用机。按计算机的主要性能指标（如字长、存储容量、运算速度、规模和价格）来分，可分为巨型机、大中型机、小型机、工作站和微型机等。巨型机也称为超级计算机，是指存储容量和体积最大、运算速度最快、价格最贵的计算机。它的运算速度在每秒百万亿次以上，主要应用于空间技术、中长期天气预报、战略武器实时控制等领域。微型机也称为个人计算机（PC），以微处理器为核心，成为计算机的主流。今天，微型机的应用已遍及社会的各个领域，从工厂到政府，从商店到家庭，几乎无所不在。微型机种类很多，常见的有台式计算机、便携式计算机、个人数字助理（PDA，又称为掌上电脑）等。

二、计算机的发展历程

世界上第一台通用计算机 ENIAC（Electronic Numerical Integrator and Calculator）是 1946 年 2 月在美国宾夕法尼亚大学研制成功的，以后每隔数年，计算机的软硬件都会有重大突破。从性能和电子元器件角度看，计算机已经历了四代。

第一代（1946—1958 年）——电子管计算机时代，其特征是采用电子管作为计算机的基本元器件，运算速度一般为每秒几千次至几万次，内存仅几千字节，用机器语言和汇编语言编写程序，这一时期计算机主要应用于科学计算。

第二代（1960—1964 年）——晶体管计算机时代，其特征是采用晶体管作为计算机的基本元器件，运算速度达每秒几百万次，体积和价格比第一代计算机有所下降，用汇编语言、高级语言（FORTRAN 和 COBOL）编写程序，这一时期计算机主要应用于商业领域、大学和政府部门。

第三代（1964—1970 年）——中小规模集成电路计算机时代，其特征是采用中小规模集成电路（在几毫米的单晶硅片上集成几十甚至几千个晶体管）作为计算机的基本元器件，运算速度达每秒几千万次，计算机体积变得更小，价格更低，软件方面也日渐成熟。这一时期出现了操作系统，计算机被广泛应用于科学计算、文字处理、自动控制、信息管理等方面。

第四代（1970 年至今）——大规模集成电路计算机时代，其特征是采用大规模或超大规模集成电路（一块硅片集成了几十万到上百万个晶体管）作为计算机的基本元器件，运算速度达每秒几百万到上亿次。这一时期计算机操作系统不断完善，应用软件层出不穷，计算机发展进入以网络为特征的时代。

我国从 1956 年开始研制计算机，1958 年第一台计算机研制成功，1964 年第一台晶体管计算机问世，1971 年又成功研制出第一台集成电路计算机。

1983 年我国自行研制成功第一台运算速度达每秒亿次的"银河-Ⅰ巨型机"，1985 年研制出第一台 IBM 兼容微型机，1992 年研制成功 10 亿次 /s 运算速度的"银河-Ⅱ巨型机"，1997 年研制成功 130 亿次 /s 运算速度的"银河-Ⅲ巨型机"。2000 年我国研制成功高性能计算机"神威Ⅰ"，其以 3480 亿次 /s 的峰值运算速度位列世界高性能计算机的第 48 位。2002 年我国推出了具有自主知识产权的"龙腾"服务器，2004 年我国自主研制了曙光 4000A 超级服务器，其峰值运算速度达 11 万亿次 /s。

2010 年 11 月 15 日，国际 TOP500 组织在网上公布最新全球超级计算机前 500 强排行榜，我国首台千万亿次超级计算机"天河一号"雄居第一，它由国防科技大学研制，运算速度可达 2570 万亿次 /s。

从物理元器件上来说，目前计算机发展处于第四代水平。随着计算机技术的发展和应用领域的扩展，计算机还将朝多极化、网络化、媒体化、智能化 4 个方向发展，但它们都属于"冯·诺依曼"体系结构。人类还在不断地研究更好、更快、功能更强大的计算机，"冯·诺依曼"体系结构的计算机有一定的局限性，未来新型的计算机可能在光子计算机、生物计算机、量子计算机等方面取得革命性突破。

三、计算机的应用领域

目前，计算机的应用非常广泛，遍及社会生活的各个领域，产生了巨大的经济效益和社会影响，概括起来可以归纳为以下几个应用领域。

（一）科学和工程计算

在科学实验或者工程设计中，利用计算机进行数值算法求解或者进行工程制图，我们称之为科学和工程计算。它的特点是计算量比较大，逻辑关系相对简单。科学和工程计算是计算机的一个重要应用领域。

（二）自动控制

根据冯·诺依曼原理，利用程序存储方法将机械设备、电气设备等的工作或动作程序设计成计算机程序，让计算机进行逻辑判断，按照设计好的程序执行。这一过程一般会对计算机的可靠性、封闭性、抗干扰性等指标提出要求。这样计算机就可以应用于工业生产的过程控制，如炼钢炉控制、电力调度等。

（三）数据处理与信息加工

数据处理与信息加工是计算机的重要应用领域。数据是指能转化为计算机存储信号的信息集合，具体指数字、声音、文字、图形、图像等。利用计算机可对大量的数据进行加工、分析和处理，从而实现办公自动化，例如财政、金融系统数据的统计和核算，银行储蓄系统的存款、取款和计息，企业的进货、销售、库存系统，学生管理系统等。

（四）计算机辅助系统

计算机辅助系统是计算机的另一个重要应用领域。使用计算机可以进行计算机辅助设计（如服装设计 CAD 系统）、计算机辅助制造（如电视机的辅助制造系统）、计算机辅助教学和计算机辅助测试（CAT）等。这些都称为计算机辅助系统。

（五）人工智能

计算机具有像人一样的推理和学习功能，能够积累工作经验，具有较强的分析和解决问题的能力，所以计算机具有人工智能。人工智能的表现形式多种多样，如利用计算机进行数学定理的证明、逻辑推理、理解自然语言、辅助疾病诊断、实现人机对话和密码破译等。

（六）网络应用

计算机网络是计算机技术和通信技术互相渗透、不断发展的产物。利用一定的通信线路，将若干台计算机相互连接起来形成一个网络，以达到资源共享和数据通信的目的。它是计算机应用的另一个重要领域。各种计算机网络（包括局域网和广域网）的形成，无疑将加速社会信息化的进程，目前应用最多的就是因特网（Internet）。电子商务就是计算机网络的一个重要应用。电子商务是指在计算机网络上进行的商务活动，涉及企业和个人各种形式的、基于数字化信息处理和传输的商业交易，包括电子邮件、电子数据交换、电子转账、快速响应系统、电子表单和信用卡交易等一系列应用。

📖 任务实现

通过本任务知识的学习，了解计算机的概念、发展历程和应用领域。

✏️ 任务总结

本任务首先对计算机的概念和特点进行了概述；其次介绍了电子管计算机时代、晶体管计算机时代、中小规模集成电路计算机时代、大规模集成电路计算机时代四代计算机发展历程，以及我国计算机的发展情况；最后介绍计算机 6 个方面的主要应用领域，包括科学和工程计算、自动控制、数据处理与信息加工、计算机辅助系统、人工智能和网络应用。

任务 1.2　了解计算机的结构及工作原理

📖 任务描述

通过本任务的学习，了解计算机的结构和工作原理。

📝 任务分析

计算机系统包括硬件系统和软件系统两大部分，要了解运算器、控制器、存储器、输入设备和输出设备等计算机硬件系统，了解系统软件和应用软件。目前计算机的工作原理都基于冯·诺依曼体系结构，要理解和掌握冯·诺依曼理论的要点。

📖 任务知识模块

一、计算机系统的组成

计算机系统由硬件（Hardware）系统和软件（Software）系统两大部分组成，如图1-1所示。

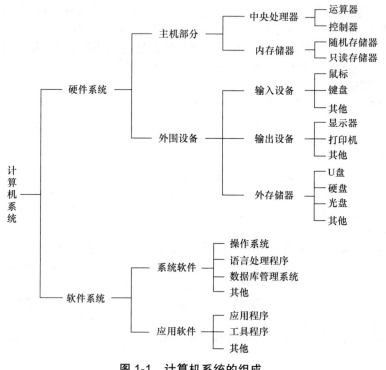

图 1-1　计算机系统的组成

硬件系统是指构成计算机的各种物理装置，包括组成计算机的各种电子、光电、机械等设备，是计算机工作的物质基础。软件系统是计算机硬件设备上运行的各种程序、相关的文档和数据的总称。硬件系统和软件系统共同构成完整的计算机系统，两者相辅相成、缺一不可。

（一）硬件系统

硬件系统由运算器（ALU）、控制器（Controller）、存储器（Memory）、输入设备和输出设备 5 大部件组成，如图1-2所示，其中的实线为数据流，虚线为控制流。输入设备用于输入原始数据或程序，输出设备用于输出处理后的结果，存储器用于存储程序和数据，运算器用于执行运算，控制器用于从存储器中取出指令，对指令进行分析、判断，并对指令进行译码，而后对其他部件发出指令，指挥计算机各部件协同工作，控制整个计算机系统逐步完成各种操作。

1. 运算器

运算器也称为算术逻辑单元，它的功能是在控制器的控制下对内存中的数据进行算术运算（加、减、乘、除等）和逻辑运算（与、或、非、比较、移位等）。

2. 控制器

控制器也叫作控制单元，是计算机的指挥系统，它的基本功能是从内存读取指令和执行指令。控制器通过地址访问存储器、逐条取出选中的单元指令、分析指令，并根据指令产生的控制信号作用于其他各部件，使其完成指令要求的工作。

运算器和控制器统称为中央处理器（CPU），它是整个计算机的核心部件，是计算机的"大脑"。

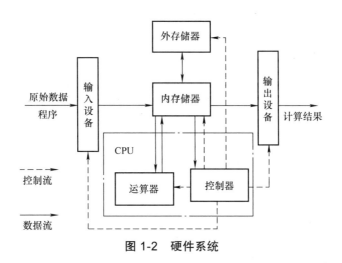

图 1-2 硬件系统

3. 存储器

存储器是计算机的记忆装置，它的主要功能是存放程序和数据。存储器通常分为内存储器（主存储器）和外存储器（辅助存储器）。

内存储器主要用于存放计算机运行期间所需的程序和数据。输入设备输入的程序和数据首先被送入内存储器，运算器运算的数据和控制器执行的指令都来自内存储器，运算的中间结果和最终结果也保存在内存储器，输出设备的信息也来自内存储器。内存储器存取速度快，但容量较小。由于其担当着存储信息和与其他部件交流信息的功能，因此内存储器的大小和性能的优劣直接影响着计算机的运行速度。

外存储器一般用于存放长时间或暂时不用的各种数据和程序。外存储器不能被处理器直接访问，必须将外存储器中的信息先调入内存储器才能使用。外存储器存取速度慢，但容量大。

4. 输入设备和输出设备

输入设备是从外部向内部传送信息的设备，它的功能是将数据、程序及其他信息转换为计算机能够识别的二进制代码存放在存储器中。常用的输入设备有键盘、鼠标、光笔、扫描仪、数码相机、传声器（又称为麦克风）、条形码阅读器等。

输出设备将计算机的处理结果转换为人们所能接受的形式并输出。常见的输出设备有显示器、打印机、绘图仪、语音输出系统等。

（二）软件系统

软件系统是指为运行、维护、管理、应用计算机而编写的所有程序和数据的集合，通常按功能分为系统软件和应用软件两大类。

1. 系统软件

系统软件是指为系统提供管理、控制、维护和服务等的软件，主要包括操作系统、各种语言编译程序、计算机故障诊断程序、数据库管理程序及网络管理程序等。

2. 应用软件

应用软件是指为解决某个特定领域的需要而开发的软件，常见的软件形式有定制软件（针对某个应用而定制的软件，如火车售票系统）、应用程序包（如财务管理软件包）、通用软件（如办公软件、CAD 软件、网络通信软件等）。

二、计算机的工作原理

美籍匈牙利数学家冯·诺依曼提出了计算机设计的 3 个基本思想：

1）计算机硬件由运算器、控制器、存储器、输入设备和输出设备 5 个基本部分组成。
2）计算机内部采用二进制来表示程序和数据。
3）将程序（由一系列指令组成）和数据放入存储器中，计算机能够自动高速地从存储器中取出指令加以执行。

计算机的工作原理如下：

程序和数据在控制器的控制下，通过输入设备送入计算机的存储器中，即"存储程序"。在需要执行时，由控制器对指令进行译码，并根据指令的操作要求向存储器和运算器发出存储、读取命令，经过运算器计算并把结果存放在存储器内。在控制器的控制下，通过输出设备输出计算结果。执行过程不需要人工干预，而是自动、连续、一条一条地运行指令，即"程序控制"。

冯·诺依曼计算机工作原理的核心是"存储程序"和"程序控制"。现在所有的计算机都是按照"存储程序"和"程序控制"的原理进行工作的。

任务实现

通过对本任务的学习，让学生理解计算机系统的组成和工作原理。

任务总结

通过对计算机系统的组成和工作原理等知识的学习，了解了计算机系统分为硬件系统和软件系统，每个子系统又分成若干个部分；了解了冯·诺依曼计算机工作原理的核心是"存储程序"和"程序控制"。

任务 1.3 计算机计算功能的实现

任务描述

通过本任务的学习，理解计算机计算功能的实现方法。

任务分析

要理解计算机计算功能的实现方法需要学习进位计数制的概念和数制的转换，了解信息在计算机内部的表示、编码和存储单元。计算机信息的编码又分为数值型数据编码和非数值型数据编码，理解起来有一定的难度，尤其是数制转换推理部分更难理解。

任务知识模块

一、信息在计算机内部的表示和编码

由于技术上的原因，在计算机中无论是参与运算的数值型数据，还是字符、图形、图像、声音等非数值型数据，都以二进制代码 0 或 1 表示和存储。而在编程中又经常使用十进制，有时为了方便还使用八进制、十六进制。计算机靠不同的编码规则来区分不同信息。

（一）进位计数制的概念

进位计数制就是用一种进位方式来实现计数，也称为进位制。计算机中常用的进位制有十进制（D）、二进制（B）、八进制（O）和十六进制（H）。我们把反映进位制的基本特征数叫作基数 R。表 1-1 为计算机中常用的进位制的特点及示例。

表 1-1　计算机中常用的进位制的特点及示例

进位制	计数符	基数 R	进（借）位法则	示例
十进制	0~9	10	逢 10 进 1，借 1 当 10	(15.6)$_{10}$ 或 15.6D
二进制	0，1	2	逢 2 进 1，借 1 当 2	(101.1)$_2$ 或 101.1B
八进制	0~7	8	逢 8 进 1，借 1 当 8	(56.34)$_8$ 或 56.34O
十六进制	0~9 及 A~F	16	逢 16 进 1，借 1 当 16	(6B.4)$_{16}$ 或 6B.4H

任何一种进位制都可以表示为按权展开的多项式之和的形式。

对于 R 进制数 N，按权展开可表示为

$$N = a_{n-1}a_{n-2}\cdots a_1 a_0 . a_{-1} a_{-2} \cdots a_{-m} = \sum_{i=-m}^{n-1} a_i R^i$$

式中，i 为位数；R^i 为权；a_i 为各位的值。

不同进制数按权展开时的示例见表 1-2。

表 1-2　不同进制数按权展开时的示例

进位制	原数值	按权展开示例	对应的十进制数值
十进制	59.52D	$5 \times 10^1 + 9 \times 10^0 + 5 \times 10^{-1} + 2 \times 10^{-2}$	59.52D
二进制	1011.11B	$1 \times 2^3 + 0 \times 2^2 + 1 \times 2^1 + 1 \times 2^0 + 1 \times 2^{-1} + 1 \times 2^{-2}$	11.75D
八进制	17.4O	$1 \times 8^1 + 7 \times 8^0 + 4 \times 8^{-1}$	15.5D
十六进制	8F.4H	$8 \times 16^1 + 15 \times 16^0 + 4 \times 16^{-1}$	143.25D

（二）数制的转换

1. 十进制数转换为 R 进制数

整数部分的转换：采用除 R 取余，直到商为 0，倒排余数法。

小数部分的转换：采用乘 R 取整，直到达到要求的精度为止，正排整数法。

例 1.1　将十进制数 35.625 转换为二进制数。

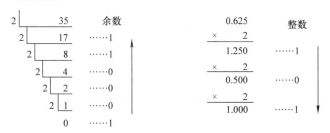

结果：$(35.625)_{10} = (100011.101)_2$。

例 1.2　将十进制数 35 转换为十六进制数。

```
16 | 35      余数
16 |  2  ……3  ↑
      0  ……2
```

结果：$(35)_{10} = (23)_{16}$。

2. R 进制数转化为十进制数

把 R 进制数转化为十进制数的方法是按权展开对多项式求和。

3. 二进制、八进制、十六进制数间的互相转换

信息技术

1位八进制数相当于3位二进制数（$2^3=8$），1位十六进制数相当于4位二进制数（$2^4=16$），它们之间的转换可以通过二进制、八进制、十六进制数间的关系表（见表1-3）来对应完成。

表1-3 二进制、八进制、十六进制数间的关系表

八进制	二进制	十六进制	二进制	十六进制	二进制
0	000	0	0000	8	1000
1	001	1	0001	9	1001
2	010	2	0010	A	1010
3	011	3	0011	B	1011
4	100	4	0100	C	1100
5	101	5	0101	D	1101
6	110	6	0110	E	1110
7	111	7	0111	F	1111

二进制数转换成八进制数时，以小数点为中心向左右两边分组，每3位为一组，两头不足3位时补0。二进制数转换成十六进制数时，每4位为一组，两头不足4位时补0。

例 1.3 将二进制数（11101001.111101）$_2$转换成十六进制数。

（<u>1110</u> <u>1001</u>.<u>1111</u> <u>0100</u>）$_2$ =（E9.F4）$_{16}$
     E   9   F   4

例 1.4 将八进制数（7631.45）$_8$转换成二进制数。

（7631.45）$_8$ =（<u>111</u> <u>110</u> <u>011</u> <u>001</u>.<u>100</u> <u>101</u>）$_2$
               7   6   3   1   4   5

上述进制数之间的转换看上去虽然简单，实际操作中遇到数据较大时计算就较为烦琐。而计算机程序实现进制转换是很方便的，如Windows 7之后的版本中计算器就有二进制、八进制、十六进制和十进制之间的转换功能。

二、计算机信息的编码

计算机信息的编码是指将输入到计算机中的各种数值型数据和非数值型数据用二进制数进行编码，不同类型的数据其编码方式不同。

（一）数值型数据的编码

1. 原码

原码是一种直观的二进制机器数表示方法，最高位表示符号，符号位用0、1分别表示正、负，数值用其绝对值的二进制数来表示。

例 1.5 设机器的字长数为8位的原码。

（+9）$_{10}$的原码=（00001001）$_2$

（-9）$_{10}$的原码=（10001001）$_2$

2. 反码

反码是为求补码而设计的一种过渡编码。对于正数，其反码与原码相同；对于负数，其反码的符号位为1，数值位用其绝对值取反。

例 1.6 设机器的字长数为8位的反码。

（+9）$_{10}$的反码=（00001001）$_2$

（-9）$_{10}$的反码=（11110110）$_2$

3. 补码

对于正数，其补码与原码相同；对于负数，其反码的符号位为1，数值位用其反码加1。

例 1.7 设机器的字长数为 8 位的补码。

$(+9)_{10}$ 的补码 = $(00001001)_2$

$(-9)_{10}$ 的补码 = $(11110111)_2$

提示： $(+0)_{10}$ 的补码 = $(-0)_{10}$ 的补码 = $(00000000)_2$。

在计算机中，只有补码表示的数具有唯一性，所以用补码方式编码和存储，可以将符号位和数值统一处理，利用加法就可以实现二进制的减法、乘法、除法运算。

在实际工作中，数值除了有正负数外，还有带小数的数值。处理带小数的数值时，计算机不是用某个二进制来表示小数点，而是用隐含规定小数点位置的方法来表示。按照小数点位置是否固定，数的表示方法可分为定点数和浮点数两种类型。定点数使用定长二进制，如 16 位、32 位、64 位。浮点数的思想来源为科学计数法，与定点数相比，浮点数表示的数据范围更大。

（二）非数值型数据的编码

计算机除处理数值型数据外，还要处理大量的非数值型数据（如文字、图像、声音等）。非数值型数据有专门的编码方式。

1. 西文字符的编码

西文字符采用 ASCII（American Standard Code for Information Interchange，美国信息交换标准代码）进行编码。ASCII 由 7 位二进制组成，它可以表示 2^7（128）个字符（见表 1-4）。

表 1-4 ASCII 编码表

$b_3b_2b_1b_0$ \ $b_6b_5b_4$		000	001	010	011	100	101	110	111
	0000	NUL	DLE	SP	0	@	P	`	p
	0001	SOH	DC1	!	1	A	Q	a	q
	0010	STX	DC2	"	2	B	R	b	r
	0011	ETX	DC3	#	3	C	S	c	s
	0100	EOT	DC4	$	4	D	T	d	t
	0101	ENQ	NAK	%	5	E	U	e	u
	0110	ACK	SYN	&	6	F	V	f	v
	0111	BEL	ETB	'	7	G	W	g	w
	1000	BS	CAN	(	8	H	X	h	x
	1001	HT	EM	)	9	I	Y	i	y
	1010	LF	SUB	*	:	J	Z	j	z
	1011	VT	ESC	+	;	K	[	k	{
	1100	FF	FS	,	<	L	\	l	|
	1101	CR	GS	-	=	M	]	m	}
	1110	SO	RS	.	>	N	^	n	~
	1111	SI	US	/	?	O	_	o	DEL

每个 ASCII 码按一个字节存储，最高位并不使用。0~127 代表不同的常用字符，如大写字母 A 的 ASCII 码是十进制的 65，小写字母 a 的 ASCII 码是十进制的 97。ASCII 码中的 128 个字符有 94 个可打印，另外 34 个是控制字符。

2. 中文字符

由于汉字是象形文字，种类繁多，计算机进行汉字信息处理远比进行西文信息处理复杂。在一个汉字处理系统中，输入、处理、输出对汉字的编码也都不同，需要一系列的汉字编码及转换。汉字信息处理编码流程如图 1-3 所示。

图 1-3　汉字信息处理编码流程

1）输入码：从键盘上输入汉字时采用的编码，如音码（拼音码）、形码（五笔字形码）、音形码（自然码）等。

2）国标码：GB/T 2312—1980 是中文信息处理的国家标准，其编码称为国标码。它共收集和定义了 7445 个基本汉字。国标码规定每个汉字都采用两个字节的二进制编码，每个字节最高位为 0，其余 7 位用于表示汉字信息。

例如，汉字"保"的国标码的两个字节的二进制编码为 00110001B 和 00100011B，对应的十六进制数为 31H 和 23H。

3）机内码：计算机内部使用的汉字。机内码的标准方案是将汉字国标码的两个字节的二进制编码的最高位置为 1，得到对应的汉字机内码。

例如，汉字"保"的机内码为 10110001B 和 10100011B（即 B1H 和 A3H）。

4）字形码：用于显示器或打印机输出汉字的代码，又称为汉字库。汉字字形码与机内码一一对应，输出时根据机内码在字库中查找相应的字形码，然后将字形码显示或打印出来。

3. 多媒体信息在计算机中的表示

多媒体信息是指文字、图形、图像、音频、视频为载体的信息，计算机要处理这些信息，就要按一定的规则进行二进制编码。图像、音频、视频的编码方式比较相似，主要通过采样、量化、编码 3 个步骤将连续变化的模拟信号转换为数字信号。

多媒体信息的编码有多种形式，不同的编码方式产生不同的文件格式。目前，常见的图形图像文件格式有 BMP、JPG、GIF、TIFF、TGA 和 PNG 等；常见的音频文件格式有 WAV、MID、MP3 和 WMA 等；常见的视频和动画视频文件格式有 AVI、MOV、MPEG、DAT、SWF、ASF、WMV 和 RM 等。

三、信息在计算机中的存储单位

（一）位

位（Bit）是计算机存储数据的最小单位，是一个二进制数，简称比特，常用 bit 表示。位只能用 1 和 0 表示。

（二）字节

字节（Byte）是计算机存储数据的基本单位，8 位二进制数为一个字节，常用 B 表示，1B=8 bit。

信息存储容量常用的单位换算如下：

$1KB=1024B = 2^{10}B$　　$1MB=1024KB = 2^{20}B$

$1GB=1024MB = 2^{30}B$　　$1TB=1024GB = 2^{40}B$

$1PB=1024TB = 2^{50}B$　　$1EB=1024PB = 2^{60}B$

（三）字与字长

字（Word）是计算机进行数据处理时，一次存取、加工和传送的数据长度。每个字中二进制的位数称为字长。字长常常成为一台计算机性能的标志。常用字长为 8 位、16 位、32 位和 64 位。

📖 任务实现

通过对本任务的学习，让学生理解了进位计数制的概念和数制的转换，以及数值型数据和非数值型数据的编码原理，了解了信息在计算机中存储有哪些存储单位和它们之间的换算关系。

✏️ 任务总结

通过本任务的学习了解了：进位计数制的概念和数制的转换；信息在计算机内部是如何表

示和编码的;数值型数据和非数值型数据的编码原理;信息在计算机中存储有哪些存储单位,以及它们之间的换算关系。

任务 1.4 个人计算机的选购

任务描述

通过本任务的学习,掌握计算机的基本结构及常见的计算机硬件配置,学会选购个人计算机。

任务分析

本任务主要要求学生掌握计算机的系统组成与配置,通过对计算机的基本结构和常见硬件与配置的学习,让学生可以根据需求选购个人计算机。

任务知识模块

一、微型计算机的特点

微型计算机简称微机,其最大的特点就是利用了大规模或超大规模集成电路技术,将运算器和控制器做在一块集成电路芯片(微处理器)上,同时具有体积小、功耗小、质量小、价格低和对环境要求不高等特点,从而得到广泛应用。

二、微型计算机的基本结构

在微型计算机中,通过总线(Bus)将 CPU、存储器、输入/输出设备等硬件连接在一起。微型计算机的基本结构如图 1-4 所示。

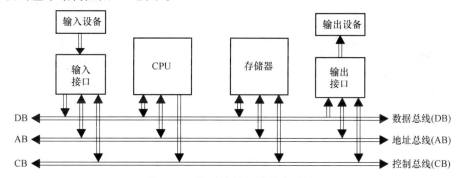

图 1-4 微型计算机的基本结构

在微型计算机中,连接各大部件的总线称为系统总线,系统总线根据传送信号的类型分为数据总线、地址总线、控制总线 3 部分。

三、微型计算机的硬件与配置

微型计算机的硬件由主机与外围设备(简称外设)组成。从外观上看,微型计算机由主机、显示器、键盘、鼠标组成,根据需要还可增加打印机、扫描仪、音频视频设备等外围设备。

(一)主机和电源

1. 主机

微型计算机的主机又称为主机箱,从外观上分有立式和卧式两种,立式机箱是主流产品。主机主要包括主板、CPU、内存、显卡、硬盘驱动器、光盘驱动器(简称光驱)、各种扩展卡、连接线、接口和电源等。

主机的主要品牌有爱国者、华硕、航嘉、富士康、金河田、长城等。选购配置时,选择合适品牌并建议选择"大个头"——机箱风道为 380 或 400 的机箱,以便于散热、维护和检修。

2. 电源

计算机属于弱电产品,各部件的工作电压比较低,一般为 ±12V 以内的直流电。计算机电源将 220V 的交流电转化为主流电,再通过斩波控制电压,将不同的电压输出给主板、硬盘、光驱等计算机部件。由于计算机的工作频率非常高,因此对电源的要求也比较高。

市场上质量较好的电源品牌主要有航嘉、长城等。选购配置时,建议选择品牌电源;对于一般的 CPU 和显卡,可选择 300W 的电源;对于高功耗的 CPU 和显卡,可选择 350W 以上的电源;可考虑选择风扇为 12cm 或 14cm 的,静音效果较好;也可选择主动式 FPS(正向电源)和 80PLUS 电源,更省电。

(二)主板

主板又称为系统板或母板,是微型计算机的核心连接部件。微型计算机中硬件系统的其他部件全部直接或间接通过主板相连。

主板上有芯片组、BIOS(基本输入输出系统)、CPU 插槽、内存插槽、AGP 扩展槽、PCI 扩展槽、IDE 插槽,同时集成了 USB 接口、并行接口、串行接口等。其中,核心组成部分是主芯片组,它决定了主板的功能,主要由南桥芯片和北桥芯片组成。南桥芯片主要负责键盘、鼠标等 I/O 接口的控制,IDE 设备(硬盘等)的控制,以及时钟、能源等的管理。北桥芯片主要负责与 CPU 联系并控制内存、AGP、PCI 数据在北桥芯片内的传输。微型计算机的主板如图 1-5 所示。

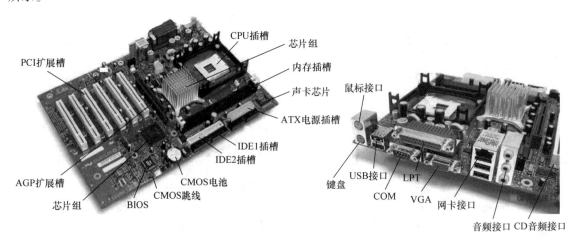

图 1-5　微型计算机的主板

目前主板的主要品牌主要有华硕、微星、技嘉等。由于计算机的整体运行速度和稳定性在相当程度上取决于主板的性能,选择主板时尽量选择售后质量有保证的品牌。主板的重要参数有主芯片组的型号、CPU 插槽类型、主板板型、支持内存类型和集成芯片等。

(三)CPU

CPU 是微型计算机的核心部件,也称为微处理器,其运行速度通常用主频表示,以赫兹(Hz)为计量单位,主频越高,速度越快。CPU 如图 1-6 所示。

CPU 的主要品牌有 Intel 和 AMD,目前市场上常见的产品有 Intel 公司的 i3、i5、i7 系列和 AMD 公司的 A8、A10、FX 六核、FX 八核等。主流的 CPU 主频在 3.0GHz 以上。选购配置时,选择与主板 CPU 插槽类型相匹配的 CPU,同时核心数越多 CPU 性能越强。

图 1-6　CPU

(四)内存储器

内存储器简称内存,主要用于存放当前计算机运行时所需的程序和数据,目前采用半导体存储器，特点是容量小、速度快、价格高。内存的大小是衡量计算机性能的重要指标之一。根据工作方式内存可分为只读存储器（ROM）和随机存储器（RAM）两种。

只读存储器是一种只能读取不能写入的存储器，其存储的信息一般由生产厂家写入，断电后存储的信息不会消失，例如BIOS就是固化在主板上ROM芯片中的一组程序。

随机存储器是一种存储单元的内容可按需随意取出或存入，且存取的速度与存储单元位置无关的存储器。这种存储器在断电时存储信息会丢失，例如插在主板上的内存条就是一种随机存储器。内存条如图1-7所示。

内存常见的品牌有金士顿、威刚、宇瞻等。目前主流内存的类型是DDR4，容量在8GB以上，DDR4比DDR3速度更快、更省电、容量更大。

图1-7 内存条

（五）硬盘

硬盘是计算机最重要的外存储器，硬盘以其容量大、存取速度快而成为各种机型的外存储设备。硬盘可分为机械硬盘（HDD）和固态硬盘（SSD）。

机械硬盘是将磁盘盘片组、读/写磁头、定位机构和传动系统等部分密封在一个容器内，磁头完成读/写，磁盘盘片组完成存储。机械硬盘如图1-8所示。

固态硬盘是由闪存组成的，也就是由FLASH芯片阵列制成的硬盘，其功能和使用方法与机械硬盘相同。由于固态硬盘没有机械硬盘的传动系统，所以它具有很多优点，例如抗振性能好、驱动速度快、无噪声、读写速度快、发热低、工作温度范围大等。但固态硬盘也存在一些不足，例如在容量、价格、数据恢复等方面。固态硬盘如图1-9所示。

图1-8 机械硬盘　　　　　　　图1-9 固态硬盘

硬盘的主要品牌有希捷、西部数据、三星、日立等。目前市场上主流的硬盘容量在500GB以上，转速为7200r/min，硬盘接口为SATA或IDE两种。台式计算机硬盘的尺寸为3.5in（1in = 0.0254m），笔记本计算机的硬盘的尺寸为2.5in。

（六）光盘和光驱

光盘是利用激光原理进行读/写的外存储器，以容量大、价格低、寿命长等特点得以在微型计算机中广泛应用。光驱是读取光盘的设备，利用光驱可以很方便地安装各种软件，阅读声图并茂的电子图书，观看DVD等。随着多媒体技术的发展和设备价格的不断下降，DVD-ROM和具有读/写功能的光盘刻录机也进入了普通家庭。光驱如图1-10所示。

图1-10 光驱

目前质量、兼容性、静音效果较好的光驱品牌有LG、三星，热销品牌还有先锋、华硕、明基、飞利浦等。光驱的主要类型有DVD刻录机、蓝光刻录机、DVD光驱、蓝光Combo。光驱可选择的接口有IDE接口、SATA接口、USB接口。

（七）显卡

显卡又叫作显示适配器，是主机与显示器之间连接的"桥梁"，它的作用是控制计算机的图形输出，负责将CPU送来的影像数据处理成显示器认识的格式，再送到显示器形成图像。显卡的性能决定了显示器的成像速度和效果。显卡按结构可分为两大类：一是独立显卡，二是集成显卡。

集成显卡是将显示芯片、显存及其相关电路都做在主板上，与主板融为一体。集成显卡的显示芯片有单独的，但现在大部分都集成在主板的北桥芯片中。一些主板集成的显卡也在主板上单独安装了显存，但其容量较小，目前绝大部分的集成显卡均不具备单独的显存，需使用系统内存来充当显存，其使用量由系统自动调节。集成显卡的显示效果与性能较差，且不能对显卡进行硬件升级。其优点是系统功耗有所减少，不用花费额外的资金购买显卡。

独立显卡是指将显示芯片、显存及其相关电路单独做在一块电路板上，自成一体而作为一块独立的板卡存在，它需占用主板的扩展插槽。由于独立显卡有自己的模块（包括自己的缓存），在技术上也较集成显卡先进得多，比集成显卡能够得到更好的显示效果和性能，容易进行显卡的硬件升级。其缺点是系统功耗有所加大，发热量也较大独立显卡比较适合对显示性能要求较高的游戏用户，而集成显卡主要适合对计算机性能要求不高的用户。独立显卡如图1-11所示。

显卡的主要品牌有微星、华硕、七彩虹、技嘉、昂达等，按其接口可分为ISA显卡、PCI显卡、AGP显卡、PCI-E显卡。PCI-E显卡是现在比较流行的显卡，它的接口传输速度是相当快的。显卡选择中主要的指标是显示芯片的类型、显存大小、支持的分辨率、产生色彩多少、刷新速率、图形加速性能等。

图1-11 独立显卡

（八）键盘和鼠标

键盘是微型计算机标准的输入设备，用户在使用计算机时，各种命令和程序都可以通过键盘输入到计算机内部。常见的键盘有机械键盘、电容键盘两类，现在大多是电容键盘。

鼠标是微型计算机常用的输入设备，是计算机纵横定位的指示器。鼠标分为机械鼠标和光电鼠标两种，现在常用的是光电鼠标。

键盘和鼠标如图1-12所示。

图1-12 键盘和鼠标

键盘和鼠标的主流品牌有微软、罗技、雷柏、双飞燕、可瑞森等。市场上常见的键盘和鼠标接口有PS/2接口以及USB接口两种，目前键盘可选择104键的键盘。根据用户需求，市场上也有以蓝牙或红外方式与主机通信的无线键盘和鼠标可供选择。

（九）显示器

显示器是计算机标准的输出设备，能以数字、符号、图形或图像等形式将数据、程序运行结果或信息的编辑状态显示出来。常用的显示器有3种：阴极射线管（CRT）显示器、液晶（LCD）显示器和发光二极管（LED）显示器。目前市场上主流的显示器为LCD显示器。CRT显示器和LCD显示器如图1-13所示。

显示器的主流品牌有三星、飞利浦、AVO、戴尔、LG、HKC、惠普、明基、华硕和苹果等。选择配置时，显示器的主要技术指标有显示器尺寸、分辨率等。对于相同尺寸的屏幕，显示器的分辨率越高，所显示的字符或图像就越清晰。

图 1-13　CRT 显示器和 LCD 显示器

四、个人计算机选购的注意事项

选购个人计算机时主要以字长、主频、内存容量及运算速度等性能指标来衡量。目前购买计算机时一般有台式计算机和笔记本计算机两种选择，且可以购买品牌或兼容机。品牌机是计算机生产厂家在对计算机硬件设备进行组合测试的基础上组装的，产品质量较好，稳定性和兼容性也高、售后服务好，但价格高。市场上主要的计算机品牌有 DELL、联想、惠普、方正、华硕和清华同方等。兼容机可以自己组装或要求商家现场组装，由于硬件设备没有进行搭配的组合测试，因而稳定性和兼容性存在隐患，售后服务也差一些，但价格很低。

不管选购品牌机还是兼容机，都应对计算机的配置有所了解。有关计算机配置、价格等的资讯可到太平洋电脑网（http://www.pconline.com.cn）、中关村在线（http://www.zol.com.cn）等网站查询。

配置计算机硬件的基本原则是实用性、高性价比、可靠性好。

实用性原则是指按用途决定所采购计算机的硬件档次，这是配置计算机硬件最基本的原则。如果配置的计算机性能能够满足实际需求，并有一定的前瞻性，就是满足了实用性原则。

配置计算机硬件不能盲目攀高，而应追求较高的性价比。同性能的硬件价格实际上存在着很大差异，如国外品牌比国内品牌往往价格高很多，新产品比主流产品价格高，有些产品价格高是因为附加功能多，但实际用不上。因此，实现较高的实用性能和较低的采购价格是配置计算机硬件的另一项重要原则。

可靠性包括两个方面的内容：一是性能稳定，故障率低；二是兼容性好，不存在硬件和软件冲突问题。实用和高性价比只有在可靠和稳定的基础上才有意义。因此，选购硬件应该优先考虑信誉度高的品牌产品，或老牌厂家的产品，并在选购中注意考察产品的做工、标牌、序列号及售后服务，防止买到假冒和伪劣产品。软硬件是否兼容或冲突的问题要详细咨询销售商和对计算机软硬件比较了解的人员。

📖 任务实现

通过对本任务的学习，让学生理解计算机的系统组成、基本结构和常见的计算机硬件与配置，掌握各组成部分的功能和不同配置的性能，最后达到可以根据需求选购个人计算机。

✏️ 任务总结

本任务讲解了微型计算机的系统组成与配置，以及基本结构；介绍了计算机的常见硬件，包括主机、电源、主板、CPU、内存储器、硬盘、光盘和光驱、显卡、键盘和鼠标、显示器；最后对个人如何选购计算机给出了建议。

任务 1.5　计算机安全与信息安全

📖 任务描述

通过本任务的学习，了解什么是计算机安全，掌握计算机安全威胁的防范方法。

任务分析

本任务主要了解计算机安全,掌握 3 种安全威胁的防范措施,最后了解什么是信息安全。

任务知识模块

一、计算机安全

随着计算机的快速发展以及计算机网络技术的普及,计算机的安全问题也越来越得到高度和广泛的重视。国际标准化组织对计算机安全的定义是"为数据处理系统建立和采用的技术和管理的安全保护,保护计算机硬件、软件、数据不因偶然的或恶意的原因而遭破坏、更改、泄露"。中国公安部计算机管理监察司对计算机安全的定义是"计算机资产安全,即计算机信息系统资源和信息资源不受自然和人为有害因素的威胁和危害"。计算机安全中最重要的是存储数据的安全。计算机安全面临的主要威胁包括计算机病毒、非法访问、计算机电磁辐射和硬件损坏等。

二、计算机病毒的防范

计算机病毒是隐藏在计算机软件中的一段可执行程序,它和计算机其他工作程序一样,但会破坏正常的程序和数据文件。恶性病毒可使整个计算机软件系统崩溃,数据全毁。

(一)计算机病毒的基本特征

在计算机病毒所具有的众多特征中,破坏性、传染性、潜伏性和可触发性是它的基本特征。

1. 破坏性

破坏性主要表现为占用系统资源,降低计算机工作效率,还会破坏或删除程序及数据文件,干扰或破坏计算机系统运行,甚至可能导致整个软件系统崩溃。

2. 传染性

传染性是指病毒具有附着于其他程序的寄生能力。只要一台计算机感染病毒,如不及时处理,感染的文件与其他机器进行数据交换时,其他机器就会被迅速传染。

3. 潜伏性

大部分计算机病毒感染系统之后不会马上发作,它会隐藏在合法文件中几个月甚至几年,只有在满足特定条件时才启动其破坏模块。

4. 可触发性

病毒一般都有一个触发条件,这些条件可能是时间、日期、文件类型等,可在一定条件下激活传染机制而对系统发起攻击。

(二)计算机病毒的类型

从第一个计算机病毒出世以来,计算机病毒的数量就在不断增加。目前从病毒的传染渠道来看,常见的计算机病毒有以下几类。

1. 引导型病毒

引导型病毒会去感染磁盘上的启动扇区和硬盘系统的引导扇区,由于引导记录在系统一开机时就执行,所以这种病毒在一开始就能获得控制权,传染性较大。如大麻病毒、小球病毒就属于引导型病毒。

2. 文件型病毒

文件型病毒会感染计算机中的可执行文件(如 COM、EXE 等文件),感染病毒的文件执行速度会减缓,甚至完全无法执行。有些文件被感染后,一旦执行就会遭到删除。如 CIH 病毒就属于文件型病毒。

3. 宏病毒

宏病毒是利用办公自动化软件(如 Word、Excel 等)提供的宏命令编制的病毒,通常寄存在文档或模板编写的宏中。一旦用户打开这样的文档,宏病毒就会被激活,驻留在 Normal 模板上，使所有自动保存的文档都感染病毒。宏病毒可以影响文档的打开、存储、关闭、打印，可删除文件，随意复制文件、修改文件名或存储路径等，使用户无法正常使用文件。

4. 网络病毒

网络病毒会通过计算机网络传播，感染网络中的可执行文件，尤其是对网络服务器进行攻击，不仅占用网络资源，还会导致网络堵塞，甚至致使整个网络系统瘫痪。如蠕虫病毒、特洛伊木马病毒、冲击波病毒就属于网络病毒。

5. 混合型病毒

混合型病毒是指两种或两种以上病毒的混合体。例如有些病毒既能感染磁盘引导区，又能感染可执行文件；有些电子邮件病毒是宏病毒和文件型病毒的混合体。

（三）计算机病毒的防范措施

为了使计算机能在一个安全良好的环境下运行，我们可从以下几方面对计算机病毒加以防范。

1. 安装反病毒软件

计算机必须安装防病毒软件，并在使用过程中及时升级软件版本，更新病毒库。建议每周对计算机进行一次扫描、杀毒工作，以便及时发现并清除隐藏在系统中的病毒。

2. 养成良好的上网习惯

浏览网页、打开陌生邮件及附件时，注意钓鱼网站；不要接收和打开来历不明的QQ、微信等发过来的文件；不下载不明软件及程序，应选择信誉较好的下载网站下载软件；将下载的软件及程序集中放在非引导分区的某个目录，并在使用前用杀毒软件查杀病毒。

3. 定期备份重要数据

数据备份非常重要。无论你的防范措施做得多么严密，也无法完全防止计算机病毒的出现，如果遭到致命的攻击，操作系统和应用软件可以重装，而重要的数据就只能靠日常的备份了。所以，要对重要的数据进行定期检查和备份，做到有备无患。

4. 仅在必要时共享

一般情况下不要设置文件夹共享，如果要共享文件，就应该设置相应的密码，一旦不需要共享时立即关闭。共享时访问类型一般应该设为只读，不要将整个分区设定为共享。

5. 防范流氓软件

对将要在计算机上安装的共享软件进行甄别选择。在安装共享软件时，应该仔细阅读各个步骤出现的协议条款，特别留意那些有关安装其他软件行为的语句。

总之，计算机病毒的防范应做到预防为主、及时检查，发现病毒立即清除。

三、非法访问的防范

非法访问是指非法入侵者盗用或伪造合法身份，进入计算机系统，私自提取计算机中的数据或进行修改、转移、复制等。

非法访问的防范可以从以下方面入手：

1）软件系统增设安全机制，使非法入侵者不能以合法身份进入系统。例如增加合法用户的标志识别，增加口令，给用户规定不同的权限，使其不能自由访问不该访问的数据区等。

2）对数据进行加密处理，即使非法入侵者进入系统，没有密钥，也无法读取数据。

3）在计算机内设置操作日志，对重要数据的读、写、修改操作进行自动记录。

4）对个人计算机安装个人防火墙以抵御黑客的袭击，最大限度地阻止网络中的黑客访问计算机，防止他们更改、复制、毁坏重要信息。

5）个人应注意密码的设置和使用环境。设置密码时，要尽量避免使用有意义的英文单词、姓名缩写以及生日、电话号码等容易泄露的字符作为密码，最好采用字符、数字和特殊符号混合的密码，定期修改密码。对于重要的密码（如网上银行的密码），一定要单独设置，并且不要与其他密码相同。在不同的场合使用不同的密码，如网上银行、E-Mail、聊天室以及一些网站的会员等，应尽可能使用不同的密码，以免因一个密码泄露导致所有资料外泄。

四、计算机电磁辐射及硬件损坏的防范

（一）计算机电磁辐射的防范

由于计算机硬件本身就是向空间产生辐射的强大脉冲源，和一个小电台差不多。非法入侵者可以接收计算机辐射出来的电磁波，然后进行复原，以获取计算机中的数据。

为了对计算机电磁辐射加以防范，计算机制造厂家从芯片、电磁器件到电路板、电源、硬盘、显示器及连接线，都全面屏蔽起来，以防电磁波辐射。更进一步的话，可将机房或整个办公大楼都屏蔽起来。如没有条件建屏蔽机房，可以使用干扰器发出干扰信号，使接收者无法正常接收有用信号。

（二）硬件损坏的防范

计算机存储器硬件损坏，使计算机存储的数据读不出来也是常见的事。

为防止硬件损坏，我们必须定期将有用数据复制出来保存，一旦机器有故障，可在修复后把有用数据复制回去。也可以在计算机中使用 RAID（独立磁盘冗余阵列）技术，同时将数据存在多个硬盘上。在安全性要求高的特殊场合，还可以使用双主机，一台主机出问题，另一台主机照常运行。

五、信息安全

信息安全是指信息网络的硬件、软件及其系统中的数据受到保护，不因偶然的或者恶意的原因而遭到破坏、更改、泄露，保证计算机系统能可靠正常地运行，信息服务不中断。

现代信息安全的基本内涵由信息技术安全评估标准（Information Technology Security Evaluation Criteria，ITSEC）（业界称为"橘皮书"）定义。ITSEC 阐述和强调了信息安全的 CIA 三元组目标，即保密性（Confidentiality）、完整性（Integrity）和可用性（Availability）。

在实际操作中，人们常常会说信息安全包括计算机系统安全和网络安全两部分。计算机系统安全又指主机安全，主要考虑保护合法用户对授权资源的使用，防止非法入侵者对系统资源的侵占和破坏。网络安全则主要考虑网络上主机之间的访问控制，防止来自外部网络的入侵，保护数据在网上传输时不被泄露和修改。最常用的保护信息安全的方法是防火墙、加密以及入侵检测等。

由于目前信息的网络化，信息安全主要表现在网络安全上，所以许多人将网络安全与信息安全等同起来。实际上，称为信息安全比较全面、科学。

📖 任务实现

通过对本任务的学习，让学生了解什么是计算机安全，理解计算机安全的防范方法，最后达到在生活工作中实现计算机安全。

✏️ 任务总结

本任务阐述了计算机安全、计算机病毒、信息安全的相关定义和基本特征，对防范计算机病毒、非法访问、计算机电磁辐射及硬件损坏提出了相对应的措施。

任务 1.6　计算思维

📖 任务描述

在信息时代，掌握一定的计算机软硬件基础知识，能够使用计算机处理日常事务，能够通过网络获取信息及相互交流，学会在数据处理中体现计算思维，是每个大学生应知应会的基本知识能力。

本项目在前文介绍了计算机的相关知识，本任务将介绍计算思维的相关知识。

任务分析

本任务主要了解计算思维的概念及内涵，掌握计算思维的基本特征和应用。

任务知识模块

一、计算思维名称的由来

计算思维在人类思维的早期就已经萌芽，并且一直是人类思维的重要组成部分。在很长一段时间里，计算思维的研究是作为数学思维的一部分进行的，但相应手段和工具的研究进展缓慢，制约了计算思维的发展。

计算思维也可以叫作构造思维或者其他什么思维，只是由于计算机的发展极大促进了这种思维的研究和应用，并且在计算机科学的研究和工程应用中得到广泛的认同，所以人们习惯将它叫作计算思维。这只是一个名称而已，这种名称反映了人类文化发展的痕迹。

二、计算思维概述

信息社会大量的生产、工作、生活实景都依托信息技术支撑和实现。无论是过程控制、科学实验、生产调度、学习娱乐、社会管理、国防军事、预测预报等都需要通过计算机这一核心工具来解决与完成。计算机这一特殊的程序化机器，有其独特的解题（解决问题）模型与方式，即所谓算法。这就要求我们在用计算机来解决实际问题时要有计算思维，尽量使我们的求解过程和计算机契合，把解决现实问题的需要和计算机求解问题的方式（习惯）联系起来。其基本路径是明确问题、建立模型、确定算法、编制程序、联机实现等。例如，用随机函数来处理（模拟）自然界中的随机事件（投掷硬币、彩票摇号），用条件函数来模拟人们的选择判断（棋类对弈），用栈原理（先进先出原则）来管理生活中的排队场景（出租车机场候客）等。

三、计算思维的概念及内涵

计算思维是一系列涵盖计算机科学广度的思维活动，例如问题求解中的计算思维、系统设计中的计算思维、人类行为理解中的计算思维等。

1）计算思维是一种与形式化问题及其解决方案有关的思维过程。计算思维吸收了用于解决问题的通用数学思维方法，用于设计和评估现实世界中巨大复杂系统的通用工程思维方法，以及用于理解复杂性、智能、心理学和人类行为的通用科学思维方法。

2）计算思维利用计算机科学的基本概念来解决问题、设计系统和理解人类行为，它包括一系列涉及计算机科学领域的思考活动。计算思维是每个人的基本技能，而不仅仅属于计算机科学家。

3）计算思维使用启发式推理来寻求解决方案，即在不确定性条件下进行计划、学习和调度。计算思维使用海量数据来加速计算，在时间和空间、处理能力和存储容量之间进行权衡。计算思维是人类解决问题的一种方式，但它决不是让人类像计算机一样思考。

计算思维会如同所有人都具备"读、写、算"（简称3R）能力一样，成为适合于每个人的一种普遍的认识和一类普遍适用的技能。

四、计算思维的基本特征

计算思维是人的思想和方法，是人类求解问题的一条途径。计算思维是像计算机科学家而不是像计算机那样去思维。

计算思维建立在计算机的能力和限制之上，因而用计算机解决问题时既要充分考虑利用计算机的计算和存储能力，又不能超出计算机的能力范围，必须考虑机器的指令系统、资源约束和操作环境。

计算思维融合了数学和工程等其他领域的思维方式。

五、计算思维的应用

如同所有人都具备"读、写、算"能力一样,计算思维是必须具备的思维能力。计算思维不仅仅是计算机科学家的思维,它已经不局限于计算机领域。

计算思维正在或已经渗透到各个学科、各个领域,甚至包括心理学、语言学、数学、物理学、统计学、社会学等学科,改变着人们传统的思维方式,并正在潜移默化地影响和推动着各领域的发展,成为一种发展趋势。

📖 任务实现

通过对本任务的学习,了解计算思维的概念及内涵、计算思维的基本特征和应用,达到理解和使用计算思维。

✏️ 任务总结

本任务阐述了计算思维的概念,对计算思维的内涵及基本特征进行了概括,并介绍了计算思维的应用情况。

项目 2
Windows 10 操作系统

Project 2

回复"71330+2"
观看视频

📖 项目导读

本项目主要介绍了 Windows 10 的基本操作、Windows 10 的程序管理、Windows 10 的文件管理、Windows 10 的设置等基本模块。

☞ 项目知识点

1）Windows 10 的基本操作。
2）Windows 10 的程序管理。
3）Windows 10 的文件管理。
4）Windows 10 的设置。

任务 简述 Windows 10 操作系统的基本功能模块

📖 任务描述

请通过对本任务的学习并查阅其他文献资料，对 Windows 10 的基本功能模块进行简单描述。

✎ 任务分析

通过对 Windows 10 基本功能模块的学习，即可完成任务。

📄 任务知识模块

一、Windows 10 的基本操作

（一）鼠标与键盘的操作

对运行 Windows 操作系统的计算机来说，鼠标是重要的输入设备。Windows 10 中大多数操作都可以通过键盘来完成，但使用鼠标操作更方便、直观，也更能体现 Windows 操作系统便于使用的特点。

鼠标的基本操作见表 2-1。

键盘可完成 Windows 10 提供的所有操作功能，利用其快捷键可以大大提高工作效率。Windows 10 中常用的快捷键见表 2-2。

（二）窗口和对话框

Windows 一词的中文含义即为"窗口"的意思，所以无论是打开磁盘驱动器、文件夹，还是启动应用程序，都将打开一个窗口。在操作中用户可以打开若干个窗口，但只有一个前台窗

口是可操作的，常称之为"活动窗口"，其他非活动窗口常称为"后台窗口"。

表 2-1　鼠标的基本操作

操作的名称	操作方式及功能
指向	移动鼠标，鼠标指针指向所要操作的对象
单击	按下鼠标左键，用于选择对象
双击	快速连续按下鼠标左键两次，用于启动一个程序或打开一个窗口
右击	按下鼠标右键，会打开快捷菜单，以提供该对象的常用操作命令
拖动	鼠标指针指向某一对象，按下鼠标左键不放，移动鼠标，到达目的地时松开，用于移动选定的对象

表 2-2　Windows 10 中常用的快捷键

快捷键	作用	快捷键	作用
<F1>	打开选中对象的帮助信息	<Ctrl+C>	复制
<F2>	重命名文件（夹）	<Ctrl+V>	粘贴
<F3>	打开搜索结果窗口	<Ctrl+X>	剪切
<F5>	刷新当前窗口	<Ctrl+A>	选中全部内容
<Esc>	取消当前任务	<Ctrl+Z>	撤销当前操作
<Ctrl+Esc>	打开开始菜单	<Ctrl+Alt+Del>	打开任务管理器菜单

虽然打开的每个窗口内容不尽相同，但大多数窗口都有相同的组成部分，如图 2-1 所示。窗口一般有标题栏、地址栏、菜单栏、工具栏、搜索栏、导航窗格、工作区、状态栏和滚动条等部分。

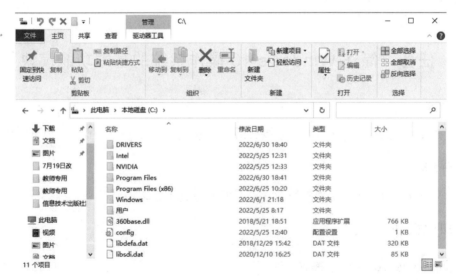

图 2-1　窗口的基本组成

1）标题栏：显示当前应用程序和文档的名称，右边为窗口最小化、最大化或还原、关闭按钮。
2）地址栏：显示当前窗口内容所处的位置，可以是本机地址，也可是网上的某个网址。
3）菜单栏：列出了所有的可用命令。
4）工具栏：将常用的一些命令以图标形式显示，以方便使用。
5）搜索栏：用于搜索文件和文件夹。
6）导航窗格：提供文件夹列表，它们以树形结构显示给用户，方便用户迅速定位目标。
7）工作区：用于显示和处理工作对象的信息。
8）状态栏：显示当前操作对象的有关信息。
9）滚动条：用户拖动滚动条，可以滚动工作区的对象，以便浏览。

二、Windows 10 的程序管理

程序（Program）是为实现特定目标或解决特定问题而用计算机语言编写的命令序列的集合。管理程序的启动、运行、退出是操作系统的主要功能之一。

Windows 10 的任务管理器提供了有关计算机性能的信息，并显示了计算机上所运行的程序和进程的详细信息等。通过任务管理器可以实现对应用程序、进程、计算机性能等方面的查看和管理。

（一）启动任务管理器

任务管理器如图 2-2 所示。Windows 10 中任务管理器的启动有以下几种方法：

1）按下 <Ctrl+Shift+Esc> 组合键。

2）按下 <Ctrl+Alt+Del> 组合键，在桌面菜单中单击"任务管理器"选项。

3）鼠标右击任务栏（系统主界面最底部位置）空白处，在打开的快捷菜单中单击"任务管理器"命令。

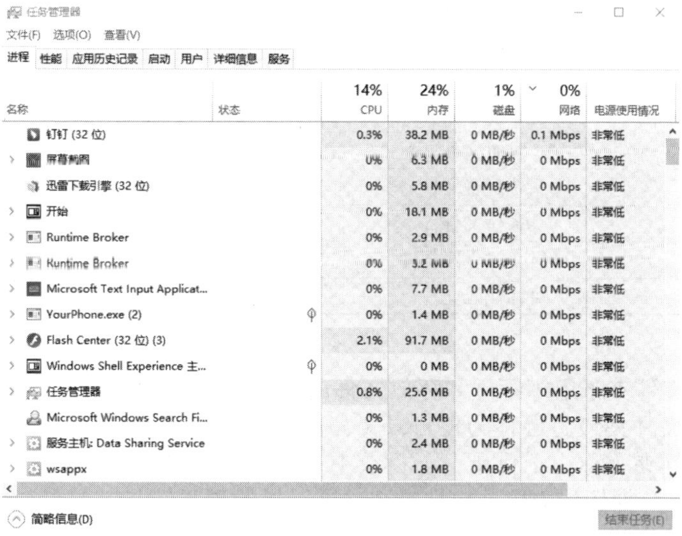

图 2-2　任务管理器

（二）任务管理器的常用操作

1. 查看系统当前的信息

单击任务管理器中的"应用历史记录""进程""服务""性能""启动""用户""详细信息"选项卡可查看系统当前对应的信息。

2. 终止未响应的应用程序

当系统出现"死机"现象时，可以通过任务管理器终止未响应的应用程序，恢复系统正常运行。

二、Windows 10 的文件管理

（一）文件

用户对计算机资源的管理通常以文件为单位。文件是一组逻辑上相互关联的信息集合，可以是程序、文档、数据、图片和视频等。系统对文件以"按名存取"的方式进行访问，用户使用文件时，只需要知道文件名，而不必了解存储器的差异、文件存放的物理位置和如何存放等情况。

1. 文件的命名

每个文件都要通过文件名来标识。文件名的格式为"主文件名.扩展名"，其中"主文件名"可由用户自行定义，"扩展名"用来表示文件的类型，一般由系统默认生成。

文件名的命名规则如下：
1）文件名的长度最大可以达到 255 个字符。
2）字符可以是字母、数字、汉字或一些特殊字符，除开头以外还可以带空格。
3）不能使用的字符有"\""/"":""*""?""""|""<"">"。
4）英文字母不区分大小写。

2. 文件的类型

计算机中的文件分为系统文件、通用文件与用户文件。前两类是在安装系统和硬件时系统自动生成的，其文件名不能随便更改或删除。用户文件是由用户建立并命名的文件，例如程序编写的源文件、数据文件、系统配置文件、文章、表格和图形等文件。不同的文件类型，其图标和描述也不同。常见的文件类型与对应的扩展名见表 2-3。

表 2-3 常见的文件类型与对应的扩展名

扩展名	文件类型	扩展名	文件类型
exe、com	可执行文件	txt	文本文件
hlp	帮助文件	doc、docx	Word 文档文件
sys、int、dll、adt	系统文件	xls、xlsx	Excel 工作簿文件
drv	设备驱动程序文件	ppt、pptx	演示文稿文件
tmp	临时文件	wav、mid、mp3	音频文件
ini	系统配置文件	jpg、bmp、gif	图像文件
bak	备份文件	avi、mpg	视频文件
c	C 语言源程序文件	rar、zip	压缩文件
obj	目标代码文件	htm、html	网页文件

（二）文件夹

计算机是通过文件夹来组织管理和存放文件的，在 Windows 中文件按树形结构来组织和管理。在树形结构中文件夹最高层称为根目录（如磁盘 C，表示为 C:\），在根目录（文件夹）中建立的目录（子文件夹）称为子目录，子目录中还可包含下级子目录。这样，在文件夹中不断添加子文件夹，形成一棵倒挂的树，树枝是文件夹，树叶是文件。

在树形结构中，用户可以将一个项目的有关文件放在同一个文件夹中，也可以按文件类型或文件用途存放在不同文件夹中。

计算机中的文件通过文件路径进行访问，其路径的表示格式为 \ 最外层文件夹名 \…\ 最内层文件夹名 \ 文件名。例如访问 c.xls 文件的路径为 C:\A1\A3\c.xls。文件夹的命名规则基本与文件相似，不同的是文件夹没有扩展名。

（三）创建文件夹

创建文件夹的方法很多，常用的方法为在需要创建文件夹的位置单击右键，选择"新建"/"文件夹"，即可创建一个文件夹。

（四）文件和文件夹的基本操作

1. 移动文件或文件夹

移动文件或文件夹的常用方法有以下几种：
1）在同一磁盘驱动器中移动：直接拖动选定的文件或文件夹到目标位置。
2）在不同磁盘驱动器中移动：按下 <Shift> 键不放，拖动选定文件或文件夹到目标位置。
3）右击要移动的文件或文件夹，在弹出的快捷菜单中选择"剪切"，在目标位置右击，在弹出的快捷菜单中选择"粘贴"。
4）单击要移动的文件或文件夹，按 <Ctrl+X> 组合键，在目标位置按 <Ctrl+V> 组合键。

2. 复制文件或文件夹

复制文件或文件夹的常用方法有以下几种：
1）在同一磁盘驱动器中移动：按下 <Ctrl> 键不放，拖动选定文件或文件夹到目标位置。

2）在不同磁盘驱动器中移动：直接拖动选定的文件或文件夹到目标位置。

3）右击要复制的文件或文件夹，在弹出的快捷菜单中选择"复制"，在目标位置右击，在弹出的快捷菜单中选择"粘贴"。

4）单击要复制的文件或文件夹，按 <Ctrl+C> 组合键，在目标位置按 <Ctrl+V> 组合键。

3. 删除文件或文件夹

删除文件或文件夹的常用方法有以下几种：

1）选定要删除的文件或文件夹，按 <Delete> 键，或右击，在快捷菜单中选择"删除"。

2）直接拖动要删除的文件或文件夹到回收站。

4. 重命名文件或文件夹

右击要重命名的文件或文件夹，在弹出的快捷菜单中选择"重命名"，输入新名称，按 <Enter> 键。

5. 创建文件或文件夹的快捷方式

在 Windows 中快捷方式可以帮助用户快速启动应用程序、打开文件或文件夹。快捷方式以图标形式表现，它是一种对象的链接方式。删除快捷方式，不会影响相应对象。

在需要创建快捷方式的位置右击，在弹出的快捷菜单中单击"新建"/"快捷方式"，在打开的"创建快捷方式"对话框中单击"浏览"，选定对象，单击"确定"，单击"下一步"，输入快捷方式的名称，单击"完成"。

四、Windows 10 的设置

设置是 Windows 10 为用户提供的个性化系统设置和管理的一个工具箱，用户通过设置可以方便地更改各项系统设置，如 Windows 10 的系统、个性化、应用等。

（一）启动设置

单击"开始"/"设置"，即可打开设置面板，如图 2-3 所示。

图 2-3　设置面板

（二）使用设置

Windows 10 的设置面板中有关于 Windows 系统的各项功能的设置选项工具，打开对应的设置选项工具，即可对整个 Windows 的软件、硬件、网络、应用等进行相应设置。

例如单击"时间和语言"工具，即可弹出"时间和语言"工具对话框，在弹出的对话框中单击左侧的"区域"，则打开"区域"设置对话框，在对话框中则可以看到当前的"区域格式数据"相关设置。若要更改"区域格式数据"，单击"区域格式数据"下方的"更改数据格式"，打开"更改数据格式"设置对话框，可以对时间、日期、格式等进行设置。

📖 任务实现

Windows 10 操作系统最基本的功能模块有 Windows 10 的基本操作、Windows 10 的程序管理、Windows 10 的文件管理和 Windows 10 的设置。

Windows 10 的程序管理：主要涉及任务管理器及相关应用程序的管理。

Windows 10 的文件管理：主要包含文件或文件夹的创建、删除、移动等。

Windows 10 的设置：主要包括设置 Windows 的相关软件、硬件、设备、系统等系列内容。

✏️ 任务总结

通过本任务学习了 Windows 10 最基本的几个功能模块，为今后使用 Windows 10 操作系统奠定了基础。

项目 3　文字处理软件 Word 2019

Project 3

回复"71330+3"
观看视频

项目导读

文档处理是信息化办公的重要组成部分,广泛应用于人们日常生活、学习和工作的方方面面。本项目包含文档的基本编辑、图片的插入和编辑、表格的插入和编辑、样式与模板的创建和使用、多人协同编辑文档等内容。

本项目从最基本的文本录入方式开始讲解,对整个 Word 2019 的知识模块进行了全方位的讲述,全面讲解了"文件"菜单选项、"开始"选项卡、"插入"选项卡、"设计"选项卡、"布局"选项卡、"引用"选项卡、"邮件"选项卡、"审阅"选项卡和"视图"选项卡下几乎所有的工具组。

项目知识点

1）掌握文档的基本操作,如打开、复制、保存等,熟悉自动保存文档、联机文档、保护文档、检查文档、将文档发布为 PDF 格式、加密发布 PDF 格式文档等操作。

2）掌握文本编辑、文本查找和替换、段落的格式设置等操作。

3）掌握图片、图形、艺术字等对象的插入、编辑和美化等操作。

4）掌握在文档中插入和编辑表格、对表格进行美化、灵活应用公式对表格中的数据进行处理等操作。

5）熟悉分页符和分节符的插入,掌握页眉、页脚、页码的插入和编辑等操作。

6）掌握样式与模板的创建和使用,掌握目录的制作和编辑操作。

7）熟悉文档不同视图和导航任务窗格的使用,掌握页面设置操作。

8）掌握打印预览和打印操作的相关设置。

9）掌握多人协同编辑文档的方法和技巧。

任务 3.1　文本录入

任务描述

参照所给"任务 3.1 素材 1""任务 3.1 素材 2"和"任务 3.1 素材 3",使用键盘、软键盘、特殊字符录入方法,录入文字。

任务分析

学习本任务需要掌握使用键盘、软键盘、特殊字符录入文字的方法。

任务知识模块

一、Word 2019 概述

文字处理软件 Word 2019 是美国微软公司开发的 Office 2019 办公软件组件之一，主要用于对文档进行编辑、排版、美化等，适用于制作、编辑、排版各种应用文档。Word 2019 提供了几十种常用文档的模板，用户可以使用模板快速制作会议通知或信函、产品说明、小报、报表、简历和总结报告等规范文档。

Word 2019 利用面向对象的全新用户界面，以选项卡形式布置菜单工具，让用户可以方便快捷找到并使用功能强大的各种工具，快速实现文本的输入、编辑、排版、表格处理、图文混排、邮件合并、长文档的编辑等工作。

二、认识 Word 2019

（一）Word 2019 的启动和退出

1. Word 2019 的启动

启动 Word 2019 的常用方法如下：

1）单击"开始"/"所有程序"/"Word 2019"。
2）双击桌面 Word 2019 快捷图标。
3）双击已有的 Word 文档。
4）右击桌面空白处，选择"新建"/"Microsoft Word 文档"。

2. Word 2019 的退出

退出 Word 2019 的常用方法如下：

1）单击 Word 2019 窗口标题栏右侧的"关闭"图标。
2）单击 Word 2019 窗口左上角的"文件"/"关闭"。

（二）Word 2019 窗口

Word 2019 启动后，系统即打开如图 3-1 所示的窗口。

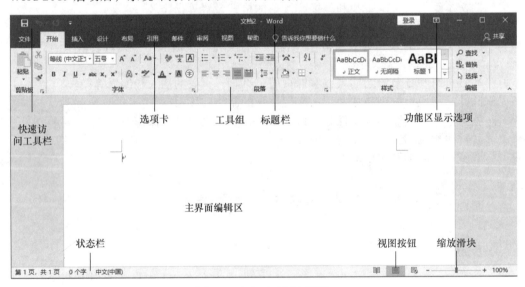

图 3-1　Word 2019 窗口

Word 2019 窗口主要包含以下几个组成部分。

标题栏：显示当前编辑文档的名称，右上角为窗口"最小化""最大化"（或"向下还原"）和"关闭"图标。

快速访问工具栏：常用的操作命令以图标形式显示，如"保存""撤销""新建"等，方便用户使用。用户可以根据个人情况添加和删除常用命令。

"文件"菜单:单击"文件"菜单,打开后台(Backstage)视图,其中包含"信息""新建""打开""保存""另存为""打印""共享""导出""关闭""账户""选项"等一些基本命令。

功能区显示选项:单击"功能区显示选项" ,可以打开或折叠功能区选项,其中包括"自动隐藏功能区""显示选项卡""显示选项卡和命令"3个选项,如图3-2所示。

> 提示:右击任意一个选项卡,可以打开"自定义快速访问工具栏"或"自定义功能区"。

主界面编辑区:显示当前正在编辑的文档。

视图按钮:单击窗口右下角的视图按钮可切换文档显示方式。用户在查看和编辑文档时,可根据需求选择页面视图、阅读视图、Web版式视图。

> 提示:页面视图适合排版使用,阅读视图适合阅读文章,Web版式视图能够模仿Web浏览器来显示Word文档,大纲视图适合浏览、编辑文章框架。

缩放滑块:用于调整正在编辑的文档的显示比例,拖动缩放滑块,可以缩放显示文档。

状态栏:状态栏在窗口左下角,显示正在编辑的文档的相关信息。

工具组:单击每个选项卡,就会打开对应的工具组。

选项卡:Word 2019除"文件"菜单外,都是以选项卡格式安排布局的,单击对应的选项卡即可打开相应的组界面,展示该选项卡下面的常用工具。

图3-2 功能区显示选项

三、文档的基本操作

(一)创建文档

当启动Word 2019后,系统会自动创建一个名为"文档1"的空白文档,用户可以根据需要选择创建空白文档或利用模板创建所需文档,如图3-3所示。

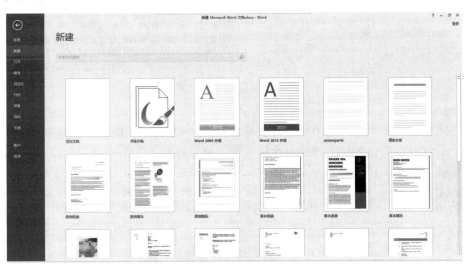

图3-3 文档的新建

1. 创建空白文档

创建空白文档的常用方法有以下几种。

1)单击"文件"/"新建",在打开的如图3-3所示的窗口中选择"空白文档"。

2)单击快速访问工具栏中的"新建"。
3)按 <Ctrl+N> 组合键可新建文档。

2. 利用模板创建文档

模板是预先设置好格式的一种特殊文档,是标准文档的样本文件。用户可以根据需要选择合适的模板,从而快速完成应用文档的输入和格式编辑工作。

单击"文件"/"新建",打开如图 3-3 所示的窗口,选择对应的模板即可快速创建文档。

例 3.1 利用模板中的"书法字帖"模板制作书法字帖文档。

具体操作步骤如下:

1)单击"文件"/"新建",在模板中单击"书法字帖",打开"增减字符"对话框,如图 3-4 所示。

2)在"增减字符"对话框中单击需要使用的文字,单击"添加",将选中的文字添加到文档中。

3)在文档中将显示所选文字书法字帖的添加效果,单击"关闭"完成书法字帖文档的制作。

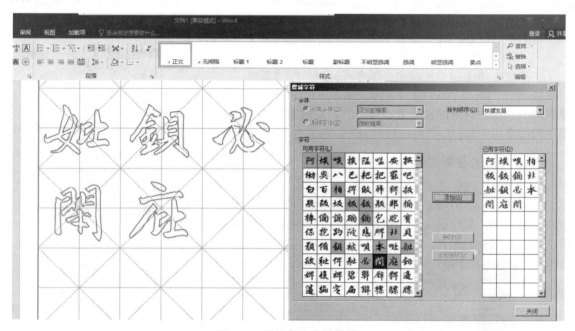

图 3-4 制作书法字帖文档

(二)输入文本

文档编辑窗口有一个闪烁的黑色竖条光标,称为"插入点",标识着文档编辑的当前位置。当用户确定了插入点的位置后,选择一个输入法,就可以输入文本内容了。输入文本时插入点自动向后移动,输入发生错误时可以按 <Back Space> 键删除错字,然后继续输入。

输入文本时,当文本到达页面最右端时,光标自动换行。如果要另起一个新段落,可按 <Enter> 键;如果要在一个段落中开始一个新行而不是新段落,可按 <Shift+Enter> 组合键。

提示:
按 <Ctrl+ 空格> 组合键,可切换中文/英文输入法。
按 <Shift+ 空格> 组合键,可切换全角/半角输入法。
按 <Ctrl+Shift> 组合键,可在各种输入法之间切换。
按 <Ctrl+.> 组合键,可切换中文/英文标点符号。
也可以直接单击相关内容进行切换。

1. 使用键盘进行文本的基本输入

大小写字母的输入：默认情况下输入的是小写字母，如果需要输入大写字母，可按键盘左边的 <Caps Lock> 键，此时键盘大写指示灯亮起，输入的是大写字母。再次按 <Caps Lock> 键，键盘大写指示灯熄灭，回到小写字母输入状态。

上位键的输入：有的键盘按键上面有两个字符，默认情况下输入的是下面的字符。如果需要输入上位键字符，则按住 <Shift> 键的同时，再去按需要输入的字符所在的键，即可输入上位键字符。

插入改写键：键盘上的 <Insert> 键默认情况下为插入输入，按下后变为改写输入，再次按下则切换为插入输入。

印屏幕键：键盘上的 <PrScrn SysRq>㊀ 键为印屏幕键，按一下可以将当前屏幕截屏，然后找到图片需要放置的位置（如文档中或者画图板中），使用 <Ctrl+V> 组合键或者右击相关位置并选择"粘贴"，即可把屏幕截图粘贴下来。

小键盘：有些键盘的最右边有个数字小键盘，一般纯数字输入使用小键盘比较方便。小键盘上方有个键盘锁键 <Num Lock>，默认情况下为开启，键盘右上角键盘锁指示灯亮起。如果按一下 <Num Lock> 键，则键盘锁指示灯熄灭，数字小键盘关闭，不能输入。

2. 使用软键盘进行文本的录入

有些特殊字符的录入，如拼音字母、数学符号、数字编号等，使用键盘无法完成，这时候就需要使用软键盘进行录入。在任意中文输入法下，用鼠标单击软键盘按钮（有的输入法用右键、有的用左键）即可打开软键盘，单击对应选项，即可进行相应字符的录入，如图 3-5 所示。

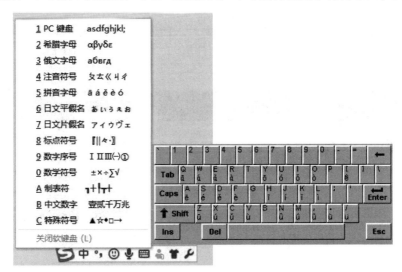

图 3-5　使用软键盘进行文本的录入

3. 特殊字符的录入

在文档输入的过程中，有时会遇到使用键盘和软键盘都无法录入的特殊字符，此时可以用特殊字符录入方法进行录入，具体操作方法如下：

1）单击"插入"选项卡，在"符号"组中单击"符号"，选择"其他符号"，打开"符号"对话框，如图 3-6 所示。

2）在"字体"中选择相应项目，选中需要录入的特殊字符，单击"插入"，即可进行特殊字符的录入。

4. 日期和时间的输入

在文档输入的过程中可以直接输入日期和时间，也可以单击"插入"选项卡，在"文本"组中单击"日期和时间"。

㊀　有的键盘的印屏幕键为 <Prt Sc Sys Rq> 或其他。——编者注

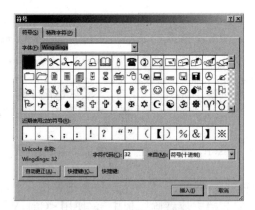

图 3-6 "符号"对话框

5. 公式的录入

在文档输入的过程中,如果需要录入数学公式,则可以使用插入公式的方式进行公式录入,具体操作方法如下:

在"插入"选项卡"符号"组的"公式"下拉列表中,我们可以看到"二次公式""二项式定理""勾股定理""傅里叶级数"等常见公式类型。除此之外,还有"Office.com 中的其他公式""插入新公式""墨迹公式"3 个选项。也可以通过插入公式 3.0 对象进行公式录入。

1)如果要录入的公式与"公式"下拉列表中的某类公式比较接近,则可以直接单击该公式,然后进行相应改动,即可快速录入公式。

2)如果在"公式"下拉列表中找不到与要录入的公式接近的选项,则可以单击"插入新公式",打开"在此处键入公式"文本框,使用弹出的"设计"选项卡下的"工具""转换""符号""结构"中的工具进行灵活多样的公式录入,如图 3-7 所示。

图 3-7 公式的录入

3)如果 Word 2019 已安装公式 3.0 对象插件,则可以单击"插入"选项卡"文本"组中的"对象",打开"对象"对话框,然后在"对象类型"中找到"公式 3.0",使用公式 3.0 进行公式的录入。

6. 插入文件

在文档输入的过程中有时会需要把另一篇 Word 文档插入到当前文档中去,具体操作方法如下:

将插入点光标移动到当前文档的插入位置,单击"插入",在"文本"组中选择"对象"/"文件中的文字",在打开的"插入文件"对话框中找到需插入的文件,单击"插入"。

7. 全半角文本的录入

有时为了排版,需进行全半角文本的录入。默认情况下,英文占据一个字符(半角),中文占据两个字符(全角)。大多数中文输入法均明显显示全、半角输入的标识,可以直接使用鼠标单击输入法图标上面的全半角按钮进行切换。一般全角状态按钮为圆形,半角状态按钮为月亮形。但是有的输入法没有这种明显的标识,则可以单击输入法其他位置打开全、半角输入,如图 3-8 所示为搜狗拼音输入法的"全半角切换"按钮。

图 3-8 "全半角切换"按钮

任务实现

任务实现效果如图 3-9 所示。

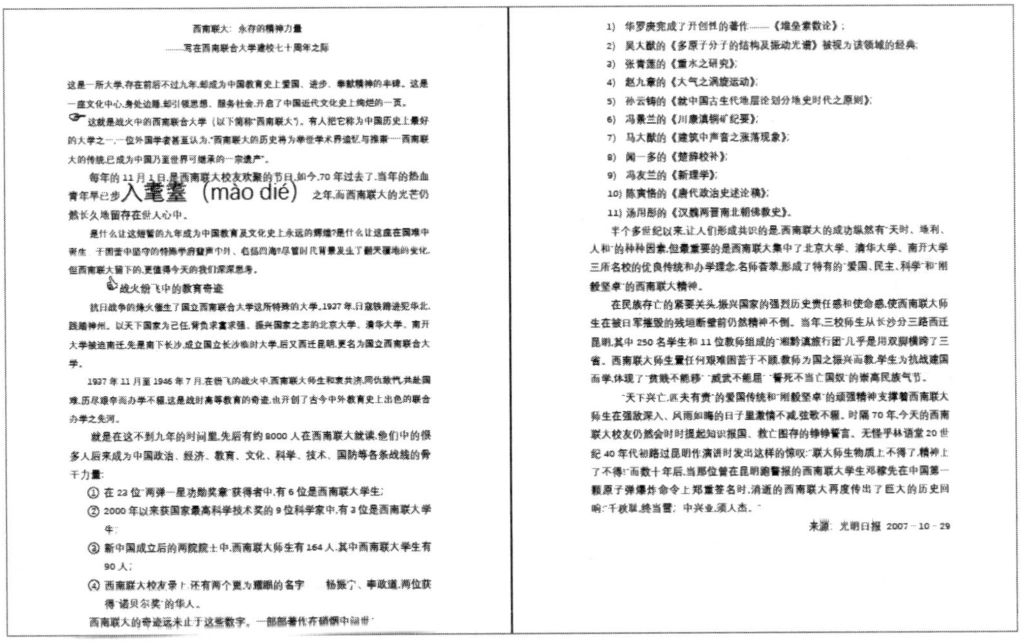

西南联大：永存的精神力量

……写在西南联合大学建校七十周年之际

这是一所大学,存在前后不过九年,却成为中国教育史上爱国、进步、奉献精神的丰碑。这是一座文化中心,身处边陲,却引领思想、服务社会,开启了中国近代文化史上绚烂的一页。

这就是战火中的西南联合大学（以下简称“西南联大”）。有人把它称为中国历史上最好的大学之一,一位外国学者甚至认为,“西南联大的历史将为举世学术界追忆与推崇……西南联大的传统,已成为中国乃至世界可继承的一宗遗产”。

每年的 11 月 1 日,是西南联大校友欢聚的节日,如今,70 年过去了,当年的热血青年早已步入耄耋（mào dié）之年,而西南联大的光芒仍然长久地留存在世人心中。

是什么让这短暂的九年成为中国教育及文化史上永远的辉煌?是什么让这座在国难中诞生、于困苦中坚守的特殊学府蜚声中外、名扬四海?尽管时代背景发生了翻天覆地的变化,但西南联大留下的,更值得今天的我们深深思考。

战火纷飞中的教育奇迹

抗日战争的烽火催生了国立西南联合大学这所特殊的大学。1937 年,日寇铁蹄进犯华北,践踏神州。以天下国家为己任,背负求富求强、振兴国家之志的北京大学、清华大学、南开大学被迫南迁,先是南下长沙,成立国立长沙临时大学,后又西迁昆明,更名为国立西南联合大学。

1937 年 11 月至 1946 年 7 月,在纷飞的战火中,西南联大师生和衷共济,同仇敌忾,共赴国难,历尽艰辛而办学不辍,这是战时高等教育的奇迹,也开创了古今中外教育史上出色的联合办学之先河。

就是在这不到九年的时间里,先后有约 8000 人在西南联大就读,他们中的很多人后来成为中国政治、经济、教育、文化、科学、技术、国防等各条战线的骨干力量:

① 在 23 位“两弹一星功勋奖章”获得者中,有 6 位是西南联大学生;

② 2000 年以来获国家最高科学技术奖的 9 位科学家中,有 3 位是西南联大学生;

③ 新中国成立后的两院院士中,西南联大师生有 164 人,其中西南联大学生有 90 人;

④ 西南联大校友录上,还有两个更为耀眼的名字——杨振宁、李政道,两位获得“诺贝尔奖”的华人。

西南联大的奇迹远未止于这些数字。一部部著作存储佣中留世：

1) 华罗庚完成了开创性的著作——《堆垒素数论》;

2) 吴大猷的《多原子分子的结构及振动光谱》被视为该领域的经典;

3) 张青莲的《重水之研究》;

4) 赵九章的《大气之涡旋运动》;

5) 孙云铸的《就中国古生代地层论划分地史时代之原则》;

6) 冯景兰的《川康滇铜矿纪要》;

7) 马大猷的《建筑中声音之涨落现象》;

8) 闻一多的《楚辞校补》;

9) 冯友兰的《新理学》;

10) 陈寅恪的《唐代政治史述论稿》;

11) 汤用彤的《汉魏两晋南北朝佛教史》。

半个多世纪以来,让人们形成共识的是,西南联大的成功纵然有“天时、地利、人和”的种种因素,但最重要的是西南联大集中了北京大学、清华大学、南开大学三所名校的优良传统和办学理念,名师荟萃,形成了特有的“爱国、民主、科学”和“刚毅坚卓”的西南联大精神。

在民族存亡的紧要关头,振兴国家的强烈历史责任感和使命感,使西南联大师生在被日军摧毁的残垣断壁前仍然精神不倒。当年,三校师生从长沙分三路西迁昆明,其中 250 名学生和 11 位教师组成的“湘黔滇旅行团”几乎是用双脚横跨了三省。西南联大师生置任何艰难困苦于不顾,教师为国之振兴而教,学生为抗战建国而学,体现了“贫贱不能移”“威武不能屈”“誓死不当亡国奴”的崇高民族气节。

“天下兴亡,匹夫有责”的爱国传统和“刚毅坚卓”的顽强精神支撑着西南联大师生在强敌深入、风雨如晦的日子里激情不减,弦歌不辍。时隔 70 年,今天的西南联大校友仍然会时时提起知识报国、教亡图存的铮铮誓言。无怪乎林语堂 20 世纪 40 年代初路过昆明作演讲时发出这样的惊叹:“联大师生物质上不得了,精神上了不得!”而数十年后,当那位曾在昆明跑警报的西南联大学生邓稼先在中国第一颗原子弹爆炸命令上郑重签名时,消逝的西南联大再度传出了巨大的历史回响:“千秋耻,终当雪;中兴业,须人杰。”

来源：光明日报 2007－10－29

图 3-9　任务 3.1 效果图

任务总结

本任务讲解了几种常见的文本录入方法，同时也使学生学习了“西南联大精神”。

任务 3.2　排版诗词

任务描述

打开“任务 3.2 素材”，按照“任务 3.2 排版要求”进行排版。

任务分析

本任务涉及页面设置、字体设置、段落设置、分栏设置、页码设置、页眉设置、页脚设置等页面排版的最基本设置。

任务知识模块

一、文档的基本操作

（一）保存与保护文档

1. 保存文档

文档的保存可以使用以下几种方法。

1）单击快速访问工具栏中的“保存”图标。

2）单击“文件”/“保存”。

3）按 <Ctrl+S> 组合键。

4）单击"文件"/"另存为"。

如果新文档第一次保存或旧文档重新以新文件名或新的路径保存，可选择"文件"/"另存为"/"浏览"，如图3-10所示，在打开的对话框中选择保存路径，在"文件名"中输入文件名称，在"保存类型"中选择文件类型，单击"保存"，即可保存文件。文件的默认扩展名为".docx"。

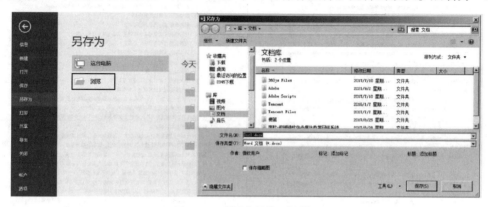

图3-10 "另存为"对话框

2. 保护文档

用户可以通过设置文档的打开权限密码、修改权限密码、只读属性设置、限制格式和编辑等对文档进行保护。

单击"文件"/"另存为"，打开"另存为"对话框，单击"工具"/"常规选项"，在打开的"常规选项"对话框中，可完成文档的打开权限密码、修改权限密码、只读属性设置、限制格式和编辑等的设置。

> 提示：在"另存为"对话框中，单击"工具"/"保存选项"，可以对"自定义文档保存方式"进行设置，如图3-11所示。

图3-11 自定义文档保存方式

（二）编辑文档

1. 文本的选定

选择文本的方法有很多，下面列出常用的一些方法。

（1）用鼠标选定文本

选定任意文本：按住鼠标左键，将光标从待选文本的一端拖拽到另一端。

选定大块文本：单击待选文本的开始端，按住<Shift>键，再在待选文本的结束端单击。

选定一个句子：按住<Ctrl>键并单击句子。

选定一个单词：双击该单词。

选定矩形文本块：按住<Alt>键不放，同时按住鼠标左键拖拽。

（2）在文本选定区选定文本

选定行：在文本选定区单击可选定所指行。

选定一个段落：在文本选定区双击可选定所指段落。

选定整篇文档：在文本选定区三击可选定整篇文档。

> **提示**：将光标移动到文档最左侧，光标从"I"形变为指向右上方的箭头，此区域称为"文本选定区"。

（3）用键盘选定文本

选定整篇文档：按<Ctrl+A>键可选定整篇文档。

按住<Shift>键不放，通过<→><←><↑><↓>等键可移动插入点来选取所需文本的范围。

2. 插入与删除文本

1）插入文本：在插入状态下，将插入点移动到插入文本的位置，输入新文本。

> **提示**：通过双击状态栏中的"改写"或按键盘上的<Insert>键，可以在"改写"与"插入"状态之间切换。

2）删除文本：按<Delete>键可完成插入点之后的一个字符的删除，按<Back Space>键可完成插入点之前的一个字符的删除。

要删除几行或一块文字，只需选定要删除的文字，按<Delete>键即可。

3. 移动与复制文本

在编辑过程中经常需将一些文本移动或复制到其他位置，用户可以利用剪贴板来实现。Office 2019中可以保留最近24次的剪切或复制内容。单击"开始"选项卡"剪贴板"组右下角的图标，在打开的"剪贴板"任务窗格中可查看剪贴板中的内容。

（1）移动文本

使用剪贴板：选定要移动的文本，单击"开始"选项卡"剪贴板"组中的"剪切"（或按<Ctrl+X>键），将插入点光标移到目的位置，单击"粘贴"（或按<Ctrl+V>键）完成移动操作。

使用鼠标：选定要移动的文本，按下鼠标左键将其拖拽到目的位置后释放鼠标，完成选定文本的移动。

（2）复制文本

使用剪贴板：选定要复制的文本，单击"开始"选项卡"剪贴板"组中的"复制"（或按<Ctrl+C>键），将插入点光标移到目的位置，单击"粘贴"（或按<Ctrl+V>键）完成复制操作。

使用鼠标：选定要复制的文本，按住<Ctrl>键，再按下鼠标左键将其拖拽到目的位置后释放鼠标，完成选定文本的复制。

4. 查找与替换

在文档编辑过程中，经常会查找某些文字或字符，或对查找出来的对象进行修改或替换，用户可以使用Word 2019提供的查找与替换功能来实现。

1）常规查找：单击"开始"选项卡"编辑"组中的"查找"，在"导航"窗口中输入查找内容，文档中将高亮显示所找到的文本。

2）高级查找：在"开始"选项卡"编辑"组中单击"查找"/"高级查找"，打开"查找和替换"对话框，单击"更多"，设置查找特定的文本。

3）替换文本：单击"开始"选项卡"编辑"组中的"替换"，在打开的"查找和替换"对话框中，分别输入查找和替换的内容，设置格式，根据情况单击"替换""全部替换"或"查找下一处"。

5. 拼写和语法检查

默认情况下，Word 会在用户输入的同时进行拼写和语法检查。用红色或蓝色波浪线表示可能的拼写错误，用绿色波浪线表示可能的语法错误。用户可以使用"拼写和语法"工具进行拼写和语法检查。

单击"审阅"选项卡"校对"组中的"拼写和语法"，弹出"校对"面板工具箱，其中有"拼写检查""建议"等关于拼写和语法检查的选项，选择对应选项可以进行相应的更改。

6. 撤销与恢复

用户若操作失误，可单击快速访问工具栏上的"撤销" ，恢复上一步操作。单击"恢复" ，可还原刚才被撤销的操作。Word 2019 支持多次撤销或恢复。

二、文档的排版

Word 2019 可以快速直观地排版出丰富多彩的文档格式和外观。文档排版包含字符格式设置、段落格式设置、页面设置、页眉和页脚设置等。

（一）字符格式设置

字符格式的设置包括字体、字号、字形、颜色、字体特殊效果、字符间距、字符位置等的设置。通常采取以下 3 种方式进行字符格式的设置。

1. 利用功能区设置

单击"开始"选项卡，在如图 3-12 所示的"字体"组中单击对应的选项（如字体、字号、字体颜色、更改大小写、字符底纹、字符边框、拼音指南等）即可。如图 3-13 所示为部分字符格式效果。

图 3-12 "字体"组

图 3-13 字符格式效果（一）

2. 利用"字体"对话框设置

单击"开始"选项卡，在"字体"组中单击 图标，打开如图 3-14 所示的"字体"对话框，在其中进行字符格式设置。如图 3-15 所示为部分字符格式效果。

图 3-14 "字体"对话框

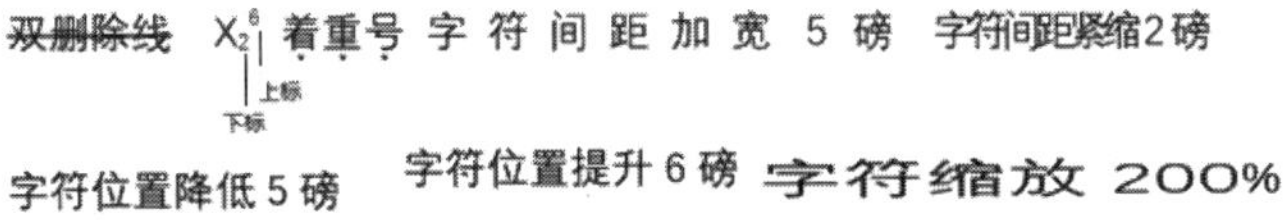

双删除线　X₂⁶　着重号　字 符 间 距 加 宽 5 磅　字符间距紧缩2磅

字符位置降低5磅　字符位置提升6磅　字符缩放 200%

图 3-15　字符格式效果（二）

> 提示：在"字体"对话框的"高级"选项卡中可以对字符进行"间距""位置""缩放"等设置。

3. 利用浮动工具栏设置

选中要编辑的字符，此时浮动工具栏就会出现在所选字符的尾部，如图 3-16 所示。利用浮动工具栏可以直观快速地设置常用的一些格式。

图 3-16　浮动工具栏

（二）段落格式设置

段落是指相邻两个回车符之间的内容。段落格式设置的目的是使文章层次更加分明，版面更加清晰。段落格式的基本设置包括段落对齐、段落缩进、行间距、段间距等，还可以对段落添加项目符号、编号、分栏、边框和底纹等。

1. 段落对齐

段落对齐是指段落在文档中的水平排列方式，对齐方式包括左对齐、居中、右对齐、两端对齐和分散对齐。通常采取以下两种方式进行段落对齐设置。

1）单击"开始"选项卡，在如图 3-17 所示的"段落"组中单击对应的对齐图标完成设置。

2）单击"开始"选项卡，在"段落"组中单击 图标打开如图 3-18 所示的"段落"对话框，在"对齐方式"下拉列表中进行设置。

图 3-17　"段落"组

图 3-18　"段落"对话框

2. 段落缩进

段落缩进是指段落内容和页边距之间的距离，包括首行缩进、左缩进、右缩进和悬挂缩进。通常采取以下3种方式进行段落缩进设置。

1）单击"视图"选项卡，勾选"显示"组中的"标尺"复选框，使用如图3-19所示的水平标尺滑块进行段落缩进方式的设置。

图3-19 水平标尺

2）单击"开始"选项卡，在"段落"组中单击 图标打开"段落"对话框，在对应的选项中设置合适的数值。

3）单击"开始"选项卡，在"段落"组中单击"增加缩进量" 或"减少缩进量" ，进行段落缩进量的增加或减少设置。

3. 段间距和行间距

段间距是指段落之间的距离，行间距是指行与行之间的距离。通常采取以下两种方式进行段间距和行间距的设置。

1）单击"开始"选项卡，在"段落"组中单击"行和段落间距" 右侧的下拉列表，选择相应命令完成设置。

2）单击"开始"选项卡，在"段落"组中单击 图标打开"段落"对话框，在对应的选项中设置合适的数值。

4. 项目符号和编号

可以在文档中增加一些项目符号、编号或多级列表，增加文档的逻辑和层次感，使得文档更加清晰。如图3-20所示为段落项目符号、编号和多级列表效果。

项目符号	编号	多级列表
● 字符格式设置	1) 字符格式设置	1. 字符格式设置
● 段落格式设置	2) 段落格式设置	1.1 段落格式设置
● 页面设置	3) 页面设置	1.1.1 页面设置

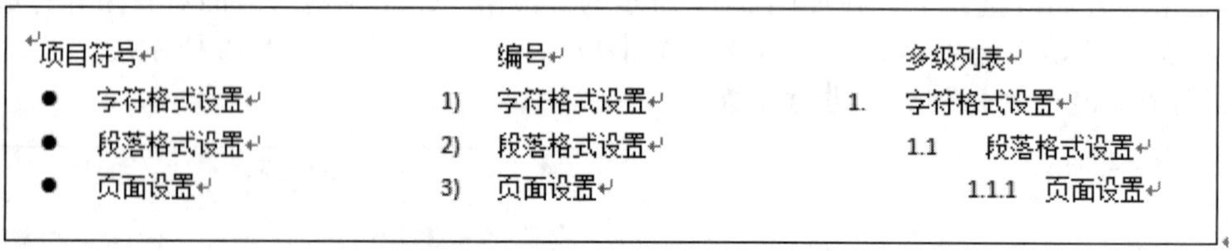

图3-20 段落项目符号、编号和多级列表效果

1）项目符号和编号。单击"开始"选项卡，在"段落"组中单击"项目符号" 或"编号" 右侧的下拉列表，选择一种符号或编号样式。也可以单击"定义新编号格式"或"定义新项目符号"命令，在打开的对话框中进行设置。

2）多级列表。单击"开始"选项卡，在"段落"组中单击"多级列表" 右侧的下拉列表，选择一种多级列表样式。也可以单击"定义新的多级列表"或"定义新的列表样式"命令，以及使用"增加缩进量" 或"减少缩进量" 来确定层次关系。

5. 格式刷

Word 2019提供的"格式刷"可以快速地将指定字符或段落的格式复制到其他字符或段落上，以提高用户的排版工作效率。具体操作步骤如下：

1）选择要复制其格式的字符或段落，单击"开始"选项卡"剪贴板"组中的"格式刷"，以获取选中的字符或段落的格式。

2）将变为刷子形状的鼠标指针移动到需要此格式的字符或段落处，按下鼠标左键拖动刷完要应用此格式的字符或段落。

3）若要复制格式到多处字符或段落，则双击"格式刷"，复制完成后，再单击"格式刷"或按 <Esc> 键结束。

6. 边框和底纹

单击"开始"选项卡，在"段落"组中单击"边框" / "边框和底纹"，在打开的"边框和底纹"对话框中进行设置，如图 3-21 所示。或者在"设计"选项卡下的"页面背景"组中直接单击"页面边框"工具，也可以打开"边框和底纹"对话框。

7. 栏

栏是排版的常用方法，它可将文档内容在页面上分成多块，使文章更易阅读。只有在"页面视图"方式下才显示栏效果。

单击"布局"选项卡，在"页面设置"组中单击"栏" / "更多栏"，在打开的"栏"对话框中进行设置，如图 3-22 所示。

图 3-21 "边框和底纹"对话框

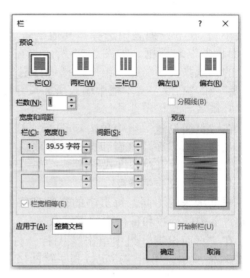

图 3-22 "栏"对话框

（三）页面设置

在默认状态下，Word 在创建文档时使用的是以 A4 纸大小为基准的模板，内有预置的页面格式，其页面格式设置适合于大部分文档。用户也可以根据需要自己设置页面。页面设置一般包括"页边距""纸张""版式""文档网格"4 项内容。单击"布局"选项卡，在"页面设置"组对应的选项中可完成相关设置，或者单击"页面设置"组右下角的图标，打开如图 3-23 所示的"页面设置"对话框进行设置。

1. 页边距

系统提供的页边距：在"布局"选项卡下的"页面设置"组中单击"页边距"，在下拉列表中选择提供的一种页边距命令，或者在图 3-24 所示的"页边距"选项卡中进行设置。

自定义页边距：在"页面设置"组中单击"页边距"，在下拉列表中选择"自定义页边距"，打开"页面设置"对话框，如图 3-24 所示，在"页边距"选项卡的"上""下""左""右"文本框中输入所需尺寸即可。

图 3-23 "页面设置"对话框

> 提示：若文档打印后需要装订，可在"页边距"选项卡中对"装订线"进行设置。

2. 纸张

（1）纸张方向

Word 2019 默认的页面纸张方向是纵向，如果需要设置成横向，在"页面设置"组中单击"纸张方向"/"横向"即可。

（2）纸张大小

标准纸张设置：在"布局"选项卡下的"页面设置"组中单击"纸张大小"，在下拉列表中选择提供的一种标准纸张即可。

自定义纸张设置：在"页面设置"组中单击"纸张大小"，在下拉列表中选择"其他纸张大小"，打开"页面设置"对话框，如图 3-25 所示，在"纸张"选项卡的"纸张大小"选项组中选择"自定义大小"，在"宽度"和"高度"文本框中输入所需尺寸即可。

图 3-24 "页边距"选项卡

3. 版式

在"页面设置"组中单击 图标，打开"页面设置"对话框，单击"版式"选项卡，如图 3-23 所示，可以在"页眉和页脚"选项组中选择"奇偶页不同"和"首页不同"，在"页面"选项组中选择"垂直对齐方式"等。

4. 调整行数和字符数

根据纸张的不同，每页中的行数和字符数都有一个默认值。用户如有特殊需要，可以自己设置每页中的行数和每行中的字符数。

在"页面设置"组中单击 图标，打开"页面设置"对话框，单击"文档网格"选项卡，如图 3-26 所示，单击"指定行和字符网格"，输入要改变的字符数和行数数值。

图 3-25 "纸张"选项卡

图 3-26 "文档网格"选项卡

（四）页眉和页脚设置

1. 分页

文档编辑时，文本填满一页后 Word 会自动分页。用户若需在特定位置强制分页，可以人工插入分页符。具体操作方法有以下 3 种：

1）将插入点移到需要分页的位置，单击"插入"选项卡"页面"组中的"分页"。

2）将插入点移到需要分页的位置，单击"布局"选项卡"页面设置"组中的"分隔符"/"分页符"。

3）将插入点移到需要分页的位置，按 <Ctrl+Enter> 组合键。

2. 分节

"节"是文档设置版面的最小单位，默认情况下一个文档为一节。用户可以在文档中插入分节符，使一个文档划分为多节，从而实现不同的节有不同的页面版式（如纸张方向不同、页眉页脚不同、页码不同、对齐方式不同等）。插入节的操作方法如下：

将插入点移到需要分节的位置，单击"布局"选项卡"页面设置"组中的"分隔符"，在下拉列表中选择"分节符"中的一种方式。

> 提示：在"草稿"视图方式下才会显示"分页符"或"分节符"标记，单击"分页符"虚线或"分节符"虚线，按 <Delete> 键即可删除分页或分节。

> 提示：单击"开始"选项卡，在"段落"组中单击"显示/隐藏编辑标记"，可以显示或隐藏段落标记、分页符及分节符等格式标记。

3. 插入页码

对于页数较多的文档，在打印之前最好为每一页设置一个页码，以免文档先后顺序混淆。插入页码的操作方法如下：

单击"插入"选项卡，在"页面和页脚"组中单击"页码"，在下拉列表中选择页码的位置和样式即可。如果选择"设置页码格式"选项，则会打开如图 3-27 所示的"页码格式"对话框，用户可以自定义页码格式。

4. 插入页眉和页脚

页眉和页脚是文档的备注信息，可以包含文章的章节标题、作者、日期、页码、文件名或某些标志等。一般情况下，页眉在页面顶端，页脚在页面底端。插入页眉和页脚的操作方法如下：

单击"插入"选项卡，在"页面和页脚"组中单击"页眉"或"页脚"，在下拉列表中选择"编辑页眉"或"编辑页脚"命令，Word 切换到页面或页脚编辑状态，并打开如图 3-28 所示的"页眉和页脚工具"的"设计"选项卡，在"导航"组中单击"转至页眉"或"转至页脚"可分别在页眉和页脚编辑区插入或输入所需内容。

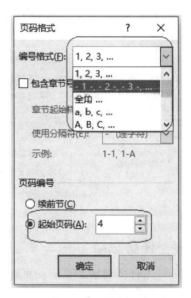

图 3-27 "页码格式"对话框

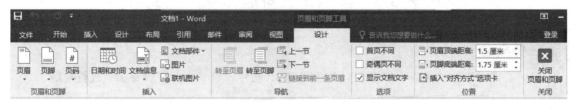

图 3-28 "页眉和页脚工具"的"设计"选项卡

上述设置方法可为文档的每一页添加相同的页眉和页脚。如果需要设置奇偶页或首页内容不同的页眉和页脚，可以在"页眉和页脚工具"的"设计"选项卡中，使用"选项"组工具，根据排版要求勾选"奇偶页不同"或"首页不同"复选框，分别在奇数页和偶数页或首页的页眉和页脚编辑区插入或输入需要的内容即可。

如果文档已被分成多节，则可以为每个节设置不同的页眉和页脚。如图 3-28 所示，选择"上一节"或"下一节"可以切换到不同节，在不同节的页眉和页脚编辑区插入或输入所需内容即可。如果不同的节中要使用相同的页眉和页脚，则只需单击"链接到前一条页眉"即可。

提示：如果文档只是需要在每页插入相同的页眉或页脚，也可以在"页眉和页脚"组中单击"页眉"或"页脚"，在下拉列表中选择一种样式模板，然后插入或输入所需内容即可。

任务实现

任务实现效果如图 3-29 所示。

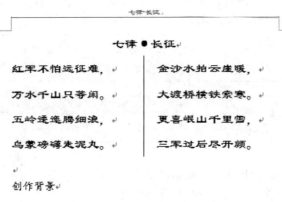

图 3-29　任务 3.2 效果图

任务总结

本任务讲解了页眉、页脚、页码、字体、字形、字号、段落、分栏等基本功能的设置方法。

任务 3.3　按照论文排版标准排版文章

任务描述

对所给素材中的"任务 3.3 素材"（论文节选），按照"任务 3.3 排版要求"进行排版。

任务分析

本任务所给素材为正文、五号、宋体格式，完成本任务需要注意以下几个问题：
1）标题的排版。
2）作者及单位的排版。
3）摘要及关键词的排版。
4）英文标题、作者、摘要及关键词的排版。
5）正文的排版。
6）正文一级、二级、三级标题的排版。
7）图和表（一定要把素材中的表排版成三线表）的排版。

任务知识模块

一、样式

1. 样式概述

很多文档的大部分格式都比较类似,并且一篇长文档往往需要在许多地方设置相同的格式。每个地方都单独设置格式不仅麻烦,而且不便于以后修改格式。应用样式可快速为字符或段落设置统一的格式,用户可以快速完成文档的格式排版。此外,应用样式也是自动生成目录的前提。

所谓样式是指一种已经命名的字符或段落格式。样式分为内置样式和自定义样式:内置样式是 Word 自带的样式,如"标题1""标题2""正文"等;自定义样式是用户在文档编辑过程中新建的样式。不管是哪种样式,都可以进行修改。

2. 新建样式

在文档中新建样式的操作方法如下:

1)单击"开始"选项卡,在"样式"组中单击 图标,打开如图 3-30 所示的"样式"任务窗格,单击"新建样式" 。

2)如图 3-31 所示,打开"根据格式化创建新样式"对话框,在"属性"选项组的"名称"文本框中输入名称,在"样式类型"中选择样式(一般默认为"段落"),在"样式基准"中选择新建样式的基准(一般默认为"正文"),"后续段落样式"也设置为"正文"。

图 3-30 "样式"任务窗格

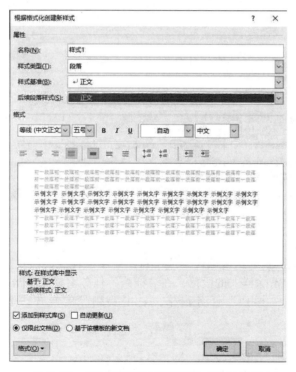

图 3-31 "根据格式化创建新样式"对话框

3)在"格式"选项组中可设置样式的部分格式,也可单击"格式" ,在弹出的对话框中设置更多的样式格式。

4)设置完成后,单击"确定",完成新样式的创建。此时在"样式"组中会显示出新样式的名称,同时文档中光标所在的段落也会自动应用新样式。

3. 应用样式

用户可以应用内置样式或自定义样式。具体操作方法如下：

将光标定位在要应用样式的段落或选中要应用样式的字符，单击"样式"组或者"样式"任务窗格中的样式选项，即可将样式应用到所选段落或字符。

> 提示：单击图 3-30 所示的"样式"任务窗格中的"管理样式"，在"管理样式"对话框的"推荐"选项卡中可以设置显示或隐藏样式选项。

4. 修改样式

创建样式后，用户还可根据需要修改样式。具体操作方法如下：

打开"样式"任务窗格，单击要修改的样式右侧的下拉列表，选择"修改"，在打开的"修改样式"对话框中进行修改。或者直接右击需要修改的样式，选择"修改"，也可打开"修改样式"对话框，如图 3-32 所示。

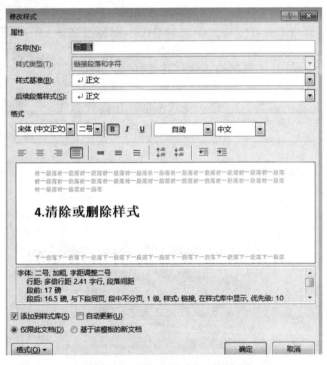

图 3-32 "修改样式"对话框

5. 清除或删除样式

1）清除样式。清除样式是指清除段落或字符所应用的样式，恢复默认的正文样式。其操作方法为：将光标定位到要清除样式的段落，在"样式"任务窗格中单击"全部清除"。

2）删除样式。打开"样式"任务窗格，右击要删除的样式，选择"从样式库中删除"即可。

二、打印预览和打印文档

在文档打印之前，一般都需浏览一下版面的整体结构。用户可以应用打印预览功能预览文档的打印效果，如果效果不满意，可以进行调整，从而避免不适当的打印造成的纸张和时间的浪费。文档浏览满意后，就可以对文档进行打印了。

1. 打印预览

单击"文件"/"打印"，进入打印和预览状态，如图 3-33 所示，在窗口右侧可查看文档打印效果。如果不满意，可返回编辑状态继续修改。

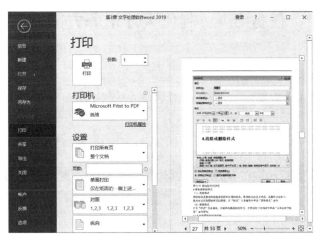

图 3-33　打印预览

> **提示**：单击快速访问工具栏中的"打印预览和打印" ，即可进入打印和预览状态。

2. 打印文档

准备好打印机，单击"文件"/"打印"，进入打印和预览状态，选择打印机，设置打印页面范围、打印份数、打印方式等，单击"打印"，与计算机相连的打印机即可自动打印出文档。

任务实现

任务实现效果如图 3-34 所示，其中仅展示了第 1 页和第 3 页，详细内容请参阅素材"任务 3.3 效果 PDF"。

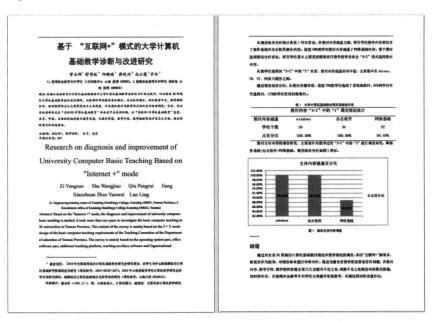

图 3-34　任务 3.3 效果图

任务总结

本任务讲解了论文的排版方法。因论文排版涉及脚注、尾注和表格设计等相关后续知识点，通过本任务的实现，也达到了提前预习的教学效果。

任务 3.4　制作人才培养方案表

📖 任务描述

按照素材"任务 3.4 排版要求",参照"任务 3.4 效果 PDF"文档,制作人才培养方案表并排版。

✍ 任务分析

本任务的实现需要熟悉函数的使用、页面边框和底纹的设置以及项目符号和编号的设置等相关知识点。

📄 任务知识模块

一、创建表格

1. 插入表格

插入表格的常用方法有以下两种。

1)利用鼠标拖动方法创建表格。将插入点置于插入表格的位置,单击"插入"选项卡"表格"组中的"表格",打开"插入表格"下拉列表,按下鼠标左键拖动选择所需表格的行数和列数,释放鼠标即可插入表格。

2)利用"插入表格"命令创建表格。将插入点置于插入表格的位置,单击"插入"选项卡"表格"组中的"表格",打开"插入表格"下拉列表,单击"插入表格"命令,打开如图 3-35 所示的"插入表格"对话框,输入所需的列数和行数,单击"确定"即可插入表格。

2. 使用"文本转换成表格"命令创建表格

选择用制表符分隔的表格文本,单击"插入"选项卡"表格"组中的"表格",打开"插入表格"下拉列表,单击"文本转换成表格"命令,打开如图 3-36 所示的"将文字转换成表格"对话框,设置列数、文字分隔位置等,单击"确定"即可将文字转换为表格。

图 3-35　"插入表格"对话框

图 3-36　"将文字转换成表格"对话框

3. 绘制表格

自动插入的表格是规则的表格,对于不规则的表格,可以通过手工绘制来完成。具体操作方法如下。

将插入点置于插入表格的位置,单击"插入"选项卡"表格"组中的"表格",打开"插入表格"下拉列表,单击"绘制表格"命令,此时鼠标指针变为笔的形状,按下鼠标左键拖动指针绘制所需表格即可。

> 提示：在绘制表格的过程中，可以利用"表格工具"的"布局"选项卡下的"橡皮擦"擦除表格线，利用"删除"删除表格，如图3-37所示。

图3-37 "表格工具"的"布局"选项卡

二、编辑表格

创建表格后，可以根据需要对表格进行编辑修改，如添加行或列、删除行或列、调整表格的行高或列宽、合并单元格、拆分单元格等。

1. 选定表格

1）选定行。将鼠标指针移动到该行外的左边选择区，单击鼠标左键可选定该行，按住左键拖动可选择连续多行。

2）选定列。将鼠标指针移动该到列的顶端选择区，当指针变为黑色向下的箭头时，单击鼠标左键可选定该列，按住左键拖动可选择连续多列。

3）选定单元格。将鼠标指针移动到单元格的左边选择区，当指针变为指向右上方的黑色箭头时，单击鼠标左键可选定该单元格，按住左键拖动可选择多个单元格。

4）选定整个表格。将鼠标指针移动到表格线任意位置时，表格的左上角会出现表格控制点标记⊞，单击它可以选定整个表格。

2. 调整表格

1）使用鼠标拖动。将鼠标指针移到表格的边框线上，指针形状变为双线时，按下鼠标左键并拖动可调整行高或列宽。

2）使用表格工具。选中需调整行高或列宽的单元格或表格，单击"表格工具"的"布局"选项卡，在"单元格大小"组中设定数值即可，如图3-38所示。

图3-38 "单元格大小"组

3）使用"表格属性"命令。选中需调整行高或列宽的单元格或表格，右击鼠标，选择"表格属性"命令，打开"表格属性"对话框，如图3-39所示，在"行"或"列"选项卡中设定数值即可。

图3-39 "表格属性"对话框

提示：在"表格工具"的"布局"选项卡中，单击"表"组中的"属性"也可打开"表格属性"对话框。

4）平均分布行或列。选中需要平均分布的行或列，选择"表格工具"的"布局"选项卡，在"单元格大小"组中单击"分布行"或"分布列"，即可在选中的行或列之间平均分布高度或宽度。

5）自动调整表格。选择表格，单击"表格工具"的"布局"选项卡，在"单元格大小"组中单击"自动调整"，在下拉列表中选择相应的选项即可，如图3-40所示。

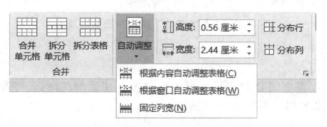

图3-40　自动调整表格

3. 插入或删除行或列

1）插入行或列。将插入点置于需插入行或列的单元格中，选择"表格工具"的"布局"选项卡，在如图3-41所示的"行和列"组中选择相应选项即可插入所需的行或列。

图3-41　"行和列"组

提示：插入行或列时，选中几行或几列，就能插入相应数量的行或列。插入行或列时，也可以把鼠标指针移到需要插入的位置，在两行或两列之间会出现一个加号"+"，单击加号"+"即可快速插入行或列。将光标移到列右侧，按<Enter>键，也可快速插入一样的单行。

2）删除行或列。选中需删除的行或列，选择"表格工具"的"布局"选项卡，在"行和列"组中单击"删除"，在下拉列表中选择相应的选项即可。或者选中需删除的行或列，右击鼠标，选择"删除行"或"删除列"。

提示：选中表格，右击鼠标，选择"删除表格"，可删除表格。或者在"删除"下拉列表中选择"删除表格"，如图3-42所示。

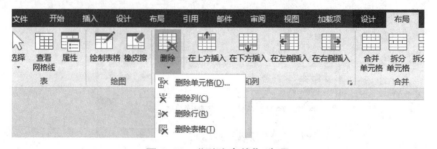

图3-42　"删除表格"选项

4. 合并和拆分单元格

1）合并单元格。选中要合并的单元格，选择"表格工具"的"布局"选项卡，在"合并"组中单击"合并单元格"。或者选中要合并的单元格，右击鼠标，选择"合并单元格"。

2）拆分单元格。选中要拆分的单元格，选择"表格工具"的"布局"选项卡，在"合并"组中单击"拆分单元格"。或者选中要拆分的单元格，右击鼠标，选择"拆分单元格"，在打开的如图 3-43 所示的"拆分单元格"对话框中设置列数和行数，单击"确定"。

图 3-43　"拆分单元格"对话框

> 提示：如需要拆分表格，将光标置于要拆分表格的行，选择"表格工具"的"布局"选项卡，在"合并"组中单击"拆分表格"，则表格在当前行上方被拆分。

三、设置表格格式

表格制作完成后，通常需要对表格进行格式设置，包括单元格对齐方式、表格对齐方式、表格的边框和底纹以及套用表格样式等。

1. 单元格对齐方式

选中要对齐的单元格，选择"表格工具"的"布局"选项卡，在"对齐方式"组中单击需要的对齐方式即可，如图 3-44 所示。

图 3-44　"对齐方式"组

2. 表格对齐方式

选中表格，右击鼠标，选择"表格属性"，打开"表格属性"对话框，如图 3-45 所示，可设置"左对齐""右对齐"或"居中"对齐方式及文字环绕方式。

图 3-45　"表格属性"对话框

3. 表格的边框和底纹

创建的表格一般默认为黑色单实线、无底纹。通过设置表格的边框和底纹，可以达到美化表格、突出显示的效果。

1）表格边框设置。选中要设置边框的表格或行、列、单元格，选择"表格工具"的"设计"选项卡，在"边框"组中单击"边框"，在下拉列表中直接设置，即可，如图3-46所示。

> **提示**：要设置表格中的斜线表头，可在"边框"组中单击"边框"，在下拉列表中选择"斜上框线"或"斜下框线"。

2）表格底纹设置。选中要设置底纹的表格或行、列、单元格，选择"表格工具"的"设计"选项卡，在"表格样式"组中单击"底纹"，在下拉列表中选择相应颜色即可，如图3-47所示。

图3-46　边框设置

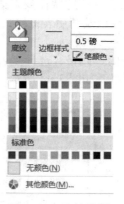

图3-47　底纹设置

> **提示**：选中要设置边框或底纹的表格或行、列、单元格，右击鼠标，选择"表格属性"，打开"表格属性"对话框。单击"表格"选项卡下的"边框和底纹"，在弹出的对话框中设置边框和底纹。其操作方法与为文本或段落添加边框和底纹的方法类似。

4. 套用表格样式

Word 2019提供了几十种表格样式，用户可以套用这些表格样式来快速完成表格设置。

将插入点置于表格中或选中表格，选择"表格工具"的"设计"选项卡，在"表格样式"组中选择一种适合的样式即可，如图3-48所示。

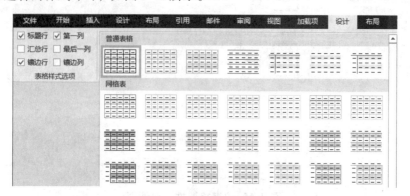

图3-48　套用表格样式

四、表格的数据处理

Word 2019 还提供了简单处理表格数据的功能，如对表格中数据排序以及求和、求平均值、求最大值、求最小值等简单的数据计算功能。

1. 排序

将光标置于要排序的表格中，选择"表格工具"的"布局"选项卡，单击"数据"组中的"排序"，打开"排序"对话框，选择关键字和排序方式（升序或者降序），在"列表"中选择"有标题行"或"无标题行"，单击"确定"，如图 3-49 所示。

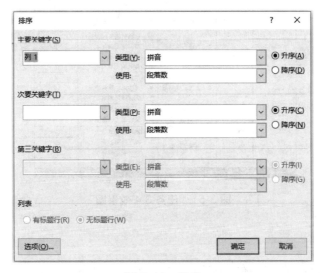

图 3-49 排序

2. 计算

计算表格中数据的操作步骤如下：

1）将光标置于要存放计算结果的单元格中，选择"表格工具"的"布局"选项卡，单击"数据"组中的"公式"，打开如图 3-50 所示的"公式"对话框。

2）在"粘贴函数"中选择所需的计算公式，如 SUM（求和函数），在"公式"文本框中默认出现"=SUM（ABOVE）"，如图 3-50 所示。若需修改，可在括号（ ）中输入单元格引用。另外，选择或者修改公式函数，即可求平均值、最大值、最小值等。

3）在"编号格式"中选择所需格式，单击"确定"。

图 3-50 "公式"对话框

> 提示：表格的每个单元格都有一个名称，由列标（由 A、B、C 等 26 个字母表示）和行号（由 1、2、3 等数字表示）组成，例如，第一行第一列的单元格名称为 A1。单元格引用由":"来实现，例如，A1：A4 表示从 A1 到 A4 这个区域的所有单元格（即 A1、A2、A3、A4）。

Word 中表格数据处理的功能比较弱，只能进行简单的数据处理。复杂的表格数据处理通常会先在 Excel 中完成，然后将内容以嵌入对象的形式插入 Word 文档中。

📖 任务实现

任务实现效果如图 3-51 所示。

图 3-51 任务 3.4 效果图

任务总结

本任务讲解了表格最基本的操作方法,并进一步复习了项目符合和编号、边框和底纹等相关知识。

任务 3.5 图文混排 1

任务描述

使用所给素材"任务 3.5 文字素材",按照"任务 3.5 排版要求"对素材进行排版,最终排版结果请参照素材"任务 3.5 效果 PDF"。

任务分析

本任务将从纸张设置、字体设置、图片编辑、文字环绕方式设置等方面对文字素材进行排版。

任务知识模块

Word 2019 提供了强大的图文混排功能,在文档中除了可以添加文字外,还可以插入图片、艺术字、文本框、形状、SmartArt 等,使文档图文并茂,生动形象,提高文档的整体美观效果,增强文档的可阅读性。图文混排是文档编辑的一项重要内容。

一、插入图片并设置格式

1. 插入联机图片

Word 2019 联机图片中包含了大量的图片、声音和影片,用户可以通过联机插入相关图片。具体操作步骤如下:

1)将插入点移到需插入联机图片的位置,单击"插入"选项卡"插图"组中的"联机图片",打开"联机图片"对话框。

2)在搜索文本框中输入关键字,按 <Enter> 键,在搜寻结果中选择所需图片,单击"插入",图片即插入到文档中。

2. 插入图片

Word 2019 文档中的图片可以来自文件,也可以来自扫描仪或数码相机,包含 BMP、JPG、WMF 等图片格式。具体操作步骤如下:

1)将插入点移到需插入图片的位置,单击"插入"选项卡"插图"组中的"图片",打开"插入图片"对话框。

2)在对话框中找到图片所在的文件夹。

3)选中所需插入的图片,单击"插入"即可插入图片。

3. 图片格式设置

在文档中一旦选择图片,在选项卡工具栏将会出现一个专门用来设置图片的"格式"选项卡,包括"调整""图片样式""排列"和"大小"4个组。对图片的格式设置就从这4个工具组中选择工具来完成,如图 3-52 所示。

图 3-52 "格式"选项卡

1)改变图片的大小。单击图片,将鼠标指针移到图片边框的小方(圆)块(控制点)的位置,指针形状变为"双箭头"时,按下鼠标左键拖动可以改变图片的大小。

2)裁剪图片。选中图片,单击"格式"选项卡,在"大小"组中单击"裁剪",鼠标指针变为裁剪形状,按下鼠标左键向图片内侧拖动,可裁去图片不需要的部分。

3)文字环绕。右击图片,选择"大小和位置",打开"布局"对话框,如图 3-53 所示,单击"文字环绕"选项卡,在"环绕方式"中选择所需方式,单击"确定"。

图 3-53 "布局"对话框

> **提示:** 也可以在"格式"选项卡的"排列"组中单击"环绕文字",在下拉列表中选择文字的环绕方式,如图 3-54 所示。如果图片排版的位置是单一的环绕方式,直接单击"格式"选项卡"排列"组中的"位置",在下拉列表中选择相应的环绕方式即可。

4)其他格式设置。选中图片,在"格式"选项卡中单击相应的选项(如更正、颜色、艺术效果、图片边框、图片效果等)可对图片的格式进行调整。

二、绘制形状

Word 2019 提供了绘图工具,可以绘制一些常用的形状,以满足用户的需求。

1. 插入形状

1)单击"插入"选项卡,在"插图"组中单击"形状",在下拉列表中选择需绘制的形状。

2)鼠标指针变为十字形状,按下鼠标左键拖动,绘制形状到所需的大小。

图 3-54　环绕文字

> 提示:如果需要绘制一张包含多个形状的图片,则需要先插入画布("形状"/"新建绘图画布"),再在画布中绘制形状,如图 3-55 所示。

2. 调整形状的方向和大小

单击形状,将鼠标指针移到形状的绿色旋转按钮或黄色形状控制按钮处,按下鼠标左键旋转或拖动可改变方向或形状。将鼠标指针移到形状边框的小方(圆)块(控制点)的位置,按下鼠标左键拖动可改变大小。

3. 格式设置

单击形状,在"绘图工具"的"格式"选项卡中,可单击相应选项进行形状格式设置。或右击选定形状,在弹出的快捷菜单中选择相应的命令进行设置。

三、使用文本框

文本框也是一种图形对象,在文本框中可以方便地输入文字或插入图片。通过使用文本框,用户可以很方便地将文本放置到文档页面的任意位置,而不必受段落格式和页面设置的影响,使排版更便捷灵活。

1. 插入文本框

1)单击"插入"选项卡,在"文本"组中单击"文本框",选择一种文本框类型。插入的文本框处于编辑状态,直接输入文本即可。

2)单击"插入"选项卡,在"文本"组中单击"文本框",在下拉列表中单击"绘制横排文本框"或"绘制竖排文本框",将鼠标指针移动到需插入文本框的位置,指针变为十字形状,按下鼠标左键拖动到所需的大小。

2. 文本框的编辑

与图形的操作类似,可以调整文本框的大小,移动文本框的位置,利用"绘图工具"的"格式"选项卡设置文本框效果等。

3. 文本框的链接

在文档中可创建多个文本框,并将它们链接起来。在当前文本框中输入文字时,其装不下的文字内容会自动转入到所链接的文本框中继续输入。利用文本框的链接功能,在报纸和宣传

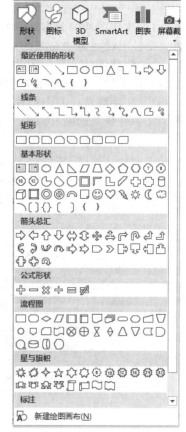

图 3-55　新建绘图画布

册等排版时可以很方便地实现自动转版。创建两个文本框的链接的操作方法如下：

1）单击"插入"选项卡，在"文本"组中单击"文本框"，在下拉列表中选择文本框类型，在文档中绘制两个文本框。

2）选定一个文本框，单击"格式"选项卡"文本"组中的"创建链接"。

3）将鼠标指针移到需创建链接的文本框（该文本框必须为空），单击鼠标左键完成链接。

提示：若需断开链接，则选定需断开链接的文本框，在"绘图工具"的"格式"选项卡中单击"文本"组中的"断开链接"，如图3-56所示。

图3-56 断开链接

4. 文本框的编辑排版

选择文本框后，在"绘图工具"的"格式"选项卡中有"插入形状""形状样式""艺术字样式""文本""排列"和"大小"几个组，使用相关工具可以完成对文本框的编辑排版，如图3-57所示。

图3-57 文本框编辑工具

选择文本框，右击鼠标，弹出文本框编辑常用工具快捷菜单，可以快速对文本框进行编辑。

任务实现

任务实现效果如图3-58所示，其中展示的是第1页和最后一页的内容，详细内容请参阅"任务3.5效果PDF"。

图3-58 任务3.5效果图

任务总结

本任务讲解了图文混排的纸张设置、字体设置、图片编辑、文字环绕方式设置等方面的知识。

任务 3.6　图文混排 2

任务描述

使用所给素材"任务 3.6 文字素材",按照"任务 3.6 排版要求"对素材进行排版,最终排版结果请参照素材"任务 3.6 效果 PDF"。

任务分析

本任务涉及的新的知识点主要有首字下沉、艺术字插入及相关设置。其他知识点均为前面任务学习过的内容。

任务知识模块

一、首字下沉

首字下沉是将段落的首字变成图形效果,以突出显示,其效果可以是"下沉"或"悬挂"。

单击"插入"选项卡"文本"组中的"首字下沉",在下拉列表中选择"首字下沉选项",打开"首字下沉"对话框,在其中可进行字体、下沉行数等设置,如图 3-59 所示。

二、插入艺术字

艺术字是一种特殊的图形对象,在文档中使用艺术字可以美化文档。艺术字的编辑排版类似于文本框和图片的编辑排版。

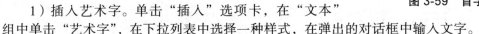

图 3-59　首字下沉

1)插入艺术字。单击"插入"选项卡,在"文本"组中单击"艺术字",在下拉列表中选择一种样式,在弹出的对话框中输入文字。

2)编辑艺术字。选中艺术字,在打开的"绘图工具"的"格式"选项卡中,可以对艺术字形状的填充、轮廓、效果及艺术字文字的大小、方向、对齐方式等进行设置。

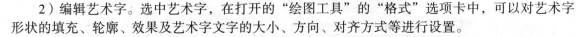

提示:Word 2019 将艺术字作为文本框插入,用户可以任意编辑文字。艺术字的编辑排版方法与文本框的编辑排版方法一致。

任务实现

任务实现效果如图 3-60 所示,其中仅展示了前两页的内容,详细内容请参阅素材"任务 3.6 效果 PDF"。

任务总结

本任务讲解了首字下沉和艺术字设置两个新知识点,同时也使用前文学过的知识完成了图片与文字的混排、文本的边框和底纹设置等,进一步熟悉了图文混排相关内容。

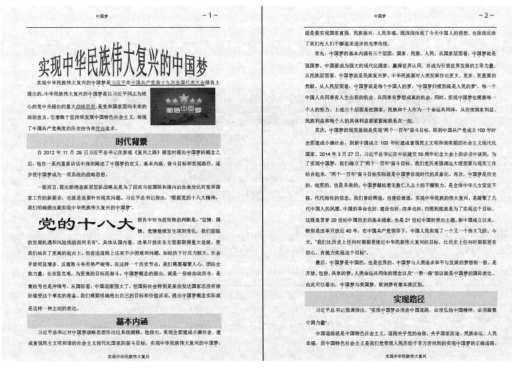

图 3-60　任务 3.6 效果图

任务 3.7　制作中国古代政治制度体系结构

任务描述

参考"任务 3.7 效果 PDF",绘制 SmartArt 图和中国古代政治制度体系结构。

任务分析

本任务需要掌握 SmartArt 图形及形状图形相关知识。

任务知识模块

一、插入 SmartArt 图形

虽然图形比文字更有助于读者阅读和理解信息,但创建具有设计师水准的图形对于大多数用户来说是很困难的。使用 SmartArt 图形和其他新功能,只需单击几下鼠标,即可创建具有设计师水准的图形,从而在文档中可以快速、轻松、有效地表达特殊效果图文信息。

插入 SmartArt 图形的方法为,将插入点置于要插入 SmartArt 图形的位置,单击"插入"选项卡,在"插图"组中单击"SmartArt",打开"选择 SmartArt 图形"对话框,选择一种样式,单击"确定"。

二、编辑 SmartArt 图形

1. 添加 SmartArt 图形元素

选中 SmartArt 图形,单击"SmartArt 工具"的"设计"选项卡,在"创建图形"组中单击"添加形状",在下拉列表中选择对应选项,添加 SmartArt 图形元素。

2. 编辑 SmartArt 图形

选中 SmartArt 图形，单击"SmartArt 工具"的"设计"或者"格式"选项卡，可对 SmartArt 图形及其中的图形元素进行设置（如大小、布局、样式、颜色、文本效果等）。"设计"选项卡如图 3-61 所示。

图 3-61 "设计"选项卡

> 提示：图文混排中对图片、表格、形状、SmartArt 图形、文本框、艺术字的编辑排版的思路和方法是完全一致的，即选中排版对象后，会在选项卡中弹出专门针对选中对象的编辑排版工具，使用这些工具即可对其进行排版。

任务实现

任务实现效果如图 3-62 所示。

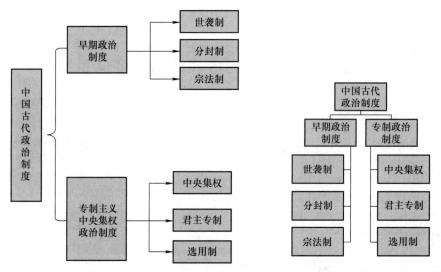

图 3-62 任务 3.7 效果图

任务总结

本任务讲解了"插入"选项卡中的 SmartArt 图形的插入和编辑方法。

任务 3.8 编辑数学期末考试试卷

任务描述

参照所给素材"任务 3.8 效果 PDF"，使用 A3 纸张制作数学期末考试试卷。制作的时候把框架制作完成，然后根据具体情况任意选择几个具有代表性的数学公式录入即可。

任务分析

本任务有一定的排版难度,尤其是装订线和题目得分栏部分的排版,可以利用前面学习过的图文混排相关知识。

任务知识模块

一、公式编辑器的使用

公式编辑器用于在文档中编辑一些数学公式。

插入普通常用公式的方法是,单击"插入"选项卡"符号"组中的"公式",在"内置"中可以直接选择"二次公式""二项式定理"等,然后按照录入要求进行修改,如图3-63所示。

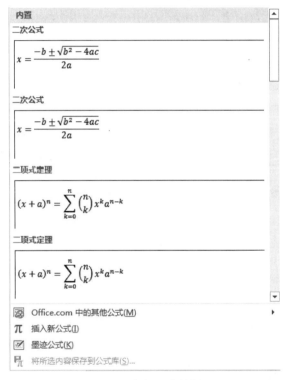

图3-63 内置公式的插入

插入新公式的方法是,单击"插入"选项卡"符号"组中的"公式",在下拉列表中选择"插入新公式",打开"公式工具"的"设计"选项卡,如图3-64所示,选择对应的命令,实现公式的插入。利用"符号"组与"结构"组中的工具,可以实现大多数常用公式的插入。

图3-64 插入新公式

1)"符号"组:提供用户用于插入的数学符号。
2)"结构"组:提供用户用于插入的常用公式模板,在模板中可以输入文字和符号。进行公式编辑的操作方法是，选择模板后输入内容，若需修改公式，单击公式需修改的位置即可进行修改，单击公式外的任意位置即可退出公式编辑器。

二、对象公式的使用

如果需要插入的公式或符号很特殊，用上述方法不能直接插入，Office 2019 提供了另外一种更为全面的公式插入工具，即插入对象公式 3.0。

插入对象公式 3.0 的方法是，单击"插入"选项卡，在"文本"组中单击"对象"，打开如图 3-65 所示的"对象"对话框，选中"Microsoft 公式 3.0"，单击"确定"，在光标位置将自动弹出图 3-66 所示的"公式"工具箱和公式编辑文本框。将鼠标指针移动到工具箱位置，将自动弹出下拉隐藏工具，选择相应工具，在公式编辑文本框中即可自行编辑公式。

图 3-65 "对象"对话框

图 3-66 "公式"工具箱和公式编辑文本框

📖 任务实现

任务实现效果如图 3-67 所示。

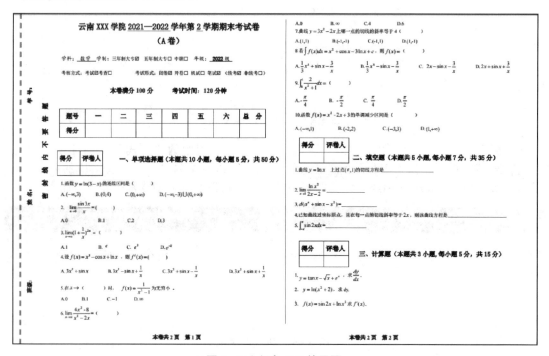

图 3-67 任务 3.8 效果图

任务总结

本任务讲解了公式编辑的方法，并进一步复习和巩固了图文混排的相关知识点。

任务 3.9　高级应用排版

任务描述

按照"任务 3.9 排版要求"，对所给素材"任务 3.9 文字素材"进行排版，最终排版结果请参照素材"任务 3.9 效果 PDF"。

任务分析

本任务的完成有一定的难度，需要熟练掌握以下几个要点：
1）要学会使用样式定义正文以及各级标题。
2）要使用多级列表关联到样式并自动编号。
3）熟练掌握封面的插入方法。
4）熟练掌握脚注和尾注的添加与设置方法。
5）熟练掌握插入目录的方法。

任务知识模块

一、脚注和尾注

脚注和尾注是文档的一部分，用于文档正文的补充和注释说明，帮助读者理解文章的内容。脚注出现在文档每页的末尾，用于对文档内容进行说明。尾注出现在整篇文档的末尾，一般用于表明引用文献的来源。

选中文档中需插入脚注或尾注的文字，单击"引用"选项卡，在"脚注"组中单击"插入脚注"或"插入尾注"，如图 3-68 所示，添加注释引用标记，在弹出的光标位置输入脚注或尾注的内容即可。

图 3-68　脚注和尾注的插入

单击"脚注"组右下角的 图标，打开"脚注和尾注"对话框，可以对脚注和尾注的布局、格式、位置等进行相应的修改，如图 3-69 所示。

二、目录

在长文档中用户可以使用样式为文档建立目录，目录中包含文档的各级标题和相应的页码，用户可以方便地对文档内容进行阅读和查找。为文档建立目录的方法如下：

1）打开文档，选择需要设置为目录的标题文字，利用"开始"选项卡"样式"组中的样式对文档正文的各级标题进行标注，如图 3-70 所示。将需要标注的文字分别设置为"标题 1"（一级目录标题）、"标题 2"（二级目录标题）、"标题 3"（三级目录标题）等，一直到文档结尾。

图 3-69 "脚注和尾注"对话框

图 3-70 "样式"组工具

2)将插入点置于要插入目录的位置,单击"引用"选项卡,在"目录"组中单击"目录",在下拉列表中可以选择"手动目录""自动目录 1"和"自动目录 2"来插入目录,如图 3-71 所示。选择"自定义目录",将打开如图 3-72 所示的"目录"对话框。

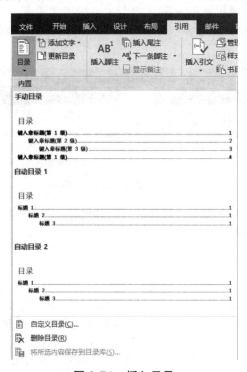

图 3-71 插入目录

图 3-72 "目录"对话框

3)在"目录"对话框中设置所需的格式后,单击"确定"即可自动生成目录。

> **提示**:当文档内容发生变化时,单击"引用"选项卡,在"目录"组中单击"更新目录"即可更新目录。

任务实现

任务实现效果如图 3-73 所示,其中仅展示了前两页的内容,详细内容请参阅"任务 3.9 效果 PDF"。

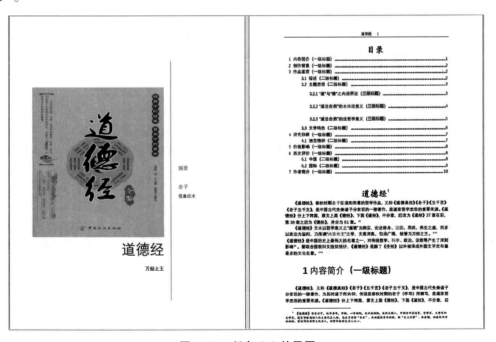

图 3-73 任务 3.9 效果图

任务总结

本任务讲解了脚注、尾注和目录的编辑方法，并复习和巩固了前面任务的相关知识。

任务 3.10 邮件合并实现打印工资条

任务描述

打开素材"任务 3.10 主文档"，使用"任务 3.10 数据源"中的数据，按照"任务 3.10 排版要求"完成邮件合并，最终排版结果请参照素材"任务 3.10 效果 2PDF（合并结果）"。

任务分析

本任务主要学习"邮件"选项卡中邮件合并工具的使用方法，该方法首先要有主文档和数据源文档，然后把符合邮件合并规律的数据使用邮件合并方法尽量批量处理，完成合并并保存合并结果。

任务知识模块

一、邮件合并

邮件合并是指在邮件文档（主文档）的固定内容中，合并与发送信息相关的一组数据，从而批量生成需要的邮件文档，提高工作效率。邮件合并功能除了可以批量处理信函、信封等与邮件相关的文档外，还可以轻松地批量制作标签、成绩单、准考证、获奖证书、工资条等。

二、邮件合并基本方法

邮件合并过程包含建立主文档、建立数据源文档和合并文档 3 个步骤。

1）建立主文档。主文档指邮件中内容固定不变的部分，如邀请函制作中每个被邀请对象的邀请内容。在主文档的创建中，要注意布局和排版，充分考虑邮件合并后数据源数据插入后的编辑填充空间。

2）建立数据源文档。数据源文档是数据记录表，包含要合并到主文档的数据信息，如录取通知书中的姓名、学院、专业等信息。数据源文档可以来源于 Word 表格、Excel 表格、Access 数据库等。数据源的创建可以根据情况从外部数据获取或自己创建。

3）合并文档。使用"邮件"选项卡中的工具，将数据源合并到主文档，得到邮件文档，然后对合并后的文档进行保存即可。

邮件合并步骤如下：

打开主文档，单击"邮件"选项卡，如图 3-74 所示。在"开始邮件合并"组中单击"选择收件人"，选择数据源并打开数据源。将光标移到主文档中需要插入数据源的位置，单击"编写和插入域"组中的"插入合并域"，选择需要插入的字段。最后单击"检查错误"，完成合并，如图 3-75 所示。

图 3-74 "邮件"选项卡

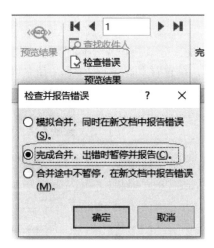

图 3-75　检查错误并完成合并

> **提示**：对于工资条的合并，如果按照默认合并格式打印出来，则每个人会占据一页纸，这样不仅浪费纸张，还没有达到邮件合并的目标。所以对于特殊情况的页面处理和排版要求，需使用"邮件"选项卡下的相关工具进行个性化处理。

任务实现

任务实现效果如图 3-76 所示，详细内容请参阅"任务 3.10 效果 2PDF（合并结果）"。

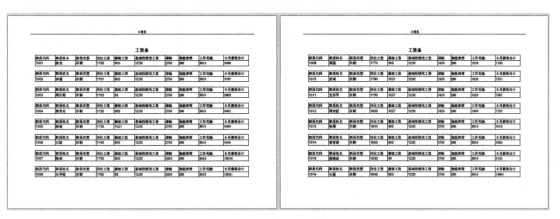

图 3-76　任务 3.10 效果图

任务总结

本任务讲解了"邮件"选项卡中工具的使用方法。在今后的工作学习中，要学会使用邮件合并方法快速处理批量问题。

任务 3.11　长文档的排版

任务描述

打开本任务素材文件夹，按照"任务 3.11 排版要求"，对"任务 3.11 文字素材"进行排版，最终排版结果请参照素材"任务 3.11 效果 PDF"。

任务分析

本任务涉及样式的进一步修改，分节，设置不同节的页眉、页码、页脚，多级列表自动编号，添加尾注、脚注，生成目录，设置背景，生成 PDF 文档等许多具有难度的知识点。

任务知识模块

一、封面

在编辑论文或长文档时，为了使文档更加完整，可在文档中插入封面。Word 2019 提供了一个封面样式库供用户使用。

打开文档，将插入点置于要插入封面的位置，单击"插入"选项卡，在"页面"组中单击"封面"，在下拉列表中选择封面样式，如图 3-77 所示，在自动插入的文档封面中输入相应的信息完成封面的插入。另外也可以自己选择图片，将其设置为封面。

图 3-77　插入封面

二、大纲

通过大纲视图可以快速地了解文档结构和内容概况。单击"视图"选项卡，在"视图"组中单击"大纲"，文档在大纲视图模式下打开。如图 3-78 所示，在"大纲"选项卡中，可以显示文档级别，提升或降低级别，显示或隐藏部分文字或标题等，方便用户组织和编辑文档。

三、文档审阅

1. 批注

批注是审阅者添加到独立窗口中的文档注

图 3-78　"大纲"选项卡

释。当审阅者只是评论文档，而不直接修改文档时就需插入批注，批注是隐藏的文字，不影响文档的内容。

选中需要插入批注的内容，单击"插入"选项卡，在"批注"组中单击"批注"，在弹出的批注对话框中输入批注内容即可，如图 3-79 所示。

图 3-79　批注

2. 修订

在 Word 2019 中可以启动审阅修订模式。在审阅修订模式下，Word 将文档审阅者对文档修改的每一处位置进行标注，而文档的初始内容不发生任何改变。同时也能标注出多位审阅者的修订，使作者能跟踪文档被修改的情况。

单击"审阅"选项卡，在"修订"组中单击"修订"，启动修订模式，"修订"呈高亮状态。若要退出修订模式，再次单击"修订"即可。

四、排版长文档

在文档编辑排版的过程中，需要对文档的封面、目录、页眉、页脚、页码等分别进行设置。长文档排版的操作步骤如下：

1）对文档进行分节。分节的思路是将封面、目录、正文的各个章节分别分成不同的节。这一步很重要，如果分节错了，后面将无法继续进行。

2）设置页眉、页码、页脚。一般要从封面开始设置，封面设置为没有页眉、页码、页脚；然后设置目录，一般情况下目录的页码、页码格式、页眉、页脚是单独的，与正文不一致；接下来设置正文，一般情况下正文的页码是一致的，可以一起设置，但是各个章节的奇偶页页眉、页脚内容是不一致的，需要单独设置。

3）生成目录。目录的生成需要先用标题1、标题2、标题3等（根据目录需要显示的级数进行标注）分别对全文的目录文字进行标注，然后将光标移到目录页，插入目录。

> 提示：长文档排版中若目录的自动编号、图的自动编号、编号的特殊格式、页码的特殊格式、样式的特殊格式等需要单独修改，可按照本项目前述的修改方法进行修改。

Word 2019 在 Word 2016 的基础上新增了好几项新功能，例如，"插入"选项卡下增加了"3D 模型"功能，"视图"选项卡下增加了"翻页"功能，"审阅"选项卡下增加了"朗读"功能等。

任务实现

任务实现效果如图 3-80 所示，其中仅展示了排版完成后的封面和目录，详细内容请参阅素材"任务 3.11 效果 PDF"。

图 3-80　任务 3.11 效果图

任务总结

本任务讲解了长文档的分节、样式、多级列表编号、封面、目录、正文、脚注、尾注、页码、页眉、页脚等的排版方法。

任务 3.12　多人协同编辑——招生宣传

任务描述

某学校招生办需要制作一个招生宣传文档，招生办负责招生简章的内容编写，其他内容由各个学院协同完成。请参照所给素材"任务 3.12 文字素材"，按照"任务 3.12 排版要求"，完成多人协同编辑工作。

任务分析

通过学习多人协同编辑的原理和方法，使用多人协同编辑功能完成任务。

任务知识模块

一、多人协同编辑的概念

在文档编辑过程中，有时因文档本身内容过多，或者内容涉及多个部门的不同的业务，需要跨部门协作才能顺利完成编辑任务。此时为了编辑的需要，一般采用多人协同编辑的方法进行文档编辑。

二、多人协同编辑

多人协同编辑一般需要将任务拆分为多个子任务，然后每个协同编辑的人员负责完成相应的子任务，编辑完成后，再将所有子任务进行合并，并转化为普通文档来保存。

（一）任务分解

1. 样式设置

多人协同编辑的第一步就是要根据协同编辑的需要，将文档分为不同的编辑标题，然后再将各个标题进行样式设置，一般情况下会统一设置为标题1样式。

2. 文档拆分

将设置好样式的文档打开，切换到"视图"选项卡，选择"大纲"视图显示方式，此时文档以大纲视图模式显示，如图3-81所示。

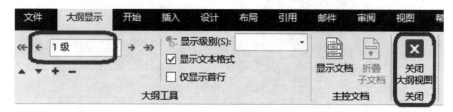

图3-81　大纲视图

（二）多人协同编辑的方法

1. 打开主控文档

单击"主控文档"组中的"显示文档"，展开"主控文档"组工具。

2. 拆分文档

在主控文档区按<Ctrl+A>组合键，选中文档全部内容。单击"主控文档"组中的"创建"，将文档拆分为多个子文档，如图3-82所示。然后单击"文件"/"另存为"，将拆分的文档保存，这时将看到存储位置出现被拆分的多个子文档。

（三）任务合并

分别将各个子文档分发给相应的人员进行编辑，各个子文档编辑完成后，需要对文档进行合并。

将编辑完成的各个子文档复制到主文档文件夹中，替换所有同名子文档，这时再打开主文档即显示所有子文档的所在位置。

在大纲视图下单击"主控文档"组中的"展开子文档"即可展开所有子文档，并可对各个子文档进行编辑，编辑的内容会自动保存到对应的子文档中。

编辑完成后，单击"文件"/"保存"，即可将主文档进行保存。若需再次修改，则打开主文档进行修改即可。

(四)任务保存

确认编辑无误后,需要将主文档保存为普通文档,以方便阅读使用。

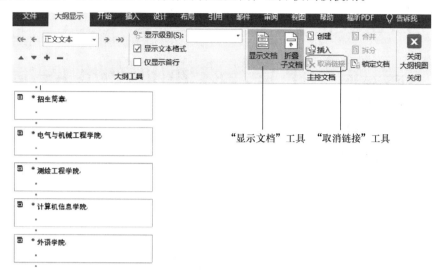

图 3-82 拆分文档

打开编辑完成的主文档,在大纲视图下,单击"主控文档"组中的"展开子文档"工具,完整显示所有子文档内容。分别选择需要取消链接的标题,单击"主控文档"组中的"取消链接"工具,即可把链接取消。

单击"文件"/"另存为",就可以把文档保存为普通文档。一般不建议直接使用"保存"选项,因为如果主文档还需要进行修改,则可以再次使用主文档进行修改,然后再另存为普通文档。

📖 任务实现

任务实现效果如图 3-83 所示。

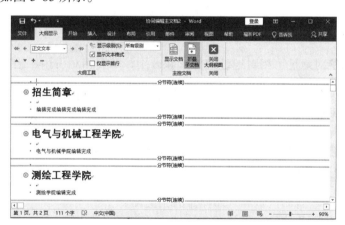

图 3-83 任务 3.12 效果图

✏️ 任务总结

本任务讲解了多人协同编辑的方法和基本操作步骤,同时介绍了多人协同编辑适用的场合。

项目 4 电子表格处理软件 Excel 2019

回复"71330+4"
观看视频

📒 项目导读

电子表格处理是信息化办公的重要组成部分,在数据分析和处理中发挥着重要的作用,广泛应用于财务、管理、统计、金融等领域。本项目包含工作表和工作簿操作、公式和函数的使用、图表分析展示数据、数据处理、多人协同编辑文档等内容。

本项目除了对 Excel 2019 最基本的"开始"选项卡、"插入"选项卡、"页面布局"选项卡、"公式"选项卡、"数据"选项卡、"审阅"选项卡和"视图"选项卡中的工具进行全面讲述外,还通过一系列具有代表性的案例强化和巩固了数据分析、图表制作、公式函数等重点内容。

📖 项目知识点

1)了解电子表格的应用场景,熟悉相关工具的功能和操作界面。
2)掌握新建、保存、打开和关闭工作簿,切换、插入、删除、重命名、移动、复制、冻结、显示及隐藏工作表等操作。
3)掌握单元格、行和列的相关操作,掌握使用控制句柄、设置数据有效性和设置单元格格式的方法。
4)掌握数据录入的技巧,如快速输入特殊数据、使用自定义序列填充单元格、快速填充和导入数据,掌握格式刷、边框、对齐等常用格式设置。
5)熟悉工作簿的保护、撤销保护和共享,工作表的保护、撤销保护,工作表的背景、样式、主题设定。
6)理解单元格绝对地址、相对地址的概念和区别,掌握相对引用、绝对引用、混合引用及工作表外单元格的引用方法。
7)熟悉公式和函数的使用,掌握平均值、最大/最小值、求和、计数等常见函数的使用。
8)了解常见的图表类型及电子表格处理工具提供的图表类型,掌握利用表格数据制作常用图表的方法。
9)掌握自动筛选、自定义筛选、高级筛选、排序和分类汇总等操作。
10)理解数据透视表的概念,掌握数据透视表的创建、更新数据、添加和删除字段、查看明细数据等操作,能利用数据透视表创建数据透视图。
11)掌握页面布局、打印预览和打印操作的相关设置。
12)掌握多人协同编辑文档的方法和技巧。

任务 4.1　录入职工基本信息表

📖 任务描述

请按照"任务 4.1 素材(图片)"录入文档,详细要求请参阅"任务 4.1 要求",最终效果请参阅"任务 4.1 效果(图片)"。

任务分析

本任务需要熟悉时间日期、身份证号、数据验证性、填充柄录入等常规录入方法；同时需掌握单元格格式的边框、底纹、数字等基本设置方法。

任务知识模块

一、Excel 2019 概述

Excel 2019 是微软公司开发的 Office 2019 办公组件中的电子表格制作和数据处理软件，它具有强大的制表和数据处理等功能，广泛地应用于管理、统计、财务等领域，是目前最有效、最流行的电子表格制作和数据处理软件之一。利用 Excel 2019，用户可以快捷方便地制作电子表格，还可以组织、计算、统计各类数据，制作出复杂的各类报表和图表。

Excel 2019 与之前的版本相比，用户界面更直观形象，操作更加方便，可以使用户学习更加轻松，办公更加方便快捷。

二、认识 Excel 2019

（一）Excel 2019 窗口

Excel 2019 启动后，系统即打开图 4-1 所示的窗口。

图 4-1　Excel 2019 窗口

Excel 2019 窗口主要包含以下几个组成部分。

其中标题栏、快速访问工具栏、"文件"菜单、功能区显示选项、选项卡等的功能与 Word 2019 基本相同，项目 3 已做介绍，这里不再重复。下面介绍 Excel 2019 特有的几个窗口元素。

单元格：工作簿中最重要的一个元素，Excel 工作表中的整个界面操作平台都是以单元格的形式显示的。

名称框：用于定义和显示单元格的名称，默认情况下，名称框是以单元格所在的行列交叉点位置来定义的，如 A1、F4、H8 等。单击单元格，可以重命名单元格名称。

编辑栏：用于显示和编辑当前单元格的内容，其显示的内容就是光标当前位置的单元格内容。

工作表：用于显示工作区全部内容的表，默认情况下只有一张工作表（Sheet1），单击后面的 ⊕ 可以新增工作表。

（二）基本概念

1. 工作簿

工作簿是 Excel 2019 建立的文件，其扩展名为".xlsx"。默认情况下，Excel 2019 为每个工作簿创建一张工作表，其工作表标签名称为 Sheet1。用户可以根据需要增加、删除或移动工作表。一个工作簿可以包含多张工作表，但最多只能有 255 张工作表。

2. 工作表

工作簿中的每一张表称为一张工作表，每张工作表都有一个与之对应的工作表标签。每张工作表由 16384 列和 1048576 行组成，列用字母 A~XFD 表示，行用阿拉伯数字 1~1048576 表示。

3. 单元格

在 Excel 2019 工作表中，行和列交叉构成的小方格称为单元格，是工作簿的最小单位。每个单元格都有固定的地址，用列号和行号表示，如 A5 表示 A 列第 5 行的单元格。

4. 活动单元格

单击某单元格，单元格边框线变粗并以绿色高亮显示，该单元格被称为活动单元格，可在其中输入和编辑数据。

5. 区域

区域是指一组单元格，可以是连续的，也可以是不连续的。可以对工作表的区域进行计算、复制、移动等操作。

（三）工作簿及工作表的基本操作

1. 工作簿的基本操作

工作簿的建立、打开、保存与保护、关闭等操作与 Word 2019 类似，此处不再赘述。下面只对使用模板建立工作簿的方法做简单介绍。

单击"文件"/"新建"，打开如图 4-2 所示的新建文档窗口，选择可用模板或"空白工作簿"创建工作簿文档。

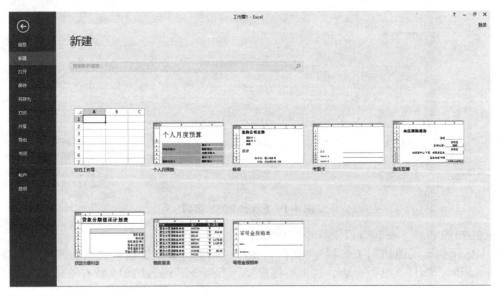

图 4-2　新建文档窗口

2. 工作表的基本操作

（1）选定工作表　单击某个工作表标签即选定了该工作表。按住 <Shift> 键不放，单击头和尾的工作表标签，可以选定头尾之间的多个连续的工作表。按住 <Ctrl> 键不放，单击多个工作表标签，可以选定多个不连续的工作表。

（2）插入工作表　右击某个工作表，在弹出的快捷菜单（见图4-3）中选择"插入"，打开"插入"对话框，单击"工作表"和"确定"，则可在选定的工作表之前插入新的工作表，如图4-4所示。

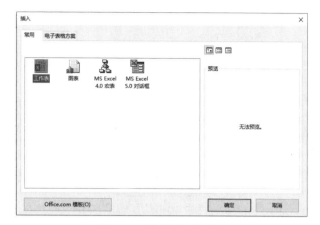

图4-3　工作表快捷菜单　　　　　图4-4　"插入"对话框

单击"电子表格方案"选项卡，如图4-5所示，选择相关方案，可以插入对应的电子表格。单击"Office.com 模板"，可以插入联机模板。

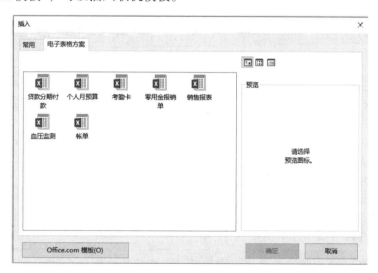

图4-5　"电子表格方案"选项卡

在现有的工作表标签的末尾单击"新工作表"⊕，则可在工作表标签末尾插入新的工作表。

（3）删除工作表　选定要删除的一个或多个工作表，右击鼠标，选择"删除"，即可删除工作表。

（4）移动或复制工作表

单个工作表的移动：选定要移动的工作表，按住鼠标左键拖动到目的位置即可。

多个工作表的移动：按住 <Ctrl> 键不放，选定要复制的一个或多个工作表，按住鼠标左键拖动到目的位置，然后释放鼠标即可。

或者选定要移动或复制的工作表，右击鼠标，选择"移动或复制"，打开"移动或复制工作表"对话框，在其中选择目的位置，若要进行复制，则勾选"建立副本"复选框，否则进行移动，单击"确定"，如图4-6所示。

（5）重命名工作表　双击要重命名的工作表标签，输入名称。或者右击需更改名称的工作表，选择"重命名"，输入名称。

（6）改变工作表标签颜色　右击需更改标签颜色的工作表，选择"工作表标签颜色"，然后选择相关颜色，即可更改标签颜色，如图4-7所示。

图4-6　"移动或复制工作表"对话框

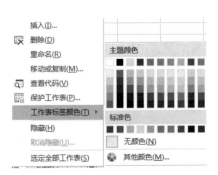

图4-7　更改工作表标签颜色

三、工作表的编辑与格式化

（一）输入数据

Excel 2019允许在工作表的单元格中输入各种数据，如文本型、数值型、日期和时间等类型的数据。

1. 文本型数据的输入

文本型数据包括汉字、字母、数字字符以及其他可打印显示的符号，文本通常不参与计算。输入时，选中需输入数据的单元格，然后输入即可，文本默认的对齐方式为左对齐。

若要将数字，如身份证号码、邮政编码、电话号码等作为文本型数据输入，为避免Excel将其默认为数值型数据，用户必须将其强行转换为文本型数据，可采用以下两种方法：

1）在数字前加英文字符的单引号"'"。例如，输入身份证号码"'530111199912035123"，输入完成后按<Enter>键，单引号将自动隐藏。

2）先将单元格的格式设置为"文本"再输入数据。右击要输入数据的单元格，选择"设置单元格格式"，在打开的"设置单元格格式"对话框中选择"数字"选项卡中的"文本"选项，单击"确定"，再在选中的单元格中输入"530111199912035123"即可。

> 提示：当输入的数据超过单元格的宽度时，数据将显示为一串"#"，此时可调整列宽以完整显示。

2. 数值型数据的输入

数值型数据有数字（0~9）组成的整数、小数等数值，还有"+""-""/""%""（）""$"等符号，默认对齐方式为右对齐。

1）输入分数时（如1/5），应先输入一个空格，再输入分数1/5，否则Excel会自动将其作为日期处理，显示为1月5日。

2）带括号（）的数默认为负数，如输入（9），则显示为-9。

3）如果输入的数据太长，Excel将自动以科学计数法表示。

3. 日期和时间数据的输入

在Excel中输入日期时使用"-"或"/"分隔，如2017/1/12或2017-1-12。按<Ctrl+;>键，可输入当前的日期。

> 提示：默认情况下，日期输入后的显示格式与系统日期的显示格式一致。

输入时间时使用":"或汉字分隔,如8:30或10时30分。按<Ctrl+Shift+;>键,可输入当前的时间。日期和时间的默认对齐方式为右对齐。

4. 自动填充数据

当输入大量有规律的数据(如相同或等差数据)时,可以使用Excel的自动填充功能,快速地输入数据。

(1)使用自动填充柄输入数据 自动填充是根据初始值决定以后的填充项。使用自动填充柄输入数据时,首先将鼠标指针移到初始值所在单元格的右下角填充柄(黑色小方块)上,此时鼠标指针呈黑十字形,按下鼠标左键拖动至需要填充数据的最后单元格后释放鼠标,完成自动填充。或者直接双击单元格右下角的填充柄,也可以快速自动填充。

使用自动填充柄输入数据通常有以下几种情况。

1)初始值为纯数值或字符时,填充相当于复制功能。

2)初始值为纯数值时,填充时按<Ctrl>键,数值会依次递增。

3)初始值为文本数字时,填充时文本数字依次递增。

4)初始值为字符和数字混合体(如A1)时,填充时字符不变,数字递增。

5)初始值为Excel预设的自定义序列中的成员之一时,填充时按预设序列填充。例如,初始值为甲,填充时将产生乙、丙、丁……

6)初始值包含两个单元格的数值(如1和3)时,填充时用两个单元格数值之差为公差的序列填充。

提示:选择两个或者多个单元格,按<Ctrl>键,会弹出"自动填充选项"菜单,可以选择相应的填充模式进行填充。按<Ctrl+Q>键,会弹出"快速分析"菜单,可以对数据进行相应的快速分析,如图4-8所示。

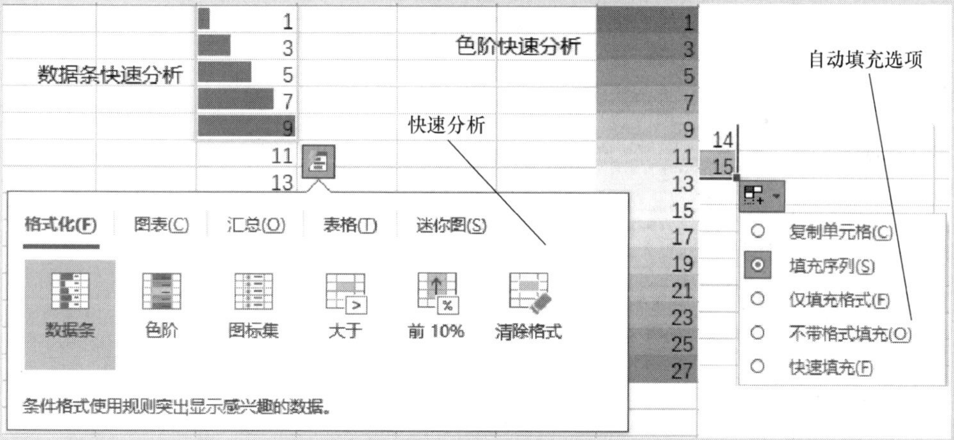

图4-8 自动填充选项与快速分析

(2)使用"填充"命令输入数据 使用"填充"命令输入数据的方法有两种。

1)在第一个单元格输入初始值(如"填充"),选中要填充的区域(如A1:A8),单击"开始"选项卡"编辑"组中的"填充",在下拉列表中选择"向下"(或"向上""向左""向右"),则在选中的单元格中均填入"填充"。

2)在第一个单元格输入初始值(如"5"),单击"开始"选项卡"编辑"组中的"填充",在下拉列表中选择"序列",在打开的如图4-9所示的"序列"对话框中设置序列产生方向(如"列"),选择填充类型(如"等差序列"),设置步长值(如

图4-9 "序列"对话框

"3") 和终止值 (如 "24"), 则自动填充设置的数据序列。

5. 自定义序列

单击"文件"/"选项",在打开的"Excel 选项"对话框中选择"高级",在"常规"区域中单击"编辑自定义列表",如图 4-10 所示。

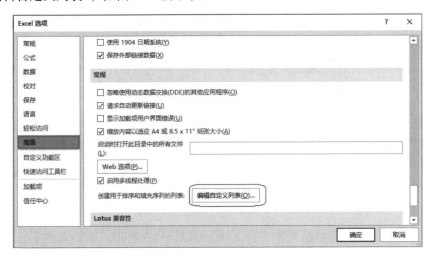

图 4-10 "Excel 选项"对话框

打开如图 4-11 所示的"自定义序列"对话框。用户可以通过输入序列、添加序列、导入序列 3 种方式自定义新序列。

图 4-11 "自定义序列"对话框

如果需添加新的序列,则在"自定义序列"列表中单击"新序列",在"输入序列"列表框中依次输入新序列的每个成员,成员之间按 <Enter> 键分隔,单击"添加",新序列即添加到"自定义序列"列表中。

用户也可以从单元格导入生成新序列,但不能是数值型数据。不需要的序列可以删除。

6. 数据验证

在 Excel 2019 中,可以限定单元格输入的数据类型、范围以及设置数据输入提示信息、输入错误警告信息、输入法模式等。

选中数据验证单元格区域,单击"数据"选项卡,在"数据工具"组中单击"数据验证",

在打开的如图 4-12 所示的"数据验证"对话框中进行设置。

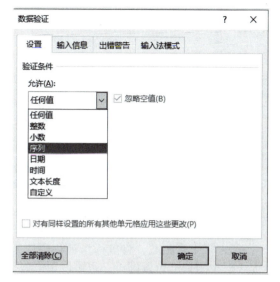

图 4-12 "数据验证"对话框

（二）数据编辑

1. 单元格的选定

选定单个单元格：单击需选定的单元格，或者在名称框中输入该单元格的地址。

选定连续的单元格区域：单击第一个单元格，然后按下鼠标左键拖动至最后一个单元格后释放鼠标。

选定不连续的单元格区域：先选中第一个单元格，按住 <Ctrl> 键不放，再选择其他单元格。

2. 整行或整列的选定

选定整行：将鼠标指针移到行号处，指针变为向右的箭头时，单击行号可选定一行，按住鼠标左键拖动可选择多行。

选定整列：将鼠标指针移到列号处，指针变为向下的箭头时，单击列号可选定一列，按住鼠标左键拖动可选择多列。

3. 行、列和单元格的插入

在 Excel 中插入行、列和单元格遵循选多少插入多少的原则，即选一行（一列或一个单元格）插入一行（一列或一个单元格），选 n 行（n 列或 n 个单元格）插入 n 行（n 列或 n 个单元格）。

选定一行（一列或一个单元格）或 n 行（n 列或 n 个单元格），右击鼠标，在打开的如图 4-13 所示的"插入"对话框中选择插入选项，即可完成插入操作。

图 4-13 "插入"对话框

> **提示**：单击"开始"选项卡"单元格"组中的"插入"也可完成插入操作，如图 4-14 所示。

4. 行、列和单元格的删除

删除行（或列）：选择行（或列），右击鼠标，选择"删除"。

删除单元格：选择单元格，右击鼠标，选择"删除"，在打开的如图 4-15 所示的"删除"对话框中选择要删除的选项，即可完成删除操作。

5. 数据的修改

单元格中的数据和对应编辑栏中的数据是完全一致的，所以单击单元格，在编辑栏中进行修改，或双击单元格，在单元格中进行修改均可。

6. 数据的复制或移动

可以通过剪贴板或鼠标拖动的方式，完成对选定内容的复制或移动。

图 4-14 "开始"选项卡"插入"工具

图 4-15 "删除"对话框

数据复制：选中需复制数据的单元格区域，右击鼠标，选择"复制"，然后选中目标单元格，右击鼠标，选择"粘贴"。

数据移动：选中需移动数据的单元格区域，将鼠标指针移到选区边框，指针变为，按下左键拖动（这时可看到一个虚线框）到目的位置即可。也可以用"剪切"和"粘贴"命令完成。

提示：数据的复制或移动也可以单击"开始"选项卡，使用"剪贴板"组中的工具完成。

7. 数据的清除

选定需清除数据的单元格区域，单击"开始"选项卡，在"编辑"组中单击"清除"，在下拉列表中可选择"全部清除""清除格式""清除内容""清除批注"或"清除超链接（不含格式）"，如图 4-16 所示。

提示：选定需清除数据的单元格区域，按 <Delete> 键，可只清除其内容。

8. 批注的使用

用户可以使用批注对单元格进行注释或者说明，帮助用户备忘或者帮助其他使用者更好地理解单元格的数据内容。

插入批注：选定要添加批注的单元格，单击"审阅"选项卡，在"批注"组中单击"新建批注"，在弹出的批注框中输入批注，单击批注框外任意工作区即可退出。也可以选择需要批注的单元格，右击鼠标，选择"插入批注"，再在弹出的批注框中输入批注内容，如图 4-17 所示。

编辑或删除批注：选定有批注的单元格，在"批注"组中单击"编辑批注"或"删除"，即可对批注进行编辑或删除。

图 4-16 "清除"下拉列表

图 4-17 插入批注

> 提示：批注可以显示或隐藏。插入批注的单元格的右上角会有一个红色的小三角形符号标识，鼠标指针移到该位置，批注会自动弹出。

任务实现

任务实现效果如图 4-18 所示。

工号	姓名	身份证号	部门	基本工资	入职时间
科训YGH0001	顾也军	654121198304133*	行政	¥40,000.00	2008-9-1
科训YGH0002	曾教斌	533025197404083*	管理	¥4,800.00	2001-3-1
科训YGH0003	何天德	440103197901100*	研发	¥12,000.00	2008-9-1
科训YGH0004	张瑟平	441502198505221*	人事	¥7,000.00	2013-9-1
科训YGH0005	赵可忠	440104197303213*	销售	¥6,200.00	1999-3-1
科训YGH0006	林德兵	530122197003243*	财务	¥5,500.00	1998-9-1
科训YGH0007	武生海	532233198405230*	行政	¥10,000.00	2013-3-1
科训YGH0008	汪洋	533524197511060*	管理	¥18,000.00	2003-9-1
科训YGH0009	张力柏	530102198009282*	研发	¥6,000.00	2008-3-1
科训YGH0010	王觉名	530129197008191*	人事	¥6,000.00	1994-9-1
科训YGH0011	刘灼光	532228197201221*	销售	¥5,000.00	1997-9-1
科训YGH0012	姜殿琴	530321198412290*	财务	¥4,500.00	2012-3-1
科训YGH0013	车延波	510211198809273*	行政	¥12,000.00	2013-9-1
科训YGH0014	张积盛	530127198008160*	管理	¥5,700.00	2006-9-1
科训YGH0015	闫少林	530103198409280*	研发	¥15,000.00	2008-9-1
科训YGH0016	李安娜	530111197803080*	人事	¥6,000.00	2008-9-1
科训YGH0017	盖玉艳	532201198512136*	销售	¥18,000.00	2012-9-1
科训YGH0018	孙大立	532901198606160*	财务	¥4,200.00	2014-3-1
科训YGH0019	毛明	421182198203130*	行政	¥5,800.00	2006-9-1
科训YGH0020	王方	520202198701024*	管理	¥8,500.00	2011-3-1
科训YGH0021	周涛	532924198702110*	研发	¥7,500.00	2012-9-1
科训YGH0022	孙小强	532630198203142*	人事	¥4,200.00	2008-3-1
科训YGH0023	张强	532901197501182*	销售	¥6,000.00	2002-3-1
科训YGH0024	黄盈	532526198601291*	财务	¥5,200.00	2012-3-1
科训YGH0025	夏云	429006197803232*	管理	¥5,500.00	2004-3-1
科训YGH0026	董雯	532228197612061*	销售	¥6,500.00	2000-3-1
科训YGH0027	龚海	530302197708090*	管理	¥4,800.00	2002-9-1
科训YGH0028	赵丽	532422197205180*	人事	¥5,900.00	1996-9-1

图 4-18 任务 4.1 效果图

任务总结

本任务讲解了 Excel 2019 窗口的组成和基本概念，以及不同类型数据的输入方式和数据编辑方法。

任务 4.2 使用函数计算职工工资表

任务描述

请按照素材"任务 4.2 要求"，对"任务 4.2 素材"中的数据进行计算，最终效果请参阅"任务 4.2 效果（图片）"。

任务分析

本任务涉及普通算术运算、函数运算、混合运算等相关知识。

任务知识模块

一、工作表的编辑与格式化

为了使工作表外观更美观，条例更清晰，需要对工作表进行各种格式化操作，如调整行高和列宽、合并或拆分单元格、对齐数据项、添加边框和底纹、设置文本格式等。

（一）格式化的方法

工作表的格式化可以通过以下 5 种方法来实现。

1）使用"开始"选项卡中的工具对工作表进行格式化，如图 4-19 所示。

图 4-19 "开始"选项卡

> 提示：使用"开始"选项卡可以完成常用的工作表格式化操作。

2）在"开始"选项卡"单元格"组中单击"格式"/"设置单元格格式"，或右击鼠标，选择"设置单元格格式"，在打开的如图 4-20 所示的"设置单元格格式"对话框中，完成"数字""对齐""字体""边框""填充"和"保护"格式的设置。

图 4-20 "设置单元格格式"对话框

> 提示："设置单元格格式"对话框提供了最全面的对工作表格式化的设置命令。

3）在"开始"选项卡"样式"组的"套用表格格式"中，系统预先定义了各种表格样式，可以选择对应的样式进行设置。

> 提示：使用"套用表格格式"，用户可以快捷、高效地设置美观的表格。

4）在"开始"选项卡"样式"组的"单元格样式"中，系统预先定义了各种单元格样式，如图 4-21 所示。

电子表格处理软件 Excel 2019　　项目 4

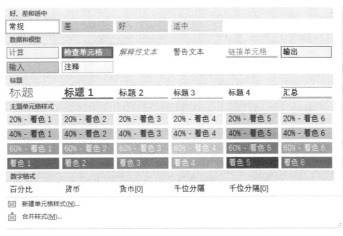

图 4-21　单元格样式

提示：使用"单元格样式"，用户可以快捷、高效地设置单元格格式。

5）在"开始"选项卡"样式"组的"条件格式"中，可以根据用户设置的条件，动态显示有关条件格式数据的格式，如图 4-22 所示。

图 4-22　条件格式

（二）工作表的其他格式化方式

工作表的其他格式化方式，如字体、对齐方式等的设置和 Word 文档的设置方式一致，请参阅项目 3 的内容进行学习。

二、公式与函数

用户在分析和处理 Excel 工作表的数据时，常常需要进行大量复杂的运算，使用 Excel 的公式和函数可以方便快捷地完成任务，从而避免手工计算的烦琐和易错。而且用于运算的数据源若发生变化，相应的公式或者函数的计算结果会自动更新，这是手工计算无法实现的。

公式函数是整个电子表格的重要内容，也是非常有用的知识点，同时也是电子表格的难点内容，请务必认真用心去领悟和学习，才能达到举一反三的良好学习效果。公式函数应用一般分为三大类：一是算术运算，此类运算遵循算数四则运算法则；二是函数运算，此类运算的重点是要认真领悟函数说明；三是混合运算，此类运算是前两类运算的综合。

（一）公式的使用

在 Excel 中，使用公式可以对工作表中的数值进行加、减、乘、除等运算。在单元格中输入正确的公式后，计算结果就会在单元格中显示。

公式使用中经常要用到运算符。公式运算中使用最多的是算术运算，此外还有比较运算、文本运算、引用运算等。Excel 2019 中常用的运算符及其优先级见表 4-1。

表 4-1　常用运算符及其优先级

类型	优先级	运算符	说明
引用运算符	1	:（冒号）	区域运算符，如 C1:E4 表示从 C1 到 E4 之间的单元格区域
		（单个空格）	交叉运算符，如 A1:C3 C1:E2 表示两个区域公共的单元格区域
		,（逗号）	并集运算符，如 A3，D6，F4:I8 表示将多个单元格（或区域）合并
算术运算符	2	-	负数
		%	百分比
		^	乘方
		* 和 /	乘和除
		+ 和 -	加和减
文本运算符	3	&	链接两个文本字符串
比较运算符	4	=（等于）	比较数值大小，得到逻辑结果 True 或 False，如 1>2 的运算结果为 False
		>（大于）	
		<（小于）	
		>=（大于或等于）	
		<=（小于或等于）	
		<>（不等于）	

如果公式中有多个相同优先级别的运算符，则按照从左到右的顺序进行计算。若要更改运算次序，可使用（）将需要优先运算的括起来。

> **提示**：函数运算遵循四则运算法则，即先乘除后加减，有括号先算括号里面的。

（二）单元格引用

Excel 允许在公式中引用单元格地址来代替单元格中的数据，这样可以简化烦琐的数据输入，提高运算效率，同时还指明了公式中所使用的数据的位置。Excel 提供了 3 种不同的引用方式。

1. 相对引用或相对地址

Excel 默认为相对引用，如 A1、H9、K12 等。使用单元格的相对引用能使公式在复制和移动后根据移动的位置自动调整公式中所引用的单元格的地址。

2. 绝对引用或绝对地址

在行号和列标前加上"$"符号（如 A1、B2、H9 等）表示绝对引用。公式在复制和移动时，绝对引用的单元格地址不会随公式位置的变化而改变。

3. 混合引用或混合地址

在行号或列标前加上"$"符号（如 $A1、B$2 等）表示混合引用。公式在复制和移动时，混合引用的单元格地址中只有相对引用的行或列的地址改变，绝对引用的行或列的地址不改变。

（三）输入公式

输入公式的方法有两种。

1. 直接输入

选定要输入公式的单元格，如在 E5 中输入公式"=D1+C3-D4*C5/E1"，按 <Enter> 键确认输入，即可在选定的单元格 E5 中显示计算结果，而公式则在编辑栏中显示，如图 4-23 所示。

E5　=D1+C3-D4*C5/E1

	B	C	D	E	F
1		171.5	-20.1667	85	
2		139	-5.66667		
3		99	4	65	
4		89	33	45	
5		34	33	65.63333	

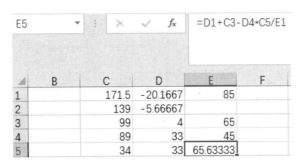

图 4-23　直接输入公式

> **提示：**在单元格中输入公式时必须以“=”开头，运算顺序遵循四则运算法则。

2. 选择单元格输入公式

如图 4-24 所示，其操作步骤如下：

1）选定要输入公式的单元格，如 E5，在 E5 中输入“=”。

2）单击选中 C2。

3）输入运算符“*”。

4）单击选中 D4。

5）按 <Enter> 键确认，完成公式输入。

D4　=C2*D4

	B	C	D	E
1		171.5	-20.1667	85
2		139	-5.66667	
3		99	4	65
4		89	33	45
5		34	33	=C2*D4

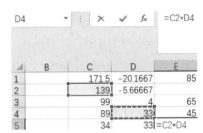

图 4-24　选择单元格输入公式

（四）复制公式

在 Excel 中公式可以进行复制。复制公式可以将一个单元格的公式复制到需要相似公式的单元格中，从而提高运算效率。

复制公式时可以使用自动填充柄或“复制”和“粘贴”命令的方式。例如，在 F1 中输入公式“=D1*E1”，按 <Enter> 键确认输入，使用自动填充柄完成其余单元格的复制运算，如图 4-25 所示。

F1　=D1*E1

	B	C	D	E	F
1		171.5	-20.1667	85	-1714.17
2		139	-5.66667		0
3		99	4	65	260
4		89	33	45	1485
5		34	33	356	11748

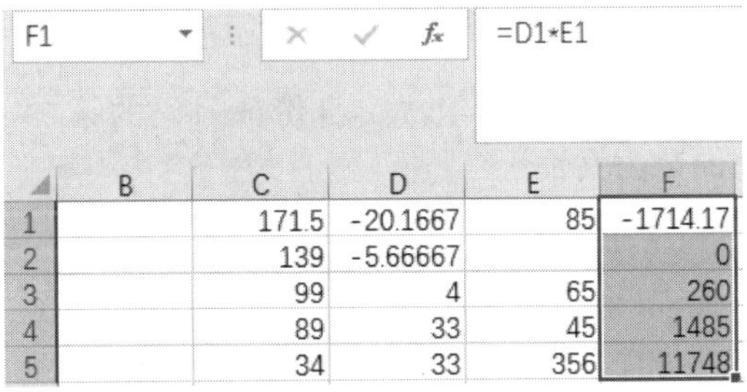

图 4-25　复制公式

> **提示：**单击“公式”选项卡“公式审核”组中的“显示公式”，可以将表格中所有使用公式的单元格以公式的形式显示出来。

（五）修改公式

在 Excel 中公式和数据一样可以进行修改。选中需修改公式的单元格，使用鼠标在编辑栏中进行修改，或双击单元格，进入编辑状态，在单元格中进行修改，按 <Enter> 键确认，完成公式的修改。

任务实现

任务实现效果如图 4-26 所示。

工号	姓名	身份证号	入职时间	签约月工资	实际工资	年收入	税额	年实收
YGkx001	王艳艳	654121198304313	2008-9-1	40000	32000	384000	20%	307200
YGkx002	李卫东	533025197404081	2001-3-1	4800	4560	54720	5%	54720
YGkx003	焦中明	440103197901100	2008-9-1	12000	10200	122400	15%	122400
YGkx004	乔晓鹏	441502198505522	2013-9-1	7000	6440	77280	8%	77280
YGkx005	王永隆	440104197303211	1999-3-1	6200	5704	68448	8%	68448
YGkx006	付祖荣	530122197003241	1998-9-1	5500	5060	60720	8%	60720
YGkx007	杨丹妍	532233198405231	2013-9-1	10000	8500	102000	15%	102000
YGkx008	王晶晶	533524197511061	2003-9-1	18000	14400	172800	20%	172800
YGkx009	陶春光	530102198009281	2008-3-1	6000	5520	66240	8%	66240
YGkx010	张秀双	530129197008191	1994-9-1	6000	5520	66240	8%	66240
YGkx011	刘炳光	532228197201221	1997-9-1	5000	4600	55200	8%	55200
YGkx012	姜殿琴	530321198412291	2012-3-1	4500	4275	51300	5%	51300
YGkx013	车延波	510211198809271	2013-9-1	12000	10200	122400	15%	122400
YGkx014	张积盛	530127198008161	2006-9-1	5700	5244	62928	8%	62928
YGkx015	闫少林	530103198409201	2008-9-1	15000	12000	144000	20%	144000
YGkx016	李安娜	530111197803081	2008-9-1	6000	5520	66240	8%	66240
YGkx017	盖玉艳	532201198512131	2012-9-1	18000	14400	172800	20%	172800
YGkx018	孙大立	532901198606161	2014-3-1	4200	3990	47880	5%	47880
YGkx019	李琳	421182198203131	2006-9-1	5800	5336	64032	8%	64032
YGkx020	白俊	520202198701021	2011-3-1	8500	7225	86700	15%	86700
YGkx021	徐娟	532924198702111	2012-9-1	7500	6900	82800	8%	82800
YGkx022	陈培	532530198203141	2008-3-1	4200	3990	47880	5%	47880
YGkx023	王姗	532901197501181	2002-3-1	6000	5520	66240	8%	66240
YGkx024	蔡小琳	532526198601291	2012-3-1	5200	4784	57408	8%	57408
YGkx025	王新力	429006197803231	2004-3-1	5500	5060	60720	8%	60720
YGkx026	江湖	532228197612061	2000-3-1	6500	5980	71760	8%	71760
YGkx027	高永	530302197708091	2002-9-1	4800	4560	54720	5%	54720
YGkx028	颜红	532422197205181	1996-9-1	5900	5428	65136	8%	65136

图 4-26　任务 4.2 效果图

任务总结

本任务讲解了工作表的编辑与格式化方法，以及算术运算、函数运算、混合运算相关知识。

任务 4.3　使用函数实现职工信息自动填充

任务描述

请按照素材"任务 4.3 要求"，对"任务 4.3 素材"中的数据进行计算，最终效果请参阅"任务 4.3 效果（图片）"。

任务分析

完成本任务需要先了解身份证号码的组成，身份证号码的第 7~14 位表示出生日期，第 17 位表示性别（奇数为男性，偶数为女性）。

任务知识模块

一、函数的使用

对于简单的计算，用户可以自己编写公式，而对于一些复杂的运算（如求最大值），用户一般不能通过编写公式来实现。Excel 提供了许多内置函数，为用户对数据进行运算和分析带来了极大的方便。

函数其实是预先定义好的公式，在 Excel 2019 中，所有函数都在"公式"选项卡的"函数库"组中分类存放，如图 4-27 所示。

图 4-27　"函数库"组

函数由函数名称、括号和参数 3 部分组成。其结构以"="号开始,语法结构为"函数名称(参数1,参数2,参数3,…)",其中参数可以用数据、单元格地址、单元格区域、公式及其他函数表示。

函数的使用一般采用两种方法。

1)直接输入:用户在使用熟悉的函数或嵌套函数时,可以在单元格或编辑栏中直接输入所需函数。

2)插入函数:若对函数不熟悉,则可通过单击编辑栏的"插入函数" f_x 或"函数库"组的"插入函数",打开"插入函数"对话框,选择函数类别、函数名和参数来插入函数,如图4-28所示。

图 4-28 "插入函数"对话框

> **提示**:在单元格中直接输入等号后,单元格名称框就会变为"函数",展开函数下拉列表,列表中将展示出常用函数和最近使用过的函数,选取所需函数即可进行函数的插入。若选择"其他函数",则打开"插入函数"对话框。

二、常用函数

Excel 中的函数种类丰富,涉及了数据计算的方方面面,表 4-2 是一些常用函数的用法举例。

表 4-2 常用函数的用法举例

序号	函数名	用法举例	功能
1	SUM	SUM(A1:A8)	计算 A1:A8 单元格数据的和
2	AVERAGE	AVERAGE(A1:A8)	计算 A1:A8 单元格数据的平均值
3	MAX	MAX(A1:A8)	计算 A1:A8 单元格数据的最大值
4	MIN	MIN(A1:A8)	计算 A1:A8 单元格数据的最小值
5	COUNT	COUNT(A1:A8)	统计 A1:A8 单元格区域中包含数值的单元格的个数
6	PRODUCT	PRODUCT(A1:A8)	计算 A1:A8 单元格数据的乘积
7	ROUND	ROUND(A1,2)	对 A1 单元格的数值保留两位小数进行四舍五入
8	IF	IF(A1>=60,"及格","不及格")	如果 A1 单元格的值大于或等于 60,函数返回值为"及格",否则为"不及格"
9	SUMIF	SUMIF(A1:A8,">=60")	计算 A1:A8 单元格区域中数值大于或等于 60 的单元格数据的和
10	COUNTIF	COUNTIF(A1:A8,">=60")	统计 A1:A8 单元格区域中数值大于或等于 60 的单元格的个数
11	RANK	RANK(A1,A1:A8)	计算 A1 单元格的值在 A1:A8 数值序列中的排位
12	TODAY	TODAY()	获取当前日期
13	NOW	NOW()	获取当前日期和时间
14	YEAR	YEAR(1986/8/15)	获取年份数值

> **提示**:在 Excel 的公式或函数中的标点符号必须用英文标点符号。

任务实现

任务实现效果如图 4-29 所示。

	工号	姓名	身份证号	入职	出生	性别	年龄	工龄
1								
2	YGkx001	王艳艳	6541211	2008	1983	女	39	14
3	YGkx002	李卫东	5330251	2001	1974	男	48	21
4	YGkx003	焦中明	4401031	2008	1979	女	43	14
5	YGkx004	齐晓鹏	4415021	2013	1985	女	37	9
6	YGkx005	王永隆	4401041	1999	1973	女	49	23
7	YGkx006	付祖荣	5301221	1998	1970	男	52	24
8	YGkx007	杨丹妍	5322331	2013	1984	女	38	9
9	YGkx008	王晶晶	5335241	2003	1975	女	47	19
10	YGkx009	陶春光	5301021	2008	1980	男	42	14
11	YGkx010	张秀双	5301291	1994	1970	女	52	28
12	YGkx011	刘炳光	5322281	1997	1972	女	50	25
13	YGkx012	姜殿琴	5303211	2012	1984	女	38	10
14	YGkx013	车延波	5102111	2013	1988	女	34	9
15	YGkx014	张积盛	5301271	2006	1980	男	42	16
16	YGkx015	闫少林	5301031	2008	1984	女	38	14
17	YGkx016	李安娜	5301111	2008	1978	男	44	14
18	YGkx017	盖玉艳	5322011	2012	1985	女	37	10
19	YGkx018	孙大立	5329011	2014	1986	女	36	8
20	YGkx019	李 琳	4211821	2006	1982	男	40	16
21	YGkx020	白 俊	5202021	2011	1987	女	35	11
22	YGkx021	徐 娟	5329241	2012	1987	女	35	10
23	YGkx022	陈 培	5325301	2008	1982	女	40	14
24	YGkx023	王 萌	5329011	2002	1975	男	47	20
25	YGkx024	蔡小琳	5325261	2012	1986	女	36	10
26	YGkx025	王新力	4290061	2004	1978	女	44	18
27	YGkx026	江 湖	5322281	2000	1976	女	46	22
28	YGkx027	高 永	5303021	2002	1977	女	45	20

图 4-29 任务 4.3 效果图

任务总结

本任务进一步学习了公式函数的相关知识。通过该任务的实现,将对函数嵌套功能有更为详细的认识。

任务 4.4 制作迷你图与图表

任务描述

请按照素材"任务 4.4 要求",选用"任务 4.4 素材"中的相关数据,制作三维饼图和迷你图,最终效果请参阅"任务 4.4 效果(图片)"。

任务分析

本任务涉及图表和迷你图的制作,以及图表标题、图例项、数据标签等相关设置。

任务知识模块

一、图表

在 Excel 中,用户可以通过图表直观形象地反映工作表中数据之间的关系,方便地对比与分析数据的变化规律、发展趋势等,为管理和决策所需的分析数据提供直观形象的依据。当更改工作表数据时,图表会自动更新,保证了数据的一致性。

Excel 中提供了 17 种基本图表类型,每种图表类型中又有几种到十几种子图表类型,创建图表时可根据应用图表的情形选择不同的图表。单击"插入"选项卡"图表"组右下角的 图标,打开如图 4-30 所示的"插入图表"对话框。

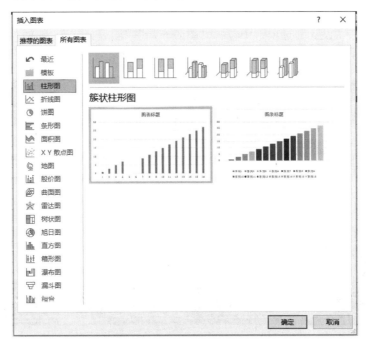

图 4-30　"插入图表"对话框

提示:图 4-30 所示的是所有图表的类型。常用图表的插入可以直接单击"插入"选项卡,在"图表"组中选择插入图表的类型,如图 4-31 所示,可以插入迷你图、柱形图、饼图等。

图 4-31　插入常用图表

二、图表的应用

(一)图表的创建及构造

在创建 Excel 图表前,首先应对需要创建图表的工作表进行数据分析,如用什么类型的图或图表才能直观形象地表达数据之间的关系,以及用表中哪些数据来创建图表等。然后再选择合适的数据,进行图表的插入。

1. 创建图表的方法

创建图表的操作步骤如下:

1)确定用于创建图表的数据,然后选定这些数据。

2)单击"插入"选项卡"图表"组中相应的命令,选择所需的图表类型,完成图表的基本创建。

3）选定图表，激活"图表工具"中的"设计"和"格式"两个选项卡，对所创建的图表元素进行美化和重新修改等操作。

> 提示：对于各类图表，"设计"和"格式"两个选项卡中的工具各不相同。下面以百分比堆积柱形图为例对对"设计"和"格式"两个选项卡进行说明。

如图4-32所示，"设计"选项卡中包含"图表布局""图表样式""数据""类型"及"位置"工具组，可以对图表进行设计修改。

图4-32　"设计"选项卡

如图4-33所示，"格式"选项卡中包含"插入形状""形状样式""艺术字样式""排列"及"大小"等工具组，可对图表进一步美化。

图4-33　"格式"选项卡

> 提示：右击图表相应的局部或全部位置，可以打开对应的局部或全局图表设置快捷菜单，可对图表局部或全局进行单项设置。

2. 图表的结构

认识图表的组成对于正确选择图表元素是非常重要的。Excel图表由图表区、绘图区、标题、数据序列、图例、数据标签、数值轴、分类轴、网格线等元素组成，如图4-34所示。

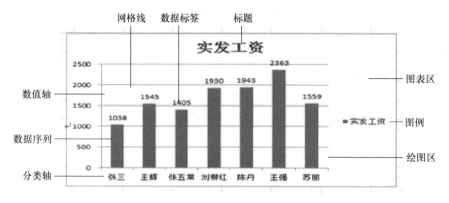

图4-34　图表的结构

（二）图表的编辑

图表创建后，如果用户对图表不满意，可以进行修改和编辑。

1. 移动和调整图表大小

移动图表：单击图表区，用鼠标拖动图表到所需位置。

调整图表大小：单击图表区，用鼠标拖动图表四周的控制点可调整图表大小。

2. 复制和删除图表

复制图表：单击图表区，使用"复制"和"粘贴"命令。

删除图表：单击图表区，按 <Delete> 键。

3. 改变图表位置

默认情况下，图表是作为对象嵌在数据源的工作表中的，若要改变位置，可执行以下操作。

1）单击图表的任意位置，激活图表。

2）单击"设计"选项卡"位置"组中的"移动图表"，打开"移动图表"对话框，选择对应位置，完成图表位置的移动，如图 4-35 所示。

图 4-35 "移动图表"对话框

> 提示：图表放置有两种方式，一种是作为独立的新工作表，另一种是作为对象嵌在工作表中。

4. 更改图表类型

更改图表类型的操作方法如下。

1）单击图表的任意位置，激活图表。

2）单击"设计"选项卡"类型"组中的"更改图表类型"，打开"更改图表类型"对话框，选择所需的图表类型，完成更改。

5. 在图表中添加或删除数据源

在图表中添加或删除数据源的操作方法如下。

1）单击图表的任意位置，激活图表。

2）单击"设计"选项卡"数据"组中的"选择数据"，打开"选择数据源"对话框，添加、删除或编辑数据源数据，如图 4-36 所示。

> 提示：在"选择数据源"对话框中还可以对"图例项（系列）""水平（分类）轴标签"和"切换行/列"等进行相应的编辑和操作。

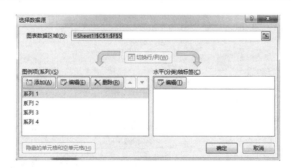

图 4-36 "选择数据源"对话框

6. 更改图表布局或添加图表元素

更改图表布局或添加图表元素的操作方法如下。

1）单击图表的任意位置，激活图表。

2）在"设计"选项卡的"图表布局"组中单击"添加图表元素"，在下拉列表中选择所需的图表元素选项，即可进行图表元素的添加，如图 4-37 所示。

3）如图 4-38 所示，单击"快速布局"，在下拉列表中选择所需的快速布局选项，即可进行快速布局。

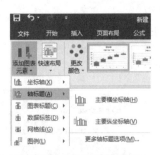

图 4-37　添加图表元素

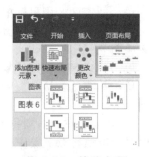

图 4-38　快速布局

7. 修改图表元素的格式

修改图表元素格式的操作方法如下。

1）单击图表的任意位置，激活图表。

2）单击"设计"选项卡或"格式"选项卡，在其中选择对应的命令，进行相应的修改和设置。

> 提示：在 Excel 中，编辑图表的方法有很多，除了以上介绍的方法外，还可以使用以下两种方法。
> 1）双击图表的任意元素，在打开的对话框中对该元素格式进行设置。
> 2）右击图表的任意元素，在弹出的快捷菜单中执行相应命令，快速执行编辑操作。

（三）迷你图的使用

迷你图是 Excel 2019 中的另外一个图表功能。迷你图创建在单元格中，能直观地显示数据变化趋势。

Excel 2019 中提供了折线、柱形、盈亏 3 种类型的迷你图，用户可以根据需要选择使用，如图 4-39 所示。

图 4-39　迷你图

任务实现

任务实现效果如图 4-40 所示。

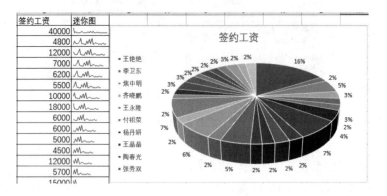

图 4-40　任务 4.4 效果图

任务总结

本任务讲解了图表及迷你图的制作方法以及相关的修改方法。

任务 4.5 职工收入分类统计

任务描述

请按照素材"任务 4.5 要求",对"任务 4.5 素材"中的数据进行排序、筛选和分类汇总。

任务分析

本任务除了要学习数据排序、筛选相关知识点外,还需要用到前面学习过的新建工作表、重命名工作表等相关知识。

任务知识模块

Excel 不仅具有简单数据的计算处理能力,还提供了对数据进行查询、排序、筛选以及分类汇总、数据透视等数据库管理功能。通过这些功能,用户可以方便地管理、分析数据,为决策者快速地提供可靠的依据。当数据列表中的数据发生变化时,其统计结果将随之更新。

一、数据清单

(一)数据清单的创建原则

数据清单又称为数据列表,是由工作表中的单元格构成的矩形区域,即一张二维表。创建数据清单需遵循以下原则:

1)数据清单含有固定的列,每列的列标题称为一个"字段",每列的列标题名称称为"字段名",每一列的数据必须是数据类型相同的数据。
2)数据清单中每一行的数据称为一条纪录。
3)数据清单中不允许有空行或空列。

(二)数据清单的建立与编辑

数据清单可以像一般工作表一样直接建立和编辑,也可以通过单击"数据"选项卡"记录单"组中的"记录单",在打开的对话框中对数据清单中的纪录进行新建、查询浏览、删除等操作,如图 4-41 所示。

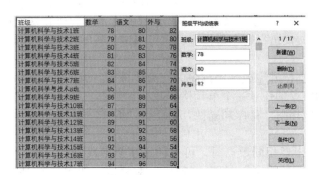

图 4-41 编辑记录单

由于"记录单"命令在默认状态下是隐藏起来的,用户可以通过执行以下操作来显示和使用该命令。

1)单击"文件"/"选项"。

2）在打开的"Excel 选项"对话框中选择"自定义功能区",在"自定义功能区"的"从下拉位置选择命令"中选择"所有命令"。

3）在列表中找到"记录单"命令并选中。在其右侧的"自定义功能区"中选择"主选项卡",在"主选项卡"中勾选"数据"复选框。

4）单击"新建组",将新建组重命名为"记录单"。

5）单击"添加"和"确定",即把"记录单"添加到功能区中,如图 4-42 所示。

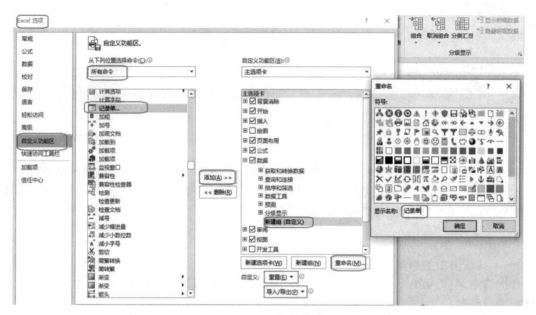

图 4-42　添加记录单

6）选中数据清单,单击"数据"选项卡"记录单"组中的"记录单",打开记录单对话框。

7）单击"新建",在空白记录单中输入数据,单击"关闭",添加一条新记录。

8）单击"上一条"或"下一条"可以浏览查询记录,也可单击"条件"进行满足条件的查询。

9）单击"删除",可删除当前记录。

二、数据排序

排序是指按照指定的顺序重新组织数据清单中的记录,使原来的数据清单能按照排序条件重新排列。Excel 可以根据一个或多个字段下的数据按文本、数值及日期和时间进行升序或降序排序。对于文字,默认按汉语拼音字母排序,也可指定为按文字笔画排序。

（一）简单排序

根据一个字段对数据按升序或降序排序即为简单排序。简单排序的方法如下:

1）选中要排序的字段的任意一个单元格。

2）单击"数据"选项卡"排序和筛选"组中的"升序" 或"降序" 。

（二）复杂排序

当参与排序的字段出现相同数据时,可以使用多个字段进行复杂排序。单击"数据"选项卡"排序和筛选"组中的"排序",打开"排序"对话框,如图 4-43 所示,可以设置主要关键字、排序依据、次序等复杂选项进行排序。

（三）自定义排序

用户可以在"排序"对话框中单击"选项",打开如图 4-44 所示的"排序选项"对话框,设置自定义的"区分大小写""方向"及"方法"选项。

图 4-43 "排序"对话框

图 4-44 "排序选项"对话框

三、数据筛选

数据筛选是对数据清单中的数据快速查找并显示符合指定条件的记录,而不满足条件的记录被隐藏起来。在 Excel 中一般采用自动筛选和高级筛选两种方式来筛选数据。

(一)自动筛选

自动筛选的方法为,单击"数据"选项卡"排序和筛选"组中的"筛选",进入筛选状态,在所需筛选的字段名的下拉列表中选择筛选的值,或通过"自定义筛选"输入筛选的条件,即可进行筛选,如图 4-45 所示。

图 4-45 简单筛选

> **提示**:若要取消自动筛选状态,恢复全部数据,只需再次单击"数据"选项卡"排序和筛选"组中的"筛选"。

(二)高级筛选

自动筛选在复杂的筛选条件下往往显得力不从心。Excel 提供了高级筛选功能,能够在自由定义的筛选条件下进行筛选。高级筛选的方法如下。

1)自定义一个筛选条件区域。条件区域的第一行是所有作为筛选条件的字段名,这些字段名必须与数据清单中的字段名完全相同。条件区域的其他行输入筛选条件,"与"关系条件写在同一行,"或"关系条件写在不同行。另外,条件区域不能与数据清单链接在一起,至少离开一行或一列。

2)单击"数据"选项卡"排序和筛选"组中的"高级",在"高级筛选"对话框中完成设置,如图 4-46 所示。

信息技术

图 4-46　高级筛选

> 提示：若要筛选多个条件，在"条件区域"中加入其他条件即可。

任务实现

任务实现效果如图 4-47 所示。

图 4-47　任务 4.5 效果图

任务总结

本任务讲解了数据清单的创建原则和编辑方法，以及最基本的排序和筛选数据分析方法。

任务 4.6　建立订单数据透视表

任务描述

请使用素材"任务 4.6 素材"中的数据，按照"任务 4.6 要求"完成数据透视，最终效果请参阅"任务 4.6 效果（图片）"。

任务分析

数据透视表主要用于对数据量大且复杂的数据进行透视和分析。选择合理的单个或者多个字段，分别拖放到行、列、值、筛选 4 个区域对应位置中，对数据透视表进行合理设置后，便于对数据进行透视分析。

任务知识模块

一、数据管理和分析

（一）分类汇总

分类汇总是数据分析的一种常用方法。Excel 分类汇总是对数据清单中的某个关键字字段进行分类，将字段值相同的连续记录作为一类进行汇总计算，计算方式有求和、计数、求平均值、求最大值、求最小值等。

需要注意的是，对数据清单进行分类汇总时，数据清单第一行必须有字段名，并且必须对分类的字段进行排序，以便把数据分类相同的记录先归在一起，否则分类汇总结果通常无意义。

其次，用户需搞清楚 3 个要素：分类字段、汇总方式、选定汇总项。单击"数据"选项卡"分级显示"组中的"分类汇总"，在"分类汇总"对话框中可进行设置。

分类汇总分为简单汇总和嵌套汇总两种方式。

1. 简单汇总

简单汇总是对数据清单的一个或多个字段仅做一种方式的汇总，如只是"求和""计数""求平均"等简单汇总，如图 4-48 所示。

2. 嵌套汇总

嵌套汇总是对数据清单的同一个字段进行多种方式的汇总，例如，同时对"区块链技术"进行"最大值"和"最小值"汇总，如图 4-49 所示。

图 4-48　简单汇总

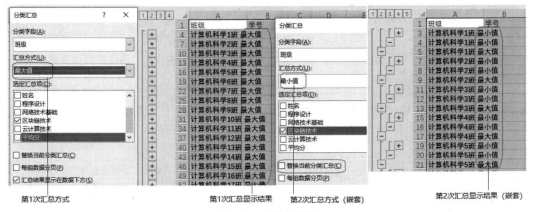

图 4-49　嵌套汇总

> **提示**：在图 4-49 所示的"分类汇总"对话框中进行嵌套设置时，必须将"替换当前分类汇总"复选框取消勾选。

3. 分级显示分类汇总

对数据分类汇总后，数据清单的右侧会出现分级显示的级别符号 1 2 3 4，单击其中的级别数字，可以分级显示汇总结果。例如，单击汇总结果后的级别数字"2"，将显示如图 4-50 所示的结果。

图 4-50　分级显示分类汇总

> 提示：单击数据清单右侧的 + 或 -，也可以分级显示分类汇总。

4. 删除分类汇总

删除分类汇总的方法为，单击分类汇总数据清单的任意单元格，再单击"数据"选项卡"分级显示"组中的"分类汇总"，在打开的"分类汇总"对话框中单击"全部删除"，即可删除分类汇总。

（二）合并计算

在"数据"选项卡的"数据工具"中有个"合并计算"工具，经常用于多个同类数据表的数据合并计算。通过选择数据的引用位置，添加到"所有引用位置"列表框后，即可对"引用位置"中的数据表进行求和、计数、求平均值、算方差等合并计算。

（三）数据透视表

数据透视表是一种快速汇总大量数据和建立交叉列表的交互式分类汇总表格。利用它可以对以流水形式记录的记录数量大及结构复杂的数据清单快速地从不同角度进行数据的分类汇总。它是分类汇总功能的进一步延伸，一般的分类汇总只针对一个字段进行，而数据透视表可同时对多个字段分类汇总，并且汇总前不需要排序。

在创建的数据透视表中，可以根据用户需要对数据进行任意的排序和筛选，还可以显示或隐藏明细数据，生成数据透视图等，可帮助用户分析、组织数据，灵活地以各种方式表达数据的特征。

创建数据透视表的操作步骤如下：

1）打开数据源数据，选中其中任意一个单元格。

2）单击"插入"选项卡"表格"组中的"数据透视表"，打开"创建数据透视表"对话框，按图4-51所示进行设置，单击"确定"。

图4-51 "创建数据透视表"对话框

3）激活"数据透视表工具"窗口，同时出现如图4-52所示的空白的"数据透视表1"和"数据透视表字段"。单击"选择要添加到报表的字段"右侧的下拉箭头，打开报表字段选区。选择相应的字段排列模式，打开字段排列对话框（此处选择"字段节和区域节并排"选项），如图4-53所示。

图4-52 空白的"数据透视表1"和"数据透视表字段"

图4-53 "字段节和区域节并排"选项

4）在"数据透视表字段"中布局字段。方法是在"选择要添加到报表的字段"选项框中，直接把需要添加的字段拖放到其右侧或者左侧的行字段、列字段、值字段、筛选字段对应的位置，如图4-54所示。

5）选择数据透视表，在"分析"选项卡的"数据透视表"组中，单击"选项"/"选项"，打开"数据透视表选项"对话框，如图4-55所示，可以对数据透视表进行设置。

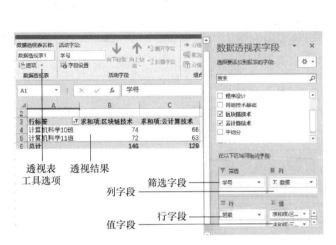

图4-54　各字段拖放位置

图4-55　"数据透视表选项"对话框

6）选中数据透视表，单击"分析"选项卡，可以对数据透视表的活动字段、组合、筛选、计算、显示等进行设置，如图4-56所示。

图4-56　"分析"选项卡

7）选中数据透视表，单击"设计"选项卡，可以对数据透视表的布局、数据透视表样式选项、数据透视表样式等进行设置，如图4-57所示。

图4-57　"设计"选项卡

8）单击数据透视表中的下拉列表，在打开的列表中也可对数据透视表进行设置，动态地显示汇总结果。

二、Excel的数据保护

在Excel的使用中，为避免非法操作导致的数据破坏和丢失，用户对重要的工作簿或工作表进行保护是非常必要的。

（一）保护工作簿

1. 为工作簿设置密码

为工作簿设置密码的操作方法如下：

1）打开工作簿，单击"文件"/"另存为"，单击"浏览"，打开"另存为"对话框。

2）在对话框中，单击"工具"/"常规选项"，打开"常规选项"对话框，设置"打开权限密码"和"修改权限密码"，单击"确定"。

3）完成密码设置，返回"另存为"对话框，单击"保存"。

> **提示**：若要取消密码，只需再次打开"常规选项"对话框，删除"打开权限密码"和"修改权限密码"，单击"确定"，返回"另存为"对话框，单击"保存"。

2. 设置加密文档

设置加密文档的操作方法如下：

1）打开工作簿，单击"文件"/"信息"，单击"保护工作簿"。

2）在下拉列表中选择"用密码进行加密"，在打开的"加密文档"对话框中输入密码，单击"确定"，如图 4-58 所示。

3. 保护工作簿的结构和窗口

如果不允许对工作簿中的工作表进行移动、删除、插入、隐藏或取消隐藏及重命名等操作，或者对工作表窗口进行移动、缩放及隐藏或取消隐藏等操作，可对工作簿的结构和窗口进行保护。

单击"审阅"选项卡"更改"组中的"保护工作簿"，在"保护结构和窗口"对话框中进行相应设置，如图 4-59 所示。

图 4-58　加密文档

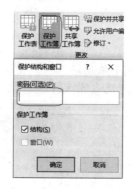

图 4-59　保护工作簿的结构和窗口

（二）保护工作表

除保护工作簿外，也可保护指定的工作表。操作方法如下：

1）选中需保护的工作表为当前工作表，单击"审阅"选项卡"更改"组中的"保护工作表"，打开"保护工作表"对话框，如图 4-60 所示。

2）勾选"保护工作表及锁定的单元格内容"复选框，对工作表进行保护。

3）可以在"取消工作表保护时使用的密码"文本框中输入密码。
4）在"允许此工作表的所有用户进行"列表框中勾选相应的复选框,单击"确定"。

图 4-60 "保护工作表"对话框

提示:若要取消保护工作表,可单击"审阅"选项卡"更改"组中的"取消保护工作表"。

任务实现

任务实现效果如图 4-61 所示。

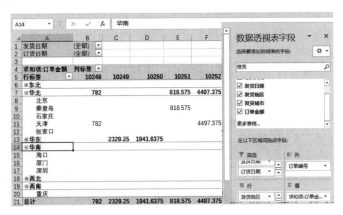

图 4-61 任务 4.6 效果图

任务总结

本任务讲解了数据分类汇总、合并计算及创建数据透视表的方法,并介绍了如何保护工作簿和工作表。

任务 4.7 打印公司销售明细表

任务描述

请使用素材"任务 4.7 素材",按照"任务 4.7 要求"设置打印相关项,最终效果请参阅"任务 4.7 效果(图片)"。

任务分析

本任务涉及页面、页边距、页眉/页脚、工作表等相关打印项的设置。

任务知识模块

工作表和图表建立完成后，可以将它们打印出来。打印之前首先需要进行页面设置，再通过打印预览查看打印效果，最后通过打印操作实现打印。

一、页面设置

单击"页面布局"选项卡"页面设置"组右下角的 图标，打开"页面设置"对话框，其中包含"页面""页边距""页眉/页脚"及"工作表"4个选项卡。

1)"页面"选项卡。如图4-62所示，可以设置纸张方向、纸张缩放比例、纸张大小及打印的起始页码等。

2)"页边距"选项卡。如图4-63所示，可以设置页边距、页眉/页脚与页边距的距离及表格内容的居中方式等。

图4-62 "页面"选项卡

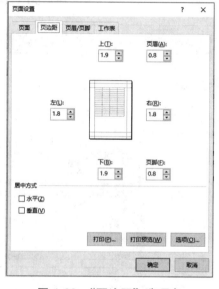

图4-63 "页边距"选项卡

3)"页眉/页脚"选项卡。如图4-64所示，在"页眉/页脚"选项卡中，单击"页眉"和"页脚"的下拉列表可选择预先设置好的页眉和页脚。

单击"自定义页眉"或"自定义页脚"，在打开的"页眉"或"页脚"对话框中可自定义页眉或页脚。

4)"工作表"选项卡。如图4-65所示，其主要选项的功能如下：

打印区域：设置需打印的工作表的区域，可以输入区域或用鼠标直接选取区域。

打印标题：当工作表有多页时，如果每页均需要打印行标题或列标题，则可在"打印标题"选项下的"顶端标题行"或"从左侧重复的列数"中输入或用鼠标直接选取工作表标题所在单元格的地址。

打印：可以设置打印的相关参数。

打印顺序：指定工作表打印顺序。

二、打印预览及打印

单击"文件"/"打印"，打开"打印"窗口，如图4-66所示，可以设置打印方式和进行打印预览。在图 4-64 所示的对话框中单击"打印",同样可以打开图 4-66 所示的窗口。

若对打印预览效果满意,可单击"打印"正式打印;若对打印预览效果不满意,可返回工作表进行编辑修改。

图 4-64 "页眉/页脚"选项卡

图 4-65 "工作表"选项卡

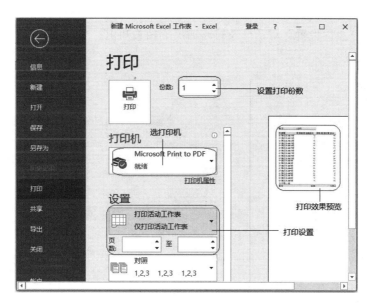

图 4-66 "打印"窗口

任务实现

任务实现效果如图 4-67 所示。

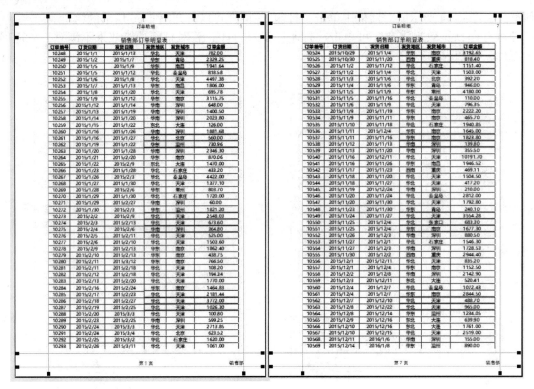

图 4-67　任务 4.7 效果图

任务总结

本任务讲解了"页面设置"对话框及打印输出等相关知识。

项目 5
演示文稿制作软件 PowerPoint 2019

回复"71330+5"观看视频

📣 项目导读

演示文稿制作是信息化办公的重要组成部分。借助演示文稿制作工具,可快速制作出图文并茂、富有感染力的演示文稿,并且可通过图片、视频和动画等多媒体形式展现复杂的内容,从而使表达的内容更容易理解。本项目包含演示文稿制作、动画设计、母版制作和使用、演示文稿放映和导出等内容。

📖 项目知识点

1) 了解演示文稿的应用场景,熟悉相关工具的功能、操作界面和制作流程。
2) 掌握演示文稿的创建、打开、保存、退出等基本操作。
3) 熟悉演示文稿不同视图方式的应用。
4) 掌握幻灯片的创建、复制、删除、移动等基本操作。
5) 理解幻灯片的设计及布局原则。
6) 掌握在幻灯片中插入各种对象的方法,如文本框、图形、图片、表格、音频、视频等对象。
7) 理解幻灯片母版的概念,掌握幻灯片母版、备注母版的编辑及应用方法。
8) 掌握幻灯片切换动画、对象动画的设置方法及超链接、动作按钮的应用方法。
9) 掌握幻灯片的放映设置及幻灯片的共享和不同格式的导出方法。
10) 掌握讲义的打印方法。

任务 制作生物多样性幻灯片

📖 任务描述

使用 PowerPoint 2019 制作一个演示文稿,宣传生物多样性的相关知识,如图 5-1 所示。要求能够自主选择观看顺序,并伴随着背景音乐。

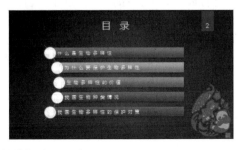

图 5-1 "生物多样性"演示文稿

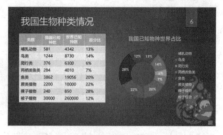

图 5-1 "生物多样性"演示文稿（续）

任务分析

演示文稿共包含 8 张幻灯片，8 张幻灯片具有统一的外观风格，其中第 1 张幻灯片是封面，第 2 张幻灯片是目录，第 3～7 张幻灯片是主要内容，第 8 张幻灯片是封底。

演示文稿中包含文本、艺术字、图片、图表、SmartArt 图形、表格、音频多种媒体。每一张幻灯片上有幻灯片编号。

为了实现自主选择播放顺序的功能，还需要使用超链接。

任务知识模块

一、PowerPoint 2019 概述

PowerPoint 2019 是微软公司在 2019 年推出的 Office 2019 办公软件中的组件之一，是一款功能强大的专业幻灯片编辑制作软件。其易用性、智能化和集成性等特点，给用户提供了便捷的工作方式，深受各行业办公人员的青睐。在日常办公中，常常需要将某些文稿内容以屏幕放映的方式进行展示，如产品推广、企业宣传、工作总结汇报、销售情况汇报、演讲、婚礼庆典、项目竞标、教育培训等。应用 PowerPoint 2019 软件可以方便快捷地制作出图文并茂、表现力和感染力极强的演示文稿。用户可以在计算机或投影仪上播放演示文稿，也可以将演示文稿打印出来。借助演示文稿可以更有效地进行表达和交流。

（一）PowerPoint 2019 简介

PowerPoint 2019 可以方便快捷地制作包含文字、图片、图表、SmartArt 图形、声音、视频、动画等多媒体元素的演示文稿。在 PowerPoint 2019 中，可以利用主题、背景、版式、模板、母版等便捷地进行演示文稿的设计。PowerPoint 2019 还提供了演示文稿的打包输出和格式转换功能，以便在未安装 PowerPoint 2019 的计算机上放映演示文稿。

与以前的版本相比，PowerPoint 2019 增加了一些新功能：

1）平滑切换功能，有助于在幻灯片上制作流畅的动画。
2）缩放定位功能，在演示幻灯片时，可在一张幻灯片到另一张幻灯片的移动中使用缩放效果。
3）增加了文本荧光笔工具，可选取不同的高亮颜色，以便对演示文稿中某些文本部分加以强调。
4）可插入并编辑矢量图形（SVG），SVG 图像可以重新着色，可将 SVG 图像或图标转换为形状。
5）可插入 3D 模型，观察各个角度。
6）简化了图片背景的删除和编辑操作。
7）可将演示文稿导出为 4K 分辨率的视频。
8）可以录制视频或音频旁白，也可以录制数字墨迹手势，可使用数字墨迹绘图或书写。
9）可使用漏斗图显示逐渐减小的比例。
10）可使用数码笔作为无线远程控制器控制幻灯片的放映。

（二）认识 PowerPoint 2019

PowerPoint 2019 的工作窗口如图 5-2 所示，由快速访问工具栏、标题栏、选项卡、功能区、幻灯片浏览窗口、幻灯片窗口、状态栏（包括"备注"命令、"批注"命令、视图按钮、显示比例按钮）等部分组成。

图 5-2　PowerPoint 2019 工作窗口

1）快速访问工具栏：提供"保存""撤销""重复""放映""新建"等命令。
2）标题栏：显示当前演示文稿的文件名，右侧有"登录""功能区显示选项""最小化""最大化""关闭"命令。其中"功能区显示选项"有"自动隐藏功能区""显示选项卡"和"显示选项卡和命令"3 个选项。
3）选项卡：包含"文件""开始""插入""设计""切换""动画""幻灯片放映""审阅""视图""录制""帮助""模板中心"12 个选项卡。每个选项卡下含有不同功能区。右侧的"共享"命令可以把演示文档以".pptx"形式保存到云。
4）功能区：当选中某个选项卡时，其对应的多个命令显示在功能区，不同选项卡的功能区包含的命令组不同。
5）幻灯片浏览窗口：显示幻灯片缩略图。
6）幻灯片窗口：显示当前正在编辑的幻灯片，在该窗口可进行幻灯片元素的添加和编辑。
7）状态栏：主要显示当前编辑的幻灯片序号和当前演示文稿的幻灯片总数，还包含"备注"命令、"批注"命令、视图按钮和显示比例按钮。

"备注"：可以打开或关闭备注窗口。在备注窗口可以输入幻灯片的备注文字。
"批注"：可以打开或关闭批注窗口。在批注窗口可以新建批注。
视图按钮：包括"普通视图""幻灯片浏览""阅读视图"和"幻灯片放映"4 个按钮，可以实现 4 种视图的切换。

显示比例按钮：包括"缩小""放大"和"按当前窗口调整幻灯片大小"3个按钮，可以实现幻灯片显示比例的调整。

二、演示文稿的制作

（一）创建演示文稿

启动 PowerPoint 2019 时，系统打开如图 5-3 所示的工作窗口，单击"空白演示文稿"即可创建一个默认名称为"演示文稿1"的文档。

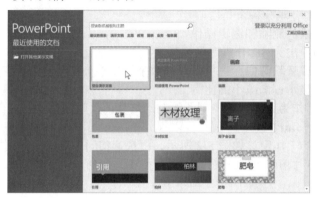

图 5-3　启动 PowerPoint 2019 时的工作窗口

在启动 PowerPoint 2019 后，还可以通过单击"文件"/"新建"/"空白演示文稿"来创建演示文稿，如图 5-4 所示。

图 5-4　新建空白演示文稿

创建演示文稿时也可以选择创建某种主题的演示文稿。例如，单击"文件"/"新建"，选择"画廊"，此时，会显示如图 5-5 所示的窗口，选择合适的标题版式后单击"创建"即可。

图 5-5　创建"画廊"主题的演示文稿

> 提示：主题是一组统一的设计元素，通过颜色、字体、图形设置幻灯片的外观效果和背景。运用主题可以快速对全部或局部幻灯片设置统一的风格，提高演示文稿制作效率。PowerPoint 2019 内置了多种主题，可以创建文档后再运用主题或更换主题。

（二）保存与关闭演示文稿

创建演示文稿后，用户可以将其保存起来，以供今后使用。

1. 保存演示文稿

单击快速访问工具栏中的"保存"，或单击"文件"/"另存为"，如图 5-6 所示，再单击"浏览"，打开"另存为"对话框，如图 5-7 所示，选择存储位置，输入文件名，单击"保存"即可。

图 5-6 "另存为"命令

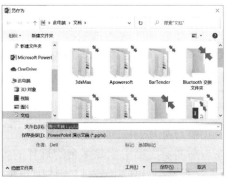

图 5-7 "另存为"对话框

2. 关闭演示文稿

当演示文稿制作完毕并保存后，需要关闭该文档时，单击"文件"/"关闭"即可。此时，PowerPoint 2019 软件不会退出。

如果关闭文档时希望同时退出 PowerPoint 2019 软件，可以直接单击 PowerPoint 2019 软件窗口右上角的"关闭"。

（三）打开与保护演示文稿

对于已经存在的演示文稿，在文稿保存的位置找到该文稿后双击，系统会自动用 PowerPoint 2019 将其打开。

为防止别人查看演示文稿的内容，可以对其进行加密。具体操作步骤如下：

1）在演示文稿中，单击"文件"/"信息"/"保护演示文稿"/"用密码进行加密"，如图 5-8 所示。在弹出的"加密文档"对话框中输入密码，如"123456"，如图 5-9 所示，然后单击"确定"。在弹出的"确认密码"对话框中再次输入相同的密码，单击"确定"即可。

图 5-8 "用密码进行加密"命令

图 5-9 "加密文档"对话框

2）保存并关闭该文档。再次打开该文档时将弹出"密码"对话框，此时需要输入前面设置的密码才能打开该文档。

三、幻灯片的制作

（一）幻灯片的插入与编辑

一个完整的演示文稿通常是由多张幻灯片组成的。创建演示文稿后，系统默认包含一张幻灯片。制作过程中，用户可以根据需要添加多张幻灯片，也可以删除多余的幻灯片，还可以调整幻灯片的顺序以及复制幻灯片。

1. 插入新幻灯片

在当前演示文稿中添加新幻灯片的方法有以下 4 种：

1）快捷键法。按 <Ctrl+M> 组合键，即可快速添加一张空白幻灯片。

2）<Enter> 键法。在普通视图下，将光标定位在左侧幻灯片浏览窗口中，然后按 <Enter> 键，即可快速添加一张空白幻灯片。

3）命令法。单击"开始"/"新建幻灯片"，或单击"插入"/"新建幻灯片"。

4）快捷菜单法。在左侧幻灯片浏览窗口中右击，在弹出的快捷菜单中单击"新建幻灯片"。

> 提示：新的幻灯片将出现在当前幻灯片的下方。

2. 删除幻灯片

在当前演示文稿中删除多余幻灯片的方法有以下两种：

1）在左侧幻灯片浏览窗口中选中要删除的幻灯片，然后按 <Delete> 键。

2）在左侧幻灯片浏览窗口中选中要删除的幻灯片，右击鼠标，在弹出的快捷菜单中单击"删除幻灯片"。

> 提示：单击可选中一张幻灯片；按住 <Ctrl> 键依次单击，可选中多张不连续的幻灯片；单击选中一张起始幻灯片，按住 <Shift> 键，单击末尾一张幻灯片，即可选中两者之间的全部幻灯片。

3. 调整幻灯片顺序

选中需要变动顺序的幻灯片，按住鼠标左键拖动到新的位置后放开鼠标，即可实现幻灯片的移动。

4. 复制幻灯片

复制幻灯片的方法有以下 3 种：

1）普通视图下，在左侧幻灯片浏览窗口中选中需要复制的幻灯片，右击鼠标，在弹出的快捷菜单中单击"复制幻灯片"。新产生的幻灯片出现在被复制幻灯片的下方。

2）普通视图下，在左侧幻灯片浏览窗口中选中需要复制的幻灯片，按 <Ctrl+C> 键，在合适位置单击，然后按 <Ctrl+V> 键。新产生的幻灯片出现在指定位置。

3）幻灯片浏览视图下，选中需要复制的幻灯片，按住 <Ctrl> 键，同时按住鼠标左键拖动到合适位置后放开鼠标。

（二）插入和编辑幻灯片中的文字

用户可以向文本占位符、文本框和形状中添加文字。

1）利用文本占位符添加文字。文本占位符是幻灯片版式中预先设定的文本框，这些框内可以放置标题或正文。文本占位符中有"单击此处添加标题"和"单击此处添加文本"字样，单击即可输入文字。

2）利用文本框添加文字。文本框是一种可移动、可调整大小、可设置外观的文字或图形的容器。文本框有横排文本框和竖排文本框两种。单击"插入"/"文本框"/"绘制横排文本框"，在幻灯片上按住左键拖动即可创建文本框，然后在文本框中输入文字即可。

3)利用形状添加文字。单击"插入"/"形状",选择一种形状,在幻灯片上按住左键拖动即可创建形状。右击形状,在快捷菜单中单击"编辑文字",即可输入文字。

选中文字后可以在"开始"选项卡中设置字体和段落格式。

(三)插入和编辑幻灯片中的对象

1. 插入表格

在幻灯片浏览窗口中单击需要插入表格的幻灯片,使其成为当前编辑的幻灯片。然后单击"插入"/"表格"/"插入表格",如图 5-10 所示,在弹出的"插入表格"对话框中输入表格的列数和行数,单击"确定"即可,如图 5-11 所示。

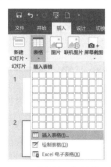

图 5-10 "插入表格"命令

图 5-11 "插入表格"对话框

插入表格后,可以通过"表格工具"对表格的外观进行设置。"表格工具"包括"设计"选项卡和"布局"选项卡,如图 5-12 所示。

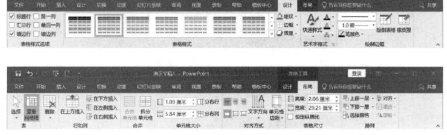

图 5-12 表格工具

2. 插入图片

在幻灯片浏览窗口中单击需要插入图片的幻灯片,使其成为当前编辑的幻灯片。然后单击"插入"/"图片",在弹出的"插入图片"对话框中定位到图片所在的文件夹,并选中图片文件,单击"插入"即可,如图 5-13 所示。

图 5-13 "插入图片"对话框

3. 插入图标

在幻灯片浏览窗口中单击需要插入图标的幻灯片，使其成为当前编辑的幻灯片。然后单击"插入"/"图标"，在弹出的"插入图标"对话框中选择所需的一个或多个图标，单击"插入"即可，如图5-14所示。

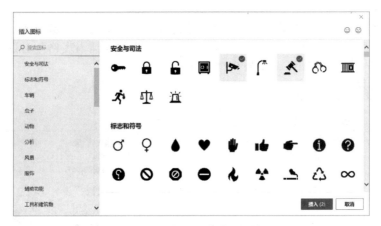

图5-14 "插入图标"对话框

4. 插入屏幕截图

"屏幕截图"可用于捕获已在计算机上打开的程序或窗口的快照。该命令只能捕获未被最小化到任务栏的窗口，且一次只能添加一个屏幕截图。

单击"插入"/"屏幕截图"，打开的程序窗口在"可用的视窗"库中显示为缩略图，如图5-15所示。

图5-15 "屏幕截图"命令

若要将整个窗口的屏幕截图插入到文档中，则单击"可用的视窗"中该窗口的缩略图。若要添加"可用的视窗"中显示的第一个窗口的选定部分，则单击"屏幕剪辑"，当屏幕变为白色且指针变成十字时，按住鼠标左键并拖动以选定要捕获的屏幕部分。

> **提示：** 如果打开了多个窗口，首先需要单击要捕获的窗口，然后再开始屏幕截图过程，这会将该窗口移动到"可用的视窗"库中的第一个位置。例如，如果想要剪辑网页并将其插入演示文稿，可首先单击网页，然后转到演示文稿，并单击"屏幕截图"。此时，网页窗口将位于"可用的视窗"库中的第一个位置，然后可以单击"屏幕剪辑"，选定该屏幕的某部分。

5. 插入SmartArt图形

SmartArt图形是信息和观点的视觉表示形式。通过SmartArt图形可以更轻松直观地呈现信息。插入SmartArt图形的操作步骤如下：

1）单击"插入"/"SmartArt"，弹出"选择SmartArt图形"对话框，选择合适的SmartArt图形，单击"确定"，即完成SmartArt图形的创建，如图5-16所示。

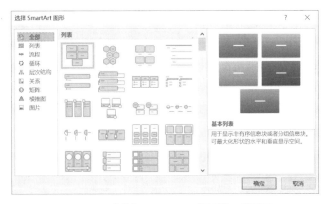

图 5-16 "选择 SmartArt 图形"对话框

2)利用"SmartArt 工具"编辑 SmartArt 图形,使其外观更加符合需要。"SmartArt 工具"包括"设计"选项卡和"格式"选项卡,如图 5-17 所示。通过"SmartArt 工具"可以在最初的 SmartArt 图形基础上增加或更改形状、应用样式、更改颜色等。

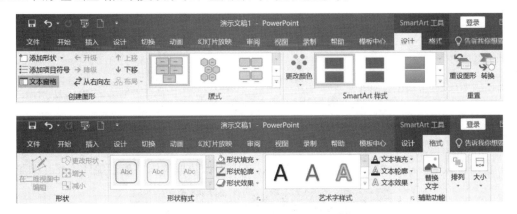

图 5-17 SmartArt 工具

提示:要选中 SmartArt 图形才会看到"SmartArt 工具"。若要删除 SmartArt 图形中的形状,则需要单击形状的边框,然后按 <Delete> 键。若要删除整个 SmartArt 图形,则需要单击 SmartArt 图形的边框,然后按 <Delete> 键。

3)在"在此处键入文字"窗格中输入文字,如图 5-18 所示。

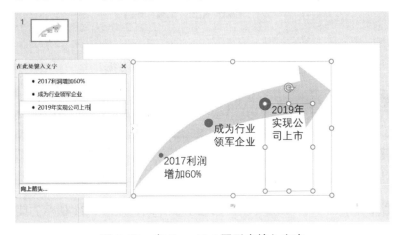

图 5-18 在 SmartArt 图形中输入文字

> 提示：单击 SmartArt 图形左边框上的 ▷ ，可以打开或关闭"在此处键入文字"窗格。

6. 插入图表

在演示文稿中可以插入多种数据图表，如柱形图、折线图、饼图、条形图、面积图、XY 散点图、股价图、曲面图、雷达图等。插入图表的操作步骤如下：

1）单击"插入"/"图表"，在弹出的"插入图表"对话框中选择所需的图表类型，然后单击"确定"，如图 5-19 所示。

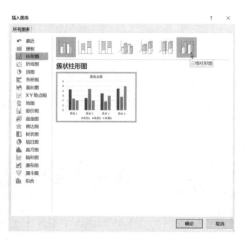

图 5-19 "插入图表"对话框

> 提示：将鼠标指针停留在任何图表类型上时，屏幕上会显示其类型名称。

2）自动进入 Excel，如图 5-20 所示，在 Excel 中进行数据编辑，然后关闭 Excel 即可。

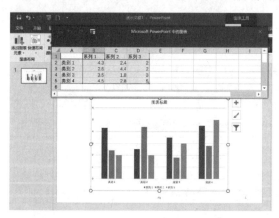

图 5-20 Excel 工作表中的示例数据

> 提示：如果需要修改数据，可以在图表上右击，在快捷菜单中选择"编辑数据"，系统将自动打开 Excel，在 Excel 中修改数据即可。

7. 插入艺术字

艺术字是一个文字样式库，使用艺术字可以使幻灯片更加美观。插入艺术字的操作步骤如下：

1）单击"插入"/"艺术字"，选择所需的艺术字样式，如图 5-21 所示。此时，出现"请在此放置您的文字"文本框。

2）输入需要做成艺术字的文字。

3)如果需要修改艺术字效果,可以单击艺术字边框,在"绘图工具"的"格式"选项卡中设置文本填充、文本轮廓和文本效果,如图5-22所示。

图 5-21 插入艺术字

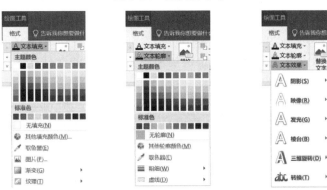

图 5-22 文本填充、文本轮廓和文本效果

> 提示:拖动艺术字边框上的黄色控制柄,可以调整艺术字的外形。如果要删除艺术字,可单击艺术字边框,然后按<Delete>键。

8. 插入公式

若要使用内置公式,则单击"插入"/"公式",选择需要的内置公式即可。

若要插入新公式,需要先创建一个文本框,再单击"插入"/"公式"/"插入新公式",然后利用"公式工具"构建公式,如图5-23所示。

图 5-23 公式工具

若要绘制公式,可单击"插入"/"公式"/"墨迹公式",使用鼠标来绘制公式,如图5-24所示。

9. 插入音频

通常可以在第一张幻灯片上插入一个音频,作为幻灯片放映时的背景音乐,起到营造氛围的作用。插入音频的操作步骤如下:

1)单击第一张幻灯片,使其成为当前编辑的幻灯片。

2)单击"插入"/"音频"/"PC上的音频"。

3)在"插入音频"对话框中,定位到音频文件所在的文件夹,选中音频文件,单击"插入"。

4)单击"音频工具"的"播放"选项卡,勾选"放映时隐藏""循环播放,直到停止"和

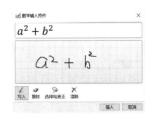

图 5-24 墨迹公式

"跨幻灯片播放"复选框,设置"开始"为"自动",如图5-25所示。

图5-25 音频播放设置

> 提示:演示文稿支持MP3、WMA、WAV、MID、M4A等23种格式的音频文件。

10. 插入视频

有时需要在幻灯片放映过程中播放一段视频。在幻灯片中插入视频的操作步骤如下:

1)单击需要插入视频的幻灯片,使其成为当前编辑的幻灯片。
2)单击"插入"/"视频"/"PC上的视频"。
3)在"插入视频文件"对话框中,定位到视频文件所在的文件夹,选中视频文件,单击"插入"。
4)单击"视频工具"的"播放"选项卡,勾选"全屏播放"复选框。

> 提示:演示文稿支持AVI、WMV、MP4等23种格式的视频文件。

11. 插入屏幕录制

PowerPoint 2019提供的屏幕录制功能可以录制计算机屏幕以及相关的音频,然后将其嵌入幻灯片或保存为单独的文件。操作步骤如下:

1)单击需要插入屏幕录制的幻灯片,使其成为当前编辑的幻灯片。
2)单击"插入"/"屏幕录制"。
3)在控制坞(见图5-26)中单击"选择区域"(如果要选择整个屏幕进行录制,则按<Windows +Shift+F>键),将出现十字光标,拖动十字光标以选择要录制的屏幕区域(可以录制的最小区域是64×64像素)。

图5-26 屏幕录制控制坞

> 提示:PowerPoint 2019会自动录制音频和鼠标指针,因此默认情况下将在控制坞上选中这些选项。若要将其关闭,请取消选择"音频"和"录制指针"。

4)单击"录制",开始录制屏幕。根据需要使用"暂停",并在完成后使用"停止"。

> 提示:除非将控制坞固定在屏幕上,否则它会在录制期间向上滑入边界。若要使控制坞重新出现,请将鼠标指针指向屏幕顶部。

5)单击控制坞上的"停止",视频将添加到幻灯片中。单击"视频工具"的"播放"选项卡,然后设置"开始"为"按照单击顺序""自动"或"单击时"。

12. 插入页眉和页脚

可以在幻灯片上添加页眉和页脚。操作步骤如下:

1)单击"插入"/"页眉和页脚"。
2)在弹出的"页眉和页脚"对话框中,根据需要勾选"日期和时间"和"幻灯片编号"复选框。勾选"页脚"复选框,输入页脚内容。勾选"标题幻灯片中不显示"复选框,单击"全部应用",如图5-27所示。

图 5-27 "页眉和页脚"对话框

四、幻灯片的外观设计

（一）主题的设置

PowerPoint 2019 提供了多种设计主题，包含配色方案、背景、字体样式和占位符位置等。使用主题可以简化演示文稿的设计过程，轻松拥有设计感满满的外观，使演示文稿具有统一的风格。

1）若使用内置主题，只需单击"设计"选项卡，展开"主题"组下拉列表，在列表中选择适合的主题缩略图即可，如图 5-28 所示。

图 5-28 主题列表

> 提示：将鼠标指针停留在主题缩略图上，可以预览应用该主题的效果，同时该主题的名称也会显示在屏幕上。

2）若使用外部主题，需要单击"设计"选项卡，在"主题"组下拉列表中单击"浏览主题"，在弹出的"选择主题或主题文档"对话框中定位到主题文档的位置，选中主题文档，单击"应用"即可，如图 5-29 所示。

3）要保存演示文稿中的主题，生成主题文档，可单击"设计"选项卡，在"主题"组下拉列表中单击"保存当前主题"。

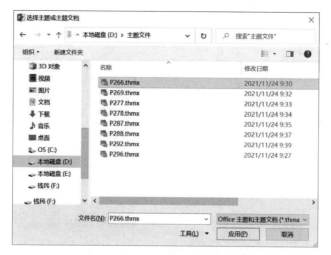

图 5-29 "选择主题或主题文档"对话框

> 提示：主题文档的扩展名为".thmx"。

4）要取消主题，只需单击列表中的第一个主题缩略图即可。

（二）背景的设置

演示文稿可以采用纯色、渐变色、图案或图片作为幻灯片的背景。

单击"设计"/"设置背景格式"，打开"设置背景格式"窗格，如图 5-30 所示，在该窗格中进行背景设置即可。

（三）幻灯片母版制作

使用幻灯片母版可以统一设置幻灯片的背景和文本样式。在母版中还可以添加一些固定元素，例如公司徽标，使幻灯片具有共性元素。

制作母版的操作步骤如下：

1）单击"视图"/"幻灯片母版"，进入母版视图，如图 5-31 所示。

图 5-30 "设置背景格式"窗格

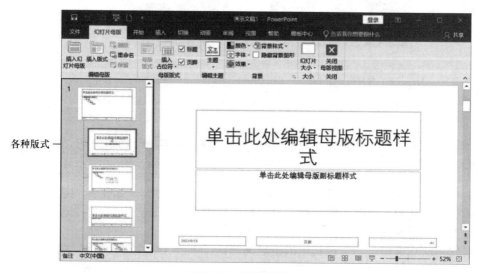

图 5-31 母版视图

2）在母版视图中，单击左侧某一种要使用的版式缩略图，然后设置该版式的背景样式、颜色、效果、字体等。也可根据需要插入图片、形状等元素。

3）单击"幻灯片母版"/"关闭母版视图"。

五、幻灯片的交互效果设置

（一）对象动画设置

PowerPoint 2019 可以为演示文稿中的文本、图片、形状、表格、SmartArt 图形、图表等对象设置动画，使它们出场、退场时呈现动态的视觉效果。

PowerPoint 2019 中有 4 种不同类型的动画效果：
- "进入"：用于对象出场时的动画。
- "退出"：用于对象退场时的动画。
- "强调"：用于突出显示对象时的动画。
- "动作路径"：用于对象沿着指定路径移动的动画，如上下移动、左右移动等。

为对象添加动画效果的操作步骤如下：

1）选中要添加动画的对象。

2）单击"动画"选项卡，在"动画"组的下拉列表中选择合适的动画效果即可，如图 5-32 所示。

图 5-32　动画列表

3）单击"动画"/"动画窗格"，打开"动画窗格"。在"动画窗格"中单击"播放自"，可预览动画效果。在"动画窗格"中还可以调整动画顺序或删除动画。

（二）幻灯片切换效果

幻灯片切换效果是指在幻灯片放映过程中，从一张幻灯片切换到下一张幻灯片时呈现的动态视觉效果。设置幻灯片切换效果可以丰富幻灯片过渡，大大增强幻灯片放映时的观感。

为幻灯片添加切换效果的操作步骤如下：

1）在幻灯片浏览窗格中选中要设置切换效果的幻灯片。

2）单击"切换"选项卡，在"切换到此幻灯片"组的下拉列表中选择合适的切换效果即可，如图 5-33 所示。

3）单击"切换"/"预览"，预览切换效果。

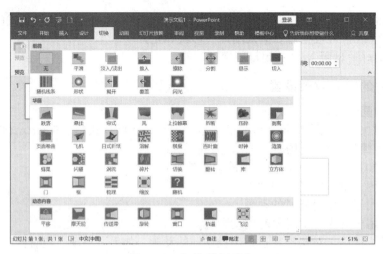

图 5-33　切换效果列表

> 提示：要删除切换效果，可单击切换效果列表中第一个名称为"无"的缩略图。

（三）幻灯片的链接操作

如果没有超链接，幻灯片放映时只能按顺序播放。通过超链接可以实现幻灯片之间的跳转，从而实现幻灯片放映顺序的变化。

创建超链接的操作步骤如下：

1）选择要用作超链接的文本、形状或图片。

2）单击"插入"/"链接"，弹出"插入超链接"对话框，如图 5-34 所示，单击"本文档中的位置"，选择幻灯片标题，单击"确定"即可。

图 5-34　"插入超链接"对话框

> 提示：要删除超链接，则右击超链接对象，在快捷菜单中单击"删除链接"。在放映状态下，鼠标指针移动到超链接对象上时会呈现手形，单击即可跳转到目标幻灯片。

六、幻灯片放映和输出

（一）幻灯片放映设置

演示文稿制作完成后，有的由演讲者播放，有的由观看者自行播放，这就需要进行幻灯片放映设置。单击"幻灯片放映"/"设置幻灯片放映"，在弹出的"设置放映方式"对话框中选择需要的放映类型、放映选项等，单击"确定"即可，如图 5-35 所示。

（二）演示文稿共享和导出

1. 演示文稿的共享

单击"文件"/"共享"/"与人共享"，单击"保存到云"，如图 5-36 所示。在"另存为"

中单击"浏览",定位到合适位置,例如桌面,单击"保存"。在存储位置找到该文档,右击鼠标,在快捷菜单中选择"共享"/"特定用户",在"文件共享"对话框下拉列表中选择用户名,例如 everyone,单击"添加",单击"共享"。

图 5-35 "设置放映方式"对话框

2. 演示文稿的导出

单击"文件"/"导出"/"创建 PDF/XPS 文档",单击"创建 PDF/XPS",如图 5-37 所示。在弹出的"发布为 PDF 或 XPS"对话框中定位到合适的位置,例如桌面,单击"发布"。此时就产生了一个 PDF 文件。PDF 文件可以通过 Adobe Reader 软件或浏览器打开。

图 5-36 与人共享

图 5-37 导出

(三)演示文稿打印

有时为了方便查阅幻灯片内容,需要把幻灯片打印出来作为纸质资料。为了避免浪费,可以设置在一张纸上打印多张幻灯片。

打印演示文稿的操作步骤如下:

1)单击"文件"/"打印"。

2)选择要使用的打印机。

3)设置打印"份数",输入要打印的份数。

4)设置打印范围。从下拉菜单中选择"打印全部幻灯片""打印选定区域"或"打印当前幻灯片",也可选择"自定义范围",并在"幻灯片"输入框中输入要打印的幻灯片编号,用逗号分隔,如图 5-38 所示。

5)设置方向为"横向"或"纵向"。

6)设置"颜色"。可以选择"颜色""灰度"或"纯黑白"打印。

7)设置页眉和页脚。单击"编辑页眉和页脚"进行设置,通常会勾选"页码"复选框。

8)单击"打印"。

> 提示：为了节省纸张，充分利用纸张面积，在单张幻灯片文字较多的情况下，建议选择1张纸打印2张幻灯片（纵向）。在单张幻灯片文字较少的情况下，建议选择1张纸打印4张、6张或9张幻灯片（横向），如图5-39所示。

图5-38 设置打印范围

图5-39 设置打印版式

📖 任务实现

1）启动 PowerPoint 2019，新建幻灯片。单击"开始"/"新建幻灯片"，第1张幻灯片为默认的"标题幻灯片"版式，第2～7张幻灯片为"标题和内容"版式，第8张幻灯片为"空白"版式，如图5-40所示。

2）选择主题。单击"设计"选项卡，在"主题"组的下拉列表中单击"离子"的主题缩略图，如图5-41所示。

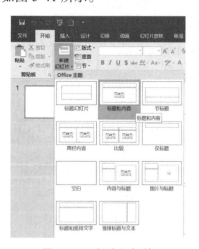

图5-40 新建幻灯片

图5-41 选择主题

3）使用母版设计共性元素。单击"视图"/"幻灯片母版"，进入母版视图，单击左侧的"标题和内容"版式缩略图，如图5-42所示。

单击标题文本框，在"开始"选项卡中设置字体为"微软雅黑"。单击内容文本框，在"开始"选项卡中设置字体为"微软雅黑"。

单击"插入"/"图片"，选择项目5中的素材"图2.png"，单击"插入"，如图5-43所示。移动图片到幻灯片右下角，如图5-44所示。

图 5-42　母版视图

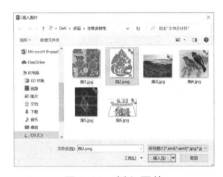

图 5-43　插入图片

图 5-44　调整图片位置

单击"幻灯片母版"/"关闭母版视图"。

4）制作封面。在普通视图下，单击幻灯片浏览窗格中的第 1 张幻灯片，使其成为当前编辑的幻灯片。

单击副标题文本框，输入"Building A Shared Future For All Life"，选中文字，设置字体为"Ink Free"，字号为 28，对齐方式为"居中"，单击"更改大小写" Aa▼ ，选择"每个单词首字母大写"，单击"字符间距" AV▼ ，选择"很松"。单击标题文本框，输入"生物多样性"，选中文字，在"开始"选项卡中设置字体为"华文琥珀"，字号为 88，加粗，对齐方式为"居中"。单击"格式"/"文本效果"/"阴影"，设置为"右下"。单击"格式"/"文本效果"/"阴影"/"阴影选项"，在窗格中设置透明度为 0。

单击"插入"/"图片"，选择素材"图 1.jpg"，单击"插入"。调整图片位置以及文本框位置，如图 5-45 所示。

5）制作目录。在普通视图下，单击幻灯片浏览窗格中的第 2 张幻灯片，使其成为当前编辑的幻灯片。

单击标题文本框，输入"目录"，选中文字，在"开始"选项卡中设置对齐方式为"居中"。

单击副标题文本框，单击"插入"/"SmartArt"，选择"垂直曲形列表"，单击"确定"，如图 5-46 所示。

图 5-45　封面

单击"SmartArt 工具"的"设计"选项卡，单击"添加形状"两次。设置"SmartArt 样式"为"中等效果"。单击"更改颜色"，选择"彩色 - 个性色"。

在 SmartArt 中输入文字，选中文字，在"开始"选项卡中设置字体为"微软雅黑"，单击"字符间距" AV▼ ，选择"很松"，如图 5-47 所示。

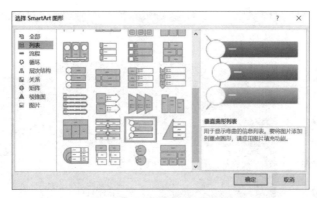

图 5-46　插入 SmartArt

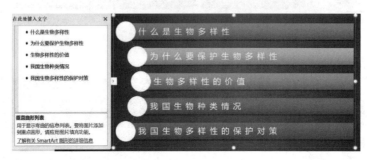

图 5-47　目录

6）制作第 3 张幻灯片。在普通视图下，单击幻灯片浏览窗格中的第 3 张幻灯片，使其成为当前编辑的幻灯片。

单击标题文本框，输入"什么是生物多样性"。

单击内容文本框，输入文字，选中文字段落，在"开始"选项卡中设置项目符号为"无"。单击"段落"右下角的图标，打开"段落"对话框，设置"文本之前"为"0 厘米"，"首行缩进"为"1.5 厘米"，"行距"为"1.5 倍行距"，如图 5-48 所示。

图 5-48　"段落"对话框

单击"插入"/"SmartArt"，选择"六边形群集"，单击"确定"。调整 SmartArt 大小和位置。在"六边形群集"中输入文字。单击"六边形群集"中的图片按钮，在弹出的对话框中单击"来自文件"，选择素材"图 3.jpg"。使用同样的方法插入素材"图 4.jpg"和"图 5.jpg"，如图 5-49 所示。单击"SmartArt 工具""设计"选项卡中的"更改颜色"，选择"彩色 - 个性色"。单击"SmartArt 样式"中的"中等效果"。

7）制作第 4 张幻灯片。在普通视图下，单击幻灯片浏览窗格中的第 4 张幻灯片，使其成为当前编辑的幻灯片。

单击标题文本框，输入"为什么要保护生物多样性"。

单击内容文本框，输入文字，选中文字段落，在"开始"选项卡中设置项目符号为"无"。单击"段落"右下角的图标，打开"段落"对话框，设置"文本之前"为"0 厘米"，"首行缩进"为"1.5 厘米"，"行距"为"1.5 倍行距"。

单击"插入"/"图片"，选择素材"图 6.jpg"，单击"插入"。调整图片大小及位置。单击"格式"选项卡，设置"图片样式"为"双框架，黑色"，单击"图片边框"，选择"金色，个性色 3，淡色 40%"，如图 5-50 所示。

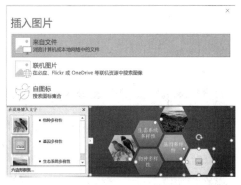
图 5-49 在 SmartArt 中插入图片

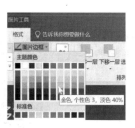
图 5-50 图片边框颜色

8）制作第 5 张幻灯片。在普通视图下，单击幻灯片浏览窗格中的第 5 张幻灯片，使其成为当前编辑的幻灯片。

单击标题文本框，输入"生物多样性的价值"。

单击"插入"/"SmartArt"，选择"水平项目符号列表"，单击"确定"。单击"SmartArt 工具"的"设计"选项卡，单击"添加形状"两次。在"水平项目符号列表"中输入文字，设置字体为"微软雅黑"。调整 SmartArt 大小和位置。单击"设计"/"更改颜色"，选择"彩色-个性色"。单击"SmartArt 样式"中的"中等效果"，如图 5-51 所示。

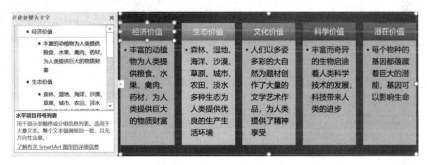
图 5-51 "水平项目符号列表"SmartArt 图形

9）制作第 6 张幻灯片。在普通视图下，单击幻灯片浏览窗格中的第 6 张幻灯片，使其成为当前编辑的幻灯片。

单击标题文本框，输入"我国生物种类情况"。

单击"插入"/"表格"/"插入表格"，在弹出的对话框中输入列数为 4，行数为 9，单击"确定"。在"表格工具"的"设计"选项卡中，设置"表格样式"为"中度样式 2-强调 3"，在表格中输入文字，设置字体为"微软雅黑"。选中第一行单元格，在"表格工具"的"布局"选项卡中设置对齐方式为"居中"（即水平居中）和"垂直居中"。调整表格大小及位置。

单击"插入"/"图表"，单击"饼图"中的"圆环图"，单击"确定"。复制表格中的"类群"列和"百分比"列数据，分别在 Excel 的 A1 单元格和 B1 单元格粘贴。在"图表工具"的"设计"选项卡中，单击"图表样式"中的"样式 8"，单击"快速布局"/"布局 6"。在"开始"选项卡中，设置字体为"微软雅黑"，字号为 16。修改图表标题为"我国已知物种世界占比"，设置文字颜色为橙色，字号为 24。调整图表大小及位置，如图 5-52 所示。

10）制作第 7 张幻灯片。在普通视图下，单击幻灯片浏览窗格中的第 7 张幻灯片，使其成为当前编辑的幻灯片。

单击标题文本框，输入"我国生物多样性的保护对策"。

单击内容文本框，输入文字。选中文字段落，单击"开始"/"项目符号"/"项目符号和编号"，设置"大小"为 100，"颜色"为橙色。单击"开始"/"段落"，设置"行距"为"2 倍行距"，"文本之前"为"2 厘米"。

单击内容文本框边框，单击"格式"选项卡，设置"形状样式"为"细微效果-绿色，强调颜色4"，单击"形状效果"/"发光"/"发光:18磅;金色，主题色3"。调整文本框大小和位置，如图5-53所示。

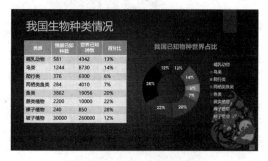

图5-52 插入表格和图表

图5-53 文本框效果

11）制作封底，也就是第8张幻灯片。在普通视图下，单击幻灯片浏览窗格中的第8张幻灯片，使其成为当前编辑的幻灯片。

单击"插入"/"艺术字"/"图案填充：金色，主题色3，窄横线；内部阴影"。输入文字"为所有生命构建共同的未来"。选中文字，在"开始"选项卡中设置字体为"华文琥珀"，字号为54，加粗。单击"格式"/"文本效果"/"转换"/"拱形"，调整艺术字高度和宽度。

单击"插入"/"图片"，选择素材"图2.png"，单击"插入"。调整图片大小及位置，如图5-54所示。

图5-54 封底

12）插入幻灯片编号。单击"插入"/"页眉和页脚"，勾选"幻灯片编号"复选框，单击"全部应用"。

13）设置超链接，实现目录与相关幻灯片之间的来回跳转。在普通视图下，单击幻灯片浏览窗格中的第2张幻灯片，使其成为当前编辑的幻灯片。

单击目录的第一个形状使其被选中，再单击"插入"/"链接"，在弹出的"编辑超链接"对话框中，单击"本文档中的位置"，选择文档中的位置为幻灯片标题"3.什么是生物多样性"，单击"确定"。使用同样的方法为其余4个形状建立超链接。这就实现了从目录跳转到相关幻灯片的功能。

单击"视图"/"幻灯片母版"，单击"标题和内容"版式，再单击该版式右下角的图片使其被选中，单击"插入"/"链接"，在弹出的"编辑超链接"对话框中，单击"本文档中的位置"，选择文档中的位置为幻灯片标题"2.目录"，单击"确定"。单击"幻灯片母版"/"关闭母版视图"。这就实现了从相关幻灯片跳转回目录的功能。

单击"幻灯片放映"/"从头开始"，在放映过程中测试跳转是否正确。

14）设置幻灯片对象动画。在普通视图下，单击幻灯片浏览窗格中的第1张幻灯片，使其成为当前编辑的幻灯片。

单击标题文本框使其被选中，单击"动画"/"添加动画"/"更多进入效果"，选择"掉落"，单击"确定"。单击"动画"/"动画窗格"，在打开的"动画窗格"中，单击下拉按钮，选择"从上一项之后开始"，如图5-55所示。单击"播放自"，预览动画效果。使用同样的方法，为所有幻灯片上的对象添加动画。

图5-55 设置动画开始方式

> 提示：SmartArt 对象添加动画后，单击"动画"/"效果选项"，可以根据需要选择"逐个"或"全部一起"。

15）设置幻灯片页面切换效果。在普通视图下，单击幻灯片浏览窗格中的第 1 张幻灯片，使其成为当前编辑的幻灯片。

单击"切换"选项卡，在"切换到此幻灯片"组的下拉列表中单击"涡流"切换效果。使用同样的方法，为所有幻灯片设置切换效果。

16）添加背景音乐。在普通视图下，单击幻灯片浏览窗格中的第 1 张幻灯片，使其成为当前编辑的幻灯片。

单击"插入"/"音频"/"PC 上的音频"。在"插入音频"对话框中定位到素材文件夹，选中"风之谷.m4a"音频文件，单击"插入"。单击"音频工具"的"播放"选项卡，勾选"放映时隐藏""循环播放，直到停止"和"跨幻灯片播放"复选框，设置"开始"为"自动"。

单击"动画"/"动画窗格"，在动画窗格列表中拖动音频至列表最上方。

17）保存演示文稿。单击"文件"/"另存为"，在弹出的对话框中定位到合适的存储位置，输入文件名"生物多样性.pptx"，单击"保存"。

任务总结

本任务讲解了演示文稿的创建、编辑、保存的完整过程。在演示文稿的编辑过程中包含了幻灯片的新建，主题、版式和母版的应用，还插入了文字、图片、SmartArt、表格、图表、超链接、音频等多种对象。为丰富视觉效果，设置了对象动画和幻灯片切换效果。整个演示文稿包含封面、目录、内容和封底，结构完整，表达信息的逻辑清晰。

项目 6

信息检索

Project

回复"71330+6"
观看视频

项目导读

信息检索是人们进行信息查询和获取的主要方式，是查找信息的方法和手段。掌握网络信息的高效检索方法，是现代信息社会对高素质技术技能人才的基本要求。信息检索包含信息检索基础知识、搜索引擎使用技巧、专用平台信息检索等内容。

信息检索起源于图书馆的参考咨询和文摘索引工作，从 19 世纪下半叶开始发展，至 20 世纪 40 年代，索引和检索已成为图书馆独立的工具和用户服务项目。随着 1946 年世界上第一台通用计算机问世，计算机技术逐步走进信息检索领域，并与信息检索理论紧密结合起来。脱机批量情报检索系统、联机实时情报检索系统相继研制成功并商业化，20 世纪 60 年代到 80 年代，在信息处理技术、通信技术、计算机和数据库技术的推动下，信息检索在教育、军事和商业等各领域高速发展，并且得到了广泛的应用。

项目知识点

1）理解信息检索的基本概念，了解信息检索的基本流程。

2）掌握常用搜索引擎的自定义搜索方法，掌握布尔逻辑检索、截词检索、位置检索、限制检索等检索方法。

3）掌握通过网页、社交媒体等不同信息平台进行信息检索的方法。

4）掌握通过期刊、论文、专利、商标、数字信息资源平台等专用平台进行信息检索的方法。

任务 6.1　用百度检索中国近现代最伟大的科学家

任务描述

利用你最熟知的信息检索工具，检索你想知道的信息。

任务分析

在系统化学习信息检索之前，你最熟知的信息检索工具和途径可能就是利用百度搜索引擎来检索你想知道的信息。在百度搜索引擎中输入"中国近现代最伟大的科学家"，单击"百度一下"，看看是不是能检索到你最想要的信息。

任务知识模块

该任务主要引导学生学习如何使用网络搜索引擎，根据自定义关键字在网络上进行信息检索。通过自定义检索信息的关键字,以及检索工具的使用,即可完整回答该任务提出的问题。

一、信息检索概述

信息检索(Information Retrieval)是用户进行信息查询和获取的主要方式,是查找信息的方法和手段。

(一)信息检索的定义

信息检索有广义和狭义之分。广义的信息检索全称为"信息存储与检索",是指将信息按一定的方式组织和存储起来,并根据用户的需要找出有关信息的过程。狭义的信息检索为"信息存储与检索"的后半部分,通常称为"信息查找"或"信息搜索",是指从信息集合中找出用户所需要的有关信息的过程。狭义的信息检索包括3个方面的含义:了解用户的信息需求、信息检索的技术或方法、满足信息用户的需求。

由信息检索的定义可知,信息的存储是实现信息检索的基础。这里要存储的信息不仅包括原始文档数据,还包括图片、视频和音频等,首先要将这些原始信息进行计算机语言的转换,并将其存储在数据库中,否则无法进行机器识别。待用户根据意图输入查询请求后,检索系统根据用户的查询请求在数据库中搜索与查询相关的信息,通过一定的匹配机制计算出信息的相似度大小,并按从大到小的顺序将信息转换输出。

(二)信息检索的分类

信息检索依据不同的标准可分为不同的类型。

1. 按照检索对象

按照检索对象的不同,信息检索可分为文献信息检索、数据信息检索和事实信息检索。

1)文献信息检索(Document Information Retrieval)是以文献为检索对象的信息检索,查找含有用户所需信息的文献。其检索结果是文献信息。

2)数据信息检索(Data Information Retrieval)是以数据为检索对象,从已收藏数据资料中查找出特定数据的过程。数据检索系统中存储的是数值型数据,即事物的绝对值和相对值的数字。其检索结果为数据信息。

3)事实信息检索(Fact Information Retrieval)是以文献中抽取的事项为检索内容的信息检索,也称为事项检索。其检索结果是基本事实。

2. 按照存储载体及检索手段

按照存储载体及检索手段的不同,信息检索可分为手工检索和机器检索。

1)手工检索(Hand Retrieval)是以手工操作(手、眼、脑组织)的方式,利用传统的书本型、印刷型、卡片式的信息检索系统(即目录、索引、文摘和各类工具书)来查找信息的检索。其优点是灵活、直观,便于控制检索的准确性,缺点是漏检现象严重,费时费力。

2)机器检索(Machine Retrieval)又称为计算机检索(机检),是指人们利用数据库、计算机软件技术、计算机网络以及通信系统进行的信息检索。在人机协同下,通过机器对已数字化的信息按程序进行查找,输出与用户提问相匹配的信息。机器检索按处理方式分为脱机检索和联机检索;按存储方式分为光盘检索和网络检索。机检与手工检索相比,检索本质没有发生变化,但速度快,检索效率高,查全率高。

信息检索系统由4个基本要素构成,即信息资料、技术设备、检索语言与方法、人员(系统管理人员和用户)。

3. 按照检索对象的信息组织方式

按照检索对象的信息组织方式的不同,信息检索可分为全文检索和多媒体检索。

1)全文检索是指检索系统存储的是整篇文章乃至整本图书。检索时用户可以根据自己的需要从中获取有关的章、段、句、节等信息,可以对文献的全文(包括篇名、作者、单位、关键词、中英文摘要、正文、参考文献等全部内容)进行扫描和检索,也可以进行各种频率的统计和内容分析,而不是像书目检索那样只对文献的替身(文摘或题录)进行检索。其检索结果是以文本形式反映特定信息的文献。这是一种传统的信息检索类型,在信息检索中依然占据着主要地位。

2）多媒体检索是指能够支持两种以上媒体的数据库检索，查找含有特定信息的多媒体文献的检索。其检索结果是以多媒体形式反映特定信息的文献，如文字、图像、声音、动画和影片等。多媒体检索是在网络环境下发展起来的全新检索类型，用户需要学习全新的信息检索理论和信息检索方式，才能有效地检索到所需的多媒体信息。

此外，按检索要求的不同，信息检索可分为强相关检索（特性检索）和弱相关检索（族性检索）；按检索的时间跨度的不同，信息检索可分为定题检索（SDI检索）和回溯检索（追溯检索）。

（三）常用的信息检索技术

1）布尔逻辑检索：利用布尔逻辑运算符连接各检索词，然后由计算机进行相应逻辑运算，以找出所需信息的方法。

2）位置算符检索：适用于两个检索词以指定间隔距离或者指定顺序出现的场合，例如以词组形式表达的概念，彼此相邻的两个或两个以上的词，被禁用词或特殊符号分隔的词，以及化学分子式等。位置算符是调整检索策略的一种重要手段。

3）截词检索：或称为通配符扩展检索，是预防漏检、提高查全率的一种常用检索技术。大多数系统都提供截词检索功能。截词是指在检索词的合适位置进行截断，然后使用截词符进行处理，这样既可节省输入的字符数目，又可达到较高的查全率。用某个符号来代替英文单词的一部分，通常用于相同词干或部分拼写相同的词。常用的截词符有"*""?"等，"?"代表任意一个字符，"*"代表零个或多个字符。

4）字段检索：把搜索词限定在某个字段进行搜索。字段检索结合逻辑检索可以提高检索结果的精准度。

二、搜索引擎概述

所谓搜索引擎，就是根据用户需求与一定算法，运用特定策略，从互联网检索出指定信息并反馈给用户的系统。搜索引擎依托于多种技术，如网络爬虫技术、检索排序技术、网页处理技术、大数据处理技术、自然语言处理技术等，为信息检索用户提供快速、高相关性的信息服务。搜索引擎的核心模块一般包括爬虫、索引、检索和排序等，同时可添加其他一系列辅助模块，以为用户创造更好的网络使用环境。

（一）搜索引擎的定义

搜索引擎是指根据一定的策略、运用特定的计算机程序从互联网上采集信息，在对信息进行组织和处理后，为用户提供检索服务，将检索的相关信息展示给用户的系统。搜索引擎依托于互联网，旨在提高人们获取信息的速度，为人们提供更好的网络使用环境。

搜索引擎发展到今天，基础架构和算法在技术上都已经基本成型和成熟。

（二）搜索引擎的分类

搜索引擎大致可分为全文搜索引擎、元搜索引擎、垂直搜索引擎和目录搜索引擎4种，它们各有特点并适用于不同的搜索环境。所以，灵活选用搜索方式是提高搜索引擎性能的重要途径。全文搜索引擎是利用爬虫程序抓取互联网上所有相关文章予以索引的搜索方式；元搜索引擎是基于多个搜索引擎结果并对之整合处理的二次搜索方式；垂直搜索引擎是对某一特定行业内数据进行快速检索的一种专业搜索方式；目录搜索引擎是依赖人工收集处理数据并置于分类目录链接下的搜索方式。

1）全文搜索引擎适用于一般网络用户。这种搜索方式方便、简捷，并容易获得所有的相关信息，但搜索到的信息过于庞杂，因此用户需要逐一浏览并甄别出所需信息。在用户没有明确检索意图的情况下，这种搜索方式非常有效。

2）元搜索引擎有利于广泛、准确地收集信息。不同的全文搜索引擎由于其性能和信息反馈能力的差异，导致其各有利弊。元搜索引擎的出现恰恰解决了这个问题，有利于各基本搜索引擎间的优势互补。而且此搜索方式有利于对基本搜索方式进行全局控制，引导全文搜索引擎的持续改善。

3）垂直搜索引擎适用于有明确搜索意图情况下进行的检索。例如，用户购买机票、火车票、汽车票时，或想要浏览网络视频资源时，都可以直接选用行业内专用的搜索引擎，以准确、迅速获得相关信息。

4）目录搜索引擎是网站内部常用的检索方式。此搜索方式在对网站内信息整合处理后分目录呈现给用户，但其缺点是用户需预先了解该网站的内容，并熟悉其主要模块构成。总之，目录搜索方式的适应范围非常有限，且需要较高的人工成本来支持和维护。

（三）常用的搜索引擎

全球主要搜索引擎有谷歌、必应、百度、雅虎、Yandex、Ask、DuckDuckGo、Naver、AOL 和 Seznam 等。

任务实现

打开任意一个网络浏览器，在地址栏输入"www.baidu.com"，然后按回车键即可打开百度，如图 6-1 所示。

图 6-1　百度界面

在搜索框中输入"中国近现代最伟大的科学家"，然后单击"百度一下"，即可得到搜索结果，如图 6-2 所示。

图 6-2　百度搜索结果

任务总结

通过以上信息检索任务，可以进一步熟悉和理解搜索引擎。值得注意的是，网络搜索引擎是采用爬虫等搜索技术，根据关键字对网络上公开的信息进行爬取并呈现给用户，用户需要对检索出的信息进行进一步筛选和证实,以确保检索到的信息正确,同时也是自己所需要的信息。

任务 6.2 用知网检索文献

📖 任务描述

使用知网(网址为 www.cnki.net)检索你需要的信息。

✎ 任务分析

中国知网,始建于 1999 年 6 月,是中国核工业集团资本控股有限公司控股的同方股份有限公司旗下的学术平台。国家知识基础设施(National Knowledge Infrastructure,NKI)的概念由世界银行于 1998 年提出。中国知识基础设施(CNKI)工程是以实现全社会知识资源传播共享与增值利用为目标的信息化建设项目,是国内外知名的文献资料平台。知网官网不仅有广泛的数据库,而且它的文献是在不断进行更新的,还能对杂志社等单位的文章进行检测,具有同步上传、同步检测、批量上传、批量检测的功能,上传文献、文献检测、下载检测报告一气呵成,简洁明快,使用便利。在论文查重方面,知网检测系统拥有世界上最大的中文数据对比库,这样论文对比范围更全面,其检测算法也是先进的,在论文检测过程中不会有任何遗漏的地方,能够最大限度地保证论文检测结果的准确性。

📑 任务知识模块

该任务主要引导学生如何使用知网。根据需要检索的文献资料,在知网平台上进行信息检索,通过信息检索,以及知网平台的使用,即可完整回答该任务提出的问题。

数字信息资源检索是指根据信息需求,采用一定的技术手段,通过检索系统在数据库或其他形式的数字资源中找出用户所需相关信息的过程。数字信息资源检索是数字信息特征标识与检索需求提问标识进行匹配的过程,它包括两方面的内容:

1)信息的标引和存储:将所采集的信息按照一定规则记录在相应的信息载体上,并按照一定的特征和内容组织成系统有序的、可供检索的集合体。为了保证用户全面、准确、快速地获得所需信息,需要对原始信息进行搜集、整理、著录、标引、整序,使之从分散变为集中,从无序变为有序,从不易识别变为特征化描述,以便于人们识别和查找。

2)信息的需求分析和检索:对用户所表达的信息需求进行分析和整理,并与所存储的数字信息资源进行匹配运算。简而言之,就是把检索者的提问标识与存储在检索系统中的文献标识进行比较,两者一致或文献标识包含需要检索的标识时,则具有该标识特征的文献就被从检索系统中输出反馈给用户,该输出的数字信息资源即为检索初步命中的文献。在信息资源存储过程中,需要对信息资源进行著录。信息著录是指按照某种规则对某一信息资源的主要特征(外部特征和内容特征)进行分析、选择和记录。信息著录是组织检索系统的基础,是信息存储过程中的重要环节。文献资源的外部特征是指文献外部直接可见的特殊表征,如文献的题名、责任者、序号(ISBN、ISSN 等)、文种、出版事项和出处等,是文献识别的直接依据。某些外部特征具有检索意义,是检索工具著录的对象。

📖 任务实现

打开任一浏览器,在地址栏输入知网地址"www.cnki.net",按回车键即可打开知网,如图 6-3 所示,并在检索框内输入需要检索的内容,单击检索图标或按回车键,就可以得到你想要检索的信息。

图 6-3　知网界面

任务总结

在检索框输入"5G",检索出与"5G"相关的所有文献资料,如图 6-4 所示。

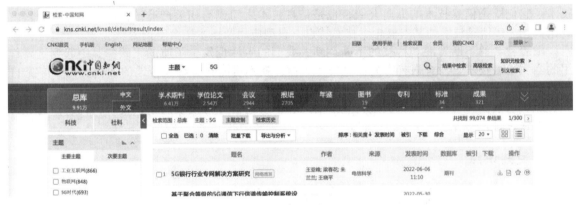

图 6-4　知网搜索结果

在知网进行文献资料检索,可以检索的文献资料类型有学术期刊、学位论文、会议、报纸、年鉴、专利等。进行文献检索时,可根据需求勾选文献类型,以便快速和精确地定位所要检索的信息。

Project 7 项目 7 新一代信息技术概述

回复 "71330+7" 观看视频

📢 项目导读

新一代信息技术是指以人工智能、量子信息、移动通信、物联网、区块链等为代表的新兴技术。它们既是信息技术的纵向升级,也是信息技术之间或与相关产业的横向融合。本项目内容包含新一代信息技术的基本概念、技术特点、典型应用及技术融合等内容。

随着社会的不断发展和科技的不断创新,我们的生活也发生了质的飞跃,其中起到重要作用的当属信息技术。没有强有力的信息技术支撑,就不可能会有翻天覆地的社会变化。传统IT行业的服务已无法满足社会经济发展的需求,随着信息技术的发展,从而催生了以云计算、人工智能、大数据、物联网、区块链、量子信息、移动通信等为代表的新兴技术,且它们已经开始渗入到我们的生活之中。

📖 项目知识点

1)理解新一代信息技术及其主要代表技术的基本概念。
2)了解新一代信息技术各主要代表技术的典型应用。
3)了解新一代信息技术的发展趋势。

任务 7.1　认识新一代信息技术

📖 任务描述

在当今这个信息时代,社会生活方方面面(农业、林业、牧业、副业、渔业、电力行业、建筑行业、交通行业和科技行业等)的迅速高效发展,均需要新一代信息技术作为支撑。新一代信息技术正在引发全球生活和社会的巨大变革,并快速转化为第一生产力,引领科技、经济、社会和生活的迅猛发展。本任务要求学生能够使用互联网搜索引擎和图书资源了解新一代信息技术(例如人工智能、量子信息、移动通信、物联网和区块链等)的概念。

✏️ 任务分析

该任务要求学生认识主要的新一代信息技术,并通过讨论或查阅资料了解新一代信息技术产生的原因,并分析新一代信息技术未来的发展趋势,从而考查学生对新一代信息技术的认知与理解能力。学生可以通过小组讨论的方式加以探讨。

📑 任务知识模块

该任务主要引导学生学习和掌握信息技术和新一代信息技术的基本概念和典型应用。通过对本任务的学习,学生方可对新一代信息技术有一个基本的理解,即可完整回答该任务提出的一些基本问题。

一、信息技术

信息技术(Information Technology,IT)是主要用于管理和处理信息的各种技术的总称。它主要应用计算机科学和通信技术来设计、开发、安装和实施信息系统及应用软件,因此也常被称为信息通信技术(Information and Communications Technology,ICT)。信息通信技术主要包括传感技术、计算机与智能技术、通信技术和控制技术。

信息技术的应用包括计算机硬件和软件、网络和通信技术、应用软件开发工具等。计算机和互联网普及以来,人们日益普遍地使用计算机来生产、处理、交换和传播各种形式的信息(如书籍、商业文件、报刊、唱片、电影、电视节目、语音、图形和图像等)。

(一)信息技术的主要特征

1)信息技术具有技术的一般特征——技术性。
2)信息技术具有区别于其他技术的特征——信息性。

(二)信息技术的分类

1)按表现形态的不同,信息技术可分为硬技术(物化技术)与软技术(非物化技术)。前者指各种信息设备及其功能,如显微镜、电话机、通信卫星、多媒体计算机。后者指有关信息获取与处理的各种知识、方法与技能,如语言文字技术、数据统计分析技术、规划决策技术和计算机软件技术等。

2)按工作流程中基本环节的不同,信息技术可分为信息获取技术、信息传递技术、信息存储技术、信息加工技术及信息标准化技术。信息获取技术包括信息的搜索、感知、接收、过滤等,如显微镜、望远镜、气象卫星、温度计、钟表、Internet搜索器中的技术等。

3)根据信息设备不同,信息技术可分为电话技术、电报技术、广播技术、电视技术、复印技术、缩微技术、卫星技术、计算机技术和网络技术等。

4)按技术的功能层次不同,信息技术可分为基础层次的信息技术(如新材料技术、新能源技术)、支撑层次的信息技术(如机械技术、电子技术、激光技术、生物技术、空间技术等)、主体层次的信息技术(如通信技术、计算机技术、控制技术等)和应用层次的信息技术(如文化教育、商业贸易、工农业生产、社会管理中用以提高效率和效益的各种自动化、智能化、信息化应用软件与设备)。

二、新一代信息技术

新一代信息技术一般指的是国家重点支持和扶持的七大战略性新兴产业之一,也是"中国制造2025"的十大重点领域之一,主要包括下一代信息网络、电子核心、新兴软件和新型信息技术服务、互联网与云计算、大数据服务、人工智能、区块链等。因此,新一代信息技术是现在以及未来科技创新发展中一个核心领域,在现代生活与工作中无处不在,为人们提供更好、更快、更高效的服务。

(一)新一代信息技术产生的原因

在新一轮产业竞争的背景下,各国纷纷制定新兴的发展战略,从而抢占经济与科技的制高点。我国要大力推进战略性新兴产业政策的出台,也必须推动和扶持我国新兴产业的崛起。其中,新一代信息技术战略的实施对促进产业机构的优化升级,加速信息化和工业化深度融合的步伐,加快社会整体信息化进程起到关键性作用。

(二)新一代信息技术的三大领域与发展方向

1. 半导体集成电路及专用装备

着力提升集成电路设计水平,不断丰富知识产权和设计工具,突破关系国家信息与网络安全及电子整机产业发展的核心通用芯片,提升国产芯片的应用适配能力。掌握高密度封装及三维微组装技术,提升封装产业和测试的自主发展能力。形成关键制造装备供货能力。半导体集成电路如图 7-1 所示。

2. 信息通信设备

掌握新型计算、高速互联、先进存储、体系化安全保障等核心技术，全面突破第五代移动通信（5G）技术、核心路由交换技术、超高速大容量智能光传输技术、"未来网络"核心技术和体系架构，积极推动量子计算、神经网络等的发展。研发高端服务器、大容量存储、新型路由交换、新型智能终端、新一代基站、网络安全设备等，推动核心信息通信设备的体系化发展与规模化应用。信息通信设备的应用如图 7-2 所示。

图 7-1　半导体集成电路

图 7-2　信息通信设备的应用

3. 操作系统及工业软件

开发安全领域操作系统等工业基础软件。突破智能设计与仿真及其工具、制造物联与服务、工业大数据处理等高端工业软件核心技术，开发自主可控的高端工业平台软件和重点领域应用软件，建立完善工业软件集成标准与安全测评体系。推进自主工业软件的体系化发展和产业化应用。操作系统及工业软件的应用如图 7-3 所示。

任务实现

1）借助互联网通过百度搜索"新一代信息

图 7-3　操作系统及工业软件的应用

技术""物联网""大数据""云计算""5G 移动通信""人工智能""量子技术"和"区块链"等关键词。我们可以简单地了解到这些新一代信息技术的概念、行业发展以及当前国家对这些新兴产业的扶持。

2）登录中兴、华为的官方网站，查看公司的概况及主要 ICT 新兴产品、服务和行业解决方案。我们可以看到，中兴、华为是信息与通信技术的领导者、提供商和供应商。

任务总结

通过对信息技术和新一代信息技术基本概念和发展方向的学习，我们对新一代信息技术有了一个概念性的基本认识，并对新一代信息技术的发展方向有所了解。同时，借助互联网对国内主流的新一代信息技术供应商——中兴和华为的企业概况、提供的服务、产品和解决方案都有了一个基本的了解。

任务 7.2　列举你了解的新一代信息技术

📖 任务描述

学生结合新一代信息技术概述部分所学知识点，对"物联网""大数据""云计算""5G 移动通信""人工智能""量子技术"和"区块链"等新一代信息技术有了一个概念性的基本认识。本任务将带领大家走进各技术内部，进一步加深对新一代信息技术的理解。而新一代信息技术的应用场景也变得丰富多样。在学习的过程中，大家应该多思考，可以试想生活中除了我们列举的一些应用场景外，还有哪些新一代信息技术的典型应用场景，并试图通过查询相关文献及网上搜寻资料来了解新一代信息技术的未来发展趋势。

任务分析

本任务要求学生对新一代信息技术的主要代表，如云计算技术、人工智能技术、大数据技术、物联网技术、区块链技术、量子信息技术和新一代计算机技术等进行深入学习，一方面学生通过对本任务内容的学习可以加深对上一任务内容的回顾与理解，另一方面通过系统模块化的学习，可以加深学生对新一代信息技术的认知，了解新一代信息技术的应用及未来的发展趋势。

任务知识模块

本任务的知识点主要包括：对新一代信息技术进行分模块化的详细介绍，给出新一代信息技术的一些典型应用，以及对未来的发展趋势进行展望等相关内容。

一、新一代信息技术的主要代表

新一代信息技术主要分为 6 个方面，分别是新一代通信网络、物联网、三网融合、新型平板显示、高性能集成电路和以云计算为代表的高端软件。新一代信息技术不只是指信息领域的一些分支技术（如集成电路、计算机、无线通信等）的纵向升级，更主要的是指信息技术的整体平台和产业的代际变迁。新一代信息技术还可详细分为云计算技术、人工智能技术、大数据技术、物联网技术、区块链技术、量子信息技术和新一代计算机技术等。

（一）云计算技术

云计算是一种基于互联网的新计算方式，使个人和企业用户以按需即取、易扩展的方式获取计算和服务。下面将介绍云计算的基本概念，并展望云计算的广阔应用前景。

1. 云计算的基本概念

云计算是一种按使用量付费的模式。这种模式提供了可用的、便捷的、按需的网络访问，使用户进入可配置的计算资源共享池（资源包括网络、服务器、存储、应用软件、服务）。这些资源能够快速提供，只需投入很少的管理工作，或与服务商进行很少的交互。

云计算将所有的计算资源（通常为一些大型服务器集群，包括计算服务器、存储服务器、宽带资源等）集中起来，并由软件实现自动管理，无须人为参与。这使得应用提供者无须为烦琐的细节而烦恼，能够更加专注于自己的业务，有利于创新和降低成本。

2. 云计算的应用前景

云计算可谓互联网之后的又一场技术革命。其实，云计算的逻辑非常简单，它不仅是一次技术的颠覆，更是一场商业模式的革命。对个人来说，以后可能就不用硬盘了。不少小公司则不需要买服务器了，只要"租"服务器或租用服务就可以了。大型数据中心的规模效应使信息处理和存储的成本大幅降低，更主要的是将提供更强大、更适合个性化需求的应用软件，并以互联网方式提供服务，按需分配，减少资源浪费，还能大大提升工作效率，大幅降低业务创新的门槛。

从长期趋势看，云计算的解决方式将使得信息获取或处理变得更加简单，无论你身处何地，只要有网络，甚至你自身都不需要携带设备，只需借用周边的显示器，就可以得到你所需要的信息和应用。

（二）人工智能技术

1. 人工智能的基本概念

人工智能（Artificial Intelligence，AI）是研究、开发用于模拟、延伸和扩展人的智能的理论、方法、技术及应用系统的一门新的技术科学。

人工智能的基础是哲学、数学、经济学、神经科学、心理学、计算机工程、控制论和语言学。人工智能的发展经历了孕育、诞生、早期的热情、现实的困难等几个阶段。

2. 人工智能的典型应用

1）自然语言生成。自然语言生成是一种时尚技术，它能将结构化数据转换为指定的母语，实质是计算机通过编程实现算法，把数据转换为用户的期望格式。自然语言是人工智能的一个子集，帮助内容开发人员自动化处理各种各样的内容，并以所需的格式进行输出。内容开发人员可以使用这些内容在各种社交媒体平台上进行推广。随着数据不断转换为人们所需要的格式，人为的干预成分会明显减少。数据还可以图表、图形等形式加以展现。

2）语音识别。语音识别是人工智能的另一个重要子集，即通过计算机将人类发出的语音换为有用的和可以被理解的格式。语音识别是人与计算机交互之间的桥梁，它可以识别和转换世界上很多种语言，而且做到了高效率、高精确度，甚至可以识别方言。

3）虚拟代理。虚拟代理是与人类交互的计算机应用程序，其典型的应用有：Google Assistant 有助于组织会议，亚马逊的亚历克斯有助于让用户的购物更加轻松愉快。虚拟代理可以根据用户的选择和偏好进行提示。

4）决策管理。决策管理有助于实现快速制定决策、避免风险以及过程的自动化。决策管理系统在金融部门、医疗保健部门、贸易、保险部门和电子商务等领域得到了广泛的应用。

5）机器学习。机器学习技术有助于企业使用算法和统计模型进行数据分析，以便进行明智的决策。企业在机器学习中投入大量资金，以获得在不同行业应用带来的益处。

6）机器人处理自动化。机器人处理自动化是人工智能的另一种应用，它配置机器人（应用程序）来解释、通信和分析数据。人工智能的这一学科有助于使重复和基于规则的手动操作实现部分或完全自动化。

7）点对点网络。点对点网络有助于在不同的系统和计算机之间实现数据共享，而无须通过服务器传输数据。

8）深度学习。深度学习是人工智能的另一个分支，它基于人工神经网络。"深"体现在它在神经网络中具有隐藏的层数。通常，神经网络有 2～3 个隐藏层，最多可以有 150 个隐藏层。深度学习可以在海量数据基础上有效地训练模型和图形处理单元。这些算法模型在一个层次结构中工作，以实现预测分析的自动化。

9）AI 硬件。人工智能软件在商业世界中具有很高的需求。随着软件需求的激增，同时也需要能支持这些软件的硬件系统或平台。AI 硬件包括处理可扩展工作负载的 CPU、用于神经网络的专用内置芯片、神经形态芯片等。世界知名 CPU 制造商 AMD 正在创建可以执行复杂 AI 计算的芯片。业内专家预测，医疗保健和汽车可能是将受益于这些芯片的行业。

（三）大数据技术

随着互联网的发展以及云时代的到来，大数据成为很多人关注的方面。一个公司所创造出来的数据，通常会被用大数据来形容，将这些数据下载到数据库中进行分析时，会花费过多的时间以及金钱。

1. 大数据的基本概念

大数据技术是指大数据的应用技术，涵盖各类大数据平台、大数据指数体系等的大数据应用技术。大数据是指无法在一定时间范围内用常规软件工具进行捕捉、管理和处理的数据集合，是需要新处理模式才能具有更强的决策力、洞察发现力和流程优化能力的海量、高增长率和多样化的信息资产。

2．大数据技术的典型应用

1）电商领域。相信大数据技术在电商领域的应用大家已经屡见不鲜了，淘宝、京东等电商平台利用大数据技术对用户信息进行分析，从而为用户推送其感兴趣的产品，从而刺激消费。

2）医疗领域。医疗行业通过临床数据对比、实时统计分析、远程病人数据分析、就诊行为分析等辅助医生进行临床决策，规范诊疗路径，提高医生的工作效率。

3）传媒领域。传媒相关企业通过收集各式各样的信息，然后对信息进行分类筛选、清洗、深度加工，实现对读者和受众个性化需求的准确定位和把握，并追踪用户的浏览习惯，不断进行信息优化。

4）安防领域。在安防领域，可实现视频图像模糊查询、快速检索、精准定位，并能够进一步挖掘海量视频监控数据背后的价值信息，辅助决策判断。

5）金融领域。在用户画像的基础上，银行可以根据用户的年龄、资产规模、理财偏好等，对用户群进行精准定位，分析出潜在的金融服务需求。

6）教育领域。通过对大数据进行学习分析，能够为每位学生创设一个量身定做的个性化课程，为学生的多年学习提供一个富有挑战性而非逐渐厌倦的学习计划。

7）交通领域。大数据技术可以预测未来的交通情况，为改善交通状况提供优化方案，有助于交通部门提高对道路交通的把控能力，防止和缓解交通拥堵，提供更加人性化的服务。

以上列举了我们日常生活中经常接触的一些大数据应用领域，甚至在某些大的领域细分行业中，大数据已经实现落地应用。在未来大数据技术必定会越来越普及，而相应的人才缺口也会逐渐打开。

（四）物联网技术

1．物联网的基本概念

物联网（Internet of Things，IoT）即"物物相连的互联网"，是将各种信息传感设备与网络结合起来而形成的一个巨大网络，可实现任何时间、任何地点人、机、物的互联互通。物联网是新一代信息技术的重要组成部分，IT行业称之为"泛互联"，意指物物相连、万物互联。因此，"物联网就是物物相连的互联网"有两层意思：

1）物联网的核心和基础仍然是互联网，是在互联网基础上延伸和扩展的网络。

2）其用户端延伸和扩展到了任意物品之间进行信息交换和通信。

因此，物联网的定义是通过射频识别、红外感应器、全球定位系统（GPS）、激光扫描器等信息传感设备，按约定的协议，将任意物品与互联网相连，进行信息交换和通信，以实现对物品的智能化识别、定位、跟踪、监控和管理的一种网络。

2．物联网的典型应用

物联网的应用领域涉及方方面面，在工业、农业、环境、交通、物流、安保等基础设施领域的应用，有效地推动了这些领域的智能化发展，使有限的资源得到更加合理的分配使用，从而提高了行业效率、效益。

1）智能交通。物联网技术在道路交通方面的应用比较成熟。随着社会车辆越来越普及，交通拥堵甚至瘫痪已成为城市的一大问题。对道路交通状况实时监控并将信息及时传递给驾驶人，让驾驶人及时做出出行调整，可有效缓解交通压力。在高速路口设置道路自动收费系统（即ETC），免去进出口取卡、还卡的时间，提升车辆的通行效率。在公交车上安装定位系统，能及时了解公交车行驶路线及到站时间，乘客可以根据搭乘路线确定出行时间，免去不必要的时间浪费。社会车辆增多，除了会带来交通压力外，停车难也日益成为一个突出问题，不少城市推出了智慧路边停车管理系统。该系统基于云计算平台，结合物联网技术与移动支付技术，共享车位资源，提高车位利用率和用户的方便程度。该系统可以兼容手机模式和射频识别模式，通过手机端App可以实现及时了解车位信息、车位位置，提前做好预定并交费等操作，很大程度上解决了"停车难、难停车"的问题。

2）智能家居。智能家居就是物联网在家庭中的基础应用。随着宽带业务的普及，智能家居产品涉及方方面面。家中无人，可利用手机等客户端远程操作智能空调调节室温。智能空调甚者还可以学习用户的使用习惯，从而实现全自动的温控操作，使用户在炎炎夏季回家就能享受到冰爽带来的惬意。还可以通过客户端实现智能灯具的开关、调控灯具的亮度和颜色等。插座内置 WiFi，可遥控插座定时通断电流，甚至可以监测设备用电情况，生成用电图表让用户对用电情况一目了然，以便安排资源使用及开支预算。智能体重秤可监测运动效果，内置可以监测血压、脂肪量的先进传感器，内定程序根据身体状态提出健康建议。智能牙刷与客户端相连，提供刷牙时间、刷牙位置提醒，并可根据刷牙的数据生成图表，展示口腔的健康状况。智能摄像头、窗户传感器、智能门铃、烟雾探测器、智能报警器等都是家庭不可缺少的安全监控设备，即使出门在外，也可以在任意时间、地点查看家中任何角落的实时状况，了解是否有安全隐患。看似烦琐的种种家居生活因为物联网变得更加轻松、美好。

3）公共安全。近年来全球气候异常情况频发，灾害的突发性和危害性进一步加大，互联网可以实时监测环境的不安全性情况，提前预防，实时预警，及时采取应对措施，降低灾害对人类生命财产的威胁。利用物联网技术还可以智能感知大气、土壤、森林、水资源等方面的指标数据，对改善人类生活环境发挥巨大作用。

（五）区块链技术

1. 区块链的基本概念

区块链是一种把区块以链的方式组合在一起的数据结构，每一个区块通过散列的方式与上一个区块相连，实现了可追溯；同时，用密码学保证了数据的不可篡改和不可伪造。每一个区块的生成，都是参与者对整个系统交易记录的事件顺序和当前状态建立的共识。每一个参与者都可以参与数据的记录、存储，都可以拥有整个区块链数据的备份，从而在没有中央控制节点的情况下，使用分布式集体运作的方法，构建了一个分布式对等网络。因此，区块链具有去中心化、分布式、去信任、数据不可篡改、可追溯等诸多优点。

区块链就是把加密数据（区块）按照时间顺序进行叠加（链）生成的永久、不可逆向修改的记录。从某种意义上说，区块链技术是互联网时代一种新的"信息传递"技术。

2. 区块链技术的典型应用

近几年，区块链技术的应用越来越广泛，例如慈善事业中善款的使用，医疗行业中个人医疗数据以及就医历史的查询等。

1）慈善事业。将区块链技术应用于慈善事业场景，则意味着无论是在善款募集，还是在救援财物发放的过程中，记录在区块链上的每一笔交易都可以被用户查阅并追溯，慈善捐赠人和感兴趣的社会大众将可以自行监管慈善款项的来源和流向，且无须像以前一样敦促慈善组织公布各项信息。区块链技术的高度安全性可以保证记录于其上的每一笔交易都真实可信，因此公众也无须质疑慈善组织是否在公布信息时有隐瞒或欺骗的行为。

2）医疗行业。当前，区块链技术在医疗行业主要的应用为医疗健康数据、基因组数据、医疗保险、临床试验、手术记录等，其中应用较多的则是医疗健康数据和医疗保险。运用区块链技术可以做到医疗和健康信息共享、医疗流程透明化、医疗事故责任可追溯等。

3）房地产行业。对于买/卖二手房的人来说，整个交易中复杂的流程、隐藏的各种条款、数不清的签字文件等都让人头疼不已，如果想在海外购置房产，那情况会更麻烦。区块链技术的显著特征之一就是点对点的对接，杜绝中间商赚差价，房产交易中的任意一方都能节约大量的时间和成本。

（六）量子信息技术

1. 量子信息的基本概念

量子信息是量子物理与信息技术相结合发展起来的新学科，主要包括量子通信和量子计算两个领域。量子通信主要研究量子密码、量子隐形传态、远距离量子通信技术等；量子计算主要研究量子计算机和适合于量子计算机的量子算法。

2. 量子信息技术的典型应用

在 21 世纪，信息科学将从经典时代跨越到量子时代。量子信息技术是量子物理与信息技术相结合的战略性前沿科技，主要包括量子通信、量子计算、量子探测等领域。量子信息技术在确保信息安全、提高运算速度和探测精度等方面具有颠覆性的影响，是目前最引人瞩目的前沿技术领域之一。

1）超强能力——量子计算。传统的二进制计算技术以"0"和"1"为基础，进行二进制计算和逻辑判断，因此普通计算机中只存在两种状态。量子计算是利用量子态的相干叠加性进行编码、存储和计算的一种新兴计算技术，其基本信息单位是量子比特。在信息长度都为 N 时，量子位的存储容量是传统信息位的 $2N$ 倍，量子计算速度是传统计算速度的 $2N$ 倍。从理论上讲，一个 250 量子比特（由 250 个原子构成）的存储器，可能存储的数达 2^{250}，比现有已知宇宙中的全部原子数目还多。

量子计算机是存储及处理量子信息、运行量子算法的装置，其突出优点是存储能力强、运算速度快。传统计算机采用单路串行操作，而量子计算机采用多路并行操作，它们运算速度的差异，就如同万只蜗牛排队过独木桥与万只飞鸟同时升上天空的区别。

2）跨越时空——量子通信。量子通信是利用量子力学基本原理或量子特性进行信息传输的一种新型通信技术，主要包括量子密钥传输和量子隐形传态两种技术。

真正意义上的量子通信是指利用量子信道传送量子信息，它主要依靠量子隐形传态方式实现。量子隐形传态是指以量子态作为信息载体，利用量子纠缠效应，使量子态从一个地方传至另一个地方。

量子密钥传输是指利用量子力学特性来保证通信安全性。它使通信的双方能够产生并分享一个随机的、安全的密钥，来加密和解密消息。

3）无处遁形——量子探测。量子探测利用量子纠缠和叠加特性，对物体进行测量或成像。目前，量子探测的热点主要集中在量子成像、量子雷达、量子传感等领域。虽然这些技术的成熟度较低，但是其潜在应用将对未来作战模式产生深远影响，可真正实现全天候、反隐身、抗干扰作战。

（七）新一代计算机技术

1. 新一代计算机的基本概念

新一代计算机是指把信息采集、存储、处理、通信同人工智能结合在一起的智能计算机系统，它能进行数值计算或处理一般的信息，主要面向知识处理，具有形式化推理、联想、学习和解释的能力，能够帮助人们进行判断、决策、开拓未知领域和获得新的知识。

2. 未来计算机的发展

1）神经元计算机。人类神经网络的强大与神奇是人所共知的。将来，人们将制造能够完成类似人脑功能的计算机系统，即人造神经元网络。神经元计算机最有前途的应用领域是国防，它可以识别物体和目标，处理复杂的雷达信号，决定要击毁的目标。神经元计算机的联想式信息存储、对学习的自然适应性、数据处理中的平行重复现象等性能都异常强大。

2）生物计算机。生物计算机主要是指以生物电子元器件构建的计算机。利用蛋白质的开关特性，可以将蛋白质分子作为元器件制成生物芯片，其性能是由元器件与元器件之间电流启闭的速度决定的。用蛋白质分子制成的计算机芯片，它的一个存储点只有一个分子大小，所以它的存储容量可以达到普通计算机的 10 亿倍。由蛋白质分子构成的集成电路，其大小只相当于硅片集成电路的 10 万分之一，而且运行速度更快。

3）智能计算机。目前的计算机已能够部分代替人的脑力劳动，但是人们希望计算机具有更多人的智能，例如自行思考、智能识别、自动升级等。随着计算机技术的发展，它成为我们工作上的工具、生活中的控制中心是必然的事情。人工智能以模糊逻辑为基础，智能计算机可以主动分析执行过程中碰到的困难，自动选择最优的解决方案。

二、新一代信息技术的应用及发展

随着移动互联网、物联网、大数据、云计算、人工智能、区块链和量子技术等新一代信息技术的加速迭代演进，共同推进了人类社会的飞速向前发展。

云计算技术已经普遍应用于现今的互联网服务中，最为常见的就是云存储、云医疗、云金融和云教育等。

人工智能技术的发展已逐渐融入居民生活的方方面面，将继续在智慧医疗、自动驾驶、工业制造智能化、机器翻译、智能控制、专家系统、机器人学习、语言和图像理解、遗传编程机器人工厂、自动程序设计、航天应用、庞大信息的处理、庞大信息的储存与管理、执行生命体无法执行的或复杂或规模庞大的任务等领域崭露头角。

大数据技术已经普遍应用于相关交叉领域中，电子商务、医疗、传媒、金融、教育和交通等领域都有大数据技术的支持。

物联网的应用领域涉及方方面面，在工业、农业、环境、交通、物流、安保等基础设施领域都有应用，最为常见的应用包括智能交通和智能家居等。

近年来区块链的应用越来越广泛，区块链技术主要应用于金融、智慧物流、公共服务、保险、公益等领域。

量子信息技术是量子物理与信息技术相结合的战略性前沿科技，其应用领域主要包括量子通信、量子计算、量子探测等。

根据国家针对新一代信息技术的发展战略，未来在云计算技术方面，应加快云操作系统的迭代升级，推动超大规模分布式存储、弹性计算、数据虚拟隔离等技术的创新，以混合云为重点培育云服务产业；在大数据技术方面，应推动大数据采集、存储、挖掘、分析及可视化算法等技术的创新，培育数据采集、标注、存储、传输、管理、应用等全生命周期产业体系；在物联网技术方面，着力推动传感器、网络切片和高精度定位等技术的创新，同时协同发展云服务与边缘计算服务，重点培育车联网、医疗物联网和家居物联网等产业；在区块链技术方面，主要推动智能合约、共识算法、加密算法和分布式系统等技术的创新，重点发展区块链服务平台和金融科技、供应链管理、政务服务等领域的应用方案；在人工智能技术方面，重点建设重点行业人工智能数据集，发展算法推理训练场景，推进智能医疗装备、智能运载工具和智能识别系统等智能产品的设计与制造，推动通用化和行业性人工智能开放平台的建设。

任务实现

云计算、物联网、人工智能、区块链、量子信息等新一代信息技术正在经济社会的各个领域飞速渗入与应用，成为驱动行业技术创新和产业变革的重要力量。其中，物联网、人工智能和大数据等技术在我们身边的应用尤为普遍，例如当前比较火爆的无人机航拍便是利用人工智能、物联网、大数据等技术，使得定位更加准确、图像分析结果更加精确。

除本任务介绍的相关典型应用外，学生可以通过调研、网上查询、讨论等方式思考在我们身边或生活中还有哪些新一代信息技术的典型应用场景或产品，并分析该典型应用场景和产品都应用了哪些新一代信息技术。新一代信息技术的典型应用场景及产品分析见表 7-1。

表 7-1 新一代信息技术的典型应用场景及产品分析

典型应用场景	技术描述	解决的问题
智慧园区新生态应用	云计算、物联网、人工智能	打造出了以场景为核心的新园区"云管端"一体化"1+6"通用场景解决方案
广告精准投放应用	大数据、云计算	运用大数据采集和分析精准锁定目标客户，使广告推送更加精准

任务总结

通过本任务的实现，进一步复习了新一代信息技术基础概念的相关知识，巩固了对信息技术和新一代信息技术的认识，同时学习和探索了各种新一代信息技术的相关典型应用，并对未来新一代信息技术的发展趋势等都有了大致的认识与理解。

项目 8
信息素养与社会责任

项目导读

信息素养与社会责任是指在信息技术领域，通过对信息行业相关知识的了解，内化形成的职业素养和行为自律能力。信息素养与社会责任对个人在各自行业内的发展起着重要作用。本项目内容包含信息素养、信息伦理与职业行为自律等内容。

随着社会的进步，互联网及信息技术迅速发展，给人们的生活带来巨大变革，也冲击和改变着人们的学习方式与科研环境。随着信息科技的飞速发展，一方面，信息呈现方式多媒体化，同样的信息可以通过文字、图形、图像、动画、声音和视频等各种媒体表现手段来展示；另一方面，信息传播多渠道化，纸质媒体、广播媒体、电视媒体、网络媒体和手机媒体各具特色，又相互呼应。不知不觉中，一个崭新的全媒体信息时代已然来临。

在信息社会中，信息的获取、分析、处理、发布和应用能力将作为现代人最基本的能力和文化水平的标志。以计算机和网络技术为主的信息技术，已在社会各个领域得到广泛应用，并逐步改变着人们的工作、学习和生活方式。在当今时代，信息资源异常丰富，如何开发和利用这些信息资源，是提高国民经济水平的关键之一。而信息素养是影响人们开发、利用信息资源的重要因素。

项目知识点

1）了解信息素养的基本概念及主要要素。
2）掌握信息伦理知识并能有效辨别虚假信息，了解相关法律法规与职业行为自律的要求。
3）了解个人在不同行业内发展的共性途径和工作方法。

任务 8.1　认识信息素养

任务描述

理解信息素养的概念，了解信息素养的内涵及特点，能够正确使用现代化信息手段检索、处理、识别有效信息。

任务分析

面对网络和数字化社会，学生的学习方式与思维方式都发生了明显变化，不仅要学习知识，更要学会处理海量信息，充分利用各种媒体与技术工具，解决学习与生活中的问题，甚至需要在已有信息基础上实现创新，从而应对复杂多变的环境，实现自我价值。

任务知识模块

一、信息素养的基本概念和主要要素

当今世界，人类正处于一个信息爆发式增长的时代，信息素养是现代社会中每个人所必须具备的基本素质，越来越受到世界各国的关注和重视。现代社会的竞争，越来越表现为信息积累、信息能力和信息开发利用的竞争。因此，了解信息素养的含义，注重提高信息意识，开展信息道德教育，明确信息素养教育内容，是非常重要和具有现实意义的。

（一）信息素养的基本概念

1. 素养

素养在《现代汉语词典》中的解释是平日的修养，如艺术素养。这种解释偏重素养的获得过程，指出"素养"并非一朝一夕所能形成，而是长期"修习"的结果。英语对素养（Literacy）的解释则偏重结果，有两层含义：一是指有学识、有教养的人，多用于学者；二是指能够阅读、书写的人，即有文化的人，一般用于普通大众。无论是从过程还是从结果来看，素养都是动态发展的。我们认为素养是由训练和实践获得的技巧或能力。

与素养相近的另一个词汇是素质。素质在心理学上是指人的某些先天特点，是事物本来的性质（Quality）。由此可知，素养区别于素质主要表现在以下4个方面：

1）素养是后天养成的，而不是天生的，素养的养成更多地取决于环境和教育。

2）素养是可以培养的，素养的培养是一个从低到高、逐步发展的过程。作为发展中的人，随着时代的发展，需要不断提升自己的素养，以适应社会发展和自身发展的需要。

3）素养是多层面的，它涉及从意识到实践、由心理到生理、从言谈到举止、从思想到行为等全方位的问题。

4）素养是综合的，孤立的素养是不存在的，素养的培养与人的全面发展是相一致的。

综上所述，"素养"有别于更多受先天因素影响的"素质"。

2. 信息素养

信息素养（Information Literacy，IL）的概念最早是美国信息产业协会（Information Industries Association，IIA）主席保罗·泽考斯基（Paul Zurkowski）于1974年在向美国国家图书馆与信息科学委员会（National Commission on Libraries and Information Science，NCLIS）提交的一份报告中提出的。这份报告将信息素养解释为：利用大量的信息工具及原始信息源使问题得到解答的技术和技能。

1989年，美国图书馆协会（American Library Association，ALA）将信息素养定义为：具有较高信息素养的人，必须能够充分地认识到何时需要信息，并能检索、评价和有效地利用所需信息。

1998年，美国图书馆协会和美国教育传播与技术协会（Association for Educational Communications and Technology，AECT）制定了信息素养人的九大标准：能够有效地和高效地获取信息；能够熟练、批判地评价信息；能够精确地、创造性地使用信息；能探求与个人兴趣有关的信息；能欣赏作品和其他对信息进行创造性表达的内容；能力争在信息查询和知识创新中做到最好；能认识信息对社会的重要性；能履行与信息和信息技术相关的符合伦理道德的行为规范；能积极参与活动来探求和创建信息。可以看出，该标准大大地丰富了信息素养的内涵，它不但包含了信息的意识层面和技术层面，也包括了信息的道德和社会责任层面。目前，该定义已得到广泛认同。

（二）信息素养的主要要素

随着信息素养概念的提出，其内涵也随着信息社会的发展不断丰富。信息素养的主要要素包括3个方面：信息意识、信息能力和信息道德。

1. 信息意识

信息意识是指人们对情报现象的思想观点和人的情报嗅觉程度，是人们对社会产生的各种理论、观点、事物、现象从情报角度的理解、感受和评价能力。具体来说，它包含了对信息敏

锐的感受力、持久的注意力和对信息价值的判断力、洞察力。

2. 信息能力

信息能力也称为信息技能，是指理解、获取、利用信息的能力及利用信息技术的能力。理解信息即对信息进行分析、评价和决策，具体来说就是分析信息内容和信息来源，鉴别信息质量和评价信息价值，决策信息取舍以及分析信息成本的能力。获取信息就是通过各种途径和方法，搜集、查找、提取、记录和存储信息的能力。利用信息即有目的地将信息用于解决实际问题或用于学习和科学研究之中，通过已知信息挖掘信息的潜在价值和意义并综合运用，以创造新知识的能力。

3. 信息道德

信息道德是指在信息的采集、加工、存储、传播和利用等信息活动的各个环节中，用来规范其间产生的各种社会关系的道德意识、道德规范和道德行为的总和。它通过社会舆论、传统习俗等，使人们形成一定的信念、价值观和习惯，从而使人们自觉地通过自己的判断规范自己的信息行为，例如保护知识产权、尊重个人隐私、抵制不良信息等。

二、我国信息素养发展的 4 个阶段

第一阶段：信息素养被称为图书馆素养，强调图书馆手工文献检索技能。它以图书馆资源与服务的介绍宣传和充分利用为核心，主要形式是文献检索课教学。这是单一的、单向的课堂式、讲座式教学模式，很难针对性地解决科研或学习过程中的问题。

第二阶段：随着计算机等信息技术的快速发展，信息素养的内涵开始强调利用计算机进行检索的技能（信息处理），以及对检索的信息进行评价，并重视了人的属性（态度和意识）。所以，此时的信息素养被称为计算机素养。

第三阶段：随着网络的发展和信息环境的变化，信息素养的内涵开始强调信息素养中人的社会属性（如交流信息、传播信息的能力），充分重视了人的批判性思维能力和评价信息能力，并且强调信息素养是终身学习的必然要求。

第四阶段：此时的信息素养被称为数据素养，强调的是对获取信息的进一步处理，通过对数据的分析、存储、处理从而得到相应的结论。在大数据环境下，数据素养教育日益重要和紧迫，它是让用户在大量无规律的数据中辨别自己所需的数据，根据所掌握的知识、技能和工具，迅速有效地获取、利用数据，并创造出新数据的必经之路。

三、信息素养的特点和终身学习

（一）信息素养的特点

信息素养的特点包括文化层面（知识方面）、信息意识（意识方面）和信息技能（技术方面）3 个层面。有学者对信息素养做过较为详尽的表述：一个有信息素养的人，能够从计算机和其他信息源获取信息，通过评价信息、组织信息用于实际的应用。这就意味着信息素养具有明显的工具性。大多数国家明确地将它与实际问题和情境相结合，以解决实际问题为目标导向，要求学生能够有意识地收集、评价、管理和呈现信息，最终能够有效解决问题、增强交流、产生新的知识、实践终身学习等，强调信息素养在实践中运用与创新的工具性导向，并在获取、使用与管理过程中始终坚持个人对信息的批判性、自主性与道德底线。

（二）信息素养与终身学习

身处终身学习的时代，每个人都必须掌握与时代需求相匹配的、以信息素养为核心的终身学习能力。一个学习型社会不仅是一个"人人皆学、处处可学、时时能学"的社会，更是一个"个个善学"的社会。学会和掌握自己查找、获取信息的方法，有助于对前人的研究成功加以继承、发展和创新。学会使用信息素养进行终身学习，特别有利于前沿学科、边缘学科的研究，寻找事实真相，寻求知识真谛，不断寻找出解决问题的方法，经过评价与分析，得出自己的见解与观点。在这个过程中，一方面为自己积累了终身学习的经验和能力，另一方面激发了灵感，创造了激情，在社会群体中找到了自己的定位，实现了人生价值。

📖 任务实现

通过对信息素养的基本概念、主要要素和特点的学习，明确了信息素养对信息社会中个人发展的重要性，树立了信息素养意识和终身学习观念。

✏️ 任务总结

信息素养是个人成功适应信息化社会和实现自我发展的关键成分，各国均将信息素养作为核心素养框架中的重要指标和关键成分。通过系统梳理信息素养概念的历史演变和信息素养的构成，归纳出了信息素养的概念与主要要素，培养了自己的信息素养意识和终身学习观念。

任务 8.2　认识社会责任

📖 任务描述

本任务要求了解职业文化、道德规范、法律法规等内容，理解信息行业从业人员的社会责任。

✏️ 任务分析

通过了解与社会责任相关联的信息素养职业文化、道德规范、法律法规，促进学生理解信息行业从业人员的社会责任。

📋 任务知识模块

一、信息素养职业文化

"文化是一个民族的精神和灵魂，是国家发展和民族振兴的强大力量。"那么，对从业人员来说，拥有良好的职业文化素养是拥有竞争力的重要因素，并且现代社会职业对从业人员提出的要求比以往任何时代都更高、更全面、更严格。一个人要从职业中获得幸福感，不仅需要具备扎实的职业知识、精湛的职业技能，还必须具备良好的职业文化素养。

（一）职业文化的定义与特征

职业文化的概念有广义与狭义之分。狭义的职业文化经常被用于某一具体职业，如教师、医务人员的职业文化等。每一个职业都有自身的职业文化，且越是悠久的职业，其中积淀的文化就越丰富与厚重，如我国的传统手工业，形成了自己职业的榜样、行规、习俗甚至行业用语等。许多应用性专业学科的教育，其实有很大一部分内容都是在传递本专业的职业文化。广义的职业文化是指在多种现代性职业中形成的具有普适意义的职业文化，是人们在职业活动中逐步形成的价值理念、行为规范、思维方式的总称，以及相应的礼仪、习惯、气质与风气。其核心内容是对职业有使命感，有职业荣誉感和良好的职业心理，遵循一定的职业规范，认同和遵从职业礼仪。

职业文化具有以下特征：
1）稳定性与动态性的统一。
2）个异性与群体性的统一。
3）有形性与无形性的统一。
4）封闭性与开放性的统一。
5）自觉性与强制性的统一。

（二）构建高校学生职业文化的要求

高职院校对学生的职业文化建构，应当以社会主义精神文明为导向，以核心价值观为指导，以职业的参与者为主体，以社会职业道德为基本内涵，以追求职业主体正确的职业理念、职业态度、职业道德、职业责任、职业价值为出发点和落脚点，应当将职业文化构建成一个文化体系。职业素养主要指职业人才从业须遵守的必要行为规范，旨在充分发挥劳动者的职业品质。职业素养即职场人技术与道德的总和，主要包括职业道德、职业技能、职业习惯与职业行为。好的职业素养能够指引职场人才成熟地应对各项工作，指引劳动者创造更多价值。高职院校作为培养高素质人才的基地，更应注重职业素养的培养。教育部在《关于全面提高高等职业教育教学质量的若干意见》中指出："要高度重视学生的职业道德教育和法制教育，重视培养学生的诚信品质、敬业精神和责任意识、遵纪守法意识，培养一批高素质的技能型人才。"其中，诚信品质、敬业精神和责任意识等都属于职业文化的范畴。

二、信息素养道德规范

（一）信息伦理

信息伦理学的形成是从对信息技术的社会影响的研究开始的。信息伦理学的兴起与发展植根于信息技术的广泛应用所引起的利益冲突和道德困境，以及建立信息社会新的道德秩序的需要。1986年，美国管理信息科学专家R. O. 梅森提出信息时代有信息隐私权、信息准确性、信息产权及信息资源存取权4个主要的伦理议题。至此之后，信息伦理学的研究发生了深刻变化，它冲破了计算机伦理学的束缚，将研究的对象更加明确地确定为信息领域的伦理问题，在概念和名称的使用上也更为直白，直接使用了"信息伦理"这个术语。

信息伦理指向涉及信息开发、信息传播、信息管理和利用等方面的伦理要求、伦理准则、伦理规约，以及在此基础上形成的新型伦理关系。信息伦理又称为信息道德，是调整人与人之间以及个人和社会之间信息关系的行为规范的总和。

（二）信息鉴别与评价

在信息获取的过程中始终伴随着如何鉴别与评价信息的问题。纷繁复杂的信息世界很容易扰乱人们的注意力，因此，有效地鉴别与评价所获得的信息对人们来说尤为重要，这是利用信息的前提。

1. 从信息的来源鉴别信息

1）看信息来源是否具有权威性，是否真实可靠。
2）查看信息的来源，判断信息的要素是否齐全。
3）使用逻辑推理、查阅、调查的方法进行考证和深入的调查。
4）信息是否来自权威部门。
5）判断信息中涉及的事物是否客观存在、构成信息的各种要素是否真实，与同类信息进行比较。
6）研究此信息是否具有代表性、普遍性。
7）实地考察。
8）学会分析和鉴别，去其糟粕，取其精华。

2. 信息是否具有时效性

在信息来源都可靠的前提下，还要判断信息的时效性，判断方法如下：

1）对于突发性或跃进性的事实，在第一时间内做的报道具有很强的时效性。
2）对于渐进性的事实，应在事实变动中找到一个最新、最近的时间点来判断时效性。
3）对于过去发生的事实、新近才发现或披露出来的事情，可以通过说明自己得到信息的最新时间和寻根探源的方法加以弥补。

3. 从信息的价值取向、情感成分进行判断

信息对每个人的价值各不相同。社会角色不同、知识背景不同、生活经历不同等决定了信息的价值取向的多样性。一个人不可能接收并客观处理所有的信息，每个人都自然而然地认为自己立场所在、情感所需的信息是正确且有价值的。因此，在处理日常生活中所获取的信息时，应尽量让自己处于客观的角度，判断信息的真假与虚实。

（三）信息道德

信息道德包含3个层面的内容，即信息道德意识、信息道德关系和信息道德活动。

1）信息道德意识：信息伦理的第一个层次，包括与信息相关的道德观念、道德情感、道德意志、道德信念和道德理想等，是信息道德行为的深层心理动因。信息道德意识集中体现在信息道德原则、规范和范畴之中。

2）信息道德关系：信息伦理的第二层次，包括个人与个人的关系、个人与组织的关系、组织与组织的关系。这种关系建立在一定的权利和义务的基础上，并以一定的信息道德规范形式表现出来，相互之间的关系是通过大家共同认同的信息道德规范和准则维系的。

3）信息道德活动：信息伦理的第三层次，包括信息道德行为、信息道德评价、信息道德教育和信息道德修养等。信息道德行为即人们在信息交流中所采取的有意识的、经过选择的行动。根据一定的信息道德规范对人们的信息行为进行善恶判断即为信息道德评价。按一定的信息道德理想对人的品质和性格进行陶冶就是信息道德教育。信息道德修养则是人们对自己的信息意识和信息行为的自我解剖、自我改造。与信息理论关联的行为规范指向社会信息活动中人与人之间的关系，以及反映这种关系的行为准则与规范，如扬善抑恶、权利义务、契约精神等。

三、信息素养法律法规与社会责任

（一）信息素养法律法规

在信息安全方面，我国法律体系中对信息安全保护都有规定。例如，《中华人民共和国宪法》第四十条规定："中华人民共和国公民的通信自由和通信秘密受法律的保护。除因国家安全或者追查刑事犯罪的需要，由公安机关或者检察机关依照法律规定的程序对通信进行检查外，任何组织或者个人不得以任何理由侵犯公民的通信自由和通信秘密。"《中华人民共和国刑法》第二百八十五条规定："违反国家规定，侵入国家事务、国防建设、尖端科学技术领域的计算机信息系统的，处三年以下有期徒刑或者拘役。"相较于1979年版刑法，1997年版刑法中增加了计算机犯罪的法条，对非法入侵重要计算机信息系统以及违反《中华人民共和国计算机信息系统安全保护条例》并造成严重后果构成犯罪的，依法追究其刑事责任。

法律是道德的底线，计算机信息职业从业人员职业道德的最基本要求就是国家关于计算机管理方面的法律法规，如《全国人民代表大会常务委员会关于维护互联网安全的决定》《计算机软件保护条例》《互联网信息服务管理办法》《互联网电子公告服务管理办法》等。这些法律法规是应当被每一位计算机职业从业人员所牢记的，严格遵守这些法律法规正是计算机专业人员职业道德的最基本要求。

（二）职业行为自律与职业发展

计算机职业作为一种特定职业，有较强的专业性和特殊性，从事计算机职业的工作人员在职业道德方面有许多特殊的要求。但作为一名合格的职业计算机工作人员，在遵守特定的计算机职业道德的同时首先要遵守一些最基本的通用职业道德规范，也就是社会主义职业道德的基本规范，这些规范是计算机职业道德的基础组成部分。

一是在意识形态方面，要坚持爱党爱国。这是守好国家安全、保证新时代网信事业有序发展的红线、底线和根本遵循。这就要求互联网行业从业人员拥护党的路线方针政策，深刻理解网络强国与全面建成社会主义现代化强国、实现中华民族伟大复兴的内在关联，在本行业、本岗位上为建设网络强国而努力。

二是在法律层面，要遵纪守法。互联网行业从业人员应遵从宪法，熟知并践行互联网行业相关法律和监管规定，明确所在岗位的行为边界，在维护自身知识产权、企业名誉权等权益的同时，也要自觉接受行业监管，积极履行信息内容管理、直播营销、算法安全等主体责任，拒绝利用互联网从事任何侵犯他人和其他企业合法权益，以及危害国家安全等的违法活动。

三是在道德伦理层面，要坚持价值引领。互联网从业人员的职业行为与网络文化构建、网络舆论走向、网络社会风气等息息相关，对广大网民有潜移默化的价值引导作用。自觉加强网络内容建设，培育积极健康、向上向善的网络文化，秉持社会效益优先原则、提升主流价值引领，应当是互联网从业人员践行社会主义核心价值观的重要体现。

四是在诚信从业方面，要诚实守信。诚信是立身之本，也是行业之基。从业人员的诚信不仅关乎其个人的职业生涯发展，还对行业声誉、企业品牌有很大影响。大数据、人工智能等催生互联网行业新兴业态的发展，也对诚信从业提出了更高要求。尊重网民或消费者的权益，真实、准确、完整地披露相关信息；自觉抵制弄虚作假、误导欺骗、恶意营销等行为；与对手合法公平竞争，珍视行业信誉与职业声誉，等等。

五是从敬业奉献来说，要爱岗敬业，提升自我。面对信息技术的更新迭代，自觉提升网络素养和专业技能日益成为互联网从业者职业生涯的重要内容。从业者要积极关注网民诉求和社会需求，以服务意识和奉献精神立足岗位、精益求精，实现公共价值和个人价值、社会效益和经济效益的统一。

（三）社会责任

要发展科技创新人才，对信息素养能力的教育不容忽视，要着重培养选择与分析能力，掌握信息分析研究的方法，能从众多修改的信息中提取有用的信息，去粗取精，去伪存真，提炼出有科学价值的创新信息。

科技是把双刃剑，它在推进人类文明进程和社会发展的同时，也带来了不可预测的风险。隐私泄露、算法黑箱、数据滥用、平台垄断等现象危害着公共利益和公民权利。坚守技术伦理，让科技造福百姓、完善社会成为互联网行业面临的重要课题。具体来说，要尊重用户，合法合规使用数据；要算法透明，自觉接受行业监督；要反对"流量至上"，促进互联网业态的公平竞争和健康发展。

在科技创新的同时，要尊重知识产权，遵循国家的法律法规，合理使用知识、信息和技术，在创新研究的过程中明示对他人成果的引用、借鉴与参考，避免发生将他人成果据为己有的行为；对已有的创新成果也要有保护意识，可以通过法律手段对创新成果进行知识产权保护，这对于个人和国家的创新能力具有直接的影响。

📖 任务实现

通过了解职业文化，学习信息行业道德法律标准，树立个人信息素养行为自律、职业自律意识，主动承担当代大学生在信息发展领域的社会责任。

✏️ 任务总结

通过完成本任务，有意识地培养了自己的数字化思维与提炼有效信息的批判精神，增强了信息安全意识，了解了使用信息的法律和道德底线，明白了自己未来的社会责任。

项目 9 计算机网络与 Internet 应用

回复"71330+9"
观看视频

项目导读

计算机网络系统就是利用通信设备和线路将地理位置不同、功能独立的多台计算机系统连接起来,并按照一定的网络通信协议,实现网络中资源共享和信息传递的系统。通过计算机的互联,实现计算机之间的通信,从而实现计算机系统之间的信息、软件和设备资源的共享以及协同工作等功能,其本质特征在于提供计算机之间的各类资源的高度共享,实现便捷的信息交流和互动。

国际互联网也叫作因特网(Internet),Internet 上的各个主机在资源共享的过程中,需要依靠交换机、路由器、光纤、双绞线、同轴电缆、卫星通信等有线或者无线线路连接。在线路连接的基础上,规范网络上各个终端节点的域名、IP 地址等通信地址,并通过一系列网络通信协议进行数据传输、资源共享等信息互通互联,从而使计算机网络上的用户使用计算机不受物理区域的限制,能够方便快捷地访问网络上的资源。

项目介绍了计算机网络局域网的组网方式,城域网、广域网及国际互联网的连接模式,介绍了计算机网络的有线线路连接设备、网络接口连接设备、网络无线线路连接设备、线路间连接设备等硬件,同时还介绍了网络域名结构、IPv4 及 IPv6 地址划分、VLAN 技术等,并对网络通信协议进行了相应的介绍和说明。项目还对 Internet 的应用及网络诊断等基本技术进行了简单介绍。

项目知识点

1)了解计算机网络的基本概念,了解计算机网络的发展历程。
2)熟悉计算机网络的分类和拓扑结构。
3)熟悉计算机网络的体系结构及其本质,并掌握和理解两种体系结构的区别和联系。
4)熟悉计算机网络的组成和硬件设备。
5)熟练掌握计算机网络的 IP 地址、子网划分等基本知识和技能。
6)熟悉局域网组网技术和方案,了解计算机网络 VLAN 技术的基本原理和各种划分原则。
7)掌握 Internet 的使用方法,了解 Internet 的域名及接入方式。

任务 9.1 绘制 4 种常见的网络布局模型

任务描述

根据网络拓扑结构和计算机网络的布局方法,简单绘制计算机局域网组网常见的 4 种网络布局模型。

📖 任务分析

本任务主要要求学生在掌握计算机网络的基本概念及相关原理和方法的基础上,对相关问题进行解答。

📋 任务知识模块

一、计算机网络概述

计算机网络是在一定范围内,把相应的计算机和相应的通信设备通过线路进行连接,按照一定的协议方式进行信息传输、资源共享和交流互动的一个群体。计算机网络的连接数量可以从两台到无数台,计算机网络上的终端分布范围可以从一个房间扩展到一幢楼宇、一个单位或组织、一个城市、一个国家乃至全球。

(一)计算机网络的发展及定义

1. 计算机网络的发展

1946年,世界上第一台通用计算机问世,在其后的十多年里,由于价格昂贵,计算机的数量极少,但人类对计算机的需求却与日俱增,为了缓解这一矛盾,计算机网络应运而生。计算机网络的最初形式是将一台计算机通过通信线路与若干台终端直接连接,从另一个角度讲,我们也可以把这种形式看作最简单的局域网雏形。

最早诞生的计算机网络是1969年诞生于美国的ARPANET(阿帕网)。Internet是一个庞大的系统,它的由来可以追溯到20世纪60年代初。当时,美国国防部为了保证美国本土防卫力量和海外防御武装在受到苏联第一次核打击以后仍然具有一定的生存和反击能力,认为有必要设计出一种分散的指挥系统。它由一个个分散的指挥点组成,当部分指挥点被摧毁后,其他指挥点仍能正常工作,并且在这些指挥点之间能够绕过那些已被摧毁的指挥点而继续保持联系。为了对这一构思进行验证,1969年,美国国防部高级研究计划署(DOD/DARPA)资助建立了一个名为阿帕网的网络,这个阿帕网就是Internet最早的雏形。

我国计算机网络的发展最初始于20世纪80年代。1987年9月20日,钱天白教授通过意大利公用分组交换网ITAPAC设在北京的PAD发出我国的第一封电子邮件,与德国卡尔斯鲁厄大学进行通信,揭开了中国人使用Internet的序幕。

1989年9月,国家计委组织建立中关村地区教育与科研示范网络(NCFC),立项的主要目标是在北京大学、清华大学和中国科学院3个单位间建设高速互联网络,并建立一个超级计算中心。这个项目于1992年建设完成。

1990年10月,我国正式在DDN-NIC注册登记了我国的顶级域名CN。1993年4月,中国科学院计算机网络信息中心召集部分网络专家调查了各国的域名系统,据此提出了我国的域名体系。

1994年1月4日,NCFC工程通过美国Sprint公司连入Internet的64K国际专线开通,实现了与Internet的全功能连接,从此我国正式成为有Internet的国家。此事被国家统计公报列为1994年重大科技成就之一。

1994年开始,分别由国家计委、邮电部、国家教委和中国科学院主持,建成了我国的4大因特网,即中国金桥信息网、中国公用计算机互联网、中国教育科研网和中国科技网。在短短几年间,这些主干网络就投入使用,形成了国家主干网的基础。

1996年以后,我国互联网的发展进入应用平台建设和增值业务开发阶段,开始了空前活跃的高速发展时期。在互联网的应用面扩宽和普及率快速增长的前提下,我国的一些互联网公司开始进军海外股市纳斯达克,成为世纪之交我国新经济发展的重要标志。

1997年6月3日,根据国务院信息化工作领导小组办公室的决定,中国科学院网络信息中心组建了中国互联网络信息中心(CNNIC),同时,国务院信息化工作领导小组办公室宣布成立中国互联网络信息中心工作委员会。

1997年11月，CNNIC发布了第1次《中国Internet发展状况统计报告》。截止到1997年10月31日，我国共有上网计算机29.9万台，上网用户62万人，CN下注册的域名4066个，WWW站点1500个，国际出口带宽为18.64Mbit/s。

2017年1月22日下午，CNNIC发布第39次《中国互联网络发展状况统计报告》。截至2016年12月，我国网民规模达7.31亿人，相当于欧洲人口总和，互联网普及率达到53.2%，超过全球平均水平3.1个百分点，超过亚洲平均水平7.6个百分点。

截至2021年6月，我国手机网民规模达10.11亿，较2020年12月增长2175万，互联网普及率达71.6%。

计算机网络的网速也从最初的2G时代的9.6Kbit/s（1G时代不能提供数据业务和自动漫游）理论网速发展到5G时代的20Gbit/s理论网速。

2. 计算机网络的定义

最初对计算机网络的定义是，人们利用网络通信设备（如网络适配器、调制解调器、中继器、网桥、路由器、网关等）和通信线路，将地理位置分散且相互独立的计算机连接起来，在相应网络软件的支持下，实现相互通信和资源共享的系统。

从这个定义看，计算机网络包含了网络硬件和网络软件两部分；从用户使用的角度看，计算机网络是一个透明的资源传输系统，用户不必考虑具体的传输细节，也不必考虑资源所处的实际地理位置。

上述关于计算机网络的定义是传统的计算机网络定义，随着网络连接设备硬件的不断改进，计算机网络连接模式的不断更新，计算机软件和通信协议的不断改进，网络技术飞速发展，从1G、2G、3G、4G发展到现在的5G，使得网速得到大幅度提高。

网络高速发展推进了云计算、物联网、人工智能、大数据等新技术不断发展，人们对计算机网络也有了新的定义。

综上所述，计算机网络新的定义如下：把分布在不同地理区域或相同区域的计算机或移动设备，与专门的外部设备或移动设备用通信线路（有线、无线）互联成一个规模大、功能强的系统，从而使众多的计算机或移动设备可以方便地互相传递信息，共享硬件、软件、数据信息等资源。简单来说，计算机网络就是由通信线路互相连接的许多自主工作的计算机或移动设备构成的集合体。

（二）计算机网络的分类

计算机网络按不同的标准有不同的划分，下面介绍几种常见的网络分类。

1. 按网络的覆盖范围划分

按网络覆盖范围一般将网络划分为局域网、城域网、广域网和国际互联网。

1）局域网（Local Area Network，LAN）通过高速通信线路连接，覆盖范围从几百米到几公里，通常用于覆盖一个房间、一层楼或一座建筑物。局域网传输速率高，可靠性好，适用各种传输介质，建设成本低。局域网示意图如图9-1所示。

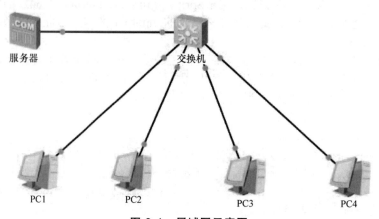

图9-1 局域网示意图

2)城域网(Metropolitan Area Network,MAN)是指在一座城市范围内建立的计算机通信网,通常使用与局域网相似的技术,但对媒介访问控制在实现方法上有所不同。它一般可将同一城市内不同地点的主机、数据库以及 LAN 等互相连接起来。城域网示意图如图 9-2 所示。

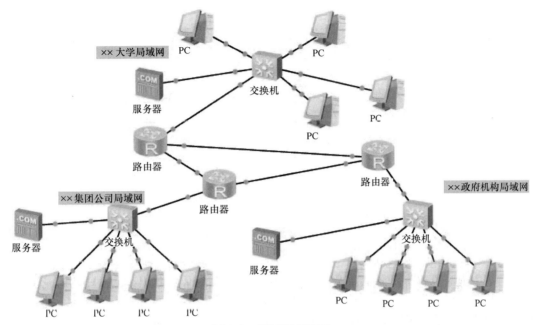

图 9-2 城域网示意图

3)广域网(Wide Area Network,WAN)用于连接不同城市之间的 LAN 或 MAN。广域网的通信子网主要采用分组交换技术,常常借用传统的公共传输网(如电话网),因此广域网的数据传输相对较慢,传输误码率也较高。随着光纤通信网络的建设,广域网的速度已大大提高。广域网可以覆盖一个地区或国家。广域网示意图如图 9-3 所示。

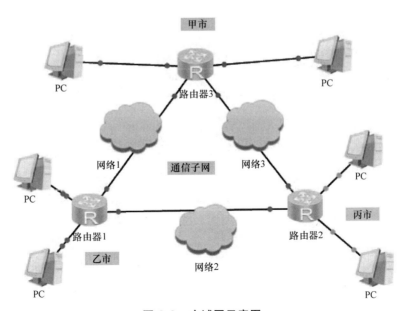

图 9-3 广域网示意图

4)国际互联网,又叫作 Internet,是覆盖全球的最大的计算机网络,它将世界各地的广域网、局域网等互联起来,形成一个整体,实现全球范围内的数据通信和资源共享。国际互联网示意图如图9-4所示。

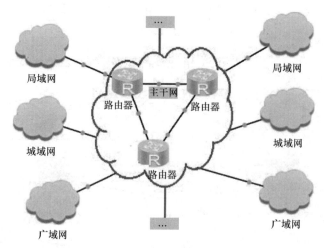

图 9-4 国际互联网示意图

2. 按网络的拓扑结构划分

把网络中的计算机等设备抽象为点,把网络中的通信媒体抽象为线,这样就形成了由点和线组成的几何图形,即采用拓扑学方法抽象出的网络结构,称为网络的拓扑结构。计算机网络按拓扑结构可分为总线型网络、星形网络、环形网络、树形网络和混合型网络等。

3. 按传输介质划分

计算机网络按传输介质可划分为有线网和无线网。

1)有线网一般采用双绞线、同轴电缆、光纤或电话线等作为传输介质。采用双绞线和同轴电缆连成的网络经济且安装简便,但传输距离相对较短。以光纤为介质的网络传输距离远,传输率高,抗干扰能力强,安全好用,但成本稍高。

2)无线网主要以无线电波或红外线为传输介质,联网方式灵活方便,但安全性、可靠性及传输距离等有局限性。另外,还有卫星数据通信网,它是通过卫星进行数据通信的方式来组网传播信息的。

4. 按网络的使用性质划分

计算机网络按网络的使用性质可划分为公用网和专用网。

1)公用网(Public Network)是一种付费网络,属于经营性网络,由商家建造并维护,消费者付费使用。

2)专用网(Private Network)是某个部门根据本系统的特殊业务需要而建造的网络,这种网络一般不对外提供服务,例如军队、银行、电力等系统的网络就属于专用网。

二、计算机网络的体系结构

通常所说的计算机网络体系结构,是指在全球范围内对计算机网络制定软件标准、硬件标准、通信协议标准,全球通过遵循制定的标准,规范化软件、硬件、通信协议,从而使不同的计算机能够在网络中进行信息互通、硬件互联。

计算机网络国际化标准组织规范了国际标准参考模型,提出了OSI参考模型。OSI参考模型的产生,对计算机网络的规范化理解和认知带来了更确切的表达模式。但是OSI参考模型存在过于刻板的弱点,且其各层功能相互重叠交叉内容较多;另外,OSI参考模型提出的时候,TCP/IP协议已经逐渐成为市场默认的规范化模型,因此OSI参考模型并没有得到实际意义上的使用。时至今日,IT行业使用的都是TCP/IP结构模型。为便于读者对计算机网络技术的理解,我们将对两种参考模型分别进行阐述。

（一）OSI 参考模型

为使不同计算机厂商生产的计算机能相互通信，以便在更大范围内建立计算机网络，国际标准化组织（ISO）在 1979 年提出"开放系统互连参考模型"，即著名的 OSI/RM（Open System Interconnection/Reference Model），也称为 OSI 参考模型。

所谓"开放"，是强调对 OSI 标准的遵从。一个系统是开放的，是指它可与世界上任何地方的遵守相同标准的其他任何系统进行通信。

OSI 参考模型将计算机网络体系结构的通信协议规定为物理层、数据链路层、网络层、传输层、会话层、表示层、应用层等 7 层，对于每一层，至少制定服务定义和协议规范两个标准。

OSI 参考模型如图 9-5 所示。

物理层（Physical Layer）是 OSI 参考模型的底层，它的主要功能是完成相邻节点之间原始比特流的传输。这一层规定通信设备机械的、电气的、功能的和过程的特性，用于建立、维持和释放数据链路实体间的连接。

数据链路层（Data Link Layer）处于 OSI 参考模型的底部往上第 2 层，它的主要功能是建立、维持和释放网络实体之间的数据链路，这种数据链路对于网络层表现为一条无差错的信道。

网络层（Network Layer）在 OSI 参考模型的第 3 层（从下往上），它的主要功能是完成网络中主机间的报文传输。这一层的功能属于通信子网，它通过网络连接交换传输层实体发出的数据。网

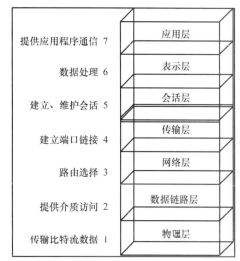

图 9-5　OSI 参考模型

络层把上层传来的数据组织成分组在通信子网的节点之间交换传送。交换过程中要解决的关键问题是选择路径，其次要解决的问题是防止网络中出现局部的拥挤或全面的阻塞。另外，网络层还应有记账功能，以便根据通信过程中交换的分组数（或字符数、位数）收费。

传输层（Transport Layer）在 OSI 参考模型的第 4 层（从下往上），它的主要功能是完成网络中不同主机上的用户进程之间可靠的数据通信。这一层在低层服务的基础上提供一种通用的传输服务。会话实体利用这种透明的数据传输服务而不必考虑下层通信网络的工作细节，并使数据传输能高效地进行。

会话层（Session Layer）在 OSI 参考模型的第 5 层（从下往上），它的功能是允许不同机器上的用户之间建立会话关系。会话层支持两个表示层实体之间的交互作用。计算机网络的会话和人们打电话不一样，更和人们当面谈话的情况不一样。对话的管理包括决定该谁说、该谁听。

表示层（Presentation Layer）在 OSI 参考模型的第 6 层（从下往上），它主要是完成某些特定的功能，对这些功能人们常常希望找到普遍的解决办法，而不必由每个用户自己来实现。表示层的用途是提供一个可供应用层选择的服务的集合，使得应用层可以根据这些服务功能解释数据的含义。表示层以下各层只关心如何可靠地传输数据，而表示层关心的是所传输数据的表现方式、语法和语义。表示层的服务有统一的数据编码、数据压缩格式和加密技术等。

应用层（Application Layer）是 OSI 参考模型的最高层。这一层的协议直接为端用户服务，提供分布式处理环境。应用层管理开放系统的互联，包括系统的启动、维持和终止，并保持应用进程间建立连接所需的数据记录。其他层都是为支持这一层的功能而存在的。

（二）TCP/IP 模型

TCP/IP 起源于 20 世纪 60 年代末美国政府资助的一个分组交换网络项目，到 20 世纪 90 年代已发展成为计算机之间最常用的网络协议。它用于真正的开放系统，因为协议簇的定义及其多种实现可以免费或花很少的钱获得。它已成为 Internet 的基础协议簇。

与 OSI 参考模型一样，TCP/IP 模型也采用层次化结构，每一层负责不同的通信功能。但是

TCP/IP 模型简化了层次设计，只分为 4 层，即应用层、传输层、网络层和网络接口层，如图 9-6 所示。

TCP/IP 本身对网络层之下并没有严格的描述，但是 TCP/IP 主机必须使用某种下层协议连接到网络，以便进行通信。而且，TCP/IP 必须运行在多种下层协议上，以便实现端到端的网络通信。TCP/IP 模型的网络接口层负责处理与传输介质相关的细节，为上层提供一致的网络接口。因此，TCP/IP 模型的网络接口层大体对应于 OSI 参考模型的数据链路层和物理层，通常包括计算机和网络设备的接口驱动程序和网络接口卡等。

图 9-6　TCP/IP 模型

TCP/IP 可以基于大部分局域网和广域网技术运行，这些协议便可以划分到网络接口层。

网络层是 TCP/IP 体系的关键部分，它的主要功能是使主机能够将信息发往任何网络并传送到正确的目标。TCP/IP 模型的网络层在功能上与 OSI 参考模型的网络层极其相似。

传输层主要为两台主机上的应用程序提供端到端的连接，使源、目的端主机上的对等实体可以进行会话。

TCP/IP 协议簇的传输层协议主要包括 TCP（Transmission Control Protocol，传输控制协议）和 UDP（User Datagram Protocol，用户数据报协议）。其中，TCP 是面向连接的，可以保证通信两端的可靠传递；而 UDP 是无连接的，它提供非可靠性数据传输，数据传输的可靠性由应用层保证。

TCP/IP 模型没有单独的会话层和表示层，其功能融合在应用层中。应用层直接与用户和应用程序打交道，负责对软件提供接口以使程序能使用网络服务。这里的网络服务包括文件传输、文件管理、电子邮件的处理等。

（三）两种模型的对比

两种模型的对比如图 9-7 所示。通过对比，可以清楚地看出：TCP/IP 模型的应用层综合了 OSI 参考模型中应用层、表示层、会话层的功能；TCP/IP 模型的传输层和网络层分别对应 OSI 参考模型的传输层和网络层；TCP/IP 模型的网络接口层就是 OSI 参考模型中数据链路层和物理层的集成。

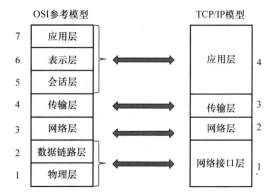

图 9-7　两种模型的对比

两种模型功能的对比见表 9-1。

表 9-1　两种模型功能的对比

OSI 参考模型	TCP/IP 模型	功能
应用层	应用层	文件传输与服务、虚拟终端
表示层		数据处理与格式化
会话层		会话处理
传输层	传输层	提供端到端的接口、数据分段
网络层	网络层	数据包传送路由选择
数据链路层	网络接口层	传送数据帧
物理层		比特流数据传输

（四）计算机网络的拓扑结构

拓扑（Topology）这个名词是从几何学中借用来的。网络拓扑结构是指用传输媒体连接各种设备的物理布局，就是用什么方式把网络中的计算机等设备连接起来。网络拓扑图给出网络服务器、工作站的网络配置和相互间的连接。网络的拓扑结构主要有星形结构、环形结构、总线型结构、分布式结构、树形结构、网状结构和蜂窝状结构等多种，其中最常见的拓扑结构是星形结构、环形结构和总线型结构 3 种。

1. 星形结构

在星形结构中，网络中的各节点通过点到点的方式连接到一个中央节点（又称为中央转接站，一般是集线器或交换机）上，由该中央节点向目的节点传送信息，如图 9-8 所示。中央节点执行集中式通信控制策略，因此中央节点相当复杂，负担比各节点重得多。在星形结构中，任何两个节点要进行通信都必须经过中央节点。因此，中央节点的功能主要有 3 项：当要求通信的站点发出通信请求后，控制器要检查中央转接站是否有空闲的通路，被叫设备是否空闲，从而决定是否能建立双方的物理连接；在两台设备通信过程中要维持这一通路；当通信完成或者不成功要求拆线时，中央转接站应能拆除上述通道。

2. 环形结构

环形结构在 LAN 中使用得比较多。该结构中的传输媒体从一个端用户连接到另一个端用户，直到将所有的端用户连成环形，如图 9-9 所示。数据在环路中沿着一个方向在各节点间传输，信息从一个节点传到另一个节点。这种结构显而易见消除了端用户通信时对中心系统的依赖性。环形结构的特点是：每个端用户都与两个相邻的端用户相连，因而存在着点到点的连接，但总是以单向方式操作，于是便有上游端用户和下游端用户之称；信息流在网中是沿着

图 9-8　星形结构

固定方向流动的，两个节点仅有一条通路，故而简化了路径选择的控制；环路上各节点都是自举控制，因此控制软件简单；由于信息源在环路中是串行地穿过各个节点的，当环中节点过多时，势必影响信息传输速率，使网络的响应时间延长；环路是封闭的，不便于扩充；可靠性低，一个节点故障，将会造成全网瘫痪；维护困难，对分支节点故障定位较难。

3. 总线型结构

总线型结构是使用同一媒体或电缆连接所有端用户的一种方式。也就是说，连接端用户的物理媒体由所有设备共享，各工作站地位平等，无中央节点控制，公用总线上的信息多以基带形式串行传递，其传递方向总是从发送信息的节点开始向两端扩散，如同广播电台发射信息一样，因此又称为广播式计算机网络，如图 9-10 所示。各节点在接收信息时都进行地址检查，看是否与自己的工作站地址相符，相符则接收传送过来的信息。这种结构具有费用低、数据端用户入网灵活、站点或某个端用户失效不影响其他站点或端用户通信的优点。其缺点有：一次仅能供一个端用户发送数据，其他端用户必须等待直至获得发送权；媒体访问获取机制较复杂；维护困难，分支节点故障查找难。尽管总线型结构有上述缺点，但由于其具有布线要求简单、扩充容易，端用户失效、增删不影响全网工作等优点，所以这种方式仍是 LAN 技术中使用最普遍的一种。

图 9-9　环形结构

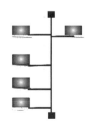

图 9-10　总线型结构

4. 树形结构

树形结构实际上是星形结构的发展和补充,为分层结构,具有根节点和各分支节点,适用于分支管理和控制的系统。

树形结构的网络节点呈树状排列,整体看就像一棵倒置的树,因而得名。

树形拓扑具有较强的可折叠性,非常适用于构建网络主干,还能够有效地保护布线。这种拓扑结构的网络一般采用光纤作为网络主干,用于军事单位、政府单位等上下界限相当严格和层次分明的网络结构。

与星形结构相比,两者有许多相似的优点,但树形结构比星形结构的扩展性更高。

5. 混合型结构

混合型结构是将两种或以上网络拓扑结构混合起来构成的一种网络拓扑结构。例如,将星形结构和总线型结构的网络结合在一起,这样的拓扑结构更能满足较大网络的拓展需求,解决了星形网络在传输距离上的局限,同时又解决了总线型网络在连接用户数量上的限制。所以,这种混合型结构同时兼顾了星形结构与总线型结构的优点,又在一定程度上弥补了这两种拓扑结构的缺点。

任务实现

根据任务要求,按照计算机网络的拓扑结构,绘制总线型、星形、环形、树形网络布局模型,如图 9-11 所示。

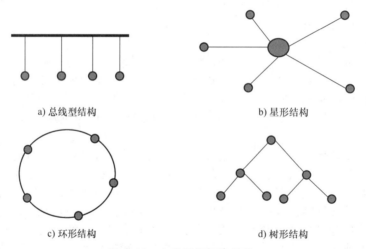

a) 总线型结构　　b) 星形结构　　c) 环形结构　　d) 树形结构

图 9-11　4 种网络拓扑结构

任务总结

在学习了计算机网络的基本概念、网络体系结构参考模型的基础上,在熟练掌握并理解网络拓扑结构内涵的前提下,完成了本任务,绘制出了 4 种常见的网络布局模型。

任务 9.2　组建局域网

任务描述

通过学习计算机网络相关知识,组建小型局域网。

任务分析

要实现该任务，在学习前面计算机网络体系结构和基本概念的基础上，还要学习局域网设计方案、组建局域网线路设施的传输介质、端口的硬件设备、服务器客户机配置技术等组建局域网的相关知识，才能顺利实现任务。

任务知识模块

一、计算机网络的组成和网络硬件设备

（一）计算机网络的组成

按照功能和计算机网络的定义，计算机网络可以划分为物理组成和逻辑组成两部分。

1. 物理组成

通过对计算机网络定义的理解，从系统的角度可以把计算机网络系统分成计算机系统、数据通信系统和网络软件3部分。

1）计算机系统是连接在网络边缘的独立计算机，根据它在网络中的作用可以分为服务器和工作站。

2）数据通信系统由通信控制处理机、网络互联设备和传输介质构成。

3）网络软件是计算机网络的灵魂，主要包括网络操作系统、网络管理软件、网络应用软件和网络协议。

2. 逻辑组成

从逻辑上看，计算机网络可以分为通信子网和资源子网两部分，如图9-12所示。通信子网完成数据的传输功能，包括传输和交换设备，为主机提供连通和交换服务。资源子网完成数据的处理和存储等功能，由所有连接在Internet上的主机组成。这部分是用户直接使用的。从计算机网络的逻辑组成可以看出，计算机网络是通信技术与计算机技术的结合。

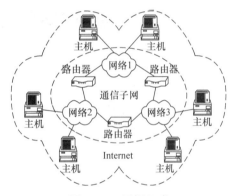

图9-12　逻辑组成

（二）网络硬件设备

当要把两台以上的计算机连成局域网时，不仅需要为每台计算机安装网卡，还需要使用通信线路（介质）和介质连接器等附属部件将计算机与电缆连接在一起。根据不同的联网技术，有时还需要使用集线器、交换机、路由器等网络连接设备，以实现局域网的物理连接。

常见的网络硬件连接设备有网卡、集线器、交换机、网关、网桥和路由器等。下面将逐一介绍上述硬件设备。

1. 连接设备

（1）网卡　网卡（Network Interface Card，NIC）是联网的计算机所需的基本部件。它一端连接计算机，另一端连接局域网中的传输介质。图9-13所示为Intel X710T4万兆网卡。

网卡完成了物理层和数据链路层的大部分功能。网卡是局域网通信接口的关键设备，是决定计算机网络性能指标的重要硬件设备之一。

1）网卡的物理地址。在网卡的存储器中保存着一个全球唯一的网络节点地址，这个地址称为物理地址，又称为介质访问控制（Medium Access Control，MAC）地址或硬件地址。通常使用12个十六进

图9-13　Intel X710T4万兆网卡

制数来表示 MAC 地址，它的地址长度是 48bit，前 6 个十六进制数（也就是 24bit）代表网卡生产厂商的标识符信息，后 6 个十六进制数代表生产厂商分配的网卡序号。例如 AC-13-DE-CA-B6-16 就是一个 MAC 地址。每块网卡都有唯一的 MAC 地址，这个地址由网卡生产厂商在生产时写入网卡的 ROM 芯片中，是全球唯一的网络物理地址标识符。

2）查看 MAC 地址。可以通过在命令提示符下输入"ipconfig /all"命令的方式，获取当前计算机网卡的 MAC 地址，如图 9-14 所示。

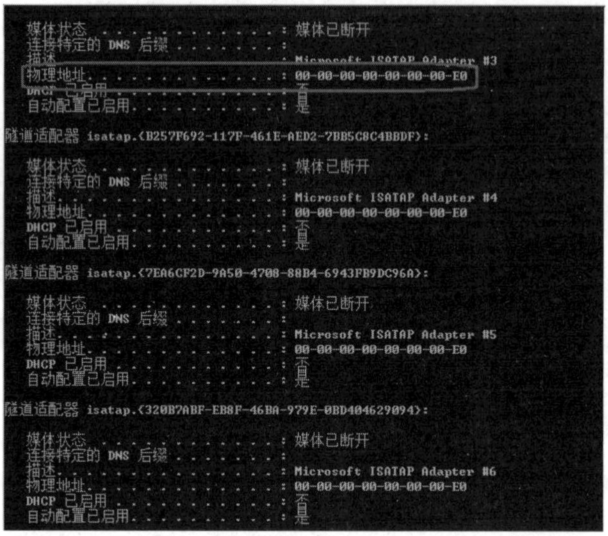

图 9-14　查看 MAC 地址

（2）集线器　集线器（Hub）是局域网中计算机和服务器的连接设备，是局域网的星形连接点。每个工作站用双绞线连接到集线器上，由集线器对工作站进行集中管理。

集线器的主要功能是对接收到的信号进行再生放大，以增加网络的传输距离，同时把所有节点集中在以它为中心的节点上。集线器工作于 OSI 参考模型的第 1 层（即物理层）。

随着交换机技术的发展和组网日益提高的需求，集线器逐渐被交换机所取代。

（3）交换机　交换机（Switch）是集线器的升级替代产品，两者在功能上基本一样。交换机通过对照 MAC 地址表，只允许必要的网络流量通过交换机。

目前，在局域网中使用的交换机一般分为第 2 层交换机和第 3 层交换机，这两类交换机的最大区别是第 2 层交换机不带路由功能，第 3 层交换机带路由功能。图 9-15 所示为交换机。如果没有特别说明，默认情况下所说的交换机都指的是第 2 层交换机。

图 9-15　交换机

第 2 层交换机工作在 OSI 参考模型的第 2 层（即数据链路层）。目前，第 2 层交换机应用最为普遍（主要是价格便宜，功能符合中、小型企业实际应用需求），一般应用于小型企业或中型以上企业网络的桌面层次。

第 3 层交换机工作于 OSI 参考模型的网络层，具有路由功能，它将 IP 地址信息提供给网络路径选择，并实现不同网段间数据的线速交换。当网络规模较大时，可以根据特殊应用需求划分为小面独立的 VLAN 网段（关于 VLAN 后面再详细介绍），以减小广播所造成的影响。

（4）网关　网关又叫作网络连接器、协议转换器，工作于 OSI 参考模型的第 3 层（即网络层），主要用于网间不同协议的"翻译"，从而实现异构网络协议间互相传输信息。

（5）网桥　网桥是早期的网络连接设备，是两端口网络连接设备，具备桥接功能和过滤MAC地址的阻断功能。简单地说，网桥就是一个第2层桥接设备。

（6）路由器　路由器（Router）是将一个网络（一般为局域网）接入另一个网络，或实现网络之间互联的必选设备。其主要功能是路由选择和数据转发。

路由选择就是通过路由选择确定到达目的地址的最佳路径。数据转发通常也称为数据交换。路由器通过路由选择后，将数据包按照选择的路径进行转发。路由器如图9-16所示。

2. 传输介质

传输介质是网络中传输信息的物理通道，它的性能对

图9-16　路由器

网络的通信、速度、距离、价格及网络中的节点数和可靠性都有很大影响。因此，必须根据网络的具体要求，选择适当的传输介质。常见的传输介质有很多种，可以分成两大类：一类是有线传输介质，如双绞线、同轴电缆、光导纤维等；另一类是无线传输介质，如地面微波通信、卫星通信、红外线和激光通信等。

（1）有线传输介质

1）双绞线。双绞线（Twisted Pair，TP）是最常用的一种传输介质，通常有屏蔽式和非屏蔽式两种。它由两条具有绝缘保护层的铜导线按一定密度互相绞合在一起，可降低信号干扰的程度，如图9-17所示。

2）同轴电缆。同轴电缆由内导体（铜质芯线）、保护绝缘层、网状编织的外导体（屏蔽层）及外层绝缘层组成，具有很好的抗干扰特性，被广泛用于较高速率的数据传输，如图9-18所示。根据同轴电缆的直径，同轴电缆可以分为粗缆和细缆两种。粗缆价格较贵，但可连接较多的站点，支持较长距离的数据传输。细缆功耗损耗较大，一般只用于500m内的数据传输。

图9-17　双绞线

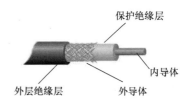

图9-18　同轴电缆

3）光导纤维。光导纤维（Optical Fiber）简称光纤，是一种能够传输光束的、细而柔软的通信介质。光纤通常是由石英玻璃拉成的细丝，一般由双层的同心圆柱体组成，中心部分为纤芯，如图9-19所示。

4）光缆。光缆由能传送光波的超细玻璃纤维制成，外包一层比玻璃折射率低的材料。进入光缆的光波在两种材料的界面上形成全反射，从而不断地向前传播。光缆的内部结构如图9-20所示。

（2）无线传输介质

1）地面微波通信。地面微波通信常用于电缆或光缆敷设不便的特殊地理环境或作为地面传输系统的备份和补充。地面微波通信在数据通信中占有重要位置。

微波是一种频率很高的电磁波（频率为300MHz～300GHz），地面微波通信主要使用的是2～40GHz的频率范围。地面微波一般沿直线传输，由于地球表面为曲面，所以，微波在地面的传输距离有限，一般为40～60km。这个传输距离与微波发射天线的高度有关，天线越高传输距离就越远。为了实现远距离传输，就需要在微波信道的两个端点之间建立若干个中继站点，中继站把前一个站点送来的信号经过放大后再传输到下一个站点。经过这样的多个中继站点的"接力"，信息就被从发送端传输到接收端，如图9-21所示。

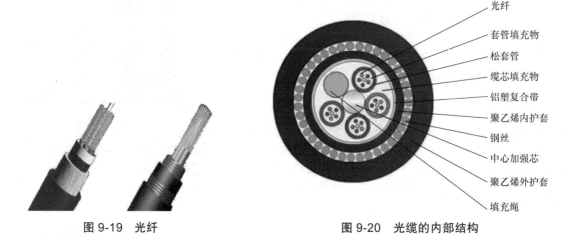

图 9-19 光纤

图 9-20 光缆的内部结构

地面微波通信具有频带宽、通信容量大、初建费用低、建设速度快、应用范围广等优点，其缺点是保密性能差，抗干扰性能差，两微波站天线间不能被建筑物遮挡。这种通信方式逐渐被很多计算机网络采用，有时在大型互联网中与有线传输介质混用。

2）卫星通信。卫星通信实际上是使用人造地球卫星作为中继器来转发信号的，它使用的波段也是微波。卫星通常被定位在几万千米的高空，因此，卫星作为中继器可使信息的传输距离更远（几千至上万千米）。卫星通信已被广泛应用于远程计算机网络中。卫星通信具有通信容量极大、传输距离远、可靠性高、一次性投资大、传输距离与成本无关等特点。

图 9-21 地面微波通信

3）红外线和激光通信。红外线和激光通信的收发设备必须处于一定范围内，且具有很强的方向性，因此防窃取能力强。但由于它们的频率太高，波长太短，不能穿透固体物质，且对环境因素（如天气）较为敏感，因而只能在室内和近距离使用。

4）蓝牙。1998年，爱立信、IBM、Intel、东芝和诺基亚几家公司联合推出了一种近距离无线数据通信技术，其目的被确定为实现不同工业领域之间的协调工作，例如可以实现计算机、手机和汽车电话之间的数据传输。行业组织人员用"蓝牙"（Bluetooth）来命名这项新技术。后来成立的蓝牙技术专业组负责技术开发和通信协议的制定。

二、TCP/IP 地址

计算机网络中信息的传输，是如何确定收发信息双方的确切地址的呢？本节将通过对TCP/IP地址的介绍，让大家进一步认知这个问题。

（一）IP 地址

IP地址是网络上每台主机都有的唯一标识，这是计算机网络能够运行的基础。IP协议就是使用这个地址在主机之间传递信息的。

IP地址的长度为32bit，分为4段，每段8bit，用点分十进制数字表示，每段数字的范围为0～255，段与段之间用点隔开。IP地址的类型、结构和地址范围见表9-2。

表 9-2 IP 地址的类型、结构和地址范围

类型	结构			
	第 1 段	第 2 段	第 3 段	第 4 段
A	0 网络号码	主机号码		
B	10 网络号码		主机号码	
C	110 网络号码			主机号码
D	1110 多点广播地址			
E	11110 保留地址			

类型	地址范围
A	1.0.0.0 ~ 126.255.255.255
B	128.0.0.0 ~ 191.255.255.255
C	192.0.0.0 ~ 223.255.255.255
D	224.0.0.0 ~ 239.255.255.255
E	240.0.0.0 ~ 255.255.255.255

IP 地址类似于我们写信时使用的邮政编码和门牌号，在网络中为了联系不同的计算机，需要给计算机指定一个联网用的唯一编号，这个号码就是"IP 地址"。

每个 IP 地址包括网络号码和主机号码两个标识码（ID）。同一个物理网络上的所有主机都使用同一个网络号码（也叫同一个网段），网络上的每一个主机都有唯一的主机号码。Internet 国际标准化委员会定义了 A~E 类 5 种 IP 地址类型。其中，A、B、C 类由 InterNIC（国际互联网络信息中心）在全球范围内统一分配，D、E 类为特殊地址。

1. A 类 IP 地址

在 A 类 IP 地址的 4 段号码中，第 1 段号码为网络号码，网络号码的长度为 8bit，且网络号码的最高位必须是 0，其他 3 段号码为本地计算机（主机）号码。主机号码的长度为 24bit。

A 类的网络号码数量较少，但是主机号码较多，可以用于主机数达 1 600 多万台的大型网络。

A 类 IP 地址的地址范围为 1.0.0.0 ~ 126.255.255.255（二进制表示为 00000001 00000000 00000000 00000000 ~ 01111110 11111111 11111111 11111111）。

> 提示：子网掩码是一个 32bit 地址，用于屏蔽 IP 地址的一部分，以区别网络号码和主机号码。子网掩码用来指明一个 IP 地址的主机所在的子网。子网掩码不能单独存在，它必须结合 IP 地址一起使用。子网掩码只有一个作用，就是将某个 IP 地址划分成网络号码和主机号码两部分。

A 类 IP 地址的子网掩码为 255.0.0.0。

2. B 类 IP 地址

在 B 类 IP 地址的 4 段号码中，第 1、2 段号码为网络号码，网络号码的长度为 16bit，且网络号码的最高位必须是 10，其他两段号码为本地计算机（主机）号码。主机号码的长度为 16bit。

B 类的网络号码适用于中等规模的网络，每个网络所能容纳的计算机数为 6 万多台。

B 类 IP 地址的地址范围为 128.0.0.0 ~ 191.255.255.255（二进制表示为：10000000 00000000 00000000 00000000 ~ 10111111 11111111 11111111 11111111），B 类 IP 地址的子网掩码为 255.255.0.0。

3. C 类 IP 地址

在 C 类 IP 地址的 4 段号码中，第 1、2、3 段号码为网络号码，网络号码的长度为 24bit，且网络号码的最高位必须是 110，另外一段号码为本地计算机（主机）号码。主机号码的长度为 8bit。

C 类的网络号码数量较多，适用于小规模的局域网络，每个网络最多只能包含 254 台计算机。

C 类 IP 地址的地址范围为 192.0.0.0 ~ 223.255.255.255（二进制表示为：11000000 00000000 00000000 00000000 ~ 11011111 11111111 11111111 11111111）。C 类 IP 地址的子网掩码为 255.255.255.0。

4. 特殊地址

1110 开始的地址称为多点广播地址。因此，任何第 1 个字节大于 223 且小于 240 的 IP 地址（范围为 224.0.0.0 ~ 239.255.255.254）都是多点广播地址。多点广播地址每一个字节都为 0 的地址（0.0.0.0）对应于当前主机。

IP 地址中的每一个字节都为 1 的 IP 地址（255.255.255.255）是当前子网的广播地址。

IP 地址中凡是以 11110 开头的 E 类 IP 地址都保留用于将来或实验时使用。

IP 地址中不能以十进制 127 作为开头，该类地址中数字 127.0.0.1 ~ 127.1.1.1 用于回路测试，网络号码的第一个 6 位组也不能全置为 0，全 0 表示本地网络。

（二）子网划分

1. IP 子网划分的需求背景

有些机构中需要接入的主机数量众多，单一物理网络容纳主机的数量有限，因此在同一机构内部需要划分多个物理网络；有的机构则相反，需要的主机数量不多，但是需要的网络号码更多。这两种情况都会导致地址资源的不同方式的浪费，并且还无法满足需求，为了解决这个问题，提出了子网划分的概念。

2. 子网划分

子网划分是将主机号码拿出一定的位数（高位）作为网络号码使用，从而达到增加网络号码的目标。

另外，如果需要增加主机数量，则将网络号码拿出一定数量的位数（低位）作为主机号码使用，从而增加主机数量。

子网划分方法中，增加网络号码的子网划分方法称为子网，增加主机数量的子网划分方法称为超网。

（三）IPv6 简介

IPv4 是一个非常成功的协议，但是随着 Internet 规模的快速扩张，IPv4 的可用地址日益缺乏。IPv4 地址不足严重制约了全球互联网的应用和发展。在这样的背景需求下，IPv6 应运而生。IPv6 最大的特点是几乎无限的地址空间。IPv4 地址的位数是 32bit，但在 IPv6 中，地址的位数增长了 4 倍，达到 128bit。

1. IPv6 地址的表示方式

在 IPv4 中，地址是用 192.168.1.1 这种点分十进制方式来表达的。在 IPv6 中，采用冒号十六进制方式来表示 IPv6 地址。

128 位的 IPv6 地址被分成 8 段，每 16 位为一段，每段被转换为一个 4 位十六进制数，并用冒号隔开。例如，ACD2:12FA:ABC4:CCA5:1359:00ED:776D:ADC3 就是一个 IPv6 地址。

IPv6 地址可以采用压缩方式来表示，在压缩时有以下几项原则：

1）每段中前导 0 可以去掉，但保证每段至少有一个数字。

2）一个或多个连续的段内各位为 0 时可用双冒号（::）压缩表示，但一个 IPv6 中只允许有一个双冒号。

IPv6 地址不再有 IPv4 地址中的 A 类、B 类、C 类等地址分类的概念。

2. IPv6 地址的分类

IPv4 地址包括单播、组播、广播等几种类型。与其类似，IPv6 地址也有不同类型，包括单播地址、组播地址和任播地址。IPv6 地址中没有广播地址，在 IPv4 中某些需要用到广播地址的服务或功能，IPv6 都是用组播地址来完成的。

三、局域网

局域网是指局部区域计算机网络,它是在一个有限的地理范围内,将各种计算机、外围设备、手持设备等互相连接起来组成的计算机网络。图9-22所示就是一个简单的局域网。局域网是为数据传输而构建的一种通信网络。局域网覆盖的地理范围小,一般不超过几千米。局域网中所连接的数据通信设备的含义是广义的,它包含在传输介质上进行通信的各种设备。

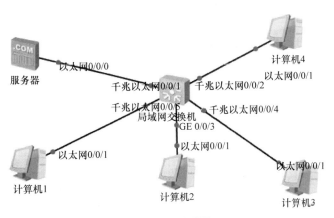

图 9-22 局域网

(一)局域网概述

当要把两台以上的计算机组建成局域网时,首先需要为每台计算机安装网卡,其次要有相应的通信线路(介质)和介质连接器等硬件设备,将计算机连接起来。根据不同的联网技术,可能需要使用集线器、交换机、路由器等网络连接设备,以实现局域网的物理连接。

局域网是计算机网络的重要组成部分。局域网是区别于广域网的一种地理范围有限、连接设备有限的计算机网络。计算机技术的发展和网络的普及更加促进了小型局域网的发展。在当今的计算机网络技术中,小型局域网占据了十分重要的地位。

小型局域网是一种在小范围内实现数据共享的计算机网络,它具有结构简单、投资少、数据传输速率高和可靠性好等特点。

(二)小型局域网组网方案

小型局域网组网方案包括需求分析、可行性研究、总体设计方案、网络体系结构、网络拓扑结构、投资预算、建立规范化文档等几个主要步骤。

1)需求分析。首先要通过与用户沟通,明白用户的需求,为计划建设的网络系统提出一套完整的设想和方案。

2)可行性研究。在分析用户需求的基础上,对用户的需求进行可行性分析,分析用户的需求是否能够全面满足,确定项目的可行性。

3)总体设计方案。在可行性研究的基础上,对整个项目进行整体方案布局和设计。整体方案布局是指将硬件设备、软件设备、功能需求、资金方案、拓扑结构等内容做成完整而详细的方案。

4)网络体系结构。根据总体方案,设计好网络的体系结构,包括接口设计、通信协议等相关内容。

5)网络拓扑结构。在设计好网络体系结构的基础上,对综合布线、硬件设备、连接设备等进行综合设计和部署。

6)投资预算。投资预算是必不可少的内容。要对整个项目进行资金预算,做出详尽的前期投资和盈利分析。

7)建立规范化文档。网络建立完毕后,一定要将项目的使用、投资回报分析、失误和需要改进的地方做成详尽的规范文档。

（三）VLAN 技术

VLAN（虚拟局域网）技术是一种将局域网络资源按照用户需求进行逻辑划分，从而达到物理阻断隔离同等效果的网络划分技术。其主要特点是打破物理连接的限制，从而按照用户需求部署更为灵活的网络。

VLAN 技术常见的划分方法有基于端口的划分、基于 MAC 地址的划分、基于协议的划分、基于子网的划分 4 种划分方法。VLAN 技术是云计算技术中网络虚拟化的重要组成部分。需要说明的是，要具备二层以上交换功能的交换机才具备虚拟局域网的功能。

1. 基于端口的划分

该方法是根据以太网交换机的端口进行划分的，例如将交换机的 1～6 端口划分为 VLAN-A，将交换机的 7～18 端口划分为 VLAN-B，将交换机的 19～24 端口划分为 VLAN-C。基于端口的 VLAN 如图 9-23 所示。

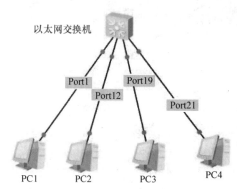

图 9-23　基于端口的 VLAN

> 提示：基于端口的划分方法中，端口可以不连续，比如端口 1、端口 3、端口 5、端口 6 可以划分为一个网段。其划分方式很灵活。

2. 基于 MAC 地址的划分

该方法是根据主机的 MAC 地址进行划分的，交换机维护端口到 MAC 地址的映射表。这种划分方法最大的优点就是主机物理位置发生变化之后，不会改变它原来所在的 VLAN。基于 MAC 地址的 VLAN 如图 9-24 所示。

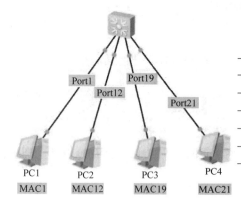

图 9-24　基于 MAC 地址的 VLAN

3. 基于协议的划分

该方法是根据二层数据帧中标前协议标识字段来对 VLAN 进行划分的，交换机维护 VLAN 映射表。

4. 基于子网的划分

该方法根据报文中的 IP 地址决定报文属于哪个 VLAN，根据同一个 IP 子网的所有报文属于同一个 VLAN 的特点进行划分。

（四）网络服务

网络构建完成后，在应用层需要进行相关的协议配置，也就是对服务器的配置。只有配置服务器相关服务协议之后，整个网络才能提供相应的服务。

常见的服务器有 IIS、WEB 服务器、FTP 服务器、DNS 服务器、DHCP 服务器几种。

1. IIS

在组建局域网过程中可以用 IIS（Internet Information Server，因特网信息服务器）来构建 WEB 服务器、SMTP（简单邮件传送协议）服务器、FTP 服务器等。

2. WEB 服务器

万维网（World Wide Web）也称为 WEB，其功能是提供访问 Internet 上的网页资源的服务。WEB 服务器提供网站基本配置、域名和 IP 地址绑定配置、文档配置等基本网页访问配置服务。

3. FTP 服务器

FTP（File Transfer Protocol，文件传送协议）服务器提供网络上两台计算机间文件传输服务的协议。

4. DNS 服务器

DNS（Domain Name System，域名系统）服务器提供把计算机主机名解析为 IP 地址的服务。

5. DHCP 服务器

DHCP（Dynamic Host Configuration Protocol，动态主机配置协议）服务器提供网络管理员集中管理和自动分配 IP 地址的通信协议。

📖 任务实现

通过学习计算机网络及局域网相关知识，按照组网方案组建局域网。

1. 总体方案设计

在可行性研究和需求分析基础上，对局域网组建进行总体方案设计，主要对网络的工作模式、总体架构、拓扑结构选择、技术选型、硬件需求等进行全方位的设计和安排。

2. 选择合适的组网方式

目前有总线型网络、交叉双绞线网络、星形网络 3 种最为常见的组网方式，根据这 3 种方式的特征选择适合需求的组网方式。

1）总线型网络。总线型网络采用一条同轴电缆连接所有的计算机，布线仅仅需要网线、接头和网卡几类简单设备。其优点是布线简单，成本低廉；缺点是传输速率低，维护困难，只要网络中任何一个计算机出故障网络就瘫痪，并且故障难以查找。

2）交叉双绞线网络。这种方式可实现两台计算机的简单快捷连接，一旦超过两台计算机就不能采用这种组网方式。这种组网方式仅仅适合两台计算机的临时组网。

3）星形网络。这种组网方式通过交换机或者集线器进行组网，所有计算机都连接到集线器或交换机上。其优点是便于维护，方便扩充，稳定性强；缺点是线路设备较多，需购买交换机或者集线器（现在基本淘汰了），提高了网络组建成本。但是，这种组网方式仍是目前最常见和最实用的组网方式。

3. 网络连接设备选择

根据组网方式，组网过程中需购买交换机、集线器、网卡、水晶头（RJ-45 接头）、网线（双绞线）、同轴电缆（总线型网络用）等网络连接设备。

4. IP 地址划分

根据 IP 地址划分原则，对每台计算机的 IP 地址进行配置，从而实现局域网内计算机之间的网络连接、文件传输、资源共享等。

任务总结

通过对计算机网络的组成、网络硬件设备、IP 地址划分、局域网技术、局域网组网方案相关内容的学习，顺利完成了局域网组建任务。

任务 9.3　收发电子邮件

任务描述

通过对 Internet 相关基础知识的学习，学会电子邮箱的申请，普通电子文档邮件、电子邮件附件、超大附件电子邮件的发送和接收等基本操作。

任务分析

本任务就是一个简单实用的电子邮件收发任务。

任务知识模块

一、Internet 基础

（一）Internet 概述

网络使用户不受地域的分隔和局限，在网络达到的范围内实现资源的共享。不管用户在什么地方，都可以使用网络上的程序、数据与设备。为了在网络之间交换信息，需要在不同范围内实现网络的相互连接，从而形成了由多个网络组成的互联网。Internet 就是全球最大的互联网，大量的各种计算机网络正在源源不断地加入 Internet 中。利用 Internet，用户访问千里之外的计算机就像使用本地计算机一样。

从 Internet 的逻辑结构角度看，Internet 是一个使用路由器将分布在世界各地的、数以千万计的、规模不一的计算机网络互联起来的大型网际网，如图 9-25 所示。

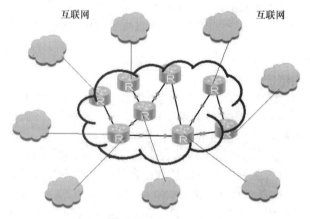

图 9-25　Internet

（二）Internet 的特点

为了更好地理解 Internet，在此将其特点进行归纳。Internet 具有以下特性：

1）开放性。Internet 是世界上最开放的网络。任何一台计算机只要支持 TCP/IP 协议，就可以连接 Internet，实现信息资源的共享。

2）自由性。它包括信息流动自由、用户使用自由等方面。

3）平等性。在 Internet 中人们没有等级之分，个人、企业、政府组织之间也是平等的、无等级的。

4）免费性。在 Internet 上，虽然有一些付费服务（将来无疑还会增加），但 Internet 上绝大多数服务都是免费提供的。而且在 Internet 上有许多资源和信息都是免费的。

5）交互性。Internet 作为一个平等自由的信息交流平台，信息的流动和交流是相互的，沟通双方可以平等地彼此进行交互作用。

6）合作性。Internet 是一个没有中心的自主式的开放组织，Internet 上的发展强调的是资源共享和双赢的发展模式。

7）虚拟性。Internet 的一个重要特点是通过对信息的数字化处理，以信息的流动来代替传统的实物流动，从而具有许多现实世界没有的特性。

8）全球性。Internet 从商业化运作开始，就表现出无国界性，信息流动是自由的、无限制的。

（三）Internet 的地址和域名

1. Internet 的地址

Internet 是通过路由器将物理网络互联在一起的虚拟网络。在一个具体的物理网络中，每台计算机都有一个物理地址（Physical Address），物理网络靠此地址来识别其中的每一台计算机。在 Internet 中，为解决不同类型的物理地址的统一问题，在 IP 层采用了一种全网通用的地址格式：为网络中的每一台主机分配一个 Internet 地址，从而将主机原来的物理地址屏蔽掉，这个地址就是 IP 地址。联入互联网的每一台计算机都必须拥有一个唯一 IP 地址以供识别。

IP 地址一般由网络号码和主机号码组成，网络号码表明主机所连接的网络，主机号码标识了该网络上特定的那台主机。

2. 域名

由于 IP 地址是 32 位的二进制数，不方便记忆和使用，而且从 IP 地址上也看不出拥有该地址的组织的名称或性质。Internet 为了向用户提供一种直观明了的主机标识符，采用了一种字符型的主机命名机制，使主机名（域名）和 IP 地址形成一一对应关系，这就是域名系统。

域名系统采用分层结构。域名一般由几个域组成，域与域之间用小圆点"."分开，最末的域称为顶级域，其他的域称为子域，每个域都有一个有明确意义的名字，分别叫作顶级域名和子域名。域名地址从右向左分别用以说明国家或地区的名称、组织类型、组织名称、单位名称和主机名等，其一般格式为主机名.商标名（企业名）.单位性质.国家代码或地区代码。其中，商标名或企业名是在域名注册时确定的。例如，对于域名 news.cernet.edu.cn，最左边的 news 表示主机名，cernet 表示中国教育科研网，edu 表示教育机构，cn 表示中国。当用户输入某个域名时，这个信息首先到达提供此域名解析的服务器上，由服务器将此域名解析为相应网站的 IP 地址。完成这一任务的过程就称为域名解析。

（1）Internet 域名的格式　域名的结构由若干个分量组成，各分量分别代表不同级别的域名，分量之间用点隔开，格式为主机名.三级域名.二级域名.顶级域名。

（2）顶级域名分配　顶级域名有以下 3 大类。

1）国家顶级域名。例如，cn 表示中国，uk 表示英国，fr 表示法国，jp 表示日本。

2）国际顶级域名。国际顶级域名采用 int，国际性的组织可在 int 下注册。

3）通用顶级域名。通用顶级域名现在共有 13 个，见表 9-3。

表 9-3　通用顶级域名

域名	机构类型	域名	机构类型
com	商业机构	firm	公司企业
edu	教育部门	shop	销售公司
gov	政府部门	web	突出万维网服务的机构
org	非商业组织	arts	突出文化艺术活动的单位
net	网络服务机构	rec	突出消遣娱乐活动的单位
mil	美国军队组织	info	提供信息服务的机构
nom	个人		

3. 我国的域名结构

中国互联网信息中心（CNNIC）负责管理我国的顶级域名，它将 cn 域名划分为多个二级域名。

（四）Internet 的接入方式

个人或企业的计算机都不是直接接入 Internet 的，而是通过 ISP（如中国电信、中国联通、中国网通、首创网络等）接入 Internet 的。ISP 是 Internet Service Provider（因特网服务提供商）的简称，它是用户接入 Internet 的桥梁，它不仅为用户提供 Internet 的接入，也为用户提供各类信息服务。

从用户的角度来看，ISP 位于 Internet 的边缘，用户通过某种通信线路连接到 ISP 的主机上，再通过 ISP 的连接通道接入 Internet。

在接入网中，通常可用的接入方式主要有 PSTN、ISDN、DDN、ADSL、VDSL、Cable-Modem、PON、LMDS 和 LAN 9 种，它们各有各的优缺点。

1. PSTN

PSTN（Public Switched Telephone Network，公用电话交换网）方式通过调制解调器拨号实现用户接入，极限速率为 56kbit/s。随着宽带技术的发展和普及，这种接入方式已被淘汰。

2. ISDN

ISDN（Integrated Service Digital Network，综合业务数字网）方式俗称"一线通"，它采用数字传输和数字交换技术，将电话、传真、数据、图像等多种业务综合在一个统一的数字网络中进行传输和处理。ISDN 的最高数据传输速率为 128kbit/s。随着宽带技术的发展与普及，这种方式已被淘汰。

3. DDN

DDN（Digital Data Network，数字数据网）是随着数据通信业务发展而迅速发展起来的一种新型网络。DDN 的主干网传输介质有光纤、数字微波、卫星信道等，用户端多使用普通电缆和双绞线。DDN 将数字通信技术、计算机技术、光纤通信技术及数字交叉连接技术有机地结合在一起，提供了高速度、高质量的通信环境。用户租用 DDN 业务需要申请开户。

DDN 的租用费较贵，DDN 主要面向集团公司等需要综合运用的单位。DDN 按照不同的速率和带宽收费也不同，但一般费用较高，因此它不适合社区住户的接入，只对商业用户有吸引力。

4. ADSL

ADSL（Asymmetric Digital Subscriber Line，非对称数字用户线）是一种能够通过普通电话线提供宽带数据业务的技术。ADSL 素有"网络快车"的美誉，因其下行速率高、频带宽、性能优、安装方便、不需交纳电话费等特点而深受广大用户喜爱，成为继 Modem、ISDN 之后的又一种全新高效的接入方式。

ADSL 接入技术的最大特点是不需要改造信号传输线路，完全可以利用普通铜质电话线作为传输介质，配上专用的 Modem 即可实现数据的高速传输。ADSL 支持的上行速率为 640kbit/s～1Mbit/s，下行速率为 1～8Mbit/s，其有效的传输距离在 3～5km 范围以内。在 ADSL 接入方案中，每个用户都有单独的一条线路与 ADSL 局端相连，它的结构可以看作星形结构。其数据传输带宽是由每一个用户独享的。随着宽带技术的发展与普及，这种方式也逐渐被淘汰。

5. VDSL

VDSL（Very-high-bit-rate Digital Subscriber Line，甚高比特率数字用户线）比 ADSL 还要快。使用 VDSL，短距离内的最大下行速率可达 55Mbit/s，上行速率可达 2.3Mbit/s（将来可达 19.2Mbit/s 甚至更高）。VDSL 使用的介质是一对铜线，有效传输距离可超过 1km。目前有一种基于以太网方式的 VDSL，在 1.5km 的范围之内能够达到双向对称的 10Mbit/s 传输。如果这种技术用于宽带运营商社区的接入，可以大大降低成本。

6. Cable-Modem

Cable-Modem（线缆调制解调器）利用现成的有线电视（CATV）网进行数据传输，已是比较成熟的一种技术。随着有线电视网的发展和人们生活质量的不断提高，通过有线电视网访问Internet已成为受业界关注的一种高速接入方式。

Cable-Modem 的连接方式可分为两种，即对称速率型和非对称速率型。前者的数据上传（Data Upload）速率和数据下载（Data Download）速率相同，都为500kbit/s～2Mbit/s；后者的数据上传速率为500kbit/s～10Mbit/s，数据下载速率为2～40Mbit/s。

7. PON

PON（Passive Optical Network，无源光网络）技术是一种点对多点的光纤传输和接入技术，下行采用广播方式，上行采用时分多址方式，可以灵活地组成树形、星形、总线型等拓扑结构，在光分支点不需要节点设备，只需要安装一个简单的光分路器即可，具有节省光缆资源、带宽资源共享、节省机房投资、设备安全性高、建网速度快、综合建网成本低等优点。

8. LMDS

LMDS（Local Multipoint Distribution Services，本地多点分配业务）技术是目前可用于社区宽带接入的一种无线接入技术。在该接入方式中，一个基站可以覆盖直径20km的区域，每个基站可以负载2.4万用户，每个终端用户的带宽可达到25Mbit/s。但是，它的带宽总容量为600Mbit/s，每基站下的用户共享带宽，因此一个基站如果负载用户较多，那么每个用户所分到的带宽就很小了。故而这种技术用于社区用户的接入是不合适的，但它的用户端设备可以捆绑在一起，用于宽带运营商的城域网互联。其具体做法是：在汇聚点机房建一个基站，而汇聚机房周边的社区机房可作为基站的用户端，社区机房如果捆绑4个用户端，汇聚机房与社区机房的带宽就可以达到100Mbit/s。

采用这种方案的好处是可以使已建好的宽带社区迅速开通运营，缩短建设周期。但是目前采用这种技术的产品在我国还没有形成商品市场，无法进行成本评估。

9. LAN

LAN（Local Area Network，局域网）方式接入是利用以太网技术，采用光缆+双绞线的方式对社区进行综合布线。具体实施方案是：从社区机房敷设光缆至住户单元楼，楼内布线采用五类双绞线敷设至用户家里，双绞线总长度一般不超过100m，用户家里的计算机通过五类跳线接入墙上的五类模块就可以实现上网。社区机房的出口通过光缆或其他介质接入城域网。以太网技术成熟、成本低、结构简单、稳定性高、可扩充性好，便于网络升级，同时可实现实时监控、智能化物业管理、小区/大楼/家庭保安、家庭自动化（如远程遥控家电、可视门铃等）、远程抄表等，可提供智能化、信息化的办公与家居环境，满足不同层次的人们对信息化的需求。根据统计，社区采用以太网方式接入比其他入网方式要经济许多。

二、Internet 服务

Internet 服务具有很强的灵活性，集成了多种信息技术，收费合理，入网方便，信息资源丰富。Internet 服务是一个涵盖极广的信息库，它存储的信息门类齐全，但以商业、科技和娱乐信息为主。除此之外，Internet 还是一个覆盖全球的枢纽，通过它，用户可以了解来自世界各地的信息，收发电子邮件，和朋友聊天，网上购物，观看影片，阅读网上杂志，还可以聆听音乐会。

（一）信息浏览与检索

下面以百度搜索引擎为例进行说明。

1）基本搜索。只要在搜索框中输入关键词，并按<Enter>键，或用鼠标单击"百度一下"即可得到相关资料。输入的查询内容可以是一个词语、多个词语或一句话，然后百度就会自动找出相关的网站和资料，并把最相关的网站或资料排在前列。

2）准确的关键词。百度搜索引擎对关键词严格区分，要求"一字不差"。例如：分别输入"舒淇"和"舒琪"，搜索结果是不同的；分别输入"电脑"和"计算机"，搜索结果也是不同的。因此，如果对搜索结果不满意，建议检查输入文字有无错误，并换用不同的关键词搜索。

3）输入多个关键词搜索。输入多个关键词搜索，可以获得更精确、更丰富的搜索结果。例如，搜索"北京　暂住证"，可以找到几万篇资料，而搜索"北京暂住证"，则只有严格含有

"北京暂住证"连续5个字的网页才能被找出来,不但找到的资料只有几百篇,资料的准确性也比前者差得多。因此,当你要查的关键词较为冗长时,建议将它拆成几个关键词来搜索,词与词之间用空格隔开。多数情况下,输入两个关键词搜索,就已经有很好的搜索结果。

4)排除无关资料。有时候,排除含有某些词语的资料有利于缩小查询范围。百度支持"-"功能,用于有目的地排除某些无关网页,但减号之前必须留一空格,语法是"A-B"。例如,要搜寻作者不是古龙的武侠小说,可使用:"武侠小说 -古龙"进行搜索。

5)并行搜索。使用"A|B"来搜索或者包含关键词A或者包含关键词B的网页。例如:要查询"图片"或"写真"的相关资料,无须分两次查询,只要输入"图片|写真"搜索即可,百度会提供跟"|"前后任何关键词相关的网站和资料。

6)相关检索。如果无法确定输入什么词语才能找到满意的资料,可以试用相关检索。可以先输入一个简单词语搜索,然后百度搜索引擎会提供其他用户搜索过的相关搜索词语作为参考,单击其中一个相关搜索词,就能得到那个相关搜索词的搜索结果。

7)百度快照。百度搜索引擎已先预览各网站,拍下网页的快照,保存在百度的服务器上,在不能连接到所需网站时,暂存的网页也可救急。而且通过百度快照寻找资料要比常规链接的速度快得多。网页随时可能更新,所以可能会与百度快照内容有所不同,请注意查看网页内容。

8)找专业报告。在很多情况下,我们需要有权威性的、信息量大的专业报告或者论文。例如,我们需要了解中国互联网状况,就需要找一个全面的评估报告,而不是某某记者的一篇文章;我们需要对某个学术问题进行深入研究,就需要找这方面的专业论文。找这类资源,除了构建合适的关键词之外,我们还需要了解,重要文档在互联网上存在的方式往往不是网页格式,而是Office文档或者PDF文档。百度以"filetype:"这个语法来对搜索对象进行限制,冒号后是文档格式,可以是PDF、DOC、XLS等,例如输入"霍金黑洞 filetype:pdf"搜索相关PDF文档。

9)在指定网站内搜索。在一个网址前加"site:",可以限制只搜索某个具体网站、网站频道或某域名内的网页。例如,"天气 site:sina.com"表示在网址包含sina.com的网站内搜索和"天气"相关的资料。注意:关键词与"site:"之间须用一空格隔开;"site"后的冒号可以是半角":",也可以是全角":",百度搜索引擎会自动辨认。"site:"后不能有"http://"前缀或"/"后缀,网站频道只局限于"频道名.域名"方式,不能是"域名/频道名"方式。

(二)电子邮件

E-mail(Electronic Mail,电子邮件)是Internet上使用最多、应用最广的服务之一,它利用Internet传递和存储电子信函、文件、数字传真、图像和数字化语音等各种类型的信息。它解决了传统纸质邮件受时空限制的问题,人们可以不分时间、地点地任意收发电子邮件,并且速度很快,大大提高了工作效率,为工作和生活提供了极大的便利。

1. 电子邮件地址

E-mail像普通的邮件一样有自己的地址,邮件服务器就是根据这个电子邮件地址传送邮件的,并且每个用户的电子邮件地址是唯一的。一个完整的电子邮件地址由两个部分组成,格式如下:

邮箱名@主机名.域名

中间用一个表示"在"(at)的符号"@"分开,符号的左边是对方的邮箱名,右边是完整的主机名(邮局名)与域名。其中,域名由几部分组成,每一部分称为一个子域,各子域之间用圆点"."隔开,每个子域都会告诉用户一些有关这台邮件服务器的信息。

2. 电子邮件的收发

电子邮箱必须先申请再使用,申请过程依提示进行,申请成功后即可进行相应的收发业务了。

(三)软件下载

常用软件的下载一般通过浏览器访问软件下载的一些门户网站进行,如华军软件园、太平洋电脑网等。

可以通过下载资源提供网站找到需要的软件:一些基本的系统扩展类软件,如Winrar、好

压等压缩 / 解压软件；驱动维护类软件，如驱动精灵、驱动人生等。新计算机如果没有这些软件，可以下载安装，以扩展系统功能。

（四）其他服务

网上交际：聊天、交友、玩网络游戏等。

电子商务：网上购物、网上商品销售、网上拍卖、网上支付等。

网络电话：IP 电话服务、视频电话。

网上事务处理：办公自动化、远程教育、远程医疗。

三、网络诊断命令

Windows 提供了一组实用程序，可以进行简单的网络故障诊断和管理。Windows 的管理命令可以通过执行"开始"菜单的"运行"命令，在运行对话框中输入"cmd"，按 <Enter> 键即可进入 DOS 命令窗口，如图 9-26 所示。

图 9-26　DOS 命令窗口

1. ipconfig 命令

该命令可以显示所有网卡的 TCP/IP 配置参数，可以刷新动态主机配置协议（DHCP）和域名系统的设置。其语法格式如下：

ipconfig [/all] [/renew[Adapter]] [/rclcasc[Adapter]] [/flushdns] [/displaydns] [/registerdns] [/showclassid Adapter] [/setclassid Adapter [ClassID]]

ipconfig 命令语法格式的解释见表 9-4。

表 9-4　ipconfig 命令语法格式的解释

参数	解释
/？	显示帮助信息
/all	显示网卡的所有 TCP/IP 配置信息
/renew[Adapter]	更新网卡的 DHCP
/release[Adapter]	向 DHCP 服务器发送请求
/flushdns	刷新客户端 DNS 缓存内容
/displaydns	显示客户端 DNS 缓存内容
/registerdns	刷新所有 DHCP 租约，重新注册 DNS 名字
/showclassid Adapter	显示网卡的 DHCP 类别 ID
/setclassid Adapter[ClassID]	对指定的网卡设置 DHCP 类别 ID

2. ping 命令

该命令用于测试故障连接，其语法格式如下：

ping [- t] [- a] [-n Count] [-l Size] [-f] [-i TTL] [-v TOS] [-r Count] [-s Count] [{ -j HostList |-k HostList}][-w Timeout][TargetName]

ping 命令部分参数的解释见表 9-5。

表 9-5 ping 命令部分参数的解释

参数	解释
-t	持续发送回声请求，直到按 <Ctrl+Break> 或者 <Ctrl+C> 键中断
-a	用 IP 地址表示目标，进行反向名字解析，如果执行成功则显示对应的主机名
-n Count	说明发送回声请求次数，Count 为次数，默认为 4 次
-r Count	在 IP 头中添加路由记录选项，Count 表示源和目标间跃点数，值在 1~9 之间
-j HostList	在 IP 头中使用松散路由选项，HostList 指明中间节点的地址或名字，用空格分开，最多 9 个

3. arp 命令

该命令用于显示或修改地址解释协议缓存表内容，其语法格式如下：

arp [-a [/netAddr] [-N IfaceAddr]] [-g [/netAddr] [-N IfaceAddr]] [-d /netAddr [IfaceAddr]] [-s /netAddr EtherAddr [IfaceAddr]]

4. netstat 命令

该命令用于显示 TCP 连接、计算机正在监听的端口、以太网统计信息、IP 路由表、IPv4 统计信息和 IPv6 统计信息等。其语法格式如下：

netstat [-a] [-e] [-n] [-o] [-p Protocol] [-r] [-s] [Interval]

5. tracert 命令

该命令用于确定到达目标的路径，显示每个中间路由器的 IP 地址。其语法格式如下：

tracert [-d] [-h MaximumHops] [-j HostList] [-w Timeout] [TargetName]

任务实现

1. 电子邮箱的申请

新浪、网易等许多网站上均可申请获得免费电子邮箱，而 QQ 邮箱则可以随 QQ 号申请而同步获得。

下面以网易邮箱申请为例进行说明。在浏览器中输入网址"www.126.com"即可进入网易邮箱申请主界面，单击"注册网易邮箱"，按照提示即可注册一个网易邮箱。

2. 电子邮件的收发

登录进入邮箱，单击左上角的"写信"，即可打开发邮件界面，光标自动定位到主界面"收件人"右侧，在"收件人"后面横线上输入收件人邮箱地址，在"主题"后面上输入邮件主题，在下面的邮件书写对话框中输入文本，书写完成后单击左上角或者界面上左下角的"发送"即可发送电子邮件。

收到电子邮件后，在邮箱主界面单击"收信"或者"收件箱"选项卡，即可阅读电子邮件。

3. 邮件附件的收发

在"写信"主界面单击"添加附件"，根据提示即可添加附件。如果附件过大，则会弹出"超大附件"，按照提示单击"添加超大附件"上传附件，上传完成即可发送邮件。

在收到带有附件的邮件后，单击"收信"或者在"收件箱"选项卡下找到"附件"选项并单击，即可下载或者转存附件到云盘。

4. 其他事项

超大附件提供的存储期限一般才几天，收到带有超大附件的邮件后需要在失效期前下载或另存附件。收到的邮件可以转发给多个或者一个其他邮箱。如果忘记邮箱密码，可以在邮箱登录界面单击"忘记密码？"并根据提示找回邮箱密码。

任务总结

通过本任务学习了许多关于 Internet 应用的知识，其中电子邮件的收发是 Internet 最常见也很实用的一种应用，使用简单便捷。

项目 10　多媒体技术基础

Project **10**

回复 "71330+10"
观看视频

📢 项目导读

多媒体是指能实现对多种不同类型媒体信息进行交互、获取、编辑、存储、传输和再现等功能的综合体。多媒体的媒体信息可以是文本、声音、图形、图像、动画和视频等的一种或多种的融合体。

本项目包含多媒体相关基础知识、多媒体计算机系统、图像处理软件 Photoshop CS5、动画制作软件 Flash CS5 等内容。

本项目介绍了多媒体的分类、多媒体的定义、多媒体信息处理等相关内容，同时介绍了 Photoshop 的抠图技术、图层管理、画笔工具、色彩范围工具、套索工具、图层概念、图层管理、图层蒙版和工具箱属性等相关内容。在 Flash 中讲述了时间轴和图层相关内容，以及利用 Flash 制作逐帧动画、形状补间动画、传统补间动画等几种常用动画的制作方法。

📖 项目知识点

1）理解多媒体的概念。
2）了解多媒体计算机的硬件系统和软件系统。
3）掌握多媒体信息处理的基本知识。
4）学会使用 Photoshop CS5 对图像进行简单处理。
5）学会使用 Flash CS5 进行最基本的动画制作。

任务 10.1　多媒体信息处理的共性

📖 任务描述

请对声音信息处理、图像信息处理、视频信息处理的共同点进行总结并简单描述。

✏️ 任务分析

按照任务要求，需要对 3 种信息处理形式做简单了解后，通过分析和总结，找出共性问题后，回答任务提出的问题。

📘 任务知识模块

一、多媒体的概念

媒体是一个包容领域广泛的概念，是信息表示、信息传输、信息存储的综合体。生活中常见的媒体有报纸、杂志、电视、电话、电影、广播和广告等，是以文本、声音、图形、图像、动画和视频等方式进行传播或展示的。

多媒体是指能实现对文本、声音、图形、图像、动画和视频等多种不同类型媒体信息进行交互、获取、编辑、存储、传输、再现等功能的综合体。

（一）媒体的分类

根据其性质常把媒体分为感觉媒体、表示媒体、显示媒体、存储媒体和传输媒体5大类。

1）感觉媒体。感觉媒体是指能由人的感觉器官直接识别的媒体。

2）表示媒体。表示媒体是指为了加工、处理和传入感觉媒体而人为构造出来的一类媒体，例如以信息化编码处理的文本、声音、图形、图像、音频、视频等信息文件。

3）显示媒体。显示媒体是指媒体传输中的电信号与媒体之间转换所需要的一种媒体，一般分为输入显示媒体和输出显示媒体两种，输入显示媒体有键盘、鼠标、扫描仪等，输出显示媒体有显示器、打印机、音箱、投影仪等。

4）存储媒体。存储媒体就是用于存储表示媒体的一类介质，又称为存储介质，例如磁盘、磁带、光盘等。

5）传输媒体。传输媒体又称为传输介质，是一类用于媒体传输的中间载体。

（二）多媒体技术

多媒体技术是一种以计算机为基础，对信息进行处理、交互、获取、编辑、存储、传输和再现等的综合技术。多媒体技术主要有以下几个特征：

1）多样性。媒体信息的多样性决定了多媒体技术的多样性，其多样性特点使得多媒体技术的表现形式和内容更为丰富。

2）交互性。多媒体技术实现多种信息媒体与用户之间的交互，使得用户对信息的了解和感知度大大增加。

3）集成性。多媒体技术实现了多媒体信息的集成，从而使多媒体信息展示能够图、文、声并茂，使得信息展示更为生动和具有活性。

4）实时性。多媒体技术展示给用户的是栩栩如生的图、文、声同步信息，尽量避免时差和延时、滞后问题。

二、多媒体计算机系统

可以对多媒体进行交互、获取、编辑、存储、传输、再现的计算机系统称为多媒体计算机系统。多媒体计算机系统在信息表示、信息传输、信息存储过程中，主要依靠软件系统和硬件来完成这些功能。

多媒体计算机系统的构成如图10-1所示，主要包括硬件系统和软件系统两大部分，硬件系统好比多媒体计算机系统的躯体，软件系统好比其灵魂，二者缺一不可。

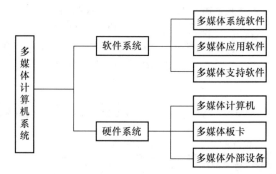

图10-1 多媒体计算机系统的构成

（一）硬件系统

硬件系统由多媒体计算机（MPC）、多媒体板卡、多媒体外部设备几大主要部件构成。

1. 多媒体计算机

多媒体计算机可以是图形工作站，也可以由PC扩充多媒体套件升级而成。多媒体计算机要具备处理图形、图像、声音、视频等的功能，所以多媒体计算机必须有具备高速运算处理能力的CPU，以及较大的内存，还要有具备较高分辨率的显卡和具备较强功能的声卡、视频卡等硬件设施。

2. 多媒体板卡

多媒体板卡主要包含声卡、显卡、视频卡等。

3. 多媒体外部设备

多媒体外部设备主要包含显示器、扫描仪、触摸屏等。

（二）软件系统

软件系统主要包含多媒体系统软件、多媒体应用软件、多媒体支持软件等主要内容。

1. 多媒体系统软件

多媒体系统软件主要是指多媒体驱动程序和多媒体操作系统两大类软件。

2. 多媒体应用软件

多媒体应用软件又称为多媒体产品或者多媒体应用系统，它是由各应用领域的专业人员使用多媒体编程语言或者多媒体创作工具开发设计实现的直接面向用户的最终多媒体产品，例如各种多媒体教学软件、电子影像、电子图书等直接面向用户的软件都属于多媒体应用软件。

3. 多媒体支持软件

多媒体支持软件是指多媒体开发或创作工具，它是多媒体开发人员用于编辑、获取、处理、编制多媒体信息的一系列工具软件，统称为多媒体支持软件。多媒体支持软件大体可以分为多媒体素材制作工具、多媒体创作工具、多媒体编程语言工具 3 类。

1）常见的多媒体素材制作工具有文字特效制作软件 Word（艺术字）、COOL 3D，音频处理软件 Audition、Cakewalk SONAR，图形图像处理软件 Photoshop、Fireworks，动画制作软件 Flash、3ds Max。

2）常见的多媒体创作工具有 PowerPoint、Authorware 和 Dreamweaver 等。

3）常见的多媒体编程语言工具有 Visual Basic、Visual C++ 和 Java 等。

三、多媒体信息处理

多媒体信息包含文本、图形、图像、动画、声音、视频信息，以及其他一系列模拟、数字信号等。多媒体计算机必须具备处理多媒体信息的综合能力。我们这里只简单讲述音频信息处理、图形图像信息处理和视频信息处理 3 个内容。

在学习多媒体信息处理之前，我们需要先对多媒体信息压缩技术、解压缩技术、存储技术做简单介绍。

（1）多媒体信息压缩和解压缩技术

1）无损压缩。无损压缩是利用数据的统计冗余进行压缩，可完全恢复原始数据而不引起任何失真，所以压缩比受到数据统计冗余度的理论限制，一般为 2～5。

2）有损压缩。有损压缩利用了人类对图像或声波中的某些频率成分不敏感的特性，允许压缩过程中损失一定的信息，虽然不能完全恢复原始数据，但是所损失的部分对理解原始图像的影响较小，因此其压缩比较大，可达几十到几百。

（2）多媒体信息存储技术　多媒体信息存储技术目前一般采用磁盘存储、硬盘存储、光盘存储等。光盘存储有 CD、VCD、DVD 几种。VCD 的存储容量一般在 600～800MB，采用 MPEG-1 压缩技术。DVD 的存储容量一般在 4.7～17GB，采用 MPEG-2 压缩技术。

（一）音频信息处理

1. 声音的本质

声音是一种由物体振动产生的，以声波的形式传输的模拟信号，其振幅、频率和周期随时间而发生相应变化。声音必须通过介质（空气、固体或液体）才能被传播。我们常说的声音是一种能被人或动物听觉器官所感知的波动现象，频率在 20Hz～20kHz 之间的声波才能被人耳识别。

2. 音频文件的数字化处理

多媒体计算机不能直接处理模拟信号，所以在对音频信息文件进行处理前，必须先将模拟信号转换为数字信号。模拟信号转换为数字信号需要经过采样、量化、编码 3 个步骤。

1）采样是在模拟信号的声波上每隔一定的时间抽取一个幅度值，从而形成一系列连续的离散信号的过程。

2）量化是把采样后的离散信号转化为多媒体计算机能够识别的数据，一般是一系列二进制代码。

3）编码是将量化后的数据以一定的格式编辑出来，形成一系列便于多媒体计算机处理的信息码的过程。

3. 数字音频文件格式的分类

在多媒体计算机上流行的数字音频文件很多，常见的格式有波形文件、MIDI 文件、MPEG 文件、流式波形文件几类。

常见的波形文件有 WAV、VOC、AU 等格式文件。常见的 MIDI 文件有 MID、CMF、WRK 等格式文件。常见的 MPEG 文件有 MP2、MP3 等格式文件。常见的流式波形文件有 WMA、RA 等格式文件。

4. 数字音频文件处理

数字音频文件处理是指对数字音频文件进行录制、降噪、合成、剪辑、编辑、滤波、压缩和存储等相关操作。

（二）图形图像信息处理

1. 图形图像的基本概念

计算机领域的图形和图像是两个不同的概念。

一般由计算机绘制的画面称为图形，是以矢量图的形式存在的，例如用直线、圆、矩形、曲线等绘制而成，或者由这些元素构成的画面。

由输入设备从外部获取后输入计算机的画面称为图像，一般是以位图的形式存在的，例如由扫描仪、数码相机、摄像机等相关外部设备捕捉到的真实画面。

位图是由许多像素点组成的，每个像素点都有一个确切的颜色。其优点是能够制作出形象逼真、色彩丰富的图像，很容易在不同软件之间进行图像交换；缺点是无法制作真正的 3D 图像，拉升、压缩、旋转时会失真，占用存储空间相对较大。其清晰度与分辨率有关。

矢量图是以数学方法描述记录图像内容，例如用直线、圆、矩形、曲线等绘制而成的图形。其优点是占用存储空间相对较小，进行缩放、旋转都不会失真。其缺点是不能精确地描述自然逼真的图像，形式单一，也不容易在不同软件之间进行图像交换。其清晰度与分辨率无关。

2. 图形图像文件的数字化处理

图形是计算机绘制而成的矢量图，所以对图形的数字化过程简单，只需要进行指令性处理即可，不必逐点进行数字化。

图像则是由外部设备输入的内容丰富的模拟对象，所以对图像的处理过程相对复杂。其处理方式和声音数字化处理类似，需要经过采样、量化、编码 3 个步骤才能完成图像的数字化。

3. 图形图像文件格式的分类

常见的图形图像文件格式有 BMP、DIB、GIF、TIF、JPEG、PNG 等。

BMP 和 DIB 为位图文件格式，是 Windows 操作系统环境下都支持的文件格式，形象较为逼真，但是占用空间较大。

GIF 文件数据量小，广泛使用于网页设计制作中，具备可设计制作透明背景等优点。

JPEG 文件压缩比高，压缩质量较高，占用空间较小，被广泛使用。

PNG 文件具备流式读写性能，所以广泛使用于网页设计文件中。

4. 数字图形图像文件处理

数字图形图像文件处理技术内容广泛，对图形图像信息的捕捉、编码、编辑、分析、绘制和特效等技术都属于数字图形图像文件处理技术的内容。常见的图形图像处理软件有 Fireworks、Photoshop、CorelDRAW 和 Freehand 等。

（三）视频信息处理

1. 视频的基本概念

视频有模拟视频和数字视频两大类。视频是包含了文字、图像、声音的视像信息的综合体。视频采集、处理、传播、存储技术的不断提高，是多媒体技术追求的目标。

2. 视频文件的数字化处理

多媒体技术对视频文件的处理，和对声音、图形、图像文件的处理一样，首先必须对视频文件进行数字化。

同样需要经历采样、量化、编码 3 个关键步骤，才能完成对视频文件的数字化。

3. 视频文件格式的分类

视频文件一般分为影像文件和动画文件两大类。影像文件是由影像设备录入的文件，是同步录入了音频、视频、图像的综合体文件，例如 AVI、MPEG、ASP 等格式的都是影像文件。

动画文件是由动画制作软件设计制作而成的文件，例如使用 Flash、3ds Max 等动画制作软件设计制作而成的视频文件就属于动画文件。

4. 数字视频文件处理

数字视频文件处理技术包括对视频信息的采集、剪辑、编辑、整理、特效等技术。常见的视频处理软件有 Premiere、Video for Windows、Digital Video Repair 等。

📖 任务实现

声音信息处理、图形图像信息处理和视频信息处理都必须要经过数字化处理，所以这 3 种多媒体信息处理的共性就是采样、量化、编码。

✏️ 任务总结

通过对本节多媒体技术的学习，掌握了多媒体信息的分类、概念以及对多媒体信息的处理方式等基本知识。

任务 10.2　掌握 Photoshop 学习的核心要素

📖 任务描述

通过对 Photoshop 的学习，结合本任务的学习内容查阅资料，你认为学习 Photoshop 需要把握的核心学习要点有哪些。

✏️ 任务分析

按照任务要求，需要对 Photoshop 认真学习并查阅相关资料，总结出 Photoshop 学习过程中宏观上需要掌握的要点，才能完整回答该任务提出的问题。

📋 任务知识模块

Photoshop 是一款广泛应用于数字艺术设计、出版印刷、数码摄影、数字网络、广告设计、影视后期制作等诸多领域的专业数字图像处理软件。它是 Adobe 公司开发的图像处理系列软件之一，因其专业性强和功能强大，推出之后就深受广大用户喜爱，成为一种主要的专业化数字图像处理软件。

一、认识 Photoshop Cs5

Photoshop 由 Adobe 公司推出之后，随着产品的不断升级和优化，功能越来越强大，市场占有率也逐步攀升。这里将以 Photoshop CS5 为例对 Photoshop 进行讲述。Photoshop CS5 有扩展版和标准版两个版本，标准版适合一般用户和设计专业人员、摄影师使用，扩展版在标准版的基础上增加了用于创建和编辑 3D 动画的一些扩展功能。

（一）关键术语和概念

1. 位图与矢量图

位图和矢量图的概念是认识和理解图像制作最基本和核心的概念，本概念前文已经述及，请参阅任务 10.1。

2. 分辨率

分辨率就是单位长度上显示的像素或点的个数，其基本单位为像素 /in。单位长度内像素越多，则分辨率也就越高，图像也就越清晰。

3. 颜色模式

Photoshop 中的颜色模式决定显示或者打印的 Photoshop 文件的色彩模型。常见的颜色模式有位图模式、灰度模式、双色调模式、索引颜色模式、RGB 颜色模式、CMYK 颜色模式、Lab 颜色模式和多通道模式等。

（二）常用的文件存储格式

Photoshop 支持 20 多种图像文件格式，能对这些格式的文件进行读取、编辑、保存、转换等相关操作。Photoshop 支持的文件格式包含 PSD、BMP、TIFF、JPEG、EPS、GIF、PCX、Film、PICT、PNG、PDF、TGA 等。

（三）Photoshop CS5 的工作界面

双击桌面上的 Photoshop CS5 应用软件图标或者单击"开始"/"所有程序"/"Adobe Photoshop CS"，便可打开 Photoshop CS5 应用软件。Photoshop CS5 的工作界面如图 10-2 所示。

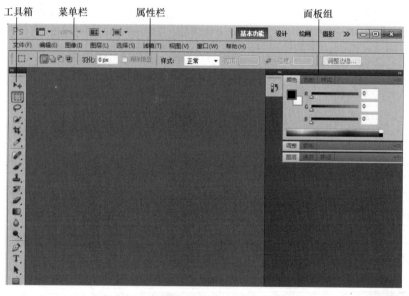

图 10-2　Photoshop CS5 的工作界面

1）菜单栏包含了 Photoshop 中的文件、编辑、图像、图层、选择、滤镜、视图、窗口和帮助等基本菜单，可以通过单击菜单开启相应工具。有的工具嵌套在菜单的二级目录，可以通过单击其右边对应箭头找到并打开。

2）工具箱包含了 Photoshop 中最常用和最基本的工具，如图 10-3 所示。移动鼠标到对应工具位置将显示工具名称，单击可以选中。

3）面板组包含了 Photoshop 中多种可以折叠、开启和隐藏的工具面板，默认情况下开启的只有常见的导航、颜色、历史记录、图层几个常规项，如图 10-3 所示。若要开启或者隐藏某些面板，可以从菜单栏的"窗口"菜单中勾

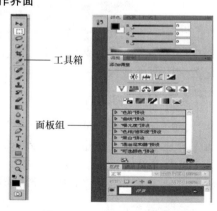

图 10-3　工具箱与面板组

选或取消勾选相关项即可。

二、Photoshop CS5 的基本操作

(一) 基本工具的使用

Photoshop 中工具的名目和类别繁多，这里只就最基本的工具做简单介绍。

> **提示：**在工具箱中，有些工具图标右下角有个很小的指示箭头，表示该工具组有隐藏工具，可以通过右击小箭头打开。

在使用基本工具时，首先要关注对当前工具的属性设置，属性栏如图 10-4 所示。在绘图时要关注当前绘制图形所处的层，图层窗口如图 10-5 所示。

图 10-4　属性栏

属性栏显示的是当前工具或者对象的基本属性，还提供了工具或者对象的各种扩展属性，使得 Photoshop 的功能大大增强。初学者一定要学会使用属性栏设置工具对象的扩展功能。不同的对象其属性栏不同。图 10-4 中展示的就是选中多边形工具、画笔工具的属性对话框。

图层是 Photoshop 用户最先接触到的知识点，也是最重要的知识点，初学者必须要熟练掌握图层的新建、重命名、复制、删除、锁定、解锁、移动、显示、隐藏等最基本的操作。图 10-5 中较为详细地展示了图层的基本操作。

对于初学者，首先必须清晰认识自己当前操作的图层，建议在使用图层过程中，把不用的图层锁定或者隐藏，在需要的时候再解锁或者开启，以免混淆。

1. 选择工具

选择工具包括选取框工具组、套索工具和魔术棒工具。

例 10.1　使用选择工具，把项目 10 素材库中 "狐狸" 和 "火焰" 两张图像中的火焰和狐狸分别单独抠取下来，合并到 "森林" 图像中去，使之成为一张图片。

操作步骤如下：

第 1 步：单击 "文件" / "打开"，选中素材库中的 "森林" 图像并打开。

第 2 步：单击 "文件" / "打开"，选中素材库中的 "火焰" 图像并打开。

第 3 步：用色彩范围命令抠取 "火焰" 图像中的火焰。在打开的 "火焰" 图像中，执行 "选择" / "色彩范围"，在弹出的 "色彩范围" 对话框中，适当调整 "颜色容差" 滑块，并用 "吸管工具" 单击图像中的火焰周围区域（若火焰周围的白色显示不够清晰，可以使用 "吸管工具"

右侧的带"+""−"符号的加深或减淡工具进行调整),完成后单击"确定",如图 10-6 所示。

第 4 步:单击"编辑"/"清除",把火焰外的色彩清除掉。

第 5 步:单击"选择"/"反向",把火焰抠取下来,如图 10-7 所示。

图 10-5 图层窗口

图 10-6 "色彩范围"对话框   图 10-7 抠取火焰

第 6 步:用选择工具把火焰拖到"森林"图像中。

第 7 步:选中火焰所在图层,单击"编辑"/"变换"/"缩放",把火焰的大小稍作调整,如图 10-8 所示。

第 8 步:用同样的思路把"狐狸"图像打开,并把图像中的狐狸抠取下来(抠取狐狸的时候需要用"套索工具"或者"磁性套索工具")。

第 9 步:适当调整狐狸的大小和位置,并对狐狸执行"编辑"/"变换"/"水平翻转",如图 10-9 所示。

第 10 步:单击"文件"/"存储为",把图像保存即可。

> 提示:若操作过程提示图层锁定,则需要用前面讲述的方法将图层解锁(在背景图层双击即可打开解锁对话框进行解锁)。

2. 绘画、绘图和文字工具

绘画工具包括画笔工具组、修复画笔工具组、历史记录画笔工具组、渐变工具组和橡皮擦工具组。

图 10-8　调整火焰的大小

图 10-9　火焰和狐狸合并到一起

> 提示：使用画笔工具时，首先要根据需要对画笔属性进行设置，其次根据画图需要打开画笔面板对画笔进行更为复杂的设置。执行"窗口"/"画笔"操作可以开启或者关闭画笔面板。

> 提示：橡皮擦工具若在背景层上涂擦，擦除部分显示背景层颜色；若在普通层上涂擦，擦除部分显示透明。

绘图和文字工具包括直接选择工具组、横排文字工具组、钢笔工具组和矩形工具组。

例 10.2　使用画笔工具，将项目 10 素材库中的"桃花"图像用例 10.1 的方法抠取下来，并设置为画笔，再应用不同的前景色，在新建图层中使用。

操作步骤如下：

第 1 步：单击"文件"/"打开"，选中素材库中的"桃花"图像并打开。

第 2 步：单击"选择"/"色彩范围"，用打开的对话框中的"吸管工具"单击桃花周围的黑色，使桃花呈现出来，如图 10-10 所示。单击"确定"。

图 10-10　选取桃花

第 3 步：单击"编辑"/"清除"，把桃花外的色彩清除掉。

第 4 步：单击"选择"/"反向"，选中桃花。

第 5 步：单击"编辑"/"定义画笔预设"，在名称框中输入名称"桃花"，单击"确定"（注意记住画笔编号），如图 10-11 所示。

第 6 步：选择"画笔"工具，打开画笔浮动面板，单击"画笔"选项卡，选择其中的"桃花"（光标移动到桃花对应的小方框处，"桃花"字样会自动跳出来），再适当调整"大小"的像素和"间距"的百分比即可。

第 7 步：新建画布，选择画笔工具，从刚才预设好的画笔中选择"桃花"画笔，适当调整像素直径、间距以及颜色选项（在颜色动态、形状动态右侧各项中设置，并设置前景色、背景色颜色），用光标在图层中单击，就可以绘制出不同颜色和大小的桃花，如图 10-12 所示。

 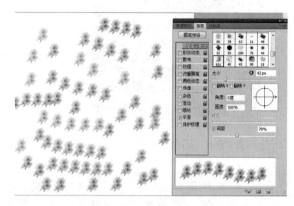

图 10-11　画笔预设　　　　　　　　图 10-12　使用预设画笔

3. 图像编辑工具

图像编辑工具包括移动工具、裁剪工具和标尺网格参考线工具。

> 提示：使用移动工具可以将某一对象移动到其他文件中，若需要对某一块区域进行移动，就必须在移动前设置选区，然后才可以使用移动工具进行移动。

> 提示：使用剪裁工具可以将图像中没有用的部分删除。执行"视图"/"标尺"可以开启或者关闭标尺。执行"视图"/"显示"/"网格"可以显示或者隐藏网格线。

4. 修饰工具

修饰工具包括模糊工具组和减淡工具组。

模糊工具可以柔化、模糊图像；涂抹工具可以柔和附近的图像；锐化工具可以将相似区域的清晰度提高。

减淡工具可以提高图像局部亮度；加深工具可以暗化图像局部亮度；海绵工具可以调整色彩饱和度。

5. 照片修复工具

照片修复工具包括仿制图章工具、修复画笔工具、污点修复画笔工具和修补工具。

6. 旋转和变换图像工具

在编辑图像过程中，执行"编辑"/"变换路径"，然后选择对应的下级菜单项，即可对选中对象进行相应的旋转和变换。

（二）图层的应用

1. 图层面板的应用

单击"窗口"/"图层"将开启或者关闭图层面板，如图 10-13 所示。

单击"图层"即可弹出菜单，可以通过右侧的箭头打开图层的二级菜单，如图 10-14 所示。

2. 图层混合模式

执行"图层"/"图层样式"/"混合选项"，或者双击图层面板中的图层，可以打开"图层样式"对话框，如图 10-15 所示，单击"混合模式"右侧的下拉箭头，可以选择需要的混合模式。

3. 图层调整

执行"图层"/"新调整图层"，对应打开子菜单，可以对图层进行相应的调整操作。

4. 图层样式混合选项

执行"图层"/"图层样式"/"混合选项"，或者双击图层面板中的图层，可以打开"图层样式"对话框，可以逐项设置图层样式，如图 10-15 所示。

例 10.3　使用图层混合模式工具，把项目 10 素材库中"窗外"图像中的窗口外景换为"森林"图像中的景色。

图 10-13　图层面板的开启/关闭

图 10-14　"图层"菜单

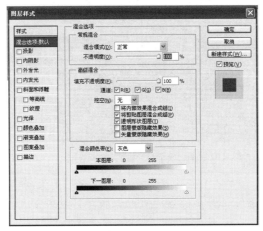

图 10-15　"图层样式"对话框

操作步骤如下：

第 1 步：执行"文件"/"打开"，选中素材库中的"窗外"图像并打开。

第 2 步：选用"套索"工具，单击属性栏中的"添加到选区按钮"（在套索属性对话框），在窗格的内外轮廓创建选区，使整个风景都在选区内（按住 <Shift> 键进行多重区域选取），如图 10-16 所示。

图 10-16　选区

第3步：执行"编辑"/"拷贝"，新建图层并选中，执行"编辑"/"粘贴"，将前一步选区内的图像复制到新图层中，隐藏原图层后的效果如图10-17所示。

第4步：执行"文件"/"打开"，选中素材库中的"森林"图像并打开。

第5步：选中打开的"森林"图像，双击将"森林"图像解锁。

第6步：使用选择工具，按住鼠标左键把"森林"图像拖到当前文件中（自己单独成一层），选中"森林"图像，执行"编辑"/"变化"/"缩放"，适当调整"森林"图像的大小，如图10-18所示。

图10-17 复制选区

图10-18 添加森林图层

第7步：打开所有层，选中最上面一层（含有"森林"图像的图层），执行"图层"/"创建剪贴蒙版"，将"森林"图像所在图层设置为剪贴蒙版层，效果如图10-19所示。

图10-19 添加剪贴蒙版

第8步：执行"文件"/"存储为"，将文件按需要的格式存储在相应位置。

(三)通道与蒙版的使用

通道和蒙版是 Photoshop 中非常重要的基本功能。通道不但能保存图像的颜色信息,而且还是补充选区的重要方式。使用蒙版可以在不同图像中制作出特效和进行高品质的图像合成。

1. 通道

在 Photoshop 中,通道的主要作用是保存图像的颜色和信息,通道一般分为 3 种类型。

1)原色通道用来保存图像的颜色数据。一幅 RGB 颜色模式的图像中,RGB 通道称为主通道,它是由红、绿、蓝 3 个通道颜色合成的,其颜色数据也分别保存在这 3 个通道中,只要删除或者隐藏其中任何一个通道的数据,则整个 RGB 颜色效果立马显现,如图 10-20 所示。

2)Alpha 通道是额外建立的通道,除了用来保存颜色数据外,还可以将图像上的选区作为蒙版保存在 Alpha 通道中。

3)专色通道是一种具有特殊用途的通道,可以保存专业信息。它具有 Alpha 通道的特点,也具有保存选区等作用。每个专色通道只可以存储一种专色信息,而且是以灰度形式存储的。

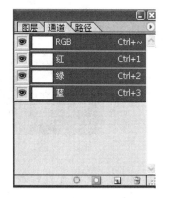

图 10-20　颜色通道

执行"窗口"/"通道"或者单击图层面板中的"通道"选项卡,可以开启或隐藏通道面板。

在 Photoshop 中,可以将彩色图像中的通道拆分到不同文件中,拆分出来的文档以灰度图像格式显示在屏幕上。合并通道与拆分通道相反,可以将多个灰度图像合并成为一个完整的图像文件。

2. 蒙版和快速蒙版

在 Photoshop 中,使用蒙版覆盖在图像上,可以保护被遮挡区域的图像。蒙版与选区范围功能相同,两者可以相互转换。快速蒙版的功能是将选取范围快速转换为蒙版。

在 Photoshop 中,可以使用图层剪贴路径蒙版来显示或者隐藏图层区域,创建锐化边缘的蒙版。

(四)色彩调整

在 Photoshop 中,熟练掌握色彩调整,对我们制作出高质量的图像很有帮助。色彩调整包括对图像的色阶和色调的调整。

1. 直方图

在 Photoshop 中,执行"窗口"/"直方图",可以显示或者隐藏直方图面板,通过面板中通道右侧的下拉列表框,可以选择不同的通道颜色选项。

2. 常用的色彩调整命令

Photoshop 提供了丰富的色彩调整命令,主要包括色阶、曲线、色彩平衡、亮度/对比度、色相/饱和度、反相、色调均化、曝光度等命令。执行"图像"/"调整",在显示出的二级菜单中选择对应色彩调整项即可打开。

例 10.4　打开素材库中的"森林 1"图像,对图像进行色彩平衡调整和通道选择,展示不同的效果。

操作步骤如下:

第 1 步:执行"文件"/"打开",把素材库中的"森林 1"图像文件打开。

第 2 步:右击图层下方的"创建新的填充或调整图层",在弹出的对话框中选择"色彩平衡"。

第 3 步:在打开的对话框中调整"色调"选项中各种颜色的比例和大小,注意观察图像颜色的变化,如图 10-21 所示。

第 4 步:打开"通道"选项卡,关闭/开启对应的颜色通道,观察颜色的变化。

(五)路径

在 Photoshop 中路径是一种矢量图绘制工具,不但可以绘制图形,还可以创建精确的选择区域。路径工具组包含路径工具、形状工具和路径选择工具。

图 10-21　调整色彩的平衡

1. 路径的概念及组成元素

路径是通过绘制形成的点、直线或曲线,可以对线条进行描边或填充,从而得到对象的轮廓。其特点是能够比较精确地修改或调整选区的形状,路径和选区可以相互转化。

路径最基本的组成元素包括路径中的节点和节点间的路径段,两者构成最基本的路径。路径是由多个节点和多条路径段连接组合而成的。

2. 路径工具的使用

在 Photoshop 菜单栏中,执行"窗口"/"路径",可以显示或者隐藏路径面板。在路径面板底部区域可以选择填充路径或者描边路径。

3. 路径和选区的转化

使用路径面板可以将一个闭合路径转化为选区,单击路径面板底部的"将路径作为选区载入",即可实现路径转化为选区。若需要将一个选区范围转化为路径,则单击路径面板底部的"从选区生成工作路径",即可实现选区转化为路径。

4. 填充或描边路径

填充路径命令可以使用指定的颜色、图像的状态、图案或填充图层填充包含像素的路径。在路径面板中单击底部区域的"用前景色填充路径",即可开启填充路径对话框,进行路径填充。

路径可以使用画笔进行描边,并可以任意选择描边的绘图工具。首先选中需要描边的路径,在路径面板中单击底部区域的"用画笔描边路径",即可开启描边路径对话框,进行路径描边。

📖 任务实现

通过对 Photoshop 的学习,我们发现学习 Photoshop 需要把握 3 个核心要素:第 1 个要素是必须熟练地掌握和理解图层;第 2 个要素是要非常熟练地掌握工具属性和图层属性;第三个要素是要大致掌握 Photoshop 工具箱中各类应用工具的使用方法。

📝 任务总结

虽然本任务的内容不是很全面,但是通过对本任务的学习,我们掌握了学习 Photoshop 的核心要素和方法,为后续进一步学习图形图像处理软件奠定了坚实的基础。

任务 10.3　掌握 Flash 学习的核心要素

📖 任务描述

请通过对 Flash 的学习,总结出 Flash 学习需要把握的核心要素是哪些。

任务分析

按照任务要求,需对 Flash 认真学习后,根据心得体会,总结出 Flash 学习过程中需要宏观上掌握的知识,才能完整回答该问题。

任务知识模块

一、Flash 动画制作基础

Flash 是由 Macromedia 公司推出的交互式矢量图和 Web 动画制作工具软件。Macromedia 公司推出的 Flash 与 Dreamweaver、Fireworks 并称网页三剑客,后被 Adobe 公司收购。网页设计者使用 Flash 可以创作出既漂亮又可改变尺寸的导航界面以及其他许多动画效果。我们这里将向大家介绍 Adobe 公司推出的 Adobe Flash CS5。

(一)认识 Flash CS5

1. Flash CS5 的工作界面

执行"开始"/"程序"/"Adobe Flash Professional CS5"启动 Adobe Flash CS5,单击新建栏目下面的"ActionScript 3.0"选项,打开 Flash 工作界面,如图 10-22 所示。

图 10-22　Flash 工作界面

工作界面主要包含菜单栏、工具箱、属性对话框、时间轴、场景(舞台)和浮动面板窗口。

菜单栏包含了整个 Flash 应用软件的所有内容。

工具栏提供常用的文档基本使用工具。通过菜单栏的"窗口"/"工具栏"可以打开或者关闭工具栏。工具栏包含主工具栏、控制器、编辑栏 3 项内容。

工具箱提供各类矢量图的绘制、选择、编辑工具,系统默认为打开状态,通过菜单栏的"窗口"/"工具"可以打开或者关闭该项。

属性对话框提供了当前选中对象的详细属性以及扩展功能,具备编辑、使用、修改、设置等对对应选中项的诸多功能。

时间轴窗口是制作动画的主要场所,左边是图层窗格,右边是帧窗格。执行"窗口"/"时间轴"可以打开或关闭时间轴窗口。时间轴窗口如图 10-23 所示。

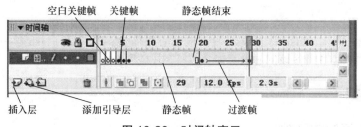

图 10-23　时间轴窗口

为了将复杂的动画分层制作和便于管理，在不同图层的内容是相对独立的。图层窗格中显示了图层的名称、类型、状态。在图层窗格中可以执行插入新图层、更改图层名称、删除图层、隐藏图层、锁定图层、添加引导图层等操作。

帧窗格是制作和编辑动画的重要场所，它由时间标尺、时间轴线、帧格（小方格）、播放指针、信息提示及一些工具按钮组成。

场景又叫舞台，或者叫作工作区域，是整个动画制作的主界面区域。

浮动面板窗口一般显示从窗口菜单栏下面打开的库、颜色样本、混色器、信息、变形等非常规设计工具。

2. Flash CS5 的关键术语

（1）帧　帧是时间轴上最重要的部分，每个小方框就称作一帧，是 Flash 动画制作的最基本单位。下面我们通过图 10-23 所示的时间轴来介绍 Flash 中包含的几种帧。

关键帧以实心圆点表示，既是一段动画中必不可少的帧，也是处于关键动作位置的帧。关键帧之间可以由软件自动生成对应的过渡帧，从而形成动画或者静止的画面。

前后两个关键帧之间出现的帧叫作过渡帧。在 Flash 动画设计过程中，系统会根据前后两个关键帧的内容，自动生成过渡帧的内容，从而形成相应的动画。

静态帧就是一幅静态的画面，类似电影胶片中的一幅画面。

空白关键帧以空心圆点表示，空白关键帧依然是必不可少的帧，且处于关键位置，但是内容为空。

普通帧显示为一个个单元格，无内容的帧是空白单元格，有内容的帧显示出一定的颜色，不同的颜色代表不同的动画。

帧标签用于标识时间轴中的关键帧，用红色小旗加上标签名表示，其类型可以在帧标签对应属性对话框中修改。

帧注释用于为处理该文件的其他人员提供提示，用绿色双斜线加注释文字表示，其类型可以在帧标签对应属性对话框中修改。

播放头指示当前显示在舞台中的帧，用红色矩形表示。将播放头沿时间轴移动，可以轻易定义当前帧。

（2）图层　使用图层是为了制作复杂动画。在 Flash 中每个图层都有各自独立的时间轴，在各自图层上制作动画互不影响。图层按一定次序叠加在一起，就会产生综合动画效果。

（3）场景　场景是指当前动画编辑窗口中，编辑动画内容的整个区域，包含舞台和工作区。一个 Flash 作品可以由一个或多个场景组成，每个场景中有一段独立的动画内容，其时间轴窗口也是自己独立的。一般来说，简单的动画只需要一个场景就可以完成，而复杂的动画就需要多个场景来实现。执行"窗口"/"设计面板"/"场景"，可以打开"场景面板"对场景进行管理。

（4）元件、实例和库　元件是指在 Flash 中创建的图形、按钮、影片剪辑，是可重复使用的动画元素。Flash 创建的元件会自动存放在库中，把元件从库中拖放到场景中使用，就生成了该元件的实例。

元件与实例的关系如下：一个元件可以被重复使用来生成对应的实例，元件改变，生成的对应实例随之变化，而实例变化不影响元件。元件的应用提高了动画制作的效率，减少了动画文件的大小，在动画制作中被广泛使用。

（5）对象　动画元素称为对象，对象可以是形状对象或者组对象。

形状对象：使用绘图工具绘制的对象。形状对象在使用时可以部分或者全部选中，并对选中部分进行编辑修改。执行"修改"/"组合"，可以将形状对象转换为组对象。

组对象：文本、元件以及形状对象组合后的对象称为组对象。组对象是一个整体，只能整体操作。可以执行"修改"/"分离"，将组对象打散为形状对象。

（6）遮罩　遮罩是一个特殊的图层，它类似于一个带有天窗的挡板，被遮罩图层的内容要透过这个挡板的天窗才可以看到。

（二）基本操作及基本的动画制作

1．基本操作

（1）文档的新建　单击"文件"/"新建"，选择"类型"对话框中的 Flash 文档，即可新建文件。

（2）文档的保存　单击"文件"/"另存为"，给出保存文件的路径，输入名称即可保存；或者单击"保存"，直接以默认或者原文件名称存储文件到默认位置。

（3）舞台（场景）的设置　选中舞台，在其属性对话框中进行设置；或者单击"修改"/"文档"，打开文档属性对话框进行设置。

2．基本工具的使用

1）工具箱是用于绘制和编辑图形的主要部分，其提供了选择工具、部分选择工具、任意变形工具、填充变形工具、线条工具、套索工具、钢笔工具、文本工具、椭圆工具、矩形工具、铅笔工具、刷子工具、墨水瓶工具、颜料桶工具、滴管工具、橡皮擦工具等。

工具箱提供丰富的工具，在使用过程中需要配合"颜色"和"选项"选项卡，并结合"属性"特征窗口一起使用，才能更好地使用工具箱提供的工具。

选取类工具：在 Flash 中，要使用选取类工具才能对对象进行选择。选取类工具包含选择工具、部分选取工具、套索工具，可以根据需要使用选取类工具。

绘图类工具：用于图形绘制，包含线条工具、钢笔工具、椭圆工具。

变形工具：用于对对象进行拉升、压缩、变形操作，包含任意变形工具、填充变形工具。

颜料桶工具：包含墨水瓶工具、颜料桶工具。

文本工具：用于输入文本。

刷子工具：用于绘制各类曲线或填充区域颜色。

滴管工具：用于将舞台对象的属性赋予当前绘图工具。

橡皮擦工具：用于擦除对象。

手形工具：用于对对象进行移动和拖放。

缩放工具：用于对舞台显示区域进行缩小或者放大。

2）查看包含手形工具和缩放工具两个子选项。

3）颜色包括笔触颜色、填充颜色，属于基本工具使用过程中的子项，操作时要配合各个基本工具使用。

4）选项包含对象绘制、贴紧至对象两个子项。

5）属性窗口是非常重要的工具子项，在所有基本工具使用过程中，其属性子项都将显示对应详细属性项。

3．基本的动画制作

Flash 中有逐帧动画、形状补间动画、动作补间动画、引导路径动画、遮罩动画等 5 类基本的动画制作。

（1）逐帧动画　在时间帧上逐帧绘制帧内容称为逐帧动画。由于是一帧一帧地画，所以逐帧动画具有非常大的灵活性，几乎可以表现任何想表现的内容。

用导入的静态图像可以建立逐帧动画：将 JPG、PNG 等格式的静态图像连续导入到 Flash 中，可以建立一段逐帧动画。

绘制矢量图可以建立逐帧动画：用鼠标或压感笔在场景中一帧帧地画出每帧的内容，可以创建逐帧动画。

使用文字创建逐帧动画：用文字作为帧中的内容，实现文字跳跃、旋转等特效，可以创建逐帧动画。

使用指令创建逐帧动画：在时间帧面板上，逐帧写入动作脚本语句来完成元件的变化，可以创建逐帧动画。

通过导入序列图像创建逐帧动画：导入 GIF 序列图像、SWF 动画文件或者利用第三方软件（如 Swish、Swift 3D 等）产生动画序列，可以创建逐帧动画。

例 10.5 用最简单的线条工具，绘制一个有立体感的立方体，并用逐帧动画的方法，制作成一个旋转的立方体。（通过本例用心领会帧和关键帧的概念。）

操作步骤如下：

第 1 步：新建文档，选择线条工具，执行"窗口"/"属性"，把线条的属性面板打开，适当修改线条的颜色和其他属性，如图 10-24 所示。

第 2 步：选中图层 1 的第 1 帧，把光标移到舞台，绘制一个适当大小的立方体。

第 3 步：选择颜料桶工具，执行"窗口"/"属性"，把颜料桶的属性面板打开，如图 10-24 所示，分别选择不同的填充颜色，然后再单击立方体不同的面，使立方体的 3 个面展示出不同的颜色，从而显示立体感。

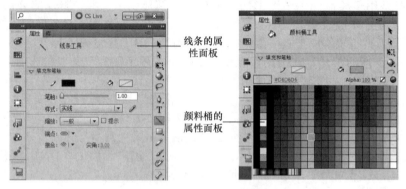

图 10-24 线条与颜料桶的属性面板

第 4 步：选中第 2 帧，右击，选择"插入关键帧"，在第 2 帧插入一个同样的立方体，如图 10-25 所示。

第 5 步：选中第 2 帧，执行"修改"/"变形"/"旋转与倾斜"，用光标将第 2 帧的立方体稍微旋转和倾斜一点，如图 10-25 所示。

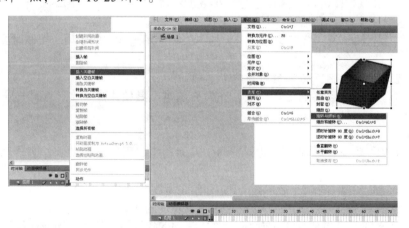

图 10-25 立方体的设置

第 6 步：依次选中第 3 帧、第 4 帧、第 5 帧……重复第 4 步、第 5 步的操作，直到立方体旋转回到第 1 帧位置为止。

第 7 步：执行"控制"/"测试场景"，就可以看到动画效果。

（2）形状补间动画　形状补间动画可以实现两个图形之间颜色、形状、大小、位置的相互变化，其变形的灵活性介于逐帧动画和动作补间动画之间。其使用的元素多为用鼠标或压感笔绘制出的形状，如果要使用图形元件、按钮、文字，则必先"打散"（执行"修改/分离"可以打散）才能创建变形动画。

例 10.6　制作一个形状补间动画，要求动画的开始帧是一个绿颜色的矩形和一个红颜色的圆组合在一起的对象，动画的结尾是一个蓝色的八边形。还要满足三个要求：第一，完成一个周期的补间（即变过去还得变回来）；第二，每段补间花费的时间为 20 帧；第三，补间动画过渡过程要停留 15 帧（即要停止 15 帧时间再进行补间）。（通过本例用心领会关键帧、空白关键帧、时间轴的概念。）

操作步骤如下：

第 1 步：新建文档，选中第 1 层的第 1 帧，选用矩形工具，将矩形的笔触颜色和填充颜色都改为绿色（可以通过"窗口"菜单打开属性面板修改，也可以直接在工具箱下面的快捷属性栏修改），绘制一个绿色的矩形。

第 2 步：用同样的办法在第 1 层的第 1 帧再绘制一个红色的圆。

第 3 步：选择时间轴的第 15 帧，右击，选择"插入关键帧"。

第 4 步：选择时间轴的第 35 帧，右击，选择"插入空白关键帧"。

第 5 步：选用多角星形工具，打开属性，将笔触颜色和填充颜色修改为蓝色，单击属性对话框中的"选项"，将边数修改为 8，单击"确定"，如图 10-26 所示。

第 6 步：选择第 35 帧，绘制一个蓝色的八边形（注意，最好不要绘制在矩形和圆的位置，两个对象要有一定的距离才能很好地展示效果）。

第 7 步：选择第 15 帧，右击，选择"创建补间形状"。若设计符合形状补间动画特征，则时间轴底色是浅绿色背景，并且有实线箭头，如图 10-27 所示。

第 8 步：选择第 50 帧，右击，选择"插入关键帧"。

第 9 步：选择第 70 帧，右击，选择"插入空白关键帧"。

第 10 步：选择第 1 帧，右击，选择"复制帧"。

第 11 步：选择第 70 帧，右击，选择"粘贴帧"，把第 1 帧的内容复制到第 70 帧处。

第 12 步：选择第 50 帧，右击，选择"创建补间形状"。

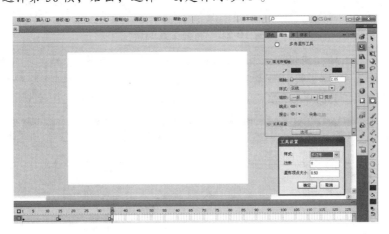

图 10-26　多角星形工具的属性面板

（3）动作补间动画　动作补间动画也是 Flash 中非常重要的动画之一，与形状补间动画不同的是，动作补间动画的对象必须是元件（演员）或成组对象。

创建思路：在一个关键帧上放置一个元件，然后在另外一个关键帧上改变这个元件的大小、颜色、透明度等，Flash 根据两者之间的帧创建的动画称为动作补间动画。

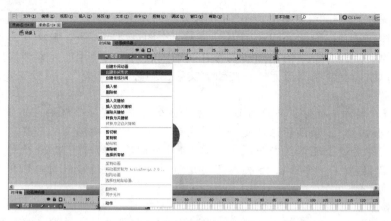

图 10-27 创建补间形状

例 10.7 制作一个从左右往复运动的小球,要求运动的起点、终点均有 15 帧的停留。(通过本例认真理解关键帧、动作补间动画的概念。)

操作步骤如下:

第 1 步:新建文档,选用椭圆工具,将椭圆工具属性中的填充颜色改为能显示立体感的颜色,如图 10-28 所示。

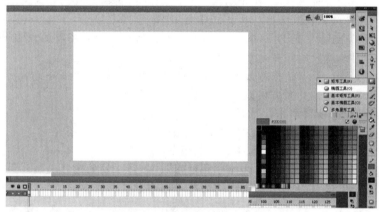

图 10-28 椭圆工具的属性

第 2 步:选择第 1 帧,用椭圆工具在左侧绘制一个圆,选择第 15 帧,插入关键帧。
第 3 步:选择第 35 帧(帧的数量可以根据自己的喜好适当选择),插入关键帧。
第 4 步:用选择工具将第 35 帧处的小球拖放到最右端,如图 10-29 所示。

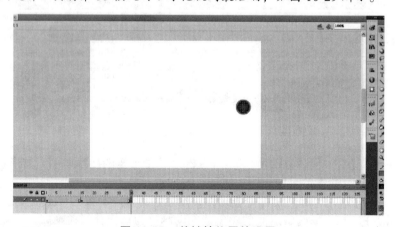

图 10-29 关键帧位置的设置

第 5 步：选择第 15 帧，右击，选择"创建传统补间"。
第 6 步：选中第 50 帧，右击，选择"插入关键帧"。
第 7 步：选择第 70 帧，插入空白关键帧。
第 8 步：把第 1 帧内容复制到第 70 帧处。
第 9 步：选择第 50 帧，右击，选择"创建传统补间"。
第 10 步：拖动帧标签或者执行"控制"/"测试场景"，可以看到动作补间动画效果。完成后的效果如图 10-30 所示。

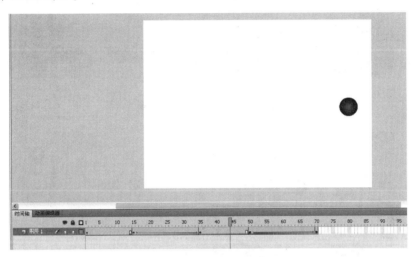

图 10-30 动作补间的效果

（4）引导路径动画 由于动作补间动画实现的都是直线运动，若需要动画实现曲线运动，就要给动作补间动画添加引导层，从而实现曲线运动，叫作引导路径动画。

先制作一个动作补间动画，然后在制作好的动作补间动画上面添加引导层，只需右击，选择"添加传统运动引导层"即可实现添加。选用工具栏的铅笔工具，在引导层上绘制运动曲线。将动作补间动画的起始对象拖到线条开始端，将动作补间动画的终止对象拖到线条结束端，从而完成动作补间动画。

例 10.8 用引导路径动画制作方法，制作一个能沿绘制曲线从左向右运动的小球。

操作步骤如下：

第 1 步：新建文档，在第 1 层的第 1 帧绘制一个小球。
第 2 步：选择第 20 帧，右击，选择"插入关键帧"。
第 3 步：选用选择工具，把第 20 帧处的小球拖到场景的最右端。
第 4 步：选择第 1 帧，右击，选择"创建传统补间"。
第 5 步：鼠标对准图层 1，右击，选择"添加传统运动引导层"，如图 10-31 所示。
第 6 步：选择引导层的第 1 帧，选用"铅笔"工具，在引导层绘制一条任意曲线，如图 10-32 所示。
第 7 步：选择第 1 层的第 1 帧，把小球拖到上一步所绘制线条的始端，如图 10-33 所示。

图 10-31 添加传统运动引导层

第 8 步：选择第 1 层的第 20 帧，把小球拖到线条的末端，如图 10-33 所示。
第 9 步：拖动帧标签或者执行"控制"/"测试场景"，可以测试引导路径动画的效果。

（5）遮罩动画 遮罩是一个图层，它类似于一个天窗，透过天窗能看到的图形将被显示，其余图形被挡住。虽然其操作和原理都很简单，但可以制作出非常丰富的动画。

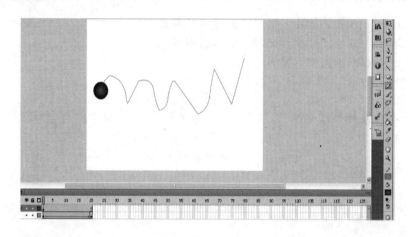

图 10-32　绘制引导曲线

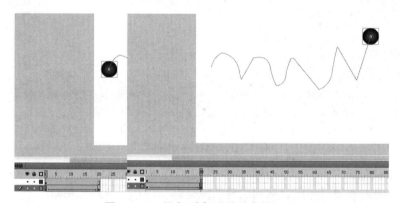

图 10-33　添加对象到引导曲线两端

新建两层图像，分别在两层图像上面制作不同的动画（要有运动交集才可以看到遮罩动画），选择上面一层，右击，选择"遮罩层"，将上层设置为遮罩层即可。

例 10.9　使用素材库中的"窗外"图像，用遮罩动画制作方法绘制一幅开启后可展示窗外景色的动画。

操作步骤如下：

第 1 步：新建文档并修改文档属性（大小为 629×494 像素）。

第 2 步：执行"文件"/"导入"/"导入到舞台"，选择素材库中的"窗外"图像并导入，并把舞台和图像调整到完全重叠。

第 3 步：新建图层 2（为了不混淆操作，此时最好锁定图层 1），选择图层 2 的第 1 帧，选用矩形工具，在图像窗口中心位置绘制一个狭窄的矩形（矩形工具颜色自由选择），如图 10-34 所示。

第 4 步：选择图层 2 的第 100 帧，插入空白关键帧，选用矩形工具，绘制一个覆盖住整个窗口的矩形（矩形工具颜色自由选择）。

第 5 步：选择第 2 层的第 1 帧和最后一帧，分别右击，选择"创建补间形状"，在第 2 层制作一个形状补间动画。

第 6 步：选择第 1 层的第 100 帧，右击，选择"插入关键帧"（注意，若图层锁定，需解锁后才可以操作）。

第 7 步：执行"控制"/"测试场景"（仔细观察，此时的动画是一幅从中间开始往两边开启的对窗外的遮挡过程）。

第 8 步：选择第 2 层，右击，选择"遮罩层"，再执行"控制"/"测试场景"（仔细观察，此时的动画是一幅从中间开始往两边开启的对窗外的开启过程）。

图 10-34　绘制遮罩层对象

二、综合动画制作

在 Flash 动画制作设计过程中，根据动画设计要求，一般都不能只用某一类动画设计方案就达到设计要求的效果，也不能仅在一层图形窗口上就达到设计要求。所以，必须熟练掌握各类动画的制作方法和熟练使用图层概念，才能设计出符合设计要求的动画。

Flash 图层的灵活使用，以及对应图层的时间轴上帧的灵活运用都是设计 Flash 动画必备的基本知识。

1. Flash 图层的增加、删除、插入、移动、重命名

1）可以通过单击左侧的锁定、显示\隐藏按钮设置图层，还可以对图层轮廓的颜色进行修改，对图层进行重命名。锁定的图层不能被编辑，隐藏的图层不被显示。

2）用鼠标直接拖动可以修改图层所在层的位置。

3）可以直接用鼠标右键实现对图层的增加、删除、插入操作。

4）可以使用图层下面的插入图层、删除图层按钮实现对图层的增加、删除操作。

5）在绘图过程中，一般把不绘制的图层锁定。这对初学者很重要，这样就不会把图形绘制到其他图层上面去。

2. Flash 时间轴上帧的增加、删除、插入、移动、复制和粘贴

1）可以通过单击直接选中相应的帧。一帧图像就是一幅画面，其在动画中出现的时间就对应在时间轴刻度标示的时刻。

2）帧可以通过鼠标右键进行增加、插入、删除、复制、粘贴和移动等相关操作。

3）帧根据内容要求可以用鼠标右键设置为关键帧、空白关键帧。

4）在整个动画制作过程中，一定要把握住帧和图层这两个最重要的概念，要时时记住在绘制的图形是在哪一层的哪一帧。

📖 任务实现

通过对 Flash 的学习，我们发现它与学习 Photoshop 有许多相似之处。学习 Flash 必须要搞清楚图层的内容，还要熟练掌握时间轴上的系列内容。所以，学习 Flash 的几个核心要素就是图层、时间轴、帧和关键帧、空白关键帧、工具箱基本内容、对象属性等。

✏️ 任务总结

在学习 Photoshop 的基础上进一步学习了 Flash，通过对比 Flash 和 Photoshop 的学习要素，在 Flash 学习的同时巩固和复习了 Photoshop 的相关知识，进一步熟练掌握了 Flash 新增知识点——时间轴系列知识，从而为后续学习各种动画处理软件打下坚实的基础。

项目 11 网页设计基础

回复"71330+11"
观看视频

🔔 项目导读

网页设计是根据企业、单位或者个人需求，向浏览者以文字、图形图像、动画、声音等形式传递和表示信息的模式。网页设计之前先要根据客户需求进行网站功能策划，然后再拟定各级页面的建设草图、页面布局、功能实现等整体设计，从而实现页面设计美化、功能实现、站点上传、维护等工作。

本项目通过对 HTML 语句、页面设计基础、页面设计原则、站点建设、站点发布等内容的全面讲述，介绍了静态网站的建设；同时以功能全面且简单易学的网页设计制作软件 Dreamweaver CS5 为例，对页面布局、表单、查询、站点建设、页面发布等整个网页设计过程进行了全方位的讲述。

☞ 项目知识点

1）了解网页设计的基本知识。
2）了解 HTML 语言。
3）掌握 Dreamweaver CS5 的基本操作。
4）学会使用 Dreamweaver CS5 创建简单的静态网站。
5）掌握站点的基本管理。

任务 制作"四个自信、四个意识、两个维护"宣传学习静态网站

📖 任务描述

请使用项目 11 所给的素材，使用模板制作方式制作一个"四个自信、四个意识、两个维护"宣传学习静态网站。

✏️ 任务分析

根据任务要求，需要掌握站点的建立、页面的布局、模板的使用几个主要知识点，同时还需要学会简单空白页面等简单静态页面的制作方法。

📖 任务知识模块

一、网页设计的基础知识

网页设计技术根据页面性质分为动态网页设计和静态网页设计两大类。这里我们只简单对

静态网页设计做一个讲解，让大家对网页设计有个概念性认识。若要深入学习网页设计，还需要专门进行网页设计的系统化学习。

网页设计前首先要建设一个站点，接下来再分别对前后层进行设计制作，我们平时上网所见均为前层内容。接下来我们讲述的网页设计均指静态网页设计。

网页设计前台技术常见的有 XHTML 技术、CSS 技术、ECMAScript 技术、Ajax 技术等。网页设计后台技术常见的有 ASP 技术、ASP.NET 技术、JSP 技术、PHP 技术等。

（一）网页与网站

网页设计也叫作网站建设，一般分为前台技术和后台技术。前台技术是对网页页面的设计、构思、布局、美化、链接、更新、展示等相关工作，主要是显示层的工作。后台技术包括对后台数据库的设计、开发、构思、管理，以及对后台数据的维护、建设、更新、删除等相关工作，属于管理层的工作。前后台工作息息相关，后台设计的效果往往展示在前层页面，因此两者不是完全独立的关系，而是密切联系的。

一般而言，网页设计指的是前层页面的设计布局工作，而网站设计是指前层和后台等全局性建设、设计、维护等所有包含网站前台后台的工作。

（二）网页设计的原则及步骤

首先，网页设计要有完整的设计理念和制作原则，网页设计的原则和步骤如下：

1. 设计草图

构思和设计好网页的基本框架，并画出框架页面的关联构思草图。

2. 准备素材

准备好设计网页所需的全部素材，包括声音、图片、动画、电影文件、视频文件等，并且把素材按类型分类放置在不同的文件夹下。

3. 选择工具

选择网页制作工具（如 Dreamweaver、Frontpage 等），利用网页制作工具创建站点，并将所有素材连同其分类文件夹复制到创建好的站点下。如果需要临时补充素材，必须把临时补充的素材放置到站点下相应的文件夹下以便使用。

4. 建立基本页面

根据画好的网页设计构思草图，一次性新建并保存所有框架所需页面到站点根目录下，或者新建相应的文件夹分类存放页面。注意：保存名称最好与页面性质相关，以便后面修改时查找。

5. 页面布局

根据要求分别编辑各个页面。页面的编辑体现了设计者的美感和艺术造诣，在编辑过程中要充分利用各类素材，一方面要体现主旨和功能，另一方面也要注意色彩的搭配和页面布局的美观。编辑的方法类似在办公软件里面的文档编辑操作，我们在这里要学会知识迁移、灵活运用。

6. 发布站点

站点建立完成并设计完成所有页面之后，我们必须把整个站点上传到互联网上，才可以与别人分享。

7. 维护站点

网站上传之后，必须根据需要随时做好两个方面的工作：一方面是维护和更新网站数据；另一方面也要随时更新页面的图片等相关内容，以提高用户点击率。

二、HTML 介绍

HTML（HyperText Markup Language，超文本标记语言）是 Web 网页制作的标准语言，它是一种简单、全置标记的通用语言。HTML 文本是由 HTML 命令组成的描述性文本，HTML 命令可以说明文字、图形、动画、声音、表格、链接等。因此，HTML 成为 WWW（World Wide Web，万维网）上的重要应用语言，也是所有的 Internet 站点共同使用的语言，所有的网页都是以它作为语言基础而形成的。

（一）HTML 文档的结构

例 11.1 通过 Dreamweaver CS5 "拆分"显示的一个简单页面如图 11-1 所示，通过页面展示的代码可以看出 HTML 的语法结构。

图 11-1　HTML 的语法结构

代码如下：

<!DOCTYPE html PUBLIC "-//W3C//DTD XHTML 1.0 Transitional//EN" "http：//www.w3.org/TR/xhtml1/DTD/xhtml1-transitional.dtd">

<html xmlns="http：//www.w3.org/1999/xhtml">

<head>

<meta http-equiv="Content-Type" content="text/html; charset=utf-8" />

<title> 无标题文档 </title>

</head>

<body>

<img src="file：///C|/Documents and Settings/Administrator/ 桌面 / 主教材编写第八章 / 三峡 .jpg" width="514" height="300" />

三峡风光

</body>

</html>

HTML 的基本语法结构如下：

<html>…</html>……………………………………文档开始 / 文档结束

<head>…</head>…………………………………文件头开始 / 文件头结束

<body>…</body>…………………………………网页主体开始 / 网页主体结束

从语法结构和例题展示设计效果可以看出，HTML 很简单，代码都是成对出现的，例如：<html>（开始）…</html>（结束）；<head>（开始）…</head>（结束）；<body>（开始）…</body>（结束）。

（二）HTML 的常用标记

HTML 中，涉及页面布局的文档结构、控制符、超链接、图像、表格标记和表单标记等常用标记，见表 11-1。

表 11-1 HTML 的常用标记

分类	标记符	功能含义
文档结构	<HTML>…</HTML>	声明
	<HEAD>…</HEAD>	标记头文件
	<BODY>…</BODY>	主体内容标记
	<TITLE>…</TITLE>	标题标记
控制符	<!-- 注释 -->	为文件加上注释
	<DIV>…</DIV>	块区域设置
	<B>…</B>	粗体显示所包含文本
	<CENTER>…</CENTER>	水平居中对齐所包含元素
	<I>…</I>	斜体显示所包含文本
	 	换行标记
	<HR>	插入水平线
	<P>…</P>	分段标记
	<PRE>…</PRE>	显示预格式化文本标记
	<U>…</U>	下划线显示所包含文本
	<FONT>…</FONT>	设置所包含文本字体的大小、颜色等
	<Hi>…</Hi>	定义标题标记
	<SCRIPT>…</SCRIPT>	文档中包含的客户端脚本程序
超链接	<A herf=″URL″>…</A>	定义链接
图像	Img SRC=″图像文件名″	插入图像
表格标记	<TABLE>…</TABLE>	定义表格
	<TD>…</TD>	定义单元格
	<TR>…</TR>	定义表格的行
表单标记	<FORM>	定义表单
	<INPUT>…</INPUT>	定义输入控件
	<BOTTON>…</BOTTON>	定义按钮
	<SELECT>…</SELECT>	定义选项菜单
	<OPTION>…</OPTION>	定义选项菜单（包含在 SELECT 内）
	<TEXTAREA>…</TEXTAREA>	定义多行文本框

三、Dreamweaver CS5 简介

在众多网页设计软件中，Dreamweaver 因支持代码、拆分、设计、实时视图等多种创作方式，在设计中往往不需要任何代码就可以快速设计一个完整的网页页面，所以成为网页初学者的首选。

Dreamweaver CS5 是由 Adobe 公司推出的网页设计软件，具有自适应网格版面创建行业标准的 HTML 和 CSS 编码功能。

（一）Dreamweaver CS5 的工作界面

启动 Dreamweaver CS5 之后，工作界面包含菜单栏、代码编辑区、页面编辑区、属性面板、面板组等常用内容，如图 11-2 所示。

（二）Dreamweaver CS5 的基本功能

Dreamweaver CS5 是建立 Web 站点和应用程序的专业工具，它将代码编辑、程序功能开发、可视布局集成在一起，增强了程序的实用性和功能，使得各个阶段的开发者都能熟练地使用它快速创建页面、进行网页编辑，是 Web 站点和应用程序工具的最佳选择。

四、Dreamweaver CS5 的基本操作

（一）创建和管理站点

网页设计是基于站点的页面设计，因此第一步就是建立一个新的站点，只有在站点建立之后，才能通过对站点的管理，把网页设计需要的页面文件、图形图像文件、动画文件、声音文件、电影文件等一系列网页设计所需素材全部放到站点下进行统一管理。

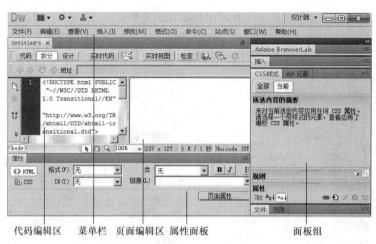

图11-2　Dreamweaver CS5的工作界面

我们可以这样简单理解：站点就是一个用于存放网站建设所需全部素材的文件夹，是系统本身认可或者记载了的，可以执行的特殊文件夹。

1. 新建本地站点

操作步骤如下：

1）执行"站点"/"管理站点"/"新建"/"站点"（输入站点名字），如图11-3所示。

2）在弹出的对话框中单击"下一步"，选择"否，我不想使用服务器技术"，单击"下一步"。

3）选择"编辑我的计算机上的本地副本，完成后再上传到服务器（推荐）"，单击"您将把文件存放在计算机上的什么位置？"下的"浏览"，在需要存放的位置新建文件夹并重命名（如命名为"我的站点"）。

4）在"您如何连接到远程服务器"处选择"无"，单击"下一步"，单击"完成"。

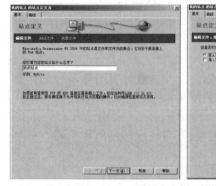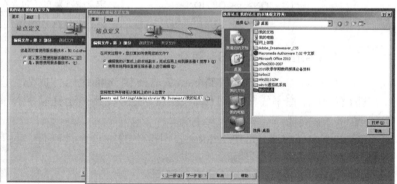

图11-3　新建本地站点

2. 管理站点

站点建立之后，为便于网页设计和站点管理，必须把所有网页制作所需素材全部复制到站点文件夹下，这样它们才是合法有效的站点文件。若素材需要临时补充，也必须放置到该站点下，才算是合法有效的素材，否则网站运行时将无法显示非法文件或者素材内容。

站点文件必须要分类放置在不同的文件夹下，所以文件夹要根据分类来命名，一般常按照文本文件、声音文件、图片文件、动画文件、电影以及视频文件等来分类。文件夹名字最好使用英文，然后按类别把制作页面的素材复制到相应的文件夹下。

（二）网页文件的基本操作

1. 网页框架层次的整体构思和布局

网页设计是一个整体的思维过程，网站开发的第一步就是构思网页整体框架，根据构思绘制出一个层次脉络清晰的网站结构草图，如图11-4所示。

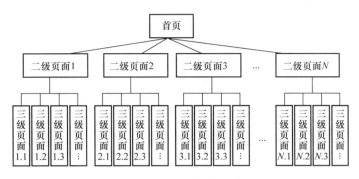

图11-4　网页框架层次

2. 网页素材的准备

（1）网页文本素材的准备　Dreamweaver CS5支持直接输入文本、从外部粘贴文本、从外部文件导入文本等文本素材的添加方法。

所以，一般根据网页页面的需要，可以把规范的文本素材放置到站点文件夹下的文本文件素材文件夹下，最好以Word格式文件存放。这样在需要的时候可以对文本文件进行复制和粘贴操作，把文本直接复制到网页页面中；也可以执行"文件"/"导入"，选中需要导入的Word文档，直接将文档导入到网页页面。

（2）网页图像素材的准备　网页图像素材可以是照片、网络下载的图像素材（注意该渠道获得的图像需要有合法使用性），以及自己用图像处理工具绘制的一系列图像。把整个网页设计需要的图像素材尽可能全部准备好，一起放置到站点下面的图像文件夹下备用。若页面设计过程中需要临时补充相关素材，也必须先放置到站点下才能使用。

（3）网页声音文件素材的准备　网页声音文件素材的准备和图像素材一样，可以从网络下载素材（注意该渠道获得的声音文件需要有合法使用性），自己用影音处理软件处理或编辑的一系列声音文件也可以使用。把整个网页设计需要的声音文件素材尽可能全部准备好，一起放置到站点下面的声音文件素材文件夹下备用；若页面设计过程中需要临时补充相关素材，也必须先放置到站点下才能使用。

（4）网页其他素材文件的准备　网页设计过程中还涉及动画文件素材、电影文件素材等其他素材，都应该按照前面的准备方法，把文件素材分类并尽量完备地准备好，放置到站点下对应的文件夹下。

若有临时需要增加的文件，都必须把握先放入站点下才能使用的原则，进行网页设计所需素材的准备工作。

3. 网页页面文件的基本操作

（1）网页文档的建立　站点建立之后，必须给站点添加页面。执行"文件"/"新建"，在打开的"新建文档"对话框中选择"空白页"，再选择"页面类型"选项卡下的"HTML"和"布局"选项卡下的"无"，单击"创建"即可创建空白的网页文档，如图11-5所示。

（2）网页文档的保存　网页文件的默认保存路径是站点根目录。保存到站点根目录文件夹或者站点下层文件夹下的网页，在运行时才不会出错。

执行"文件"/"保存"，是把文件保存在默认路径下；执行"文件"/"另存为"，是把文件保存到指定路径下；执行"文件"/"保存全部"，是把当前打开的所有处于编辑状态的网页保存到默认站点目录下。

（3）关闭网页文档　执行"文件"/"关闭"，可关闭当前打开的正在编辑的文档；执行"文件"/"关闭全部"，可关闭当前打开的所有文档。

（4）打开和预览页面　执行"文件"/"打开"，可打开指定文档。执行"文件"/"在浏览器中预览"/"IExplore"或直接按<F12>键，可预览页面。

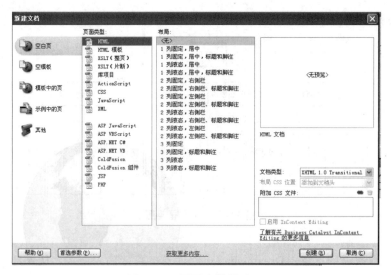

图 11-5　网页文档的建立

五、网页元素的编辑及使用

网页编辑包括对网页中的文本文件、图形图像文件、声音文件、电影文件、Flash 对象文件、超链接等的编辑及使用。

（一）网页中文本的编辑

1. 文本的插入

1）直接录入文本到网页页面。

2）复制文本粘贴到网页页面。

3）执行"文件"/"导入"，导入外部文件。

2. 文本的格式化

1）文本字体的设置。通过文本属性对话框或者"格式"菜单，可设置文本的字体、字号、字形、颜色等内容。

2）文本段落的设置。通过文本属性对话框或者"格式"菜单，可设置段落的对齐方式、项目符号、编号、段落格式、项目符号等内容。

（二）网页中图像的使用

在网页中插入图像，可使页面更加美观生动、丰富多彩。可插入的图像有普通图像、背景图像、导航条图像、分层图像、智能对象等多种图像格式。

1. 图像的插入

1）执行"插入"/"图像"，可插入普通图像文件。

2）单击属性面板中的"页面属性"，打开页面属性对话框，选择"背景图像"后的"浏览"，选择图片并打开，可设置为背景图像。

3）执行"插入"/"图像对象"/"鼠标经过图像"，可添加导航条图像。

2. 图像的格式化

通过图像属性对话框可以实现图像的格式化，如图 11-6 所示。图像的格式化包括宽、高、编辑、对齐、边框、链接等诸多项目。属性对话框是页面设计中非常重要的一个内容。

图 11-6　图像的格式化

（三）网页中 Flash 对象的使用

在网页设计中，插入各种多媒体应用及多媒体元素，使用户能够创建自己的多媒体网页，并使页面产生良好的动态视听效果。这里主要简单介绍 Flash 对象的插入以及格式化。

1. Flash 对象的插入

1）执行"插入"/"媒体"/"SWF"，可以插入普通 Flash 动画。

2）执行"插入"/"媒体"/"FLV"，可以插入普通 FLV 视频文件。

2. Flash 对象的格式化

单击插入的 Flash 对象，在属性对话框中可以设置对象的常规属性，对对象进行格式化，如图 11-7 所示。

图 11-7　Flash 对象的属性对话框

（四）网页中声音及视频的使用

1. 声音及视频的插入

1）执行"插入"/"媒体"/"Shockwave"，可以插入普通 Shockwave 影片文件、Flash 动画，以及 WMV、RM、MPG 等格式的视频文件。

2）执行"插入"/"媒体"/"插件"，可以插入声音文件。

2. 声音及视频的格式化

单击插入的媒体对象，在属性对话框中可以设置对象的常规属性，对对象进行格式化，如图 11-8 所示。

图 11-8　声音及视频的格式化

（五）超链接

超链接是互联网的精髓。设计好页面之后，根据设计草图所规划的相互关系，需要对各个页面之间进行链接，从而把整个网站页面链接为一个整体。有时候也需要对其他系列文件（如声音、图片、文件、动画、PDF 文件等）进行链接，从而美化网页或达到完善网页的效果。

1. 文本超链接

1）选择需要用来链接的目标文字。

2）在文本的"属性"面板的"链接"框中直接输入需要链接文件的地址和名称，或者在"属性"面板的"链接"框后单击"浏览文件"图标，直接打开文件所在位置，指向需要链接的文件即可，如图 11-9 所示。也可以执行"插入"/"超级链接"，打开"超级链接"对话框完成超链接设置，如图 11-10 所示。

图 11-9　"属性"面板的文本超链接

2. 图像超链接

1）选择需要用来链接的目标图像。

2）在图像的"属性"面板的"链接"框中直接输入需要链接文件的地址和名称，或者在"属性"面板的"链接"框后单击"浏览文件"图标，直接打开文件所在位置，指向需要链接的文件即可，如图11-11所示。

图 11-10 "超级链接"对话框

3. 导航条超链接

1）将光标放到需要插入导航条的位置。

2）执行"插入"/"图像对象"/"鼠标经过图像"，打开图11-12所示对话框。

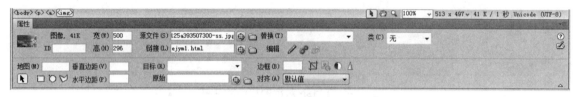

图 11-11 图像超链接

3）单击"原始图像"右侧的"浏览"，选择原始图像文件。

4）单击"鼠标经过图像"右侧的"浏览"，选择原始图像文件。

4. 电子邮件超链接

1）将光标放到需要插入电子邮件超链接的位置。

2）执行"插入"/"电子邮件链接"，打开图11-13所示对话框。

3）输入链接文本和电子邮件地址。

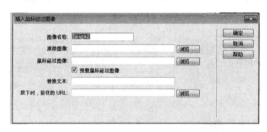

图 11-12 导航条超链接对话框

图 11-13 "电子邮件链接"对话框

六、网页中表单的使用

表单的使用是通过对表单相关控件的调用，从而实现页面浏览者和网页制作者两者之间信息的交互功能。如果通过后台编码处理，可以实现许多复杂的交互功能，这里不述及后台编码的处理，只讲述简单的表单创建和控件调用。

1. 创建表单

执行"插入"/"表单"，就可以在光标指定的位置创建表单。表单创建完成之后，还必须设置表单属性和插入表单控件对象才可以在运行后具备交互功能。

2. 设置表单属性

将光标指向表单，设置属性相关项，实现对表单的设置。完成对属性面板的相应设置之后，就可以插入表单控件了，如图11-14所示。其属性面板的各项功能说明如下：

1）表单ID：表单的命名，用于处理程序调用。

2）方法：传送表单数据的方式。POST方式是将表单内的数据放在HTTP的文件头信息中传送；GET方式是将表单内的数据直接附加在URL地址之后加"？"传送，该方式常用于将数据传送到数据库中。

3）编码类型：有两个选项，它们针对的是服务器行为的选择。

图 11-14 表单属性

4）动作：处理表单的程序。

5）目标：反馈信息页面的打开方式。

3．插入表单的控件和对象

表单属性设置完毕之后，还必须插入表单的相关控件和对象，才算完成表单的设置，从而实现相应的交互功能。插入的方法很简单，都是执行"插入"/"表单"之后，从其下拉列表中选择相应的对象即可。

1）文本字段：接受文本字段输入的文本框。

2）文本区域：接受字母、数字、文字等文本字段输入的文本框，可以接受多行显示，功能和文本字段相似。

3）复选框：提供一组可供选择的选项，可以选择其中的一项或者多项。

4）按钮：用于激活程序。

5）单选按钮组：可以一次性插入多个单选按钮，其功能等同于按钮。

6）跳转菜单：鼠标单击跳转菜单相应的项，可以跳转到对应的页面。

7）图像域：可以使用图形处理软件制作的漂亮图片来代替 Dreamweaver 的默认按钮。

8）文件域：提供访问者访问本地计算机文件的通道，并将被访问的文件作为表单数据上传。

七、网页设计布局

网页设计布局常见的布局模式有表格设计布局页面、布局模式设计布局页面、框架页面设计布局 3 种基本布局模式，以及 3 种模式交互的混合模式布局页面。

（一）表格的使用

1．创建表格

（1）表格的插入 执行"插入"/"表格"之后，将跳出"表格"对话框，如图 11-15 所示，在相应的位置设置或输入相应数据之后，单击"确定"就插入符合要求的表格。插入表格之后，如果要对某些单元格或者整个表格进行设置，只需选中单元格或者整个表格，修改其属性对话框相关项即可。

（2）嵌套表格的插入 有时为了布局的需要，在表格里还需要嵌套表格。需先选中要嵌套的单元格位置，然后执行"插入"/"表格"，就会弹出"表格插入"对话框，输入相关选项之后，就可以插入嵌套表格。对嵌入表格的设置和基本表格的设置完全一致。

2．在表格的单元格中添加内容

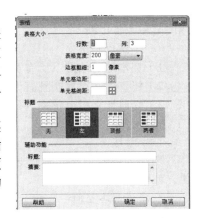

图 11-15 "表格"对话框

表格的单元格里可以添加文本、图像以及其他内容。添加的方法很简单，直接将光标移到单元格，如果要添加文本，直接录入，如果要添加图像或其他内容，就插入相应内容。

3．编辑表格

1）选择表格。直接单击单元格就可以选中表格。

2）单元格的拆分。选中要拆分的单元格，右击，执行"表格"/"拆分单元格"之后，将跳出"拆分单元格"对话框，输入相应值就可以拆分单元格。

3）单元格的合并。选中要合并的单元格，右击，执行"表格"/"合并单元格"之后，就完成单元格的合并。

4）添加和删除行或列。选中要删除的行或列，右击，执行"表格"/"删除行"或者"删除列"之后，就可以完成表格行或列的删除。选中要插入行或列的位置，右击，执行"表格"/"插入行"或者"插入列"之后，就可以完成表格行或列的添加。

5）表格属性的设置。选中所要设置的表格，在其"属性"对话框中就可以完成一系列表格的属性设置。

6）单元格属性的设置。选中所要设置的单元格，在其"属性"对话框中就可以完成单元格属性的设置。

（二）框架的使用

通过框架布局，可以把网页在一个浏览器窗口下划分为多个自由的区域，从而使页面结构更加清晰，各个框架之间布局结构灵活、互不干扰。

1. 框架的创建

1）执行"插入"/"HTML"/"框架"，可在弹出的对话框中选择对应的框架插入。

2）在弹出的对话框中选择框架右侧框中下拉列表的内容，即可完成对应的框架创建。其中，mainFrame 表示主框架，leftFrame 表示左侧框架，bottomFrame 表示底部框架，rightFrame 表示右侧框架。

3）选择框架之间的分隔线，选中框架，执行"文件"/"保存框架"，分别保存各框架。

2. 选择框架

1）在框架面板中选择框架。执行"窗口"/"框架"，可以灵活选择部分或全部框架。

2）在文档窗口中选择框架。在设计视图中单击框架，选中框架后，其边框被虚线环绕。

3. 设置框架属性

选中框架之后，在属性对话框中可以设置相关的框架属性，如边框宽度、边框颜色、边框行列选定范围、像素、百分比等。

八、网页的发布

网页制作完成之后，就要进行完整的测试，一般是在本地测试，测试完成之后就可以进行发布了。发布出去的网页若需要修改或者添加，管理员可以在线进行后台维护，也可以在本地修改之后上传更新。

（一）站点测试

1）在本地对站点下所有页面进行运行测试，看是否能完整运行。

2）将整个站点复制到其他位置，用浏览器浏览测试，看是否能完整运行。

3）修改计算机分辨率进行测试，看页面是否能完整显示。

（二）站点发布

1. 申请域名

现在的域名一般都需要支付一定的费用。首先查询要购买的域名是否被人注册，若没有注册，就可以申请。

2. 申请网络空间

域名注册之后，还需要申请网络空间，然后才能把网站上传到网络空间进行维护和管理。下面以在西部数码网络空间申请"云南泉中泉"虚拟空间为例，简述网络空间申请与站点发布。

1）注册用户，如图 11-16 所示。

2）申请付费之后，获得网络空间。虚拟主机管理界面如图 11-17 所示。

图 11-16　注册用户

3）获得网络空间之后就可以上传站点文件和发布站点了，并可以通过独立主机控制面板管理主机，如图 11-18 所示。

网页设计基础 项目 11

图 11-17　虚拟主机管理界面

图 11-18　控制面板

📖 任务实现

任务的实现需要建立站点、新建基本页、设置模板和用模板创建网页页面 4 个主要步骤。打开 Adobe Dreamweaver CS5，按照以下步骤建立网站。

1. 建立站点

第 1 步：单击"站点"/"新建站点"/"新建站点"，打开图 11-19 所示的对话框，在对话框中输入站点名称"sgzx"，单击"本地站点文件夹"右侧的文件夹图标，选择站点存储位置。

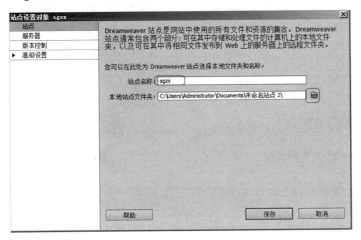

图 11-19　站点设置对象

第 2 步：选择好存储位置后，打开图 11-20 所示的对话框，单击"新建文件夹"图标，新建一个文件夹并命名为"sgzx"。

第3步：选中上一步新建的文件夹"sgzx"，单击"打开"，在弹出的对话框中单击"选择"，打开图 11-21 所示的对话框，单击"保存"，完成站点的建立。

图 11-20　站点存储设置

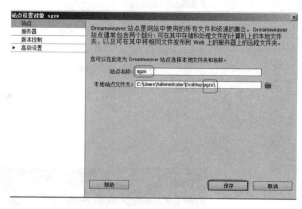

图 11-21　站点设置效果

第4步：把项目 11 素材文件夹中的素材全部复制到前面建的站点文件夹"sgzx"下，回到 Dreamweaver 工作界面，将光标移到右下角站点位置，单击"刷新"图标，即可看到新建的站点及站点下的全部素材文件夹，如图 11-22 所示。

2. 新建基本页

第5步：执行"文件"/"新建"/"空白页"/"HTML"/"创建"，创建一个空白页。

第6步：执行"插入"/"表格"，在弹出的"表格"对话框中按照图 11-23 所示进行设置，插入一个 5 行 2 列、边框粗细为 0、表格宽度为 100% 的表格。

图 11-22　素材存储

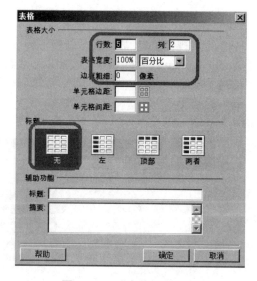

图 11-23　"表格"对话框

第7步：选中表格第一行的两个单元格，右击，选择"合并单元格"，将第一行单元格合并。用同样的方法将最后一行，以及中间三行的右边部分均合并，如图 11-24 所示。

第8步：执行"插入"/"图像"，分别在头部和左侧插入图 11-25 所示的图片。适当拖动表格边框和图片，对图片进行位置调整，并将 4 个图片的宽度均设置为 100%。

第9步：在页面最后一行输入文字"信息技术教研室"，并将属性设置为居中，背景颜色设置为红色。

图 11-24　表格的设置

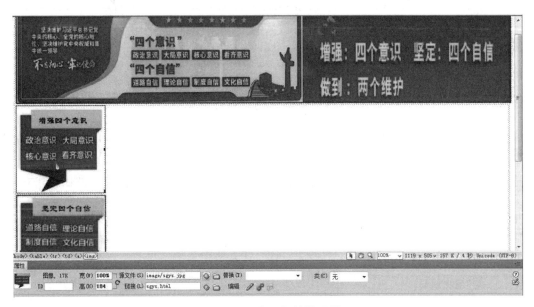

图 11-25　主页属性的设置

第 10 步：分别选中头部图片和左侧图片，在其属性的"链接"右侧框中输入"index.html""sgys.html""sgzx.html"和"lgwh.html"。

3．设置模板

第 11 步：按住 <Ctrl> 键，用鼠标选择空白区域单元格。

第 12 步：执行"插入"/"模板对象"/"可编辑区域"，弹出图 11-26 所示的对话框，单击"确定"。执行"文件"/"另存为模板"，在弹出的对话框中，选择站点名称为"sgzx"，另存为名称输入"mb"，单击"保存"，则可在站点下见到图 11-26 所示的模板。

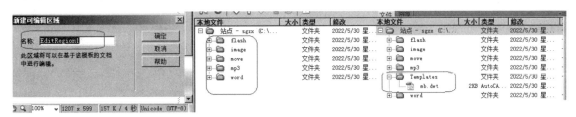

图 11-26　模板

4．用模板创建网页页面

第 13 步：执行"文件"/"新建"/"模板中的页"/"sgzx"/"mb"/"创建"，创建主页，将站点素材的主页文本复制到主页可编辑区域，将"index.html"保存到站点"sgzx"下即可。

第 14 步：用上述同样的方法，制作"sgzx""sgys""lgwh"页面即可。最后的网页页面如图 11-27 所示。

图 11-27 创建网页页面

任务总结

通过完成本任务,学会了使用模板建立静态网站:首先必须要准备素材,然后再建立站点,所有素材必须存放到站点下,接下来建立基本页面并保存为模板,再使用模板建立所有页面。用模板建立的页面维护起来比较方便,只需要更新模板即可完成对所有由模板建立的页面的更新工作。

拓展篇

项目 12 信息安全

Project 12

回复"71330+12"
观看视频

📢 项目导读

该任务要求学生结合身边发生的威胁信息安全的例子，了解信息安全的关键要素，了解信息安全的相关法律法规，加强信息安全意识，遵守相关信息安全法律法规，并学会通过技术和法律知识来识别和处理常见的信息安全问题。

📖 项目知识点

1）建立信息安全意识，能识别常见的网络欺诈行为。
2）了解信息安全的基本概念，包括信息安全基本要素、网络安全等级保护等内容。
3）了解信息安全相关技术，了解信息安全面临的常见威胁和常用安全防御技术。
4）了解常用网络安全设备的功能和部署方式。
5）了解网络信息安全保障的一般思路。
6）掌握利用系统安全中心配置防火墙的方法。
7）掌握利用系统安全中心配置病毒防护的方法。
8）掌握常用的第三方信息安全工具的使用方法，并能解决常见的安全问题。

任务 12.1 认识信息安全与国家安全

📖 任务描述

请根据你对信息安全的认识程度，想想身边有哪些种类的信息？这些信息是怎样产生和传播的？自己有没有信息安全意识？国家有没有制定相关的信息安全法律？

✏️ 任务分析

学生可通过了解以前接触过的信息泄露、病毒感染、各种漏洞或信息安全犯罪的例子，加强对信息安全意识、信息安全要素、信息安全法律的理解。

📋 任务知识模块

一、信息安全的基本概念

信息安全是一门综合性学科，从传统的计算机安全到信息安全，不只是名称的变更，更是对安全发展的延伸，安全不再是单纯的技术问题，而是管理、技术、法律等问题相结合的产物。除了传统意义的信息安全，信息安全还指信息在网络空间中的安全，这是由于互联网在社会中的作用越来越重要，并且很多信息安全事件都与互联网有着直接或间接的关系。

信息安全包含3层含义。一是系统安全（实体安全），即系统运行的安全。二是系统中的信息安全，即通过对用户权限的控制、数据加密等手段确保信息不被非授权者获取和篡改。三是管理安全，即用综合手段对信息资源和系统运行进行有效管理。

网络空间是指连接各种信息的基础设施的网络，包括因特网、电信网等各种信息系统以及重要行业的嵌入式处理器和控制器。网络空间不仅包含传统意义的计算机网络，还包括军事网络和工业网络。

在网络空间中，网络将信息的触角延伸到社会生产和生活的每一个角落。每一个网络节点、每一台计算机、每一个网络用户都可能成为信息安全的危害者或受害者。在当前这个"无网不在"的信息社会，网络已经成为整个社会运作的基础之一，由网络引发的信息安全成了全球性的问题。

二、信息安全的要素

信息安全的基本要素主要有：保密性、完整性、可用性、可控性、不可否认性。

1. 保密性

保密性是信息安全一诞生就具有的特性，是指信息不被透露给非授权用户。保密性建立在可控性和可用性基础上。在加密技术的应用下，网络信息系统能够对申请访问的用户进行筛选，允许有权限的用户访问网络信息，而拒绝无权限用户的访问申请。

2. 完整性

在传输、存储信息或数据的过程中，确保信息或数据不被非法篡改或能在篡改后被迅速发现，能够验证发送或传送的准确性，并且进程或硬件组件不会被以任何方式改变，保证只有得到授权的人才能修改数据。完整性服务的目标是保护数据免受未授权的修改，包括数据的未授权创建或删除。

3. 可用性

可用性是指授权主体在需要信息时能及时得到服务的能力。网络信息资源的可用性不仅仅是向终端用户提供有价值的信息资源，还能够在系统遭受破坏时快速恢复信息资源，满足用户的使用需求。

4. 可控性

可控性是指网络系统和信息在传输范围和存放空间内的可控程度，是对网络系统和信息传输的控制能力特性。使用授权机制，控制信息的传播范围和内容，必要时能恢复密钥，实现对网络资源及信息的可控性。

5. 不可否认性

不可否认性是指对出现的安全问题提供调查，使参与者（攻击者、破坏者等）不可否认或抵赖自己的行为，实现信息安全的审查性。

三、信息安全法规

为尽快制定适应和保障我国信息化发展的计算机信息系统安全总体策略，全面提高安全水平，规范安全管理，我国从1994年起制定发布了一系列有关信息系统安全方面的法规，这些法规是指导我们进行信息安全工作的依据。

1994年2月发布《中华人民共和国计算机信息系统安全保护条例》。

1996年4月发布《中国公用计算机互联网国际联网管理办法》。

1996年2月发布《中华人民共和国计算机信息网络国际联网管理暂行规定》。

2007年6月发布《信息安全等级保护管理办法》。

2015年7月发布《中华人民共和国国家安全法》。

2017年6月《中华人民共和国网络安全法》（以下简称《网络安全法》）正式实施。《网络安全法》明确规定："国家实行网络安全等级保护制度。"国家对一旦遭到破坏、丧失功能或者数据泄露，可能严重危害国家安全、国计民生、公共利益的关键信息基础设施，在网络安全等级保护制度的基础上，实行重点保护。

2019 年 5 月网络安全等级保护 2.0 国家标准正式发布，标志着我国网络安全等级保护正式进入 2.0 时代，网络安全等级保护制度注重全方位主动防御、安全可信、动态感知和全面审计，实现对传统信息系统、基础信息网络、云计算等保护对象的全覆盖。

四、信息安全意识

信息安全意识就是人们头脑中建立起来的信息化工作必须安全的观念，也是人们在信息化工作中对各种各样有可能对信息本身或信息所处的介质造成损害的外在条件的一种戒备和警觉的心理状态。

对于一个组织来说，数据泄露可能会带来最严重的经济后果。而数据泄露的 3 个主要原因为恶意攻击、系统故障和人为错误。有些员工由于缺少足够的信息安全意识和防范观念，往往因为自己的便利或失误而违反信息安全规章，甚至成为网络犯罪者的帮凶。因其本身意识不到自己的这种行为和后果，故会将整个公司的信息资产推向危险的境地。所以企业必须在整个组织内树立信息安全意识，对员工进行信息安全意识方面的教育，才能够整体提高企业和组织的信息安全水平。

任务实现

通过对信息安全基本知识和信息安全法规、意识的学习，了解了我们身边无时无刻都存在信息安全的威胁，知道了保护信息安全越来越重要，信息安全需要从产生、传输、处理和存储各个环节保证信息不被泄露或破坏，确保信息的可用性、保密性、完整性、可控性和不可否认性，并保证信息系统的可靠性。

任务总结

网络安全法和国家安全法等法律法规共同保证信息安全。我们每个人都要建立信息安全意识和国家安全意识，并将这种安全观念深入人心。

任务 12.2　个人计算机安全保护

任务描述

请根据你对信息安全的认知程度，列举你身边威胁信息安全的例子。

任务分析

学生通过接触或者发生过的信息泄露、病毒感染、各种漏洞和信息安全犯罪的实例，了解身边信息安全的应用，从而掌握个人计算机安全保护知识。

任务知识模块

一、信息安全技术

信息安全无论对于个人，还是部门、商业集团、行业，甚至整个国家都是非常重要的。信息安全的实质就是保护信息系统或信息网络中的信息资源免受各种类型的威胁、干扰和破坏，即保证信息的安全性。

（一）信息安全威胁

信息安全面临的威胁呈现多样性的特征，常见的安全威胁有以下几种情况。

1. 恶意代码

恶意代码是指故意编制或设置的、对网络或系统会产生威胁或潜在威胁的计算机代码。最常见的恶意代码有计算机病毒（简称病毒）、计算机蠕虫（简称蠕虫）、特洛伊木马（简称木马）、后门、逻辑炸弹等。

1）病毒：具有传染性、程序性、破坏性、非授权性、隐蔽性、潜伏性、可触发性和不可预见性。

常见的病毒前缀有系统病毒 Win32、PE、Win95，脚本病毒 VBS 等，宏病毒 Macro、Word、Excel 等。

2）蠕虫：蠕虫不需要用户触发，传播速度高于病毒。常见前缀为 Worm。

3）木马：木马具有隐蔽性，通过客户端与服务端连接后传播。木马本身不带有破坏性，它是由服务端接受客户端发来的命令，在计算机上执行，行为包括修改文件、控制鼠标键盘、修改注册表、截取屏幕内容等。服务端位于被攻击的计算机上，客户端位于控制者的计算机上。常见的前缀为 Trojan。

4）后门：后门可以使攻击者绕过安全系统而获取对程序或系统的访问权。一般在黑客初次获取系统控制权后，留下后门，便于再次进入系统。常见的后门前缀为 Backdoor。

2. 网络黑客

"网络黑客"是指专门利用计算机网络进行破坏或入侵他人计算机系统的人。"黑客"的动机很复杂，有的是为了获得心理上的满足，在攻击中显示自己的能力，有的是为了追求一定的经济利益或政治利益，有的则是为恐怖主义势力服务甚至就是恐怖组织的成员。

3. 预置陷阱

预置陷阱就是在信息系统中人为地预设一些"陷阱"，以干扰或破坏计算机系统的正常运行。在对信息安全的各种威胁中，预置陷阱是最可怕也是最难以防范的一种威胁。

4. 网络犯罪

网络犯罪是随着互联网的产生和广泛应用而出现的。在我国，网络犯罪多表现为诈取钱财和破坏信息，犯罪内容主要包括金融欺诈、网络赌博、网络贩黄、非法资本操作和电子商务领域的侵权欺诈等。犯罪主体将更多地由松散的个人转化为信息化、网络化的高智商集团和组织，其跨国性也不断增强。日趋猖獗的网络犯罪已对国家的信息安全以及基于信息安全的经济安全、文化安全、政治安全等构成了严重威胁。

2015 年 5 月，360 公司联合北京市公安局推出了全国首个警民联动的网络诈骗信息举报平台，即猎网平台，这个平台开创了警企协同打击网络犯罪的新机制和新模式。猎网平台大数据显示，网络诈骗实际上仍然以"忽悠"为主，如不法分子将付款二维码贴在共享单车车身上，甚至替换掉车身原有的二维码，很多初次使用共享单车的用户很容易误操作将费用转给对方。

（二）信息安全防护

信息安全是一门交叉学科，除了涉及数学、通信、计算机等自然科学外，还涉及法律、心理学等社会科学，是一个多领域的复杂系统。

1. 信息安全涉及的内容

通常把信息安全涉及的内容分为物理安全、网络安全、主机安全、应用安全、数据安全五个方面。通过人员、技术、管理等手段来保证信息安全的机密性、完整性、可用性。信息安全涉及的内容如图 12-1 所示。

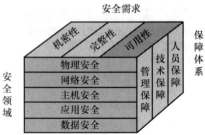

图 12-1 信息安全涉及的内容

（1）物理安全 物理安全也称实体安全，是指保护计算机设备、设施（网络及通信线路）免遭地震、水灾、火灾等自然灾害和环境事故（如电磁污染等），以及人为操作失误或计算机犯罪行为导致的破坏。保证计算机信息系统各种设备的物理安全，是整个计算机信息系统安全的前提。物理安全主要包括以下 3 个方面。

1）环境安全：对系统所有环境的安全保护，如区域保护（电子监控）和灾难保护（灾难的预警、应急处理、恢复等）。

2）设备安全：主要包括设备的防盗、防毁（接地保护）、防电磁信息辐射泄漏、防止线路截获、抗电磁干扰及电源保护等。

3）媒体安全：包括媒体数据的安全及媒体本身的安全。

（2）网络安全　在内部网与外部网之间，可以设置防火墙来实现内外网的隔离和访问控制，是保护内部网安全的最主要措施，同时也是最有效、最经济的措施之一。网络安全检测工具通常是一个网络安全性的评估分析软件或者硬件，用此类工具可以检测出系统的漏洞或潜在的威胁，达到增强网络安全的目的。备份是为了尽可能快地全面恢复运行计算机系统所需要的数据和系统信息。备份不仅在网络系统硬件出现故障或人为操作失误时起到保护作用，也在入侵者非授权访问或对网络攻击破坏数据完整性时起到保护作用，同时也是系统恢复的前提之一。

（3）主机安全　其核心内容包括安全应用交付系统、应用监管系统、操作系统、安全增强系统和运维安全管控系统。它的具体功能是指保证主机在数据存储和处理时的保密性、完整性、可用性，它包括硬件和系统软件的自身安全，以及一系列附加的安全技术和安全管理措施，从而建立一个完整的主机安全保护环境。

（4）应用安全　应用安全是针对应用程序或工具在使用过程中可能出现的计算、传输数据的泄露和失窃，通过其他安全工具或策略来消除隐患。

（5）数据安全　数据安全需要从以下几个方面来实现：数据保密、数据备份、个人信息保护、数据完整性。

2. 信息安全防护技术

信息安全防护技术主要用于防止系统漏洞、防止外部黑客入侵、防御病毒破坏和对可疑访问进行有效控制等，同时还应该包含数据灾难与数据恢复技术。

典型的安全防护技术有以下几大类。

（1）加密技术　加密技术主要分为数据传输加密和数据存储加密。信息加密的目的是保护网内的数据、文件、口令和控制信息，保护网上传输的数据。

数据加密系统包括加密算法、明文、密文以及密钥。数据加密的算法有很多种，按照发展进程来分，经历了古典密码算法、对称加密算法（私钥加密算法）和非对称加密算法（公钥加密算法）阶段。其中古典密码算法有替代加密、置换加密；对称加密算法包括 DES 和 AES；非对称加密算法包括 RSA、背包加密算法、McEliece 加密算法、椭圆曲线加密算法（ECC）等。目前在数据通信中使用最普遍的加密算法有 DES 算法、RSA 算法和 PGP 算法。

（2）防火墙　防火墙技术是指一个由软件和硬件设备组合而成，在内部网和外部网之间、专用网与公共网之间形成的一道防御系统的总称，是一种获取安全性方法的形象说法。

防火墙可以监控进出网络的通信量，既能让安全、核准的信息进入，同时又能抵制对网络构成威胁的数据。防火墙主要有包过滤防火墙、代理防火墙和双穴主机防火墙 3 种类型。防火墙可以达到以下几个目的：一是可以限制他人进入内部网络，过滤掉不安全服务和非法用户；二是防止入侵者接近防御设施；三是限定用户访问特殊站点；四是为监视网络安全提供方便。目前防火墙技术已经在计算机网络领域得到了广泛应用。防火墙技术如图 12-2 所示。

（3）入侵检测和防护　随着网络安全风险不断提高，作为对防火墙的有益补充，入侵检测系统（Intrusion Detection Systems，IDS）能够帮助网络系统快速发现攻击的发生，它扩展了系统管理员的安全管理能力，提高了信息安全基础结构的完整性。

入侵检测系统是一种对网络活动进行实时监测的专

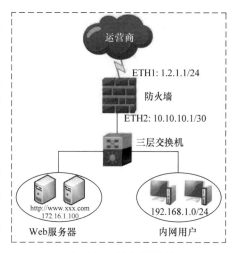

图 12-2　防火墙技术

用系统。该系统处于防火墙之后，可以和防火墙及路由器配合工作，用来检查 LAN（Local Area Network，局域网）网段上的所有通信，记录和禁止网络活动，可以通过重新配置来禁止从防火墙外部进入恶意流量。入侵检测系统能够对网络上的信息进行快速分析或在主机上对用户进行审计分析，通过集中控制台来管理、检测。

理想的入侵检测系统的主要功能有：用户和系统活动的监视与分析；异常行为模式的统计分析；重要系统和数据文件的完整性监测及评估；操作系统的安全审计和管理；入侵模式的识别与响应，包括切断网络连接、记录事件和报警等。

本质上，入侵检测系统是一种典型的"窥探设备"。它不跨接多个物理网段，无须转发任何流量，而只需要在网络上被动地、无声息地收集它所关心的报文即可。

入侵检测系统只能提供检测，不能提供防护。IPS（Intrusion Prevention System，入侵防御系统）可以提供主动、实时的防护，对流量中的恶意数据包进行检测，自动拦截，并进行记录，以便后期进行分析和取证。

（4）系统容灾　系统容灾是一个完整的网络安全体系，只有"防范"和"检测"措施是不够的，还必须具有灾难容忍和系统恢复能力。因为任何一种网络安全设施都不可能做到万无一失，一旦发生漏防漏检事件，其后果将是灾难性的。此外，天灾人祸、不可抗力等因素所导致的事故也会对信息系统造成毁灭性的破坏。这就要求即使发生系统灾难，也能快速地恢复系统和数据，这样才能完整地保护网络信息系统的安全。系统容灾技术主要基于数据备份和系统容错。

数据备份是数据保护的最后屏障，不允许有任何闪失，但离线介质不能保证安全。数据容灾是指通过 IP 容灾技术来保证数据的安全。数据容灾使用两个存储器，在两者之间建立复制关系，一个放在本地，另一个放在异地。本地备份存储器供本地备份系统使用，异地容灾备份存储器实时复制本地备份存储器的关键数据。

为了保证信息系统的安全性，除了运用技术手段外，还需要有必要的管理手段和政策法规支持，确定安全管理等级和安全管理范围，制定网络系统的维护制度和应急措施等进行有效管理；借助法律手段强化保护信息系统安全，防范计算机犯罪，维护合法用户的安全，有效地打击和惩罚违法行为。

二、信息安全应用

（一）身份认证

身份认证是基于加密技术的一种网络防范行为，它的作用就是确定用户是否是真实的。简单的例子就是电子邮件，当用户收到一封电子邮件时，邮件上面标有发信人的姓名和信箱地址，很多人可能会简单地认为发信人就是邮件说明的那个人，但实际上伪造一封电子邮件对于一个通常人来说是极为容易的事。

（二）防火墙应用

1. 华为防火墙

华为防火墙划分了 4 个默认的安全区域，如图 12-3 所示。

1）受信区域（trust）：通常将内网终端用户所在的区域划分为 trust 区域。

2）非受信区域（untrust）：通常将 Internet 等不安全的网络划分为 untrust 区域。

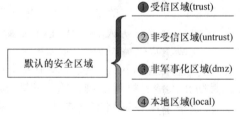

图 12-3　安全区域划分

3）非军事化区域（dmz）：通常将内网服务器所在的区域划分为 dmz 区域。

4）本地区域（local）：设备本身，包括设备的各接口本身。

由设备主动发出的报文均可认为是从 local 区域中发出的；需要设备响应并处理的报文均可认为是由 local 区域接收的。

2. 电子印章和数字签名

电子印章也叫电子签名，是指数据电文以电子形式所含、所附用于识别签名人身份并表明签名人认可其中内容的数据。以非对称加密算法为基础的签名，电子印章可存储于磁盘、IC 卡和 U 盘等存储介质中，以保证文件的完整性，确保文件的真实性、可靠性和不可抵赖性。电子签章技术包括数字签名技术和逐渐普及的用于身份验证的生物识别技术，如指纹、面部识别、DNA 技术和数字水印技术等。

数字签名是一种类似于写在纸上的普通物理签名，通过非对称加密技术实现，用于鉴别数字信息的方法。一套数字签名通常定义两种互补的运算，一个用于签名，另一个用于验证。数字签名就是只有信息的发送者才能产生的别人无法伪造的一段数字串，这段数字串也是对信息的发送者发送信息真实性的有效证明。数字签名是非对称加密技术与数字摘要技术的应用，目的是保证信息传输的完整性，对发送者的身份进行认证，防止交易中抵赖行为的发生。

3. VPN 技术

VPN（虚拟专用网络）的功能是在公用网络上建立专用网络，进行加密通信。它在企业网络中有广泛应用。VPN 网关通过对数据包的加密和对数据包目标地址的转换实现远程访问。VPN 可通过服务器、硬件、软件等多种方式实现。

VPN 技术属于远程访问技术，简单地说就是利用公用网络架设专用网络。例如某公司员工到外地出差，他想访问企业内网服务器的资源，这种访问就属于远程访问。

VPN 技术包括 L2TP（第二层隧道协议）、PPTP（点对点隧道协议）、IPSec-VPN 技术、MPLS-VPN 技术、GRE 通用路由封装等。

任务实现

通过对信息安全基本概念和技术架构的学习，了解了在我们身边无时无刻都存在信息安全的威胁，这些威胁包括恶意代码、网络黑客、预置陷阱、网络犯罪等。通过对这些信息安全威胁的认知，知道了需要通过各种技术、法律、管理手段相结合的方法，共同保证信息安全。

任务总结

将各种技术、法律、管理手段相结合，从物理安全、网络安全、主机安全、应用安全、数据安全 5 个方面出发，通过数据加密、解密和身份认证技术、防火墙应用、入侵检测和防护、系统容灾、电子印章和数字签名、VPN 技术，共同维护个人、部门、集团、社会和国家的信息安全。

项目 13　项目管理

回复"71330+13"
观看视频

📖 项目导读

"项目"已经广泛地出现在我们的工作与生活中,并对工作与生活产生了重要的影响。人们关注着工程的成败,寻找着能使工程圆满结束的方法。项目是一个专业术语,它有科学的定义,也有其自身的特点和规律。项目管理是一个方法体系,它具有比较统一的内容、要求和技术。在这一章中,首先对项目和项目管理进行了界定,并对项目的基本概念、基本特征、基本规律进行了说明,同时对项目管理的基本概念、基本过程、基本方法和基本要求进行了说明。这些内容是研究项目管理的基础。

项目管理是项目管理者在有限资源的约束下,为实现特定目标而进行的一次性的专门工作,其基本特征包括一次性、临时性、系统性、目标性、约束性等。应用系统理论的观点和方法,对项目涉及的各项工作进行有效的管理,即从项目投资决策开始到项目结束的整个过程,对项目的实施进行计划、组织、指挥、协调、控制和评价,从而达到项目的目的。随着改革开放政策的全面深入以及工业化、新型城镇化的发展,工程项目的建设规模越来越大、建筑结构越来越复杂、技术要求也越来越高,项目管理作为一种通用技术已经应用到各个行业并得到普遍认同,工程建设需要在项目管理理论、方法、实践等方面得到进一步的完善与发展。

本项目内容包括项目管理基础知识和项目管理工具应用,通过对工程项目基本理论知识的学习,熟悉项目管理相关的内容,掌握工程建设程序和工作方式等。

📖 项目知识点

1)理解项目管理的基本概念,了解项目管理范围,了解项目管理的4个阶段和5个过程。
2)理解信息技术及项目管理工具在现代项目管理中的重要作用。
3)了解项目管理相关工具的功能及使用流程,能通过项目管理工具创建和管理项目。
4)掌握项目工作中分解结构的编制方法,能利用项目管理工具对项目进行工作分解和进度计划编制。
5)了解项目管理中各项资源的约束条件,能利用项目管理工具进行资源平衡,优化进度计划。
6)了解项目质量监控,掌握项目管理工具在项目质量监控中的应用。
7)了解项目风险控制,掌握项目管理工具在项目风险控制中的应用。

任务　绘制项目管理流程图

📖 任务描述

请按照我国工程项目建设的一般流程(项目决策阶段、项目设计阶段、采购与施工阶段、交付与保修阶段),画出各阶段的项目管理流程图。

任务分析

要绘制项目管理流程图，需要了解项目实施的过程，对工程项目信息进行统一归类，规范信息流程，努力使信息流程格式化、标准化，以保证信息生产过程的高效组织。还要针对不同层次管理者的要求对项目信息进行适当的加工，针对不同的管理层提供不同要求和浓缩程度的信息。原则是保证信息产品对决策支持的有效性。另外还要考虑项目造价和控制过程的时效性，项目造价信息也应具有相应的时效性，保证信息产品能够及时为决策服务。最后，利用高性能的信息处理工具（如日事清信息管理系统），尽可能地减少信息处理过程中出现的延迟。

任务知识模块

一、项目的基本概念

《项目管理知识体系指南》（PMBOK 指南）（第 5 版）中项目被定义为"创造独特产品、服务或成果的临时工作"。《质量管理——项目质量管理指南》（GB/T 19016—2021）中对项目的定义是"由一组具有开始和结束时间的受控活动组成并相互协调的特定过程。该过程应实现满足规定要求的目标，包括时间、成本和资源的约束"。《建设工程项目管理规范》（GB/T 50326—2017）中对项目的定义是"建设工程项目是由一组具有开始和结束日期并满足规定要求的相关受控活动组成的具体过程，包括规划、勘察、设计、采购、施工、试运行、竣工验收、评估和评价，为完成依法批准的新建、扩建、改建等项目而实施的"。综合上述定义，工程项目指的是以工程建设为载体，在一定的约束条件（进度、费用或投资、质量等）下，利用有限的资源（人力、物力和财力等），经过决策与实施，以形成固定资产为预期目的，投入一定量的资本，由建筑、工器具、设备购置、安装、技术改造活动以及与此相联系的其他工作构成固定资产的、符合规定要求的一次性活动。

工程项目是既有投资行为又有建设行为的项目决策和实施活动。工程项目的目标是形成固定资产或工程建设的成品（如教学楼、体育馆、水库、公路等），是将投资转化为固定资产的经济活动的过程。工程项目本质上是工程项目业主一次性购买固定资产并进行施工的过程，工程项目的施工有明确的起止时间。

项目可以是独立的单个项目，也可以是系统的团队项目。根据《项目管理知识体系指南》（PMBOK 指南）（第 5 版）和美国项目管理协会（Project Management Institute，PMI）对项目（project）、项目群（或项目集）（program）和项目组合（portfolio）的定义，项目组是指一组相关项目的组合，进行统一协调和管理，以获得单一项目管理无法获得的项目效益和控制。项目组可以包括每个单独项目范围之外的相关工作，并通过项目产生的共同成果相互关联；项目组合是将项目、项目集和其他工作结合起来，以促进有效管理和实现企业战略目标的产物。

项目范围的识别标准是总体设计或初步设计。属于总体设计或初步设计的工程，无论是主体工程还是相应的辅助工程，无论是由一个或多个施工单位一次施工，还是分期施工，均应视为一个工程项目。

二、项目管理流程

项目先后衔接的各个阶段的全体被称为项目管理流程。良好的项目管理流程对于一个项目的高效执行起到事半功倍的效果。项目管理的四个阶段：项目定义与决策阶段、项目设计与计划阶段、项目实施与控制阶段、项目完工与交付阶段。项目管理各阶段实施的流程如图 13-1 所示。

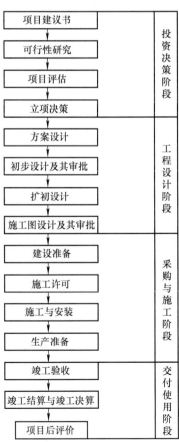

图 13-1 项目管理基本流程

（一）项目管理的五个过程

项目管理机构应按项目管理流程实施项目管理。项目管理流程应包括启动、策划、实施、监控和收尾 5 个过程，各个过程之间相对独立，又相互联系。5 个过程之间的关系如图 13-2 所示。

项目管理流程是动态管理原理在项目管理的具体应用。

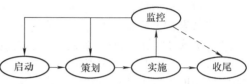

图 13-2　项目管理的 5 个过程

1. 启动过程

应明确项目的概念，初步确定项目的范围，识别影响项目最终结果的内外部相关方。内外部相关方是指建设、勘察、设计、施工、监理、供应单位及政府、媒体、协会、相关社区居民等。

2. 策划过程

应明确项目范围，协调项目相关方的期望，优化项目目标，为实现项目目标进行项目管理规划与项目管理配套策划。

3. 实施过程

应按项目管理策划要求组织人员和资源，实施具体措施，完成项目管理策划中确定的工作。

4. 监控过程

应对照项目管理策划，监督项目活动，分析项目进展情况，识别必要的变更需求并实施变更。

5. 收尾过程

应完成全部过程或阶段的所有活动，正式结束项目或阶段。

（二）常见的项目管理软件

项目管理软件以甘特图为主。虽然甘特图看起来复杂，但可以运用专业的软件来绘制。常用的甘特图软件有 Excel、Microsoft Project、Edraw Max（亿图图示）、JIRA、Edraw Project（亿图项目管理）等。不同的软件绘制甘特图的过程都大同小异，区别在于绘制的体验和效率。

Excel 是办公软件中用于处理表格数据的工具，也是职场人士必装的一款软件。通常 Excel 只用来做数据表或商务报表，实在很难将它与甘特图联系起来。但 Excel 绘制甘特图，操作难度偏大。

Microsoft Project 是微软公司出品的项目管理软件，它很知名且功能齐全，但也有两个缺点，一个是官方售价昂贵，对中小企业来说不划算；另一个是操作难度非常大，对初学者来说并不友好。

Edraw Max 是国产的一款图形图像绘制软件。它可以绘制甘特图，也可以绘制思维导图、组织架构图、流程图等数百种图示。

JIRA 是一款项目与事务跟踪工具，可被用于 Bug 提交、需求反馈、任务跟踪、项目管理等敏捷工作领域。JIRA 的功能较为全面，其操作灵活，拓展丰富，是项目团队中值得使用的协作工具。

Edraw Project 这款软件的主要特点包括：一键生成各类报告、清晰的图标按钮、资源成本的精准计算等。Edraw Project 兼具甘特图绘制和项目资源管理的功能。

（三）创建工作分解结构（WBS）

创建 WBS 是将项目可交付成果和项目工作分解成较小的、更易于管理的组件的过程，其主要作用是对所要交付的内容提供一个结构化的视图。WBS 是以可交付成果为导向的工作层级分解，其分解的对象是项目团队为实现项目目标提交的可交付成果而实施的工作。WBS 每下降一个层次就意味着对项目工作更详尽的定义。WBS 组织并定义项目的总范围，代表着现行项目范围说明书所规定的工作。需要注意的是，WBS 中的"工作"并不是指工作本身，而是指工作所导致的产品或可交付成果。

1. 分解的原则

创建 WBS 时对工作的划分，可以参考一些现成的原则，这些原则包括：

1）功能或者技术原则，项目中每个阶段都需要不同的技术人员或专家。对某个产品而言，往往涉及多种不同的人员和他们所掌握的技术。不同阶段，需要不同的人员，因此，在创建 WBS 时，需要考虑将不同人员的工作分开。

2）组织结构对于职能型的项目组织而言，WBS 也要适应项目的组织结构形式，因为职能部门之间的协调有时候非常困难。如果有部分功能采用了其他组织的产品或者服务，即外包的形式，那么，在 WBS 中也应该将这部分工作反映出来，并应该特别注意这部分工作对其他工作的影响。

3）系统或者子系统，这是项目最常用的划分原则，总的系统划分为几个主要的子系统，然后对每个子系统再进行分解。注意到这样的原则经常同时和功能或者技术原则相互配合使用。

2. 工作过程

WBS 不是某个项目团队成员的责任，应该由全体项目团队成员、用户和项目干系人共同完成和一致确认。

WBS 表示形式有分级的树型结构（组织结构图式）和表格形式（列表式）。树型结构图的 WBS 层次清晰，直观性和结构性强，但不容易修改，对大的、复杂的项目很难表示出项目的全貌（小项目）。表格形式的直观性比较差，但能够反映出项目所有的工作要素（大项目）。

在分解中应该注意到 WBS 是将项目的产品或服务、组织和过程这 3 种不同结构的综合分解过程，逐层分解项目或者主要交付成果的过程，实际上也是分派角色和职责的过程。

（四）项目进度管理

项目进度管理是指在项目实施过程中，对各阶段的进展程度和项目最终完成的期限所进行的管理，是在规定的时间内，拟定出合理且经济的进度计划（包括多级管理的子计划），在执行该计划的过程中，经常要检查实际进度是否按照计划的要求进行，若出现偏差，便要及时找出原因，采取必要的补救措施或调整思路、修改原计划，直至项目完成。其目的是保证在满足时间约束条件的前提下能够实现项目的总体目标。

1. 7 个过程

管理项目按时完成所需的过程具体为：

1）规划进度管理。为规划、编制、管理、执行和控制项目进度而制订政策、程序和文档的过程。

2）定义活动。识别和记录为完成项目可交付成果而需采取的具体行动过程。

3）排列活动顺序。识别和记录项目活动之间关系的过程。

4）估算活动资源。估算执行各项活动所需材料、人员、设备或用品的种类和数量的过程。

5）估算活动持续时间。根据资源估算的结果，估算完成单项活动所需工期的过程。

6）制订进度计划。分析活动顺序、持续时间、资源需求和进度等制约因素，创建项目进度模型的过程。

7）控制进度。监督项目活动状态、更新项目进度、管理进度基准变更，以实现计划的过程。

2. 影响进度管理的因素

工程项目进度控制是一个动态过程，影响因素多，风险大，应认真分析和预测，合理采取措施，在动态管理中实现进度目标。影响工程项目进度控制的因素主要有下列几个方面：

1）业主提出的目标建设工期的合理性、业主在资金及材料等方面的供应进度、业主各项准备工作的进度和业主项目管理的有效性等均影响着工程项目进度的控制。

2）勘察设计单位的影响因素包括勘察设计目标的确定、可投入的力量及其工作效率、各专业间的配合，以及业主和设计单位的配合等。

3）承包商的影响因素包括施工进度目标的确定、施工组织设计编制、投入的人力及施工设备的规模，以及施工管理水平等。

4）建设环境的影响因素包括建筑市场状况、国家财政经济形势、建设管理体制、当地施工条件（气象、水文、地形、地质、交通、建筑材料供应）等。

上述各方面的因素中部分是客观存在的，但也有许多是人为的，是可以预测和控制的，参与工程建设的各方要加强对各种影响因素的控制，确保进度管理目标的实现。

3. 进度偏差分析及其调整方法

在项目进度监测过程中，一旦发现实际进度与计划进度不符合，即出现进度偏差时，监理工程师应认真分析产生偏差的原因及对后续工作和总工期的影响，并采取合理的调整措施，确保进度总目标的实现。如何进行偏差分析具体过程如图13-3所示。

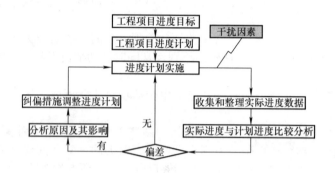

图 13-3　进度偏差分析流程图

施工进度检查有多种方法，这里主要介绍横道图检查法、S形曲线检查法、香蕉形曲线比较法。

（1）横道图检查法　横道图检查法是利用横道图进行进度控制，可将每天、每周或每月的实际进度情况定期记录在横道图上，用以直观地比较计划进度与实际进度，检查实际执行的进度是超前还是落后，或是按计划进行。若通过检查发现实际进度落后了，则应采取必要措施，改变落后状况；若发现实际进度远比计划进度提前，可适当降低以天为单位时间的资源用量，使实际进度接近计划进度。这样可降低相应的成本费用。简单的横道图如图13-4所示。

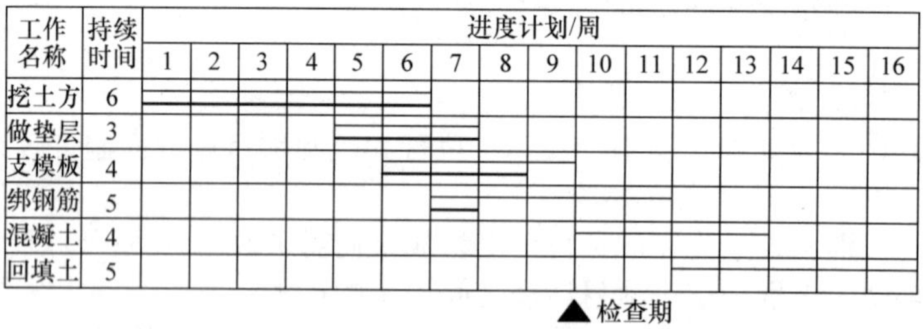

工作名称	持续时间	进度计划/周															
		1	2	3	4	5	6	7	8	9	10	11	12	13	14	15	16
挖土方	6																
做垫层	3																
支模板	4																
绑钢筋	5																
混凝土	4																
回填土	5																

▲检查期

图 13-4　横道图举例

（2）S形曲线检查法　S形曲线检查法如图13-5所示，它能直观地反映出工程的实际进度情况。工程项目实施过程中，每隔一段时间将实际进度绘制在原计划的S形曲线上进行直观比较。

（3）香蕉形曲线比较法　工程网络计划中的任何一项工作，其逐日累计完成的工作任务量，可借助于两条S形曲线概括表示：一是按工作的最早开始时间安排计划进度而绘制的S形曲线称ES曲线，二是按工作的最迟开始时间安排计划进度而绘制的S形曲线称LS曲线。两条曲线除了在开始点和结束点相重合外，ES曲线上的其余各点均落在LS曲线的左侧，使得两条曲线围成一个形如香蕉的闭合曲线圈，故将其称为香蕉形曲线，如图13-6所示。

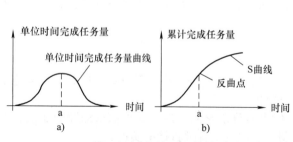

图 13-5　曲线图举例

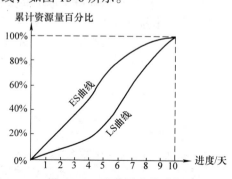

图 13-6　香蕉形曲线举例

三、项目管理应用

(一)项目管理工具在项目质量监控中的应用

项目质量控制是指在项目实施过程中,通过质量体系中的质量策划、质量控制、质量保证和质量改进等措施,确定质量方针、目标和责任,进而实现质量方针、目标和责任的所有管理职能的活动。在质量管理和控制过程中,不仅要建立实施质量管理所需的组织、程序、过程和配置相应的资源(质量管理体系),还要全面开展为实现质量要求而采取的技术操作活动。在质量控制中,要坚持质量第一、预防为主、为用户服务以及用数据说话的原则。

任何工程项目都由分项工程、分部工程和单位工程组成,工程项目的建设是一个过程完成的。因此,建设工程质量控制是一个从过程质量到分项工程质量、分部工程质量和单位工程质量的系统管理过程。也是从投入原材料的质量管理到完成工程质量检验的全过程的系统化管理过程。为了加强对施工项目的质量管理,明确各施工阶段质量控制的重点,可把工程项目质量控制分为事前控制、事中控制和事后控制3个阶段。

通过对质量数据的收集、整理和统计分析,找出质量的变化规律和存在的问题,并提出进一步的改进措施。所有参与质量管理的人员都必须掌握质量控制的方法。它可以使质量控制定量化、标准化。对工程项目施工质量控制的方法,本节主要介绍调查表法、排列图法、因果分析图法和控制图法等。

1. 调查表法

调查表法又叫检查表法或分析表法,是利用统计图表进行数据整理和粗略原因分析的一种工具,在应用时,可根据调查项目和质量特性采用适合的格式。

常用的调查表有产品缺陷部位统计调查表、不合格项目统计调查表、不合格原因调查表、施工质量检查评定用调查表等。

混凝土预制板不合格项目调查表如图13-7所示。

序号	项目	检查记录	小计
1	强度不足	正正正正正	25
2	蜂窝麻面	正正正正	20
3	局部露筋	正正正	15
4	局部有裂缝	正正	10
5	折断	正	5

图13-7 调查表举例

2. 排列图法

关键的少数和次要的多数之间的关系。用双直角坐标系表示,左边纵坐标表示频数,右边纵坐标表示频率,分析线表示累积频率,横坐标表示影响质量的各项因素,按影响程度的大小(即出现频数多少)从左到右排列,通过对排列图的观察分析可以抓住影响质量的主要因素。

具体步骤如下:
1)按影响质量因素,确定排列图的分类项目。
2)明确所取数据的时间和范围。
3)做好各种影响因素的频数统计和计算。
4)绘制横、纵坐标。
5)根据各影响因素发生的频数和累计频率标在相应坐标上,并连成一条折线,称为帕累托曲线。
6)对排列图进行分析。

对排列图进行分析:

主要因素:累计百分比在80%以下,一般1~3个。

次要因素:累计百分比在80%~90%。

一般因素:累计百分比在90%~100%。

某工程建设中,用户线缆测试不合格问题用排列图法分析的结果如图13-8所示。

3. 因果分析图法

因果分析图法又称特性因素图,因其形状颇像树枝或鱼刺,也被称为树枝图或鱼刺图。它是把对某项质量特性具有影响的各种

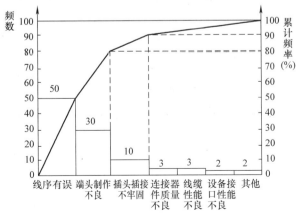

图13-8 排列图法举例

主要因素加以归类和分解,并在图上用箭头表示之间关系的一种工具。

对重要的影响原因还要用标记或文字说明,以引起重视。最后对照各种因素逐一落实,制订对策,限期改正,只有这样才能起到因果分析的作用。

因果分析图的绘制步骤:

1)明确质量问题。画出质量特性的主干线,箭头指向右侧的一个矩形框,框内注明研究的问题,即结果。

2)分析确定影响质量特性大的原因。一般从人、机、料、法、环这几方面进行分析。

3)将大原因进一步分解为中原因、小原因,直至可以采取具体措施加以解决。

4)检查图中所列原因是否齐全,做必要的补充及修改。

5)选择出影响较大的因素做出标记,以便重点采取措施。

某混凝土强度不足的因果分析图如图13-9所示。

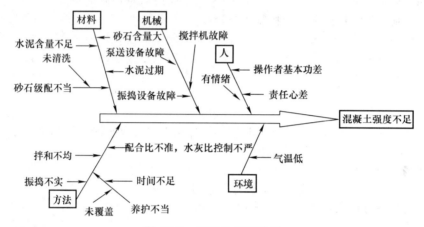

图13-9 因果分析图举例

4. 控制图法

控制图法即管理图法,它可动态地反映质量特性随时间的变化,可以动态掌握质量状态,判断生产过程的稳定性,从而实现对工序质量的动态控制。控制图的基本形式如图13-10所示,纵坐标为质量特性值,横坐标为子样编号或取样时间。

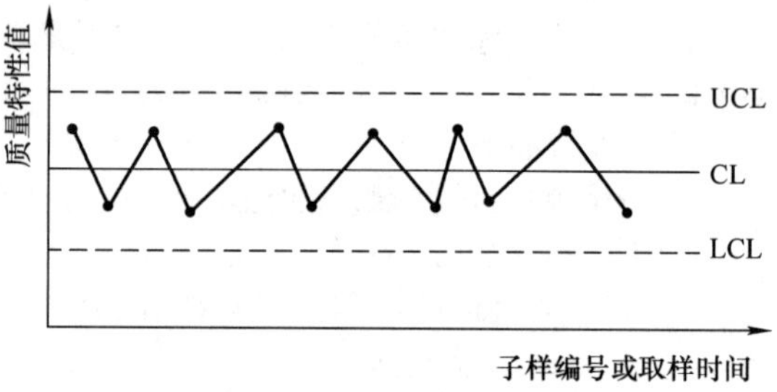

控制程序:

1)根据已知抽样数据,制作质量控制图,画出质量控制图的上限、中限和下限。

2)在控制图上放点,以点是否在控制线内或点的排列是否存在问题来判断工序或生产过程是否存在质量问题。

图13-10 控制图举例

3)若样点跳出控制界线,或虽未跳出控制界线但在点的排列上有缺陷则说明工序或生产过程存在质量问题。

4)用排列图、因果分析图等进一步寻找质量原因。

5)找出质量原因后采取措施,重新画控制图,使质量控制在有效范围内。

(二)项目管理工具在项目风险控制中的应用

项目风险管理包括项目风险管理规划、风险识别、分析、响应和监控。在整个项目中,这些过程中的大多数都需要更新。项目风险管理的目标是增加正面事件的概率和影响,减少负面事件的概率和影响。

1. 项目风险管理过程

1)风险管理规划。决定如何规划和实施项目风险管理活动。

2)风险识别。确定哪些风险会影响项目,并以书面形式记录其特征。

3）定性风险分析。评估和总结风险概率和影响，然后将风险分类，最后进一步分析或行动。

4）定量风险分析。对已识别风险对项目总体目标的影响进行定量分析。

5）风险应对计划。根据项目目标制订计划和行动，以改善机会和减少威胁。

6）风险监控。跟踪已识别的风险，监控剩余风险，识别新风险，在整个项目生命周期内实施风险应对计划，并评估其有效性。

风险识别的工具与技术有文档审查、信息收集技术（头脑风暴、德尔菲技术、访谈、根本原因识别）、核对表分析、假设分析、图解技术因果图、系统或过程流程图、影响图、SWOT分析技术、专家判断。

2. 规划风险应对的工具与技术

包括消极风险或威胁的应对策略、积极风险或机会的应对策略、应急应对策略、专家判断。

1）消极风险或威胁的应对策略：规避、转移、减轻、接受。

2）积极风险或机会的应对策略：开拓、提高、分享、接受。

3. 控制风险的工具与技术

包括风险再评估、风险审计、偏差和趋势分析、技术绩效测量、储备分析、会议。

1）风险再评估。如果出现了风险登记册未预料的风险或"观察清单"中未包括的风险，或者风险对目标的影响与预期的影响不同，规划的应对措施可能无济于事。此时，需要进行额外的风险应对规划，从而对风险进行控制。

2）风险审计。记录风险应对措施在处理已识别风险及其根源方面的有效性，以及风险管理过程的有效性。可以在日常的项目审查会中进行风险审计，也可单独召开风险审计会议。在实施审计前，要明确定义审计的格式和目标。

3）储备分析。项目实施过程中可能会发生一些对预算或进度应急储备金造成积极或消极影响的风险。储备分析是指在项目的任何时点将剩余的储备金金额与剩余风险量进行比较，以确定剩余的储备金是否仍旧充足。

四、项目管理工具

项目管理七大常用工具：SWOT、PDCA、6W2H、SMART、WBS、时间管理、二八原则。

（一）SWOT 分析法

SWOT 即为优势（Strengths），劣势（Weaknesses），机会（Opportunities），威胁（Threats）。

1. 优势

优势是组织机构的内部因素，具体包括有利的竞争态势、充足的财政来源、良好的企业形象、技术力量、规模经济、产品质量、市场份额、成本优势、广告攻势等。

2. 劣势

劣势是组织机构的内部因素，具体包括设备老化、管理混乱、缺少关键技术、研究开发落后、资金短缺、经营不善、产品积压、竞争力差等。

3. 机会

机会是组织机构的外部因素，具体包括新产品、新市场、新需求、外国市场壁垒解除、竞争对手失误等。

4. 威胁

威胁是组织机构的外部因素，具体包括新的竞争对手、替代产品增多、市场紧缩、行业政策变化、经济衰退、客户偏好改变、突发事件等。

（二）PDCA 循环规则

PDCA 即为计划（Plan），执行（Do），检查（Check），处理（Action）。

1. 计划阶段

通过市场调查、用户访问等，摸清用户对产品质量的要求，确定质量政策、质量目标和质量计划等。包括现状调查、分析原因、确定原因、制订计划。

2. 执行阶段

实施上一阶段所规定的内容。根据质量标准进行产品设计、试制、试验及计划执行前的人员培训。

3. 检查阶段

主要是在计划执行过程之中或执行之后,检查执行情况,看是否符合计划的预期结果。

4. 处理阶段

主要是根据检查结果,采取相应的措施。巩固成绩,把成功的经验尽可能纳入标准,进行标准化,遗留问题则转入下一个 PDCA 循环去解决。

(三)6W2H 法

1. 目标(which)

选择对象:公司选择什么样的道路?公司选择什么样的产品?

2. 原因(why)

选择理由:为什么要生产这个产品?能不能生产别的产品?我到底应该生产什么?

3. 对象(what)

功能与本质:这个产品的功能如何?它能满足哪些客户和人群的需求?

4. 场所(where)

什么地点:生产是在哪里进行的?为什么偏偏要在这个地方生产?换个地方行不行?到底应该在什么地方生产?这是选择工作场所应该考虑的。

5. 时间和程序(when)

什么时候:时间与节奏的把握是十分重要的,例如制造企业的 just-in-time 理念、房地产大盘的分期开发、分期开盘理念。

6. 组织或人(who)

责任单位、责任人:这个事情是谁在做?为什么要让他做?

7. 如何做(how to do)

如何提高效率:如何提高效率?最简单的法则就是采用标准化产品。如果公司的组织比较完善,那么是否还可以采取"帕累托改进";如果公司的组织还不够完善,是否可以采用"卡尔多 - 希克斯改进"。

8. 价值(how much)

性价比如何:万物皆有其价值可以利用,物与物的交换以价值为基础,有可以换无,无可以换有,一切取决于个人心中的性价比。

(四)SMART 原则

SMART 即为明确性(Specific),可衡量性(Measurable),可达成性(Attainable),相关性(Relevant),时限性(Time-bound)。

1. S 代表明确性(Specific)

指绩效考核要有特定的工作指标,不能笼统。

2. M 代表可衡量性(Measurable)

指绩效指标是数量化或者行为化的,验证这些绩效指标的数据或者信息是可以获得的。

3. A 代表可达成性(Attainable)

指绩效指标在付出努力的情况下可以实现,避免设立过高或过低的目标。

4. R 代表相关性(Relevant)

指绩效指标与工作的其他目标是相关联的;绩效指标是与本职工作相关联的。

5. T 代表时限性(Time-bound)

注重完成绩效指标的特定期限。

(五)WBS(任务分解法)

WBS 即 Work Breakdown Structure。

WBS 是一个描述思路规划和设计的工具。它可以帮助项目经理和项目团队确定和有效地管理项目工作。

1. 设计工具

WBS 是一个清晰地表示各项目之间相互联系的结构设计工具。

2. 计划工具

WBS 是一个展现项目全貌，详细说明为完成项目所必须完成的各项工作的计划工具。

3. 里程碑

WBS 定义了里程碑事件，可以向高级管理层和客户报告项目的完成情况，作为项目状况的报告工具。

此外 WBS 还可以建立可视化的项目可交付成果，以便估算工作量和分配工作，防止遗漏项目的可交付成果。同时帮助项目经理关注项目目标和澄清职责，辅助沟通工作责任，以及改进时间、成本和资源估算的准确度。

（六）时间管理

时间管理四象限分别是重要且紧急、重要不紧急、紧急不重要、不重要不紧急。具体如图 13-11 所示。

1）有计划地使用时间、目标明确，将要做的事情根据优先程度分先后顺序，将一天内要做的事情进行罗列，且要具有灵活性。

2）做好的事情要比把事情做好更重要，区分紧急事务与重要事务。

3）对所有没有意义的事情采用有意忽略的技巧。

4）巧妙地拖延，学会说"不"，学会奖赏自己。

（七）二八原则

二八原则（即巴列特定律）为：总结果的 80% 是由总消耗时间中的 20% 所形成的，如图 13-12 所示。按事情的"重要程度"编排事务优先次序的准则是建立在"重要的少数与琐碎的多数"原理的基础上。

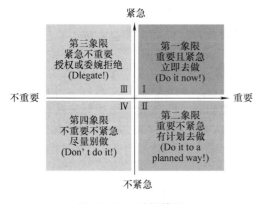

图 13-11　时间管理

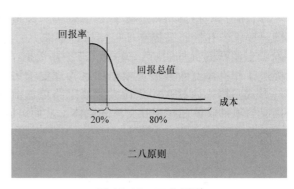

图 13-12　二八原则

1. 二八管理法则

企业主要抓好 20% 骨干力量的管理，再以 20% 的少数带动 80% 的多数员工，以提高企业效率。

2. 二八决策法则

抓住企业普遍问题中的最关键性问题进行决策，以达到纲举目张的效应。

3. 二八融资法则

管理者要将有限的资金投入到重点项目，以此不断优化资金投向，提高资金使用效率。

4. 二八营销法则

经营者要抓住 20% 的重点商品与重点用户，渗透营销。

任务实现

现代企业往往在项目中实施企业战略，项目的执行与企业的执行直接相关。然而，执行过程中由于缺乏有效的项目管理方法，项目进度等信息无法及时有效地反映给管理层，导致信息缺乏及时性、完整性、有效性，使得管理层难以做出决策。同时，单个项目无法协调和共享，导致项目组的信息孤立，极大地限制了整个项目运作的效率。

在一定程度上，项目管理系统已经成为现代企业整个信息化建设的重要组成部分。若没有一个适合本企业的项目管理解决方案，该企业想要高效管理和发展是不可能的。进行项目管理时，要注意以下几个方面：

1）实现项目目标。通过开展项目管理活动，确保达到或超过项目相关方明确提出的项目目标或指标，满足项目相关方未明确规定的潜在需求和追求。

2）提高工作效率。项目的时间管理是为了确保项目最终按时完成。通过对具体活动的定义、活动顺序的确定、时间估计、时间表和时间控制，可以大大提高工作效率。

3）降低成本。项目成本管理是确保项目的实际成本和费用不超过预算成本和费用管理的流程。包括资源配置、成本费用预算、费用控制等。

4）质量控制的必要性。项目的质量管理，包括质量规划、质量控制和质量保证，旨在确保项目满足客户规定的质量要求。

5）控制项目风险。项目中可能会遇到各种不确定因素，因此有必要对项目的风险进行识别和量化，制订对策和风险控制方案，并对项目进行风险管理。

6）项目集成管理的必要性。项目具有集成的特点，集成是由各个要素或学科之间的配置关系构成的。在项目管理中，必须根据具体项目的各个要素或专业之间的配置关系进行集成管理，而不是对项目的各个专业进行独立管理。

7）进行创新管理。任何项目的管理都没有固定的模式和方法。通过管理创新，实现对具体项目的有效管理。

任务总结

项目管理的最终目标是实行科学管理，规范每一个阶段，从而确保质量、成本、进度和范围满足要求，其核心是提高项目整体规划能力，提高每个人的预测能力，提高防范风险的能力。明确项目团队的共同目标，遵守承诺，并根据结果实施相应的奖惩。协同各方有效实施管理，以促进工作有序有效开展。根据项目管理要求将工作记录在案，并使资料文档化，但并不是孤立的形式归档。通过文档化让大家的思路更加清晰化、逻辑化、一致化、可视化和系统化，使文档成为项目成员之间相互交流的载体，从而可以提高团队的逻辑思维能力和沟通表达能力。

项目 14
机器人流程自动化

Project 14

回复"71330+14"
观看视频

📢 项目导读

机器人流程自动化（RPA）是以软件机器人和人工智能为基础，通过模仿用户人工操作的过程，让软件机器人自动执行大量重复的、基于规则的任务，将人工操作自动化的技术。如在企业的业务流程中，纸质文件录入、证件票据验证、从电子邮件和文档中提取数据、跨系统数据迁移、企业 IT 应用自动操作等工作，可通过 RPA 准确、快速地完成，减少人工错误、提高效率并大幅降低运营成本。本章内容包含 RPA 基础知识、技术框架和功能、工具应用、软件机器人的创建和实施等内容。

👉 项目知识点

1）理解 RPA 的基本概念，了解 RPA 的发展历程和主流工具。
2）了解 RPA 的技术框架、功能及部署模式等。
3）熟悉 RPA 工具的使用过程。
4）掌握在 RPA 工具中录制和播放、流程控制、数据操作、控件操控、部署和维护等操作。
5）掌握简单的软件机器人的创建，并使其实施自动化任务。

任务　描绘 RPA 部署要素

📖 任务描述

根据你对 RPA 的认知程度，列举身边可以进行流程自动化的事项。

✏️ 任务分析

通过了解身边可以流程自动化的项目，流程自动化的应用，用举例子的方式对该问题进行回答。

📋 任务知识模块

一、RPA 基本概念

（一）**RPA 概述**

所谓 RPA，是指部署在计算机中的软件程序通过模仿人在计算机前工作时的操作过程，自动完成任务的应用软件技术。其基本原理是：软件工程师根据任务要求事先设计脚本、编写软件程序并安装到计算机中，软件程序在获得某项指令后启动程序，模仿人的双手对鼠标和键盘进行操作，进而在计算机及其所连接的网络上自动完成一系列的工作任务。这样的软件程序具有智能化操作与运行的能力，且工作原理明显区别于传统意义上具有物理实体的机器人，因而常常被形象地称为"软件机器人"。

早期的 RPA 主要用于文档的自动处理、屏幕与网络信息的自动检索、抓取与分类处理等。近年来，随着企业等社会组织的数字化转型实践的持续推进，RPA 的应用场景走向丰富化。传统上需要耗费大量人工来处理的重复性工作，已经逐渐引入 RPA，诸如财务报销、税务申报、银行对账、应付账款催收、应收账款兑付、库存盘点、门诊挂号、电商零售、物流配送、城市水电及燃气管理、建筑设计、售后服务、员工培训等。例如，在差旅费报销中，业务人员只需将拟报销的票据拍照并上传，系统中的图像自动识别系统便可以快速将票据信息转换成格式化的数据，并通过比对发票电子底账完成票据真伪查验，经查验的票据信息传入费控系统，费控系统按照设定的审批流程推进费用报销的线上审批，审批后再借助费控系统和财务核算系统的联通实现记账凭证的自动生成。又如，财务核算系统和税务系统相对接，税务系统自动从财务核算系统中采集相关收入数据，进行纳税计算与核对，直接生成纳税申报表。再如，在售后服务环节，对于客户以电话、在线语音或文字等提出的各种诉求，客服软件系统都可以给出语音、文字、图片等形式的自动响应。

在场景丰富化的同时，RPA 的发展也在与多种硬件技术相融合。从根本上说，RPA 的核心是以计算机软件程序替代人工操作。但是，这一技术的现实应用已经远远超越了单纯依靠软件程序在计算机或网络中运行以完成任务的范畴，日益走向与最新的硬件技术相融合，在相辅相成中共同完成技术难度更大、更为复杂的工作任务。例如，在财务报销、酒店预订与入住等过程中，软件程序与硬件图像识别技术相结合。又如，在售后服务的客户电话与语音应答过程中，软件程序与声音识别技术相结合。再如，在辅助驾驶和自动泊车中，软件程序与雷达技术、声音识别技术、图像识别技术、高精度地图技术等相结合。而且，从部署的载体与范围来看，这些软件程序也并非仅仅部署在单个计算机中，而是已经部署在工业或个人计算机、手机及各种智能终端、生产与运输设备等中，既能相对独立地完成某些可以替代人工的任务，也能驱动硬件设备或者和硬件设备一起自动完成任务。另外，软件程序对于数据信息的获取与处理，不再局限于单台设备的计算与存储能力，而是在网络化连接的基础上充分组合了边缘计算、移动网络传输、云计算等能力，并受到芯片技术、传感器技术等强有力的支持。

更进一步，RPA 正在从比对识别基础上的任务处理走向基于对未来事项预测基础上的任务处理。目前的 RPA，普遍都是着眼于软件程序在有效识别基础上对人工操作进行替代。在账务处理中将符合某些特征要求的信息归类并生成相应的报表，在报销处理中对票据进行真伪查验和按照规定的要求推进审批，在客户服务中根据客户给出的要求相应地提供较为匹配的回应等，这些工作都是以比对识别为基础。不过，在人工智能技术飞速发展的大背景下，作为智能化技术的重要组成部分，RPA 必然与其他各种人工智能技术相互融合，在大数据、云计算和机器学习等的支持下，能够对未来的设备运行状况和个体、群体、组织等的行为取向作出预测，进而作出自动决策并采取相应的行动，以便更好地针对未来事项完成工作任务。

（二）机器人的发展历程

自公元前 3500 年以来，机器人概念一直深藏在人类意识中，哲学家、工程师和数学家试图制造一种名为"自动机"的模拟机械。以前的机器人更多属于自动机械或自动设备，与我们今天谈到的结合了计算机、程序以及人工智能技术的机器人是截然不同的。

早在 11 世纪，库尔德发明家 Al-Jazari 使用复杂的凸轮和凸轮轴创造了许多自动化设备，甚至撰写了世界上第一本关于自动化主题的书，他的作品也直接影响了达·芬奇。与 Al-Jazari 不同的是，达·芬奇更想构建一种像人形的机器设备，他利用解剖学知识，在充分了解人体构造的基础上，用齿轮和轮子模拟人的关节，用电缆和滑轮模拟人的肌腱和肌肉，就这样构建出一名骑士。这名骑士可以站立和坐下，可以做出一系列模仿人类的动作，甚至具有颌骨结构，如图 14-1 所示。

接下来，在人类历史上各种人形或非人形的机器人自动化设备层出不穷。例如1737年，法国发明家雅克·沃康松（Jacques Vaucanson）制造的发条鸭子。1770年，匈牙利作家兼发明家沃尔夫冈·冯·肯佩伦（Wolfgangvon von Kempelen）创造了土耳其机器人（The Turk）。

直到1822年，一位名叫查尔斯·巴贝奇（Charles Babbage）的年轻数学家创造了他的第一台差分机。这是一个巨大的、带有蒸汽驱动的计算器，巴贝奇设计的基本想法是利用"机器"将从计算到印刷的过程全部自动化，全面消除人为失误，包括如计算错误、抄写错误、校对错误、印制错误等。而差分机一号（Difference Engine No.1）则是利用 N 次多项式求值有共通的 N 次阶差的特性，以齿轮运转带动十进制的数值相加减、进位。除了差分机，之后他发明的分析机，无一不是天才的设想。

如今的机器人主要应用于制造行业。第一个用于生产制造的机器人是1961年Unimation公司生产的，它功能非常简单，不能进行编程，只能通过预设机器臂角度来操作。之后全球机器人浪潮开启，以欧美和日本为主导。

图14-1 达·芬奇设计的自动化骑士

第一台可编程的商用工业机器人是1974年1月由瑞典的ABB设计的机器人，并且实现了量产。之后机器人在生产车间被大规模使用，代替了大量的人力，降低了运营成本，实现了标准化生产，并提升了生产效率和产品合格率。目前，全世界著名的制造机器人公司包括日本的FANUC、安川电机，瑞典的ABB，德国的KUKA（被美的收购）。其中，FANUC和KUKA制造的机器人主要用于汽车行业，ABB制造的机器人主要用于电子电气和物流搬运，安川电机制造的机器人主要用于电机和变频器行业。目前，机器人存在着多种形式（见图14-2），人形机器人只是其中一种，如生产线上的机械臂、无人机、扫地机器人、娱乐机器人、仿生机器人等。

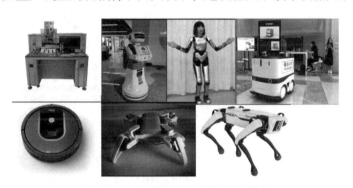

图14-2 各类自动化设备和机器人

随着技术的不断进步并经过实践检验后，人们发现机器人的外形像不像人类其实并不重要，只要它的功能像人类就行。再后来人们又发现其实它的功能像不像人类也无所谓，只要能帮助人类实现自动化处理或生产就行，比如负责搬运、码垛、拣选等物流环节的物流机器人。在人工智能到来的时代，机器人市场的重点将逐步转移到机器人的"大脑"，也就是结合了人工智能技术的软件程序，因为这样才能真正体现计算机时代特征的核心技术水平，如对话机器人（Chatbot）、智能语音处理助手、医疗诊断辅助。

二、RPA的技术架构

RPA一般提供自动化软件在开发、集成、运行和维护过程中所需要的工具，通常包含三个重要组成部分：编辑器、运行器、控制器。RPA的运行架构如图14-3所示。

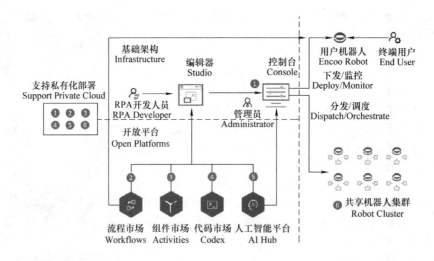

图 14-3　RPA 的运行架构

编辑器是指用于机器人脚本设计、开发、调试和部署的配套开发工具。运行器是指能真正完成自动化操作的机器人。控制器是指面向机器人全生命周期的管理程序，是给运行维护人员提供用于监控、维护和管理机器人运行状态的配套工具。

（一）编辑器

云扩科技 RPA 编辑器如图 14-4 所示。为了更好地满足开发者对编辑器的易用性、灵活性以及所见即所得的需求，RPA 编辑器工具中通常会提供以下功能。

图 14-4　云扩科技 RPA 编辑器

可视化控件的拖拽和编辑功能：为了更好地使用软件中已经内置好的自动化模块，可以让开发者利用可视化编辑器来创建 RPA 流程图，即使用拖拽的方式，无须为机器人编写代码，就可达到所见即所得的效果。创建好的可视化 RPA 流程图可直接转换成由机器人执行的每个步骤。

自动化脚本的录制功能：开启 RPA 录制功能后，只要业务人员正常地操作一遍业务流程，记录器就可以自动生成 RPA 的运行脚本。接下来，开发者还可以优化和编辑这些脚本，这样自动化工具的开发过程也变得更灵活。

自动化脚本的分层设计功能：虽然 RPA 的脚本看起来是按顺序执行的，但为了更好地实现复用、体现设计者的设计思路，RPA 也提供了分层设计要求。

工作流编辑器功能：包括流程图的创建、编辑、检查、模拟和发布等功能，支持工作流程图中既包含机器人的操作步骤，也包含人工的操作步骤。

自动化脚本的调试功能：自动提示或修正脚本中的语法错误，采用可视化方式进行分步跟踪和校验。

机器人的远程配置功能：即支持非本地安装机器人的开发和配置。

预制库和预构建模板：为了让开发者直接使用自动化模块，提供模块预制库，并且可以使开发者自定义的模块共享给其他开发者来复用。

预制好的连接器程序：对一些成熟的软件产品自动化处理模块，如 SAP 或 Oracle 等，提供预制好的连接器程序。接口支持开放性的公开标准：如 ISO 和 IEEE 等。

接口集成能力：提供如 REST/SOAP Web Services/API 等接口的集成能力，除脚本外，仍支持开发者编写额外的接口程序。

（二）运行器

RPA 运行器中最核心的三个技术是鼠标键盘事件的模拟技术、屏幕抓取技术和工作流技术。云扩科技 RPA 运行器如图 14-5 所示。

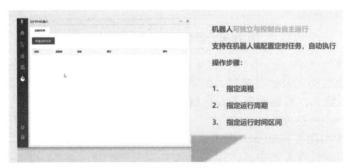

图 14-5　云扩科技 RPA 运行器

1. 鼠标键盘事件的模拟技术

这项技术最早出现在一些游戏的外挂程序中，是利用 Windows 操作系统提供的一些 API 访问机制，通过程序模拟出类似人工单击鼠标和操作键盘的一种技术。由于安全控制的问题，一些应用程序会防止其他程序对键盘和鼠标操作的模拟，所以 RPA 利用更底层的驱动技术实现了鼠标键盘操作事件的模拟。

2. 屏幕抓取技术

屏幕抓取技术是一种在当前系统和不兼容的遗留系统之间建立桥梁的技术，展示过程对于业务人员是可见的，但有时为了保证数据隐私，需要对业务人员或监控者隐藏这个过程。可提取数据，所以在一些网络爬虫软件中被率先使用。虽然屏幕抓取信息的效率肯定会超过人工操作，但也会受到种种限制，如现有系统和应用程序的兼容性问题、网站底层 HTML 代码的依赖度问题等。所以，RPA 软件在这方面需要具备更多样的技术实现能力，以及更强的适应性，如基于界面控件 ID 和图像的识别技术等。

3. 工作流技术

工作流技术诞生于 20 世纪 90 年代，它可以将业务流程中一系列不同组织、不同角色的工作任务相互关联，按照预定义好的流程图协调并组织，使得业务信息可以在整个流程的各个节点相互传递。RPA 一般会提供从设计、开发、部署、运行到监控全过程的支持。

（三）控制器

云扩科技 RPA 控制器如图 14-6 所示。RPA 控制器提供的支持能力如下。

1. 监控能力

控制器提供集中式控制中心，可以对多个机器人的运行状态进行监控，并提供机器人的远程维护和技术支持能力。集中式控制中心提供机器人的任务编排和队列排序能力，并且提供开放式控制中心访问机制，如可通过平板电脑等移动设备来监控机器人的运行状态。

2. 安全管理能力和控制能力

控制器提供对如用户名口令之类敏感信息的安全管理和控制能力，既要保证业务用户对这些信息的及时维护，还要保证信息的安全存储，同时还要保证不被参与自动化工作的其他相关方获取。

图 14-6　云扩科技 RPA 控制器

3. 运行机器人的能力

控制器提供以静默模式来运行机器人的能力。通常机器人的执行过程对于业务员是可见的，但有时为了保证数据隐私，需要对业务人员或监控者隐藏这个过程。

4. 自动化分配任务的能力

在多机器人并行的运行状态下，控制器能实现基于优先级控制的动态负载均衡，及时将自动化任务分配到空闲的机器人手中。

5. 自动扩展能力

控制器提供机器人自动扩展的能力，当业务量激增，原有的机器人资源不能满足自动化处理任务时，能够及时增加机器人数量，动态调整资源。

6. 并行自动化执行能力

为了更好地利用资源，控制器提供虚拟机中多机器人的并行自动化执行能力。

7. 队列管理

控制器提供机器人队列以及运行设备的资源池管理，能够依据任务流程的优先级来调整机器人处理任务的顺序。

8. 失败恢复能力

控制器提供机器人的失败恢复能力，由于某个机器人在执行过程中可能会出现异常情况，导致流程中断，这时候需要其他机器人立即接管这个任务，并继续执行原来的业务流程。

9. 支持 SLA 报告

基于自动化服务水平协议（SLA），控制器提供 SLA 的监控和报告、机器人运行性能的分析以及 ROI 的实时计算。

三、RPA 部署

RPA 系统的部署方式多种多样，哪一个更适合企业，或者说形式不同的 RPA 部署方式有何优缺点？本部分将从 RPA 系统的三种部署方式（桌面部署、服务器部署和云端部署）入手，帮助企业决策者更好地进行部署方式的选择。

（一）桌面部署

桌面部署指的是将 RPA 系统中的机器部署到桌面计算机中，而不是后端服务器中。安装载体可以是员工日常使用的计算机，也可以是特意为机器人配备的计算机。一般在这种模式下，员工可以通过手工直接触发机器人的执行。在执行过程中，员工可以直观地监督机器人的运行情况，及时得到运行结果。

（二）服务器部署

服务器部署指的是将 RPA 系统中的机器人部署到服务器端的虚拟桌面环境中，由于不需要借助于员工的办公计算机，也就不会对目前的办公环境造成任何影响。服务器端的机器人对员工来讲是透明的。由于服务器拥有更好的资源配置，可以虚拟出多个运行环境，可以让多个机器人同时运行，提高运行效率。但是只有专业的机器人运行监控人员才能监督到机器人的运行情况，最终用户只能等待机器人执行后的反馈结果。这种部署模式一般是通过机器人工作日程表来触发和编排机器人的执行。

（三）云端部署

云端部署又可以分为私有云部署和公有云部署。私有云与本地服务器端的部署模式相似，都是在企业内部的网络环境中部署机器人来执行。有时为了满足业务外包要求，机器人也会部署在企业外部的公有云环境中，这就需要机器人通过 VPN 或远程桌面来操作部署于企业内网的应用系统，同时需要为机器人提供远程的部署和监控能力。

服务器部署和云端部署可以支持无人值守机器人，而桌面部署可以支持有人值守机器人。

四、RPA 应用——学历验证

在传统的业务模式下，有大量的技能要求不高、烦琐且重复操作的业务场景，RPA 智能机器人的应用，能够最大限度地释放对低技能操作岗位人员的投入，为人力资源工作赋能提效。

（一）适用的业务场景

学历验证 RPA 智能机器人将验证的全过程实现自动化，提高验证准确率和效率，解放人力。其适用于人员流动快、招聘需求量大、学历验证需求多的大中型企业，在企业招聘流程的效率提升、降本提效方面起到了明显的推动作用。

（二）解决的业务痛点

学历验证业务的痛点是：验证量大、投入时间多、成本高、人工处理出错率高，学历验证 RPA 智能机器人可以很好地解决这些痛点。

1. 烦琐复杂

人工读取候选人提交的学历认证信息的 15 个字段，将验证码手工输入学信网查询页面，然后与候选人提交的文件一一比对，最后做出判断。

2. 用时较长

打开网页，输入验证码，验证学历认证信息的 15 个字段，做出判断，每份学历最少用时 5min。

3. 容易出错

验证码编号输入时易出错、人工对比字段信息易出错。

（三）学历验证 RPA 智能机器人的开发过程

1. 理解和分析学历验证业务场景

首先，要了解学历验证业务操作，见表 14-1。

表 14-1 学历验证业务操作

步骤	业务操作动作
1	开始
2	候选人参与面试，提交学历验证文件（纸质文件）
3	HR 收到学历验证文件（纸质文件）
4	HR 将学历验证要求提交给验证员（纸质文件）
5	验证员打开学信网网站
6	验证员人工读取学历验证文件中的【在线验证码】
7	验证员在学信网输入【在线验证码】
8	学信网查出候选人学历验证文件
9	验证员人工比对 15 个字段
10	验证员判断该学历是否通过验证
11	验证员将判断结果返回给 HR（邮件）
12	结束

然后,需要充分理解并分析当前的业务流程,人工进行学历验证业务流程如图14-7所示。

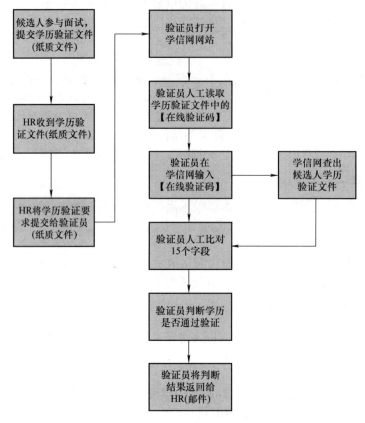

图 14-7　人工进行学历验证业务流程

2. 用 RPA 思维拆分业务场景

学历真实性验证业务需要跨多个系统操作,对比项多,造成工作效率低,且重复工作多,出错率高,这些业务特点特别符合 RPA 部署原则。所以,RPA 结合 OCR 技术可以代替人工完成候选人的学历真实性验证。根据实践结果,学历验证过程中 90% 的工作量可以由学历验证 RPA 智能机器人来完成。传统人工处理和学历验证 RPA 智能机器人处理操作的对比,见表14-2。

表 14-2　传统人工处理和学历验证 RPA 智能机器人处理操作的对比

步骤	传统人工处理操作	学历验证 RPA 智能机器人处理操作
1	开始	开始
2	候选人参与面试,提交学历验证文件(纸质文件)	候选人参与面试,提交学历验证文件(电子文件)
3	HR 收到学历验证文件(纸质文件)	HR 收到学历验证文件(电子文件)
4	HR 将学历验证要求提交给验证员(纸质文件)	HR 将学历验证要求提交给机器人(电子文件)
5	验证员打开学信网网站	
6	验证员人工读取学历验证文件中的【在线验证码】	
7	验证员在学信网输入【在线验证码】	
8	学信网查出候选人学历验证文件	机器人按规则完成验证并返回报告给 HR(邮件)
9	验证员人工比对 15 个字段	
10	验证员判断该学历是否通过验证	
11	验证员将判断结果返回给 HR(邮件)	
12	结束	结束

学历验证 RPA 智能机器人验证学历的流程如图 14-8 所示。

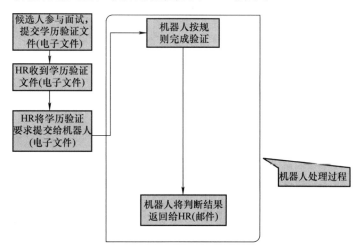

图 14-8　使用学历验证 RPA 智能机器人验证学历的流程

（四）学历验证 RPA 智能机器人的工作过程

学历验证 RPA 智能机器人需要在 UiPath RPA 智能机器人软件工具中完成如下 7 个步骤的配置和执行。

1）设计学历验证整体流程，在 RPA 软件编辑器上生成流程图，如图 14-9 所示。

图 14-9　学历验证整体流程设计

2）遍历学历报告文件，如图 14-10 所示。

图 14-10　遍历学历报告文件

3）使用 OCR 工具抓取 PDF 学历报告中的数据，如图 14-11 所示。

图 14-11　使用 OCR 工具抓取 PDF 学历报告中的数据

4）使用工具识别是否是规范的学历报告，如图 14-12 所示。

图 14-12　使用工具识别学历报告的规范性

5）设置自动登录学信网，并进行验证码录入，如图 14-13 所示。

图 14-13　学信网验证码录入

6）使用在学信网抓取的数据，利用软件的文字识别工具对学历报告关键位置进行识别，如图 14-14 所示。

姓名	张三			
性别	男	出生日期	1982年09月22日	相片
入学日期	2000年09月01日	毕(结)业日期	2004年07月01日	
学历类别	普通高等教育	层次	本科	
学校名称	云南大学	学制	本科	
专业	通信工程	学习形式	普通全日制	
证书编号		毕(结)业	毕业	
校(院)长姓名				

图 14-14　对学历报告关键位置进行识别

7）设置学历验证报告发送邮件，如图 14-15 所示。

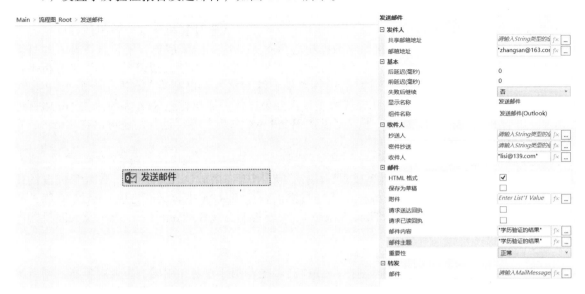

图 14-15　设置学历验证报告发送邮件

（五）使用学历验证 RPA 智能机器人的收益

以上述实践结果为例，与传统的操作方式相比，学历验证 RPA 智能机器人将工作效率提升了约 7.8 倍，由每小时处理 90 人次简历提高到每小时处理 790 人次简历，候选人提交学历报告 PDF 附件后，就可以由学历验证 RPA 智能机器人自动验证，将学历验证工作提到面试初期，使招聘效率提高，招聘风险降低。

五、RPA 平台

RPA 的概念首先兴起于海外，在 2018 年至 2019 年期间才开始进入国内市场。因此，我们将目前参与 RPA 领域的企业划分为海外阵营和国内阵营，结合各类咨询公司的行业研究报告，并汇总相关企业公开发布的信息，总结出如下可供大家观察和分析的知名 RPA 企业。

（一）UiPath

UiPath 是最典型的代表。UiPath 创办时间很早，2005 年诞生于罗马尼亚的布加勒斯特市，创始人是罗马尼亚籍工程师 Daniel Dines 和 Marius Tirca，当时这家公司的名字还叫 Deskperience，公司 CEO Daniel Dines 曾经是微软罗马尼亚分公司的一位程序员。在公司创办初期，它不过是一家平平无奇的软件外包公司，主要承接一些业务软件的开发、广告效果监控系统等零碎业务，也为微软等大公司外包开发一些自动化库和 SDK 工具。2012 年，该公司忽然发现自己开发的一些工具能够找到图形界面（GUI）中的元素路径（Path），可以用来重复执行一些网页操作（Web Replay），从而用于一些重复性的作业流程，因此改名为 DeskOver，这也是 RPA 发展的雏形。

（二）Automation Anywhere

Automation Anywhere（AA）于 2003 年成立于美国加州圣何赛，公司 4 位创始人都来自印度。CEO Mihir Shukla 曾在硅谷多家公司任职，有超过 25 年的丰富工作经验。AA 公司的产品包括 IQ Bot、Bot Insight、Bot Store 等，其中 IQ Bot 主要用于模拟人类在图形用户界面上的交互操作，以完成重复性操作。Bot Insight 主要用于提供流程和业务的管理与分析，Bot Store 是一个"应用市场"，主要用于提供预置的各类流程模板。此外，AA 还提供了 Attended Automation 2.0 功能，允许多个员工账号跨组编排机器人参与自动化任务。AA 的技术特色是纯 Web 内核、原生采用云服务架构，自然语言处理技术与非结构化数据认知等技术也在 AA 的产品中广受欢迎。

(三)达观数据

达观数据创办于 2015 年,团队由来自百度、盛大、腾讯等公司的专家组成,一些成员曾多次荣获 ACM 竞赛冠亚军。CEO 陈运文博士毕业于复旦大学计算机学院,曾担任百度核心工程师、盛大文学首席数据官、腾讯文学数据中心负责人。达观团队擅长开发智能机器人和自动文档处理系统,开发了文档智能审阅系统 IDPS、智能搜索推荐引擎、知识图谱和语义分析平台等。2019 年,达观数据推出了达观智能 RPA 系统,深度集成了自有的文本语义分析 NLP 模块和图像识别 OCR 模块,可以自动化完成大量日常办公操作。达观智能 RPA 系统采用 Go 语言进行底层开发,跨平台运行能力强,不仅可以在 Windows 系统上稳定运行,还可以在 Linux、安卓以及国产操作系统上运行。

(四)云扩科技

云扩科技于 2017 年 7 月在上海成立,CEO 刘春刚曾任微软 Azure 云平台数据管理自动化平台负责人。2019 年 9 月,云扩科技正式宣布推出企业级 RPA 平台天匠智能 RPA2020 版,架构分为三部分:天匠编辑器(BotTime Studio)、天匠控制台(BotTime Console)及天匠机器人(BotTime Robot)。

(五)弘玑 Cyclone

弘玑 Cyclone 于 2015 年在上海创办,CEO 高煜光曾担任惠普(中国)企业服务集团创新解决方案总经理。弘玑公司是一家基于"数字员工"产品推出行业解决方案的公司,主要业务是开发、销售具有自主版权和知识产权的 RPA 软件机器人流程自动化产品,即数字员工,并为行业用户提供行业集成解决方案。

任务实现

打开云扩科技的 RPA 机器人操作界面,单击"流程市场",在流程市场中可以看到常见的可以使用流程自动化的项目,如图 14-16 所示。

图 14-16 流程自动化的常用项目

任务总结

通过本任务的学习,进一步复习了 RPA 的相关知识,巩固了 RPA 服务模式的相关知识。

项目 15 程序设计基础

Project 15

回复"71330+15"
观看视频

项目导读

程序设计是设计和构建可执行的程序，以完成特定计算结果的过程，是软件构造活动的重要组成部分，一般包含分析、设计、编码、调试、测试等阶段。熟悉和掌握程序设计的基础知识，是在现代信息社会中生存和发展的基本技能之一。本项目包含程序设计基础知识、程序设计语言和工具、基于 Python 语言的程序设计方法和实践等内容。

项目知识点

1) 理解程序设计的基本概念。
2) 了解程序设计的发展历程和未来趋势。
3) 掌握典型程序设计的基本思路与流程。
4) 了解主流程序设计语言的特点和适用场景。
5) 掌握一种主流编程工具的安装、环境配置和基本使用方法。
6) 掌握一种主流程序设计语言的基本语法、流程控制、数据类型、函数、模块、文件操作、异常处理等。
7) 能完成简单程序的编写和调测任务，为在相关领域的应用开发提供支持。

任务 15.1 程序设计语言

任务描述

通过本任务的学习，了解计算机语言的分类、执行方式和几种经典编程语言。

任务分析

学习本任务知识，要掌握机器语言、汇编语言和高级语言 3 类计算机语言的特点和用途，掌握汇编程序、解释程序和编译程序 3 种计算机语言的执行方式，要了解 8086 汇编语言、Visual Basic、C、Java、脚本语言等经典和流行程序设计语言及其特性。

任务知识模块

一、计算机语言分类

计算机语言是人与计算机之间交换信息的工具，是一套表达计算过程的符号系统。计算机语言可分为 3 类：机器语言、汇编语言和高级语言。

（一）机器语言

机器语言是由 0、1 组成的二进制代码表示的指令。机器语言的特点是能被计算机理解和直接执行，具有灵活、高效的特性。但机器语言最大的缺点是可移植性差，不同系列、不同型号的计算机使用的机器语言不同，且机器语言不直观、易于出错，调试错误定位难，后期可维护性差。

机器语言的每一条语句都是二进制形式的指令代码，指令代码一般由操作码和参与操作的操作数 2 部分组成，如机器指令 1011000000000010 中，高 8 位 10110000 为操作码，低 8 位 00000010 为操作数。指令的功能是将操作数送到累加器 AL。机器语言通常随着计算机型号的不同而不同，每一种型号的计算机所能执行的全部指令的集合就是该型号计算机的指令系统。

机器语言是第一代编程语言，早期的计算机都使用机器语言，目前已很少有人学习和使用。

（二）汇编语言

汇编语言是用带符号或助记符的指令和地址代替二进制代码，因此汇编语言也被称为符号语言。如汇编语言可用指令 MOV AL, 2 来代替上面的机器指令 1011000000000010，显然这比一串二进制代码容易书写和记忆。

汇编语言比机器语言易于编写、检查和修改，同时也保持了机器语言编程质量高、运行速度快、占用存储空间少等优点，但汇编语言也是面向机器的语言，因而通用性和可移植性差，即能在某一类计算机上运行的程序，却不能在另一类计算机上运行。汇编语言无法被计算机直接识别，需要使用"汇编程序"将汇编语言翻译成机器语言才能执行。

汇编语言是第二代编程语言，它常用来编写实时系统以及高性能软件。

（三）高级语言

高级语言是 20 世纪 50 年代后期发展起来的，高级语言是面向问题求解过程的程序设计语言。与汇编语言相比，高级语言更接近人类的自然语言和数学语言，一般采用英语单词表达语句，便于理解、记忆和掌握，如语句 $c=a+b$ 的功能是将变量 a、b 的和存放在变量 c 中。高级语言的一个语句通常对应多条机器指令，因而用高级语言编写的程序短小精悍，不仅易于编写，而且易于查找错误和修改。高级语言通用性强，程序员不必了解机器的具体指令就能编制程序，而且所编写的程序稍加修改或不用修改就能在不同的机器上运行，可移植性好。

高级语言不是一种语言的名称，它是诸多编程语言的统称。目前常用的高级语言有 C、C++、C#、Java、JavaScript、Python、BASIC、PHP 等。

二、计算机语言执行方式

计算机不能直接执行汇编语言或高级语言编写的源程序。为了使计算机能够执行这些源程序，人们设计了一种特定的"翻译"程序，它将源程序翻译成计算机能直接执行的目标语言，即机器语言，这种"翻译"程序就是语言处理程序，常用的语言处理程序有汇编程序、解释程序和编译程序。汇编程序用于翻译汇编语言编写的源程序，解释程序和编译程序用于翻译用高级语言编写的源程序。

（一）汇编程序

把用汇编语言编写的源程序翻译成目标语言的程序称为汇编程序，翻译的过程称为"汇编"，执行的是目标程序。

（二）解释程序

解释程序是将高级语言源程序翻译为机器语言，每翻译一句就执行一句，当翻译完源程序，目标程序也执行完毕。

（三）编译程序

编译程序是将高级语言源程序整个地翻译为机器语言表示的目标程序，使目标程序和源程序在功能上完全等价，然后执行目标程序，得出运算结果。翻译的过程称为"编译"。

一个源程序从编辑到运行必须经过 4 个阶段：编辑、编译、连接、运行，即通过编辑得到源程序，由编译程序将源程序编译为目标程序，再经过连接程序将目标程序连接成可执行程序，最后运行可执行程序得到结果，如图 15-1 所示。

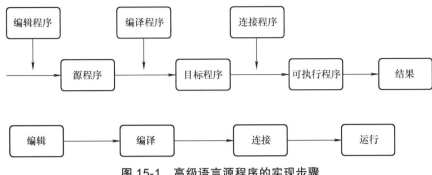

图 15-1 高级语言源程序的实现步骤

三、编程语言

编程语言一直在不断地发展和变化,从最初的机器语言发展到目前种类繁多的高级语言,每种语言都有自己的特性。通常情况下,一项任务可以用多种编程语言来实现。为一项工程选择编程语言时,应该考虑这种编程语言是否适合该任务。下面介绍几种经典和流行的编程语言及其特性。

(一) 8086 汇编语言

8086 汇编语言是一种低级语言,由一些容易记忆的短语组成。8086 汇编语言的指令集只适用于 Intel 80×86 系列微处理器,用它编写的程序只能在装有 80×86 系列微处理器的计算机上运行。现在 8086 汇编语言主要用在那些程序尽可能短的或速度要求很高的场合,专业程序员把 8086 汇编语言嵌入其他语言中(仅有部分高级语言支持嵌入功能)以加快程序的执行速度,汇编语言也常用来编写系统软件以控制计算机硬件。

(二) FORTRAN

FORTRAN 是 Formula Translating 的缩写,意思是"公式翻译程序",IBM 开发出的第一个高级语言。目前常用的版本是 FORTRAN77 和 FORTRAN90,是仍在使用的最早的高级语言,其他的高级语言几乎都是直接或间接地从 FORTRAN 发展而来的。FORTRAN90 是按当代软件工程要求提出的若干新观点、新理论设计的,对于数值型和计算功能支持较强,一般被科学家用来在大型机或小型机上编制科学计算程序。

(三) BASIC 和 Visual Basic

BASIC 是为初级编程者设计的,它具有简单易学、小型通用的特点和人机会话交互计算功能,自从 1964 年问世以来,已经出现了几种流行版本,如 GM-BASIC、Quick-BASIC 等,目前仍在流行的是 Microsoft 公司的 Visual Basic。Visual Basic 的集成开发环境支持调试时解释执行和对最终版本的编译,是当前开发商业软件的理想工具之一,Visual Basic 所带的控件使开发可视化的图形用户界面和访问数据库信息等变得非常简单和高效。

(四) C 和 C++

C 语言是一门面向过程的、抽象化的通用程序设计语言,广泛应用于底层开发。它的前身是 ALGOL.68 和 B 语言,是为了改写 UNIX 操作系统而诞生的,设计的初衷是为了编写系统软件和增强可移植性,它在多个 UNIX 平台和微机操作系统平台上都有编译系统。C 语言带有汇编语言的接口,可使有经验的程序员做到编程速度快、效率高。

C++ 语言是由 C 语言发展而来的,是 C 语言的超集,产生于 20 世纪 80 年代,它保留了 C 语言的大部分特性,并增加了对象的支持,因此既可以进行过程化的程序设计,也可以进行面向对象的程序设计,现在较流行的版本是 Microsoft 的 Visual C++ 和 Borland 的 C++ Builder。C++ 语言实现了类的封装、数据隐藏、继承及多态,使得其代码容易维护且具有高复用性。

(五) PROLOG

PROLOG 是逻辑程序设计语言,也是说明性高级语言,出现于 1971 年。它以谓词逻辑为理论基础,最主要的特征是能像人脑那样自动进行逻辑推理。PROLOG 可用于程序正确性证明、自然语言理解、化学结构式分析以及法律、心理学、关系数据库、专家系统等许多领域的程序设计工作。

（六）SQL

SQL 是结构化查询语言（Structured Query Language）的简称，是一种特殊目的的编程语言，是一种数据库查询和程序设计语言，用于存取数据以及查询、更新和管理关系数据库系统。

（七）Java

Java 是美国 SUN Microsystems 公司于 1995 年 3 月推出的一种新型面向对象的编程语言。Java 语言具有面向对象性、简单性、动态性、可移植性、分布式、多进程、与平台无关等特点。Java 带来了一个崭新的编程环境，它可通过 Internet 实现计算机编程人员长期以来一直追求的梦想："编写一次，到处运行"。

（八）脚本语言

在互联网的应用中，还有大量的基于解释器的脚本语言，如 HTML、VBScript、JavaScript、Python 等。脚本语言是一类专用语言，它将实用工具、库组件和操作系统命令整合为一个完整程序。脚本语言可以用来向计算机发送指令，但它们的语法和规则没有可编译的编程语言那样严格和复杂。脚本语言主要用于格式化文本和使用编程语言编写的已编译好的组件。

任务实现

通过对本任务的学习，让学生了解计算机语言的基础知识，包括计算机语言分类、计算机语言执行方式和经典编程语言及其特性。

任务总结

本任务首先讲解了计算机语言的分类，对机器语言、汇编语言和高级语言 3 类语言及其特点进行了详细阐述；讲解了汇编程序、解释程序和编译程序 3 种计算机语言执行方式；介绍了 8086 汇编语言、Visual Basic、C、Java、脚本语言等经典和流行的程序设计语言及其特性。

任务 15.2　程序的开发和编写

任务描述

通过本任务的学习，掌握程序开发流程、程序设计基本方法，了解算法的概念和特点。

任务分析

学习本任务知识，要掌握程序开发的过程，每个过程的具体任务是什么；掌握使用 IPO 程序设计的基本方法；了解算法的概念，根据算法 5 个方面的特点设计高质量高效率的算法。

任务知识模块

一、程序开发流程

在长期的程序开发实践过程中，人们通常将程序的开发过程分为以下 6 个阶段。

（一）分析问题

编程的目的是通过控制计算机来解决实际问题，在解决问题之前，应充分收集和了解要解决的问题，明确真正的需求，避免因理解偏差而设计出不符合需求的程序。因此，在实际开发中，要与需求方充分沟通，理清所需解决的问题是程序设计的前提。

（二）划分边界

准确描述程序要"做什么"，此时无须考虑程序具体要"怎么做"。例如求一个输入数的绝对值，对于此问题，只需要关心核心问题，就是最终要输出一个绝对值，至于如何求绝对值，方法有很多种，划分边界这一阶段不需要考虑。在这一阶段可利用IPO[Input（输入）、Process（处理）、Output（输出）]方法描述问题，确定程序的输入、处理和输出之间的总体关系。

（三）程序设计

这一步需要考虑"怎么做"，即确定程序的结构和流程。对于简单的问题，使用IPO方法描述，再着重设计算法即可。对于复杂的程序，应先"化整为零，分而治之"，即将整个程序划分为多个"小模块"，每个小模块实现小功能，将每个小功能当作独立的程序处理，为其设计算法，最后再"化零为整"，设计可以联系各个小功能的流程。

（四）编写程序

使用编程语言编写程序。这一阶段首先要考虑的是编程语言的选择，不同的编程语言特性不同，在性能、开发周期、可维护性等方面都存在差异，因此实际开发过程中，要结合任务需求确定编程语言。

（五）测试与调试

程序编写完成后，要充分测试程序的功能，判断功能是否与预期相符，是否存在疏漏。如果程序存在不足，要进行修改（即"调试"）程序。在这一过程中要编写测试计划、方案、案例等，应尽量多地测试。

（六）升级与维护

程序并不会完全完成，哪怕它已投入使用。后续需求方可能提出新的需求，此时需要为程序增加新的功能，对其进行升级；程序使用时可能会产生问题，或发现漏洞，此时需要完善程序，对其进行维护。

综上所述，程序开发的过程不单单是程序编写的问题，问题分析、划分边界、程序设计、测试与调试、升级与维护亦是解决问题不可或缺的步骤。

二、程序设计基本方法

程序无论规模大小，都遵循输入、处理和输出这一运算模式，因此在设计一个程序时，我们通常采用IPO方法。

（一）输入

程序在处理数据前需要先获取数据，输入是一个程序的开始。程序的输入方式包括：控制台输入、文件输入、网络输入、随机数据输入、交互界面输入、程序内部参数输入等。

（二）处理

处理是程序的核心，是程序对输入进行处理，产生输出结果的过程。程序实现处理功能的步骤也被称为算法（Algorithm），算法是程序的灵魂。实现一个程序功能的算法有很多，但每个算法的性能不同，程序设计时要选择性能高的算法。

（三）输出

输出是一个程序展示运算成果的方式。程序的输出包括：屏幕显示输出（控制台输出）、文件输出、网络输出、图形输出、操作系统内部变量输出等。

下面使用IPO方法解决求一个正方形面积的问题，首先要获取正方形的边长a，其次通过公式$s = a \times a$计算面积，最终输出面积结果，具体如下：

1）输入：获取正方形的边长a。

2）处理：根据正方形面积计算公式$s = a \times a$，计算正方形的面积s。

3）输出：输出面积结果s。

三、算法

算法是对一个问题解决方法和步骤的描述。计算机算法分为数值算法和非数值算法两大类。一个算法应具有以下的特点：

1）有穷性。一个算法应当包括有限个操作步骤，或者说它是由一个有穷的操作系列组成，而不应该是无限的。

2）确定性。算法中每一步的含义都应该是清楚无误的，不能模棱两可，也就是说不应该存在"歧义性"。

3）输入。一个算法应该有零个或多个输入。

4）输出。一个算法应该有一个或多个输出。

5）有效性。一个算法必须遵循特定条件下的解题规则，组成算法的每一个操作都应该是特定的解题规则中允许使用的、可执行的，并且最后能得出确定的结果。

一个问题能否用计算机解决，关键的步骤就是看能否设计出它的算法，有了合适的算法，再使用合适的程序设计语言就能方便地编写出程序。程序算法如果设计不当，会产生一系列问题，如可靠性差、用户体验差、维护困难等，因此必须研究程序设计方法，编写出高质量的程序算法。

任务实现

通过对本任务的学习，使学生熟悉和掌握程序开发流程和程序设计基本方法，了解算法的概念和主要特点。

任务总结

本任务从流程、方法以及算法 3 个方面对程序的开发和编写进行了讲解，首先介绍了程序开发流程的 6 个阶段：分析问题、划分边界、程序设计、编写程序、测试与调试、升级与维护；其次讲解了程序设计的基本方法（IPO 方法）：输入（Input）、处理（Process）、输出（Output）；最后讲解了算法的基本概念、算法的 5 个特点（有穷性、确定性、输入、输出、有效性）。

任务 15.3　程序设计方法和实践

任务描述

通过本任务的学习，学会 Python 程序设计语言的使用，了解和掌握 Python 的基础语法，会用 Python 进行简单程序的开发。

任务分析

学习本任务知识，需掌握 Python 开发环境的安装和环境变量的配置；掌握 Python 程序的 2 种运行方式：交互式和文件式；学习和掌握 Python 语言的编写规范；掌握 Python 的基础语法，包括数据类型、运算符、程序控制结构、函数和文件等内容；学会使用 Python 进行程序开发。

任务知识模块

一、Python 软件安装

访问官方网站 https：//www.python.org/downloads/，下载 Python 安装包。下载完成后，双击安装包启动安装程序，在选择安装方式的界面，注意勾选"Add Python 3.7 to PATH"复选框，安装程序将自动完成环境变量的配置，如图 15-2 所示。

图 15-2　Python 安装界面

二、Python 程序运行方式

Python 程序有两种运行方式：交互式和文件式。交互式是指 Python 解释器逐行接收代码并运行，文件式执行的是源程序文件。

（一）交互式

交互式可以通过 cmd 命令行窗口或者 IDEL 实现。以 IDEL 为例，依次单击"开始"/"Python"/"IDLE"，进入 IDLE 窗口，输入 print（"hello，world!"），按 <Enter> 键运行，运行结果如图 15-3 所示。

图 15-3 Python 交互式运行结果

（二）文件式

创建一个文件，在文件中写入一行代码 print（"hello，world!"），保存该文件，文件名为 "hello.py"。打开 IDLE 窗口，单击 "File" / "Open"，打开 hello.py 文件。单击 "Run" / "Run Module"，运行结果如图 15-4 所示。

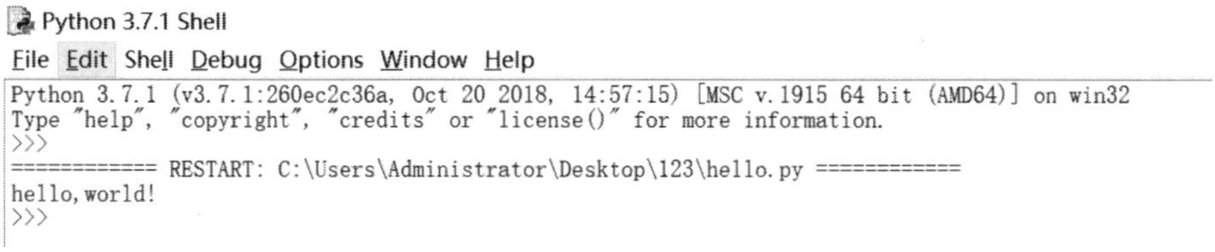

图 15-4 Python 文件式运行结果

实例：使用交互式和文件式两种方式计算正方形面积

▶ 交互式运行。打开 IDLE 窗口，输入以下代码行，按 <Enter> 键运行，可以看到运行结果为 64，如图 15-5 所示。代码中以 "#" 开头的部分为代码注释，可不输入。

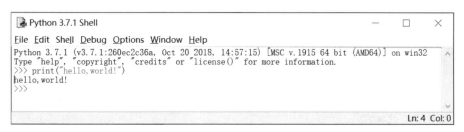

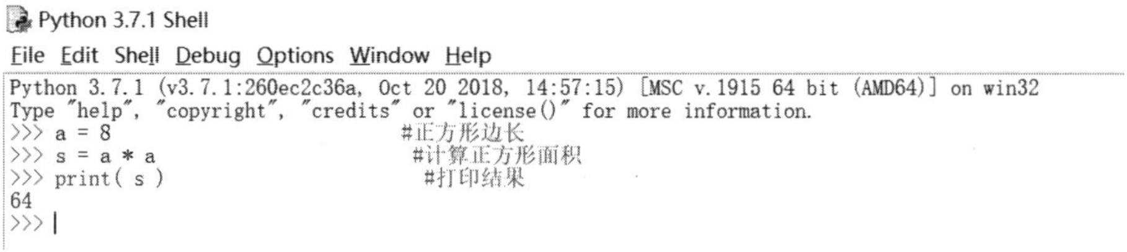

图 15-5 交互式求正方形的面积

▶ 文件式运行。

第一步：新建一个文件，文件名为 compute_area.py，输入下面的代码并保存文件。

```
a = 8
s = a * a
print（s）
```

第二步：打开 IDLE 窗口，运行文件 compute_area.py，运行结果为 64，如图 15-6 所示。

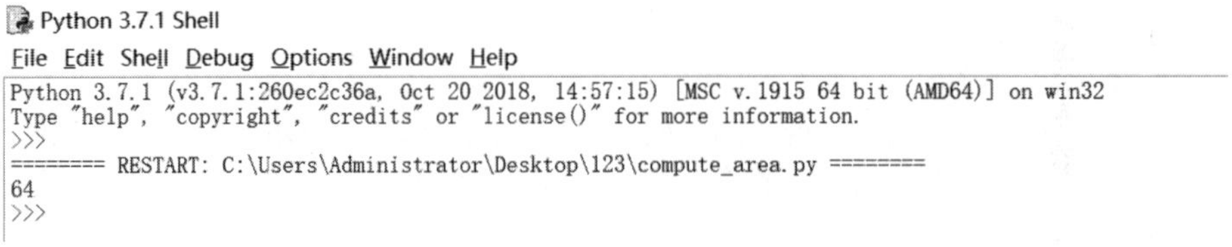

```
Python 3.7.1 Shell
File Edit Shell Debug Options Window Help
Python 3.7.1 (v3.7.1:260ec2c36a, Oct 20 2018, 14:57:15) [MSC v.1915 64 bit (AMD64)] on win32
Type "help", "copyright", "credits" or "license()" for more information.
>>>
======== RESTART: C:\Users\Administrator\Desktop\123\compute_area.py ========
64
>>>
```

图 15-6　文件式求正方形的面积

三、Python 的编程规范

为了提高代码的规范性，增加代码的可读性和可维护性，编写 Python 程序时需要遵循一定的规范。

（一）标识符命名规范

标识符是指开发人员在程序中自定义的一些符号和名称，包括文件名、变量名、函数名、类名、模块名等的名称。标识符命名遵循以下规范：

1）使用字母、数字、下划线（_）及其组合作为标识符名称，但不允许以数字开头。
2）标识符区分大小写字母。
3）不能使用关键字。关键字即预定义保留标识符，如"False""None""True"等。
4）见名知意。

（二）代码缩进

Python 使用代码块缩进来体现代码间的逻辑关系，通常用 4 个空格为基本缩进单位。同一个代码块的缩进量必须一致。

（三）代码注释

注释是指为便于理解程序而添加的说明性文字。解释器将忽略所有的注释语句，注释语句不会影响程序的执行结果。Python 有单行注释和多行注释。

1）单行注释。使用"#"号表示一行注释的开始，例如：
这是单行注释
2）多行注释。使用 3 个双引号""""或者三个单引号''' 将内容括起来，表示多行注释，例如：
'''
这是多行注释
这是多行注释
这是多行注释
'''

四、Python 基础语法

程序语言是一种计算机能够理解的语言，我们想要和计算机对话，就要遵守、使用计算机语言规则。同样，我们要编写 Python 程序，就要遵守 Python 的语法规则。

（一）数据类型

Python 定义了 6 种标准的数据类型，包括 2 种基本数据类型（数字和字符串）、4 种组合数据类型（列表、元组、集合和字典）。

1. 数字（Number）

数字类型包括整型（int）、浮点型（float）、复数（complex）和布尔值（bool）4 种。
1）整型：通常被称为整数类型，是正或负整数，不带小数点。
2）浮点型：浮点型由整数部分与小数部分组成，浮点型也可以使用科学计数法表示，例如

$2.5e2 = 2.5 \times 10^2 = 250$。

3)复数:复数由实数部分和虚数部分构成,表示为 z=a+bj(a,b 均为浮点型),其中 a 为实部,b 为虚部,j 为虚数单位。

4)布尔值:一种特殊的数据类型,只有真(True)和假(False)两种值,分别映射到整数 1 和 0。

2. 字符串(String)

字符串的值可以是数字、字母和符号等任意字符组成,一般使用单引号' '或双引号" "括起来,如 'china' "number_101" 等。

字符串中如果包含控制字符和特殊含义字符,就需要使用转义字符。常用转义字符见表 15-1。

例如:print("你\n好")   # \n 代表回车换行

3. 列表(List)

Python 列表是一种可变的元素序列,没有长度的限制,列表中的元素可以是数字、字符串或列表(列表嵌套)。列表定义的一般形式为

列表名 =[元素 0,元素 1,…,元素 n]

表 15-1 常用转义字符

转义符	说明	转义符	说明
\n	换行	\'	单引号
\t	横向制表符	\"	双引号
\r	回车	\a	响铃
\f	换页	\b	退格
\\	反斜杠符号	\e	转义

列表支持索引和切片操作,索引下标从 0 开始。列表还可以进行添加、删除、修改元素等操作,列表常见操作见表 15-2。

表 15-2 列表的常见操作

常见操作	说明	常见操作	说明
len(l)	计算列表 l 的元素个数	l.pop(i)	取出并删除列表中索引为 i 的元素
min(l)	返回列表 l 的最小元素	l.remove	删除列表中第一次出现的元素
max(l)	返回列表 l 的最大元素	l.reverse()	将列表元素反转
l.append()	在列表的末尾添加元素	l.clear()	删除列表中的所有元素
l.extend()	在列表中添加另一列表的元素	del l	删除列表 l
l.insert(i)	在列表索引为 i 的元素之前插入元素	l.sort	将列表中的元素排序

列表的常见操作实例如下:

```
person = ["Xiao", "Male", 18]           # 创建一个 person 列表
print(person[2])                         # 读取索引为 2 的列表数据,结果为 18
print(person[0:2])                       # 列表切片,结果为 'Xiao','Male'
person[1] = 'Man'                        # 修改索引为 1 的元素的值为 'Man'
len(person)                              # 计算列表 person 的长度
person.append('Yunnan Kunming')          # 列表的末尾添加籍贯
person.pop(2)                            # 取出并删除索引为 2 的元素
```

4. 元组(Tuple)

Python 中元组与列表类似,不同之处在于元组的元素不可变,且元组使用小括号,列表使用方括号。元组的主要用途是表达固定数据、函数返回值、多变量同步赋值。元组定义的一般

形式为：

元组名 =（元素 0，元素 1，…，元素 n）

元组支持索引和切片操作。元组是不可变的，因此不支持添加、修改和删除操作，元组常见操作见表 15-3。

表 15-3 元组的常见操作

常见操作	说明	常见操作	说明
len（t）	计算元组 t 的元素个数	sum（）	返回元组中的所有元素之和
min（t）	返回元组 t 的最小元素	t.clear（）	删除元组 t 中所有元素
max（t）	返回元组 t 的最大元素	del t	删除元组 t
tuple（1）	将列表 1 转为元组		

元组的常见操作实例如下：

```
person =（"Xiao"，"Male"，18）    # 创建一个 person 元组
print（person[0]）                # 读取索引为 0 的元素，结果为 'Xiao'
print（person[0 : 2]）            # 元组切片，结果为 'Xiao'，'Male'
del person                       # 删除元组
```

5. 集合（Set）

Python 集合是一个无序的不可重复的序列，使用 "{ }" 包含元素。集合定义形式为：

集合名 = { 元素 0，元素 1，…，元素 n }

Python 集合最常用的操作是向集合中添加、删除元素，以及集合之间做交集、并集、差集等运算，集合的常见操作见表 15-4。

表 15-4 集合的常见操作

常见操作	说明	常见操作	说明
s.add（x）	集合 s 中增加元素 x	del s	删除集合
s.remove(x)	删除数据 x，x 不在集合中则报错	s&t	集合 s 和 t 的交集
s.discard（x）	删除数据 x，x 不在集合中也不报错	s|t	集合 s 和 t 的并集
s.pop（）	随机删除集合中某个数据，并返回这个数据	s-t	集合 s 和 t 的差集
s.clear（）	清空集合所有数据	s^t	集合 s 和 t 的对称差分集，即两个集合的非共同元素

集合的常见操作实例如下。

```
s1 = set（（"apple"，"banana"，"organge"））    # 创建集合 s1
s2 = {"apple"，"pear"}                        # 创建集合 s2
s1.add（"watermelon"）                        # 给集合 s1 添加元素
s1.remove（"banana"）                         # 删除集合 s1 中元素
print（s1&s2）                                # 获取两个集合的交集
print（s1|s2）                                # 获取两个集合的并集
print（s1-s2）                                # 获取两个集合的差集
print（s1^s2）                                # 获取两个集合的对称差分集
s1.clear（）                                  # 清空集合所有元素
del s1                                       # 删除集合
```

6. 字典（Dictionary）

字典是包含多个元素的一种可变数据类型，其元素由 "键：值" 对组成。在一个字典中，

"键"是不重复的,"值"可以是任意类型,不同"键"对应的"值"可以相同。字典定义的一般形式为:

字典名 = { 键 0:值 0, 键 1:值 1, …, 键 n:值 n}

字典没有索引,元素之间无顺序之分,通过"键"访问"值"。字典是可变的,因此可以进行添加、修改和删除等操作。字典的常见操作见表 15-5。

表 15-5 字典的常见操作

常见操作	说明	常见操作	说明
len(d)	返回字典 d 中元素个数	d.items()	返回字典 d 中所有的键值对信息
min(d)	返回字典 d 中最小键的值	d.clear()	清空字典 d
max(d)	返回字典 d 中最大键的值	del d[key]	删除字典 d 中键值对 key
d.keys()	返回字典 d 中所有的键信息	del d	删除字典 d
d.values()	返回字典 d 中所有的值信息		

字典的常见操作实例如下。

```
student = {"Name" : "Lily", "Age" : 18, "Sex" : "Female", "Class" : "201"}   # 创建字典
print(student["Name"])              # 取键"Name"的值,结果为"Lily"
student["Name"] = "XiaoMing"        # 修改键"Name"的值
student["Addr"] = "云南"            # 添加新的键值对"Addr"
print(len(student))                 # 返回字典长度
print(student.keys())               # 取字典的所有键信息
print(student.values())             # 取字典的所有值信息
print(student.items())              # 取字典的所有键值对信息
del student["Age"]                  # 删除键值对"Age"
student.clear()                     # 清空字典
del student                         # 删除字典
```

(二)运算符

运算符是用来对变量、常量或数据进行计算的符号,Python 运算符非常丰富,下面介绍几种常用的运算符:算术运算符、赋值运算符、比较运算符、逻辑运算符。

1. 算术运算符

算术运算符主要用来处理算术运算操作,常用的算术运算符有"+""-""*""/""//""%"和"**"。

以操作数 a=9、b=2 为例,算术运算符的功能描述及示例见表 15-6。

表 15-6 算术运算符

运算符	名称	描述	实例
+	加	两个操作数相加,获取操作数的和	a + b,结果为 11
-	减	两个操作数相减,获取操作数的差	a - b,结果为 7
*	乘	两个操作数相乘,获取操作数的积	a * b,结果为 18
/	除	两个操作数相除,获取操作数的商	a / b,结果为 4.5
//	整除	两个操作数相除,获取商的整数部分	a // b,结果为 4
%	取余	两个操作数相除,获取余数	a % b,结果为 1
**	幂	两个操作数进行幂运算	a ** b,结果为 81

2. 赋值运算符

赋值运算符是将右边的值赋给左边的变量。"="是基本的赋值运算符,所有的算术运算符都可以与"="组合成复合赋值运算符,包括"+=""-=""*=""/=""//=""%=""**=",例如:"a+=b"等价于"a=a+b","a*=b"等价于"a=a*b",其他复合赋值运算符使用类似。

以操作数 a=9、b=2 为例，赋值运算符的功能描述及示例见表 15-7。

表 15-7 赋值运算符

运算符	名称	描述	实例
=	等	将右值赋给左值	a = b，a 的值为 2
+=	加等	将左值加右值的和赋给左值	a += b，a 的值为 11
-=	减等	将左值减右值的差赋给左值	a -= b，a 的值为 7
*=	乘等	将左值乘以右值的积赋给左值	a *= b，a 的值为 18
/=	除等	将左值除以右值的商赋给左值	a /= b，a 的值为 4.5
//=	整除等	将左值除以右值的商的整数部分赋给左值	a //= b，a 的值为 4
%=	取余等	将左值除以右值的余数赋给左值	a %= b，a 的值为 1
**=	幂等	将左值的右值次方的结果赋给左值	a **= b，a 的值为 81

3. 比较运算符

比较运算符用于对两个值进行比较，比较结果的返回值是布尔值，如果比较的结果为真则返回 True，否则返回 False。比较运算符包括"=="" !="">""<"">="" <="。

以操作数 a=9、b=2 为例，比较运算符的功能描述及示例见表 15-8。

表 15-8 比较运算符

运算符	名称	描述	实例
==	等于	比较两个值，若相等则结果为 True，否则为 False	a==b，结果为 False
!=	不等于	比较两个值，若不相等则结果为 True，否则为 False	a!=b，结果为 True
>	大于	比较两个值，若左边大于右边则结果为 True，否则为 False	a>b，结果为 True
<	小于	比较两个值，若左边小于右边则结果为 True，否则为 False	a<b，结果为 False
>=	大于或等于	比较两个值，若左边大于或等于右边则结果为 True，否则为 False	a>=b，结果为 True
<=	小于或等于	比较两个值，若左边小于或等于右边则结果为 True，否则为 False	a<=b，结果为 False

4. 逻辑运算符

逻辑运算符用于把多个单一条件按照逻辑进行连接，变成复杂条件。逻辑运算符包括"and""or""not"。

以操作数 a=9、b=2 为例，比如有两个单一条件分别为"a>b"和"a==9"，用"and"运算符连接后变成复杂条件"a>b and a==9"，结果为 True。逻辑运算符的功能描述及示例见表 15-9。

表 15-9 逻辑运算符

运算符	名称	描述	实例
and	与	左边和右边的条件都为 True 时，结果才为 True，否则结果为 False	"a>b and a==9"，结果为 True
or	或	左边和右边的条件任意一个为 True 时，结果为 True，否则结果为 False	"a<b or a==8"，结果为 False
not	非	如果条件的值为 True，则结果为 False；如果条件的值为 False，则结果为 True	"not a>b"，结果为 False

（三）程序控制结构

程序结构确定了程序中的代码执行流程，定义了一些执行特性，例如哪条语句要执行，执行多少次。程序控制结构可以分为顺序结构、分支结构和循环结构 3 种。一个程序很少只使用一种结构，往往 3 种结构都会使用。

1. 顺序结构

顺序结构是最简单的一种程序控制结构，程序中的语句从上到下依次执行。

2. 分支结构

分支结构又称选择结构，是一种根据判断条件，选择不同分支执行的结构。分支机构包括单分支结构、双分支结构和多分支结构，如图15-7所示。

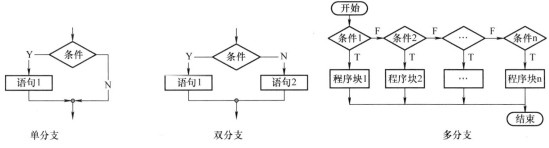

图 15-7　分支结构

（1）单分支语句结构　语法格式：

```
if 判断条件：
    代码块
```

例：使用单分支结构判断一个整数是否是奇数，代码如下：

```
#judge_odd.py
n = int（input（"请输入一个整数："））
if n%2 == 1：
    print（"输入的数是奇数"）
```

（2）双分支语句结构　语法格式：

```
if 判断条件：
    代码块 1
else：
    代码块 2
```

例：使用双分支结构判断一个整数是奇数还是偶数，代码如下：

```
#judge_odd_even.py
n = int（input（"请输入一个整数："））
if n%2 == 0：
    print（"输入的数是偶数"）
else：
    print（"输入的数是奇数"）
```

（3）多分支语句结构　语法格式：

```
if 判断条件1：
```

```
    代码块 1
elif 判断条件 2：
    代码块 2
...
elif 判断条件 n：
    代码块 n
else：
    代码块 n+1
```

例：使用多分支结构判断考试成绩等级，代码如下：

```
#judge_score_grade.py
score = int（input（"请输入考试分数（0-100分）："））
if score>90 and score<=100：
    grade = "A"
elif score>80 and score<=90：
    grade = "B"
elif score>70 and score<=80：
    grade = "C"
elif score>60 and score<=70：
    grade = "D"
else：
    grade = "E"
print（"成绩对应的等级是：{}".format（grade））
```

3. 循环结构

循环结构是指在程序中需要反复执行某个功能而设置的一种程序结构。循环结构分为while循环和for循环两种，其中while循环一般用于实现条件循环，for循环一般用于实现遍历循环。

（1）while循环　while循环也称条件循环，通过判断循环条件来决定是否执行代码块，若循环条件为True，则执行代码块，执行完代码块后再判断循环条件，如此反复，直到循环条件为False时，终止循环。语法格式如下：

```
while 循环条件：
    代码块
```

例：使用while循环实现计算1+2+…+100的总和，运行结果为5050，代码如下：

```
#sum_1_100.py
i = 1
sum = 0
while i <= 100：
    sum += i
    i += 1
print（"总和：{}".format（sum））
```

（2）for循环　for循环也称遍历循环，循环时逐一访问目标中的数据，直到目标中的数据全部访问完成，终止循环。例如逐个访问字符串中的字符。语法格式如下：

```
for 循环变量 in 遍历结构：
    代码块
```

使用 for 循环遍历列表中的所有元素，代码如下：

```
#traverse_list.py
list=["apple", "banana", "grape", "peach"]
for item in list :
    print（item）
```

（3）循环控制　循环控制在条件满足时可一直执行，但在一些情况下，程序需要提前终止循环，跳出循环控制。Python 提供了 break 和 continue 两个关键字，来辅助循环控制。两者的区别是：break 是结束整个循环，而 continue 只是结束本次循环，不是终止整个循环，后面的循环继续执行。

例 15.1　计算 1+2+…+100 的总和，求和的过程中如果碰到偶数，则使用 break 和 continue 关键字跳出循环。

1）使用 break 跳出循环，运行结果为 1，代码如下：

```
# sum_1_100_break.py
i = 1
sum = 0
while i <= 100 :
    if i % 2 == 0 :
        break
    sum += i
    i+=1
print（"总和：{}".format（sum））
```

2）使用 continue 跳出循环，运行结果为 2500，代码如下：

```
# sum_1_100_continue.py
i = 1
sum = 0
while i<=100 :
    if i % 2 == 0 :
        i+=1
        continue
    sum += i
    i+=1
print（"总和：{}".format（sum））
```

（四）函数

函数是组织好的、可重复使用的、实现单一或相关联动功能的代码段，函数的作用是提高程序的模块化和代码的重复使用性，降低软件的开发和维护成本。

函数大体可划分为两类，一类是系统内置函数，由 Python 内置函数库提供，例如前面用过的 print（）、input（）、len（）等函数；另一类是用户根据需求定义的具有特定功能的一段代码。

1. 函数的定义

Python 使用关键字 def 定义函数，语法格式如下：

```
def 函数名(<参数列表>):
    函数体
    return <返回值列表>
```

关键字 def：标志着函数的开始。

函数名：函数的唯一标识，用户自己定义的名称，命名方式遵循标识符的命名规则。

参数列表：可以有零个、一个或者多个参数，多个参数之间使用逗号隔开。

函数体：实现函数功能的代码块。

return 语句：标志着函数的结束，用于将函数中的数据返回给函数调用者。若函数需要返回值，则使用 return 返回，否则 return 语句可以省略，函数在函数体顺序执行完毕后结束。

2. 函数的调用

在调用函数时，直接使用函数名调用。如果定义的函数包含参数，则调用函数时也必须使用参数。函数调用语法格式如下：

```
函数名（参数列表）
```

例：定义和调用一个求绝对值的函数，代码如下：

```python
#function_abs.py
# 定义函数
def function_abs(a):
    if a>= 0 :
        return a
    else :
        return -a

# 调用函数
i = eval(input("请输入一个数："))
result = function_abs(i)
print(result)
```

（五）文件

文件在计算机中应用广泛，文件是以硬盘等外部介质为载体，存储在计算机中的数据集合，文本文档、图片、音视频等都是文件。按数据的存储方式不同可以将文件分为文本文件和二进制文件。文本文件以文本形式编码（如 ASCII 码、UTF-8 等）存储在计算机中。二进制文件以二进制形式编码存储在计算机中，只能通过特定的软件打开文件，才能直观展示文件的内容。二进制文件包括图形文件、音视频文件和可执行文件等。

Python 处理文件统一的操作步骤：打开文件 / 读写文件 / 关闭文件，下面对基本步骤进行讲解。

1. 打开文件

Python 可通过内置函数 open（）打开文件，该函数语法格式如下：

```
open（file, mode="r", buffering=-1）
```

其中参数 file 表示文件的路径；参数 mode 表示文件的打开模式，常用的文件打开模式见表 15-10；参数 buffering 用来设置访问文件的缓冲方式，设置为 0，表示采用非缓冲方式，设置为 1，表示采用缓冲方式，若设置为大于 1 的值，表示缓冲区的大小。若参数 buffering 缺省或设置为负值，则使用默认缓冲机制（由设备类型设定）。

表 15-10　文件的打开模式

模式	含义	说明
r/rb	只读模式	以只读的形式打开文本文件/二进制文件，若文件不存在或无法找到，open（）调用失败
w/wb	只写模式	以只写的形式打开文本文件/二进制文件，若文件已存在，清空文件；若文件不存在则创建新文件
a/ab	追加模式	以只写的形式打开文本文件/二进制文件，只允许在该文件末尾追加数据，若文件不存在则创建新文件
r+/rb+	读取（更新）模式	以读/写的形式打开文本文件/二进制文件，若文件不存在，open（）调用失败
w+/wb+	写入（更新）模式	以读/写的形式创建文本文件/二进制文件，若文件已存在，则清空文件
a+/ab+	追加（更新）模式	以读/写的形式打开文本文件/二进制文件，但只允许在文件末尾添加数据，若文件不存在则创建新文件

下面使用 open（）函数打开文件，并将文件流赋值给文件对象，具体示例如下：

```
file1 = open（"a.txt"）           # 以只读方式打开文本文件 a.txt
file2 = open（"a.txt", "w"）      # 以只写方式打开文本文件 a.txt
file3 = open（"a.txt", "a"）      # 以追加方式打开文本文件 a.txt
```

2. 读写文件

打开文件后，可以对文件进行读写操作，Python 中常用的文件读写方法见表 15-11。

表 15-11　文件读写方法

方法	含义	描述
read（size）	按指定 size 读取	从指定文件中读取指定 size 字节的数据
readline（）	按行读取	每次从指定文件中读取一行数据
readlines（）	按行全部读取	将指定文件中的数据一次读取，并将每一行视为一个元素，存储在列表中
write（s）	写文件	向文件中写入字符串 s
writelines（s）	写文件	向文件中写入字符串 s，不添加换行符
seek（offset）	移动文件指针位置	控制文件指针的位置，实现在文件的任意位置读写。参数 offset 表示偏移量

3. 关闭文件

Python 可通过 close（）函数关闭文件。具体操作如下：

```
file1 = open（"a.txt"）           # 以只读方式打开文本文件 a.txt
file1.close（）                   # 关闭文件
```

例 15.2　读取文件"print.txt"，将除以 # 开头之外的所有行进行打印，打印完成后关闭文件。

```
#print_file.py
new = []
f = open（"print.txt", "r"）
```

```
contents = f.readlines()
for ele in contents:
    if ele.startswith('#') == False:
        new.append(ele)
        print(ele)
f.close()
```

📖 任务实现

通过对本任务的学习,让学生了解和掌握 Python 的基础语法,会用 Python 进行简单程序的开发。

✏️ 任务总结

本任务对 Python 编程语言进行了基础学习,首先讲解了 Python 软件的安装和环境变量的配置;其次介绍了 Python 程序的 2 种运行方式:交互式、文件式,以及 Python 编程规范;最后详细讲解了 Python 的基础语法,包括数据类型、运算符、程序控制结构、函数和文件,同时结合实际编程案例使用 Python 语言进行程序开发实践。

项目 16
大 数 据

Project **16**

回复"71330+16"
观看视频

项目导读

大数据是指无法在一定时间范围内用常规软件、工具获取、存储、管理和处理的数据集合，具有数据规模大、数据变化快、数据类型多样和价值密度低 4 大特征。熟悉和掌握大数据相关技能，将会更有力地推动国家数字经济建设。本项目内容包含大数据基础知识、大数据系统架构、大数据分析算法、大数据应用及发展趋势等。

项目知识点

1）理解大数据的基本概念、结构类型和核心特征。
2）了解大数据的时代背景、应用场景和发展趋势。
3）熟悉大数据在获取、存储和管理方面的技术架构，熟悉大数据系统架构的基础知识。
4）掌握大数据工具与传统数据库工具在应用场景上的区别，初步具备搭建简单大数据环境的能力。
5）了解大数据分析算法模式，初步建立数据分析概念。
6）了解基本的数据挖掘算法，熟悉大数据处理的基本流程。
7）熟悉典型的大数据可视化工具及其基本使用方法。
8）了解大数据应用中面临的常见安全问题和风险，以及大数据安全防护的基本方法，自觉遵守和维护相关法律法规。

任务 16.1　认识大数据

任务描述

通过本任务的学习，了解大数据的特征。

任务分析

学习本任务，需要了解什么是大数据技术、什么是大数据、大数据有什么特征。

任务知识模块

一、大数据概述

从 20 世纪开始，各行各业（如医疗、网络、金融、电信）的信息化得到了迅速发展，积累了海量数据。在这些数据中，87% 以上都是非结构化数据。虽然国内的各类数据中心已经有足够的硬件设施来存储这些数据，但是，如何让这些数据产生最大的商业价值，是目前面临的挑战之一。还有，由于数据的增长速度越来越快，数据量越来越大，传统的数据库或数据仓库很难存储、管理、查询和分析这些数据，如何在软件层面实现 PB 级乃至 ZB 级的数据存储和分析也是目前面临的挑战之一。大数据（Big Data）技术因此而生，并成功地解决了这两个挑战。进一步将大数据技术细分为采集、整理、存储、管理、挖掘、共享、分析、反馈、应用，服务于各行各业。

（一）什么是大数据

大数据不是一项单一的技术，而是一个概念，是一套技术，是一个生态圈。大数据技术和专业术语多达几十个，这些技术和术语记录了大数据从概念到成熟并进入主流应用的过程。数据挖掘、预测分析、分布式存储，都属于大数据范畴。政府和企业希望从自己的数据中获得更多的信息，软件厂商希望将"大数据解决方案"融入公司的产品之中。在大数据软件公司的助推下，政府和企业已经有能力利用廉价的服务器、开源技术和云计算来进行大数据部署。

对于什么是"大数据"，不同的研究机构从不同的角度给出了不同的定义。研究机构 Gartner 认为：大数据是需要新处理模式才能具有更强的决策力、洞察发现力和流程优化能力来适应海量、高增长率和多样化的信息资产。麦肯锡全球研究所认为：大数据指的是大小超出常规的数据库工具获取、存储、管理和分析能力的数据集，但它同时强调，并不是说一定要超过特定 TB 值的数据集才能算是大数据。根据维基百科的定义，大数据是指无法在可承受的时间范围内用常规软件工具进行捕捉、管理和处理的数据集合。IDG 认为：大数据一般会涉及 2 种或 2 种以上数据形式，它要收集超过 100TB 的数据，并且是高速实时数据流；或者是从小数据开始，但数据每年会增长 60% 以上。

（二）什么是大数据技术

从客户的角度来看，大数据技术的战略意义不在于拥有多么庞大的数据信息，而在于如何对这些含有意义的大数据进行专业化处理，从中获得商业价值。比如，以色列已经把所有政府部门的视频整合到一个大数据管理平台上，并在这个平台上开发了一套智慧安防系统。在这个系统上，只要把某一个人的人脸或主要特征数据输入系统，就能从海量的监控记录中查出那个人相关的视频片段，并自动变成一个有时间顺序的片子。

随着以云计算、大数据、物联网等为代表的新一代信息技术的发展和应用，世界经济进入了大转型时代，主要发达国家以及国内发达省市都紧盯紧跟这一轮产业变革，试图抢占未来经济发展的先机。大数据是一种产业，这种产业实现盈利的关键在于提高对数据的"加工能力"，通过"加工"实现数据的"增值"，完成"数据变现"。这种加工能力体现在技术上就是大数据分析。简言之，从各种各样类型的数据中，快速获得有价值信息的能力，就是大数据技术。大数据最核心的技术在于对于海量数据进行采集、存储、管理和分析。大数据技术需要处理各种行业、各种类型的数据，如图 16-1 所示。

图 16-1　大数据需要处理各类数据

（三）大数据的四大特征

大数据具有 4V 特征，即 Volume（数据体量巨大）、Variety（数据类型繁多）、Velocity（数据产生的速度快）、Value（数据价值密度低）。

Volume 指的是数据体量巨大。比如，一家三甲医院的影像数据（包括 CT、B 超、X 光片、胃镜、肠镜等）可能就有几百个 TB，全国的医疗影像数据超过 PB 级别，接近 EB 级别。全球数据已进入 ZB 时代。

Variety 指的是数据类型繁多。数据可分为结构化数据、半结构化数据和非结构化数据。结构化数据，即行数据，存储在数据库里，可以用二维表结构来逻辑表达数据，比如企业财务系统、医疗 HIS 数据库、环境监测数据、政府行政审批系统等。非结构化数据，一般存储在文件系统上，比如医疗影像系统、教育视频点播、公安视频监控、国土 GIS、广电多媒体资源管理系统等。半结构化数据，介于结构化数据（如关系型数据库、面向对象数据库中的数据）和非结构化数据（如声音、图像文件等）之间的数据，比如邮件、HTML、报表等，典型场景如邮件系统、教学资源库、档案系统等。非结构化与半结构化数据的增长速率大于结构化数据，超过 80% 的数据都是非结构化数据。IDC 的报告显示，目前大数据的 1.8 万亿 GB 容量中，非结构化数据占到了 80%~90%。非结构化数据比例不断升高，这些数据中蕴含着巨大的价值。

Velocity 是指大数据往往以数据流的形式动态、快速地产生，具有很强的时效性。数据自身的状态与价值也往往随时空变化而发生演变（这些数据往往包括了空间维、时间维等多种数据）。比如，环境监测中的水质和空气质量数据、高速路卡口的视频监测数据等。

Value 是指数据已经成为一类新型资产，蕴藏着大价值。大数据的价值密度低，需要通过专业的技术手段进行挖掘。只有对其进行正确、准确的分析，才会带来很高的价值回报。比如，电视机顶盒的频道切换数据，各大电视台分析其中的数据，从中准确判断观众的喜好，以推出更加符合观众口味的节目。

大数据并非是说有数百个 TB 才算得上。根据实际使用情况，有时候数百个 GB 的数据也可称为大数据，这主要考虑速度维度或者时间维度。假如能在 1s 之内分析处理 300GB 的数据，而通常情况下却需要花费 1h 的话，那么这种巨大变化所带来的结果就会极大地增加价值。所谓大数据技术，就是至少实现这四个判据（特征）中的几个。

（四）数据挖掘总体流程

数据挖掘技术是可以从海量的数据中，通过建立相关的分析模型，找出数据中蕴藏的"有用信息"，通过挖掘得到的知识，可以对现实中的某个事物进行解释，或者通过挖掘模型，对某个目标进行预测。一般数据挖掘需要经过如下几个步骤：

1. 数据获取与目标确定

在进行数据挖掘分析之前我们需要得到建模所需的原始数据集，并明确本次挖掘分析的目标是什么。

2. 数据清洗与属性规约

由于原始数据集中会有很多缺失数据和噪声数据，这样的数据集是不满足挖掘建模条件的，因为无效数据会导致模型不稳定且准确度下降，所以在正式建模之前需要对数据集先进行清洗，对于缺失数据来说可以采用过滤的方式也可以采用中值填充或者特定值填充的方式进行处理，而对于噪声数据需要结合具体的挖掘需求与数据集特征，认真分析这些噪声数据出现的原因，并谨慎处理。当原始数据属性值太多时，直接建模会加大建模的难度，且模型的准确度不高，这个时候需要进行属性规约，即根据挖掘任务及数据集内部的结构特点，对数据集进行属性的约减，一般采用主成分分析法和关联分析方法，观察各属性值与目标属性之间的关系，将重要的属性筛选出来。最后根据挖掘模型对数据格式的要求，对原始数据按照模型要求进行归一化处理。这样就得到了挖掘建模所需的训练数据集。

3. 挖掘建模

根据挖掘目标及训练数据集的情况，选择合适的算法进行建模。根据任务，一般将挖掘模型分为分类、估计、预测、关联、聚类五种。分类模型可以将数据集按照我们的需要，分为若干个类别。估计与预测模型可以为用户预测某一属性的值并给出可能相关的概率。关联模型主要是用来寻找多个属性变量之间取值的规律性和相关性。聚类模型和分类模型很像，但是聚类模型的簇不是事先人为设定的，而是根据数据集本身的内部结构和关系，主要依赖相似度计算来划分。在选择算法进行建模时，一定要明确挖掘的目标是什么，要实现什么功能需求，然后用训练数据集进行模型构建，并对得到的模型进行多次修调。

4. 模型应用

将训练集建模得到的挖掘模型，应用于对测试集的分析预测中。这个过程可以进一步对挖掘模型进行检验和评估，看得到的预测分析结果是否符合我们最终的需求。并进一步评估模型的性能。

数据中实用关系与模式的开发是通过一系列迭代的处理过程实现的，即数据挖掘流程。标准的数据挖掘流程包括以下环节：理解问题、准备数据样本、开发模型、评估模型在真实环境下的性能表现、生产部署。图 16-2 所示是一套通用的数据挖掘流程，它并不限定于某些特定的业务、算法或工具。这是因为所有数据挖掘流程的根本目标都是解决所分析的问题。着手处理的问题可以是客户分析，也可以是天气趋势预报，还可以是简单的数据探索。而解决业务问题的算法，可以是自动化聚类，也可以是人工神经网络等。

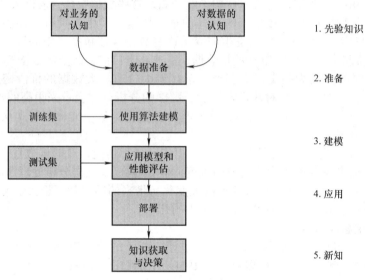

图 16-2　通用数据挖掘流程

二、大数据系统架构

大数据作为一种新兴技术，目前尚未形成完善、达成共识的技术标准体系。本节结合美国国家标准与技术研究院（NIST）和 ISO/IEC JTC 1 的研究成果，并引用中国电子技术标准化研究院的《大数据标准化白皮书》最新内容，得出大数据的参考架构，如图 16-3 所示。

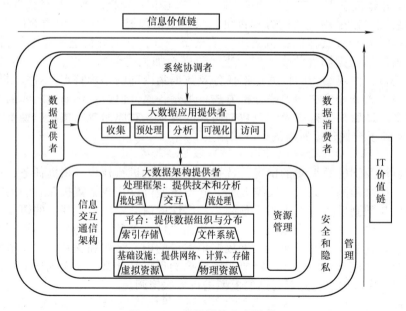

图 16-3　大数据的参考架构

(一)参考架构的解释说明

1)大数据参考架构总体上可以概括为"一个概念体系,两个价值链维度"。"一个概念体系"是一个构件层级的分类体系,即"角色-活动-功能组件",用于描述参考架构中的逻辑构件及其关系。"两个价值链维度"分别为"IT价值链"和"信息价值链"。其中,"IT价值链"反映的是大数据作为一种新兴的数据应用模式对IT技术产生的新需求所带来的价值;"信息价值链"反映的是大数据作为一种数据科学方法论对数据到知识的处理过程中所实现的信息流价值。这些内涵在大数据参考架构图中都得到了体现。

2)大数据参考架构是一个通用的大数据系统概念模型。它表示了通用的、技术无关的大数据系统逻辑功能构件及构件之间的互操作接口,可以作为开发各种类型大数据应用系统架构的通用技术参考框架。大数据参考架构的目标是建立一个开放的大数据技术参考架构,使系统工程师、数据科学家、软件开发人员、数据架构师和高级决策者能够在互操作的大数据生态系统中制订一个解决方案。同时,大数据参考架构提供了一个通用的大数据应用系统框架,支持各种商业环境,包括紧密集成的企业系统和松散耦合的垂直行业,有助于理解大数据系统如何补充并有别于传统的数据应用系统。

3)大数据参考架构采用构件层级结构来表达大数据系统的高层概念和通用的构件分类法。从构成上来看,大数据参考架构由一系列在不同概念层级上的逻辑构件组成。这些逻辑构件被划分为3个层级,从高到低依次为角色、活动和功能组件。最顶层级的逻辑构件是角色,包括系统协调者、数据提供者、大数据应用提供者、大数据框架提供者、数据消费者。第二层级的逻辑构件是每个角色执行的活动。第三层级的逻辑构件是执行每个活动需要的功能组件。

4)大数据参考架构图的整体布局是按照大数据价值链的两个维度来组织,即信息价值链(水平轴)和IT价值链(垂直轴)。在信息价值链维度上,大数据的价值通过数据的收集、预处理、分析、可视化和访问等活动来实现。在IT价值链维度上,通过为大数据应用提供存放和运行网络、基础设施、平台、应用工具及其他IT服务来实现。

参考架构可以用于多个大数据系统组成的复杂系统(如堆叠式或链式系统),这样一来,其中一个系统的大数据使用者就可以作为另外一个系统的大数据提供者。

(二)五个主要技术角色

五个主要的模型构件代表在每个大数据系统中扮演不同技术角色,分别是系统协调者、数据提供者、大数据应用提供者、大数据框架提供者和数据消费者。

1. 系统协调者

系统协调者的职责在于规范和集成各类所需的数据应用活动,以构建一个可运行的垂直系统。系统协调者需要提供系统必须满足的整体要求,包括政策、治理、架构、资源和业务需求,以及为确保系统符合这些需求而进行的监控和审计活动。系统协调者的角色扮演者包括业务领导、咨询师、数据科学家、信息架构师、软件架构师、安全和隐私架构师、网络架构师等。系统协调者定义和整合所需的数据,并将其应用到垂直系统中。系统协调者通常会涉及更多具体角色,由一个或多个角色扮演者管理和协调大数据系统的运行。这些角色扮演者可以是人、软件或二者的结合。系统协调者的功能是配置和管理大数据架构的其他组件,来执行一个或多个工作负载。这些由系统协调者管理的工作负载,在较低层可以把框架组件分配或调配到个别物理或虚拟节点上,在较高层可以提供一个图形用户界面来支持连接多个应用程序和组件的工作流规范。系统协调者也可以通过管理角色监控工作负载和系统,以确保每个工作负载都达到了特定的服务质量的要求,还能够弹性地分配和提供额外的物理或虚拟资源,以满足由变化(激增)数据或用户(交易数量)而带来的工作负载需求。

2. 数据提供者

数据提供者的职责是将数据和信息引入大数据系统中,供大数据系统发现、访问和转换为可用的数据。数据提供者的角色扮演者包括企业、公共代理机构、研究人员和科学家、搜索引擎、Web/FTP和其他应用、网络运营商、终端用户等。在一个大数据系统中,数据提供者的活动通常包括采集数据、持久化数据、对敏感信息进行转换和清洗、创建数据源的元数据及访问策略、访问控制、通过软件的可编程接口实现推式或拉式的数据访问、发布数据、访问方法的信息等。

数据提供者通常需要为各种数据源（原始数据或由其他系统预先转换的数据）创建一个抽象的数据源，通过不同的接口提供发现和访问数据的功能。这些接口通常包括一个注册表，使大数据应用程序能够找到数据提供者、确定包含感兴趣的数据、理解允许访问的类型、了解所支持的分析类型、定位数据源、确定数据访问方法、识别数据安全要求、识别数据保密要求及其他相关信息。因此，该接口将提供注册数据源、查询注册表、识别注册表中包含的标准数据集等功能。

3. 大数据应用提供者

大数据应用提供者的职责是通过在数据生命周期中执行的一组特定操作，目的是满足由系统协调者规定的要求，以及安全性、隐私性要求。大数据应用提供者通过把大数据框架中的一般性资源和服务能力相结合，把业务逻辑和功能封装成架构组件，构造出特定的大数据应用系统。大数据应用提供者的角色扮演者包括应用程序专家、平台专家、咨询师等。大数据应用提供者的活动包括数据的收集、预处理、分析、可视化和访问。

大数据应用提供者可以是单个实例，也可以是一组更细粒度的大数据应用提供者实例的集合，集合中的每个实例，执行数据生命周期中的不同活动。收集活动负责处理数据接口和数据引入。预处理活动执行的任务类似于ETL的转换环节，包括数据验证、清洗、标准化、格式化和存储。分析活动基于数据科学家的需求或垂直应用的需求，通过确定处理数据的算法来产生新的分析，解决技术目标，从而从数据中提取知识。可视化活动为最终数据消费者提供处理中的数据元素和呈现分析功能的输出。

4. 大数据框架提供者

大数据框架提供者的职责是为大数据应用提供者在创建具体应用时提供使用的资源和服务。大数据框架提供者的角色扮演者包括数据中心、云提供商、自建服务器集群等。大数据框架提供者的活动包括基础设施建设、平台管理、处理框架、信息交互（通信）和资源管理。

基础设施为其他角色执行活动提供存放和运行大数据系统所需要的资源。通常情况下，这些资源是物理资源的某种组合，用来支持相似的虚拟资源。资源一般可以分为网络、计算、存储和环境资源。网络资源负责在基础设施组件之间传送数据；计算资源包括物理处理器和内存，负责执行和保持大数据系统其他组件的软件；存储资源为大数据系统提供数据持久化能力；环境资源是在考虑建立大数据系统时需要的实体工厂资源，如供电、制冷等。

5. 数据消费者

数据消费者通过调用大数据应用提供者提供的接口按需访问信息，产生可视的、事后可查的交互。与数据提供者类似，数据消费者可以是终端用户或者其他应用系统。数据消费者执行的活动通常包括搜索（检索）、下载、本地分析、生成报告、可视化等。数据消费者利用大数据应用提供者提供的界面或服务，访问其感兴趣的信息，这些界面包括数据报表、数据检索、数据渲染等。数据消费者也会通过数据访问活动与大数据应用提供者交互，执行大数据应用提供者提供的数据分析和可视化功能。

另外两个非常重要的模型构件是安全隐私与管理，它们能为大数据系统5个主要模型构件提供服务和功能的构件。这两个关键模型构件的功能极其重要，因此也被集成在大数据解决方案中。

三、大数据分析算法

"如何分辨出垃圾邮件""如何判断一笔交易是否属于欺诈""如何判断一个细胞是否属于肿瘤细胞"等，这些问题都属于数据挖掘（Data Mining）的范畴。数据挖掘的算法有分类、预测、聚类、关联、异常值分析、协同过滤等。分类和预测属于有监督学习，聚类和关联属于无监督学习，即属于描述性的模式识别和发现。有监督学习即存在目标变量，需要探索特征变量和目标变量之间的关系，在目标变量的监督下学习和优化算法。例如，信用评分模型就是典型的有监督学习，目标变量为"是否违约"。算法的目的在于研究特征变量（人口统计、资产属性等）和目标变量之间的关系。

无监督学习是指不存在目标变量，基于数据本身去识别变量之间内在的模式和特征。例如关联分析，通过数据发现项目A与项目B之间的关联性。例如聚类分析，通过距离将所有样本划分为几个稳定可区分的群体。这些都是在没有目标变量监督下的模式识别和分析。

（一）分类算法

分类算法和预测算法的最大区别在于，分类算法的目标变量是分类离散型（例如，是否逾期、是否肿瘤细胞、是否垃圾邮件等），预测算法的目标变量是连续型。一般而言，具体的分类算法包括逻辑回归、决策树、KNN、贝叶斯判别、SVM、随机森林、神经网络等。我们通过两个案例来深入学习分类算法。一个是垃圾邮件的分类和判断，另外一个是肿瘤细胞的判断和分辨。

1. 垃圾邮件的判别

邮箱系统如何分辨一封 Email 是否属于垃圾邮件？这应该属于文本挖掘的范畴，通常会采用朴素贝叶斯的方法进行判别。它的主要原理是，根据邮件正文中的单个词语（即单词），是否经常出现在垃圾邮件中进行判断。例如，如果一份邮件的正文中包含"报销""发票""促销"等词汇时，该邮件被判定为垃圾邮件的概率将会比较大。

一般来说，判断邮件是否属于垃圾邮件，应该包含以下几个步骤。

1）把邮件正文拆解成单词组合，假设某篇邮件包含 100 个单词。

2）根据贝叶斯条件概率，计算一封已经出现了这 100 个单词的邮件，属于垃圾邮件的概率和正常邮件的概率。如果结果表明，属于垃圾邮件的概率大于正常邮件的概率。那么该邮件就会被划为垃圾邮件。

2. 医学上的肿瘤判断

如何判断细胞是否属于肿瘤细胞呢？肿瘤细胞和普通细胞有差别，但是这需要非常有经验的医生，通过病理切片才能判断。如果通过机器学习的方式，使得系统自动识别出肿瘤细胞，此时的看病效率将会得到飞速的提升。并且，通过主观（医生）+ 客观（模型）的方式识别肿瘤细胞，结果交叉验证，结论可能更加准确。分类模型识别包含下面两个步骤。

1）通过一系列指标刻画细胞特征，例如细胞的半径、质地、周长、面积、光滑度、对称性、凹凸性等，构成细胞特征的数据。

2）在细胞特征列表的基础上，通过搭建分类模型进行肿瘤细胞的判断。

（二）预测算法

预测算法，其目标变量一般是连续型变量。常见的算法，包括线性回归、回归树、神经网络、SVM 等。下面通过两个案例来介绍预测算法的应用，一个是通过化学特性判断和预测红酒的品质，另外一个是通过搜索引擎的搜索量来预测和判断股价的波动和趋势。

1. 红酒品质的判断

红酒最重要的是口感。而口感的好坏，受很多因素的影响，例如年份、产地、气候、酿造的工艺等。但是，统计学家并没有时间去品尝各种各样的红酒，他们觉得通过一些化学物质的属性特征就能够很好地判断红酒的品质了。现在很多酿酒企业其实也都是这么做的，通过监测红酒中化学成分的含量，从而控制红酒的品质和口感。那么，如何通过化学特性判断红酒的品质呢？

1）收集很多红酒样本，整理检测他们的化学特性，例如：酸性、含糖量、氯化物含量、硫含量、酒精度、pH 值、密度等。

2）通过分类回归树模型进行预测和判断红酒的品质和等级。

2. 预测和判断股价波动和趋势

研究发现，互联网关键词流感的搜索量会比疾控中心提前 1~2 周预测出某地区流感的爆发。同样，现在也有些学者发现了这样一种现象，即公司在互联网中搜索量的变化，会显著影响公司股价的波动和趋势，即所谓的投资者注意力理论。该理论认为，公司在搜索引擎中的搜索量，代表了该股票被投资者关注的程度。因此，当一只股票的搜索频数增加时，说明投资者对该股票的关注度提升，从而使得该股票更容易被个人投资者购买，进一步导致股票价格上升，带来正向的股票收益。

（三）聚类算法

聚类的目的就是实现对样本的细分，使得同组内的样本特征较为相似，不同组的样本特征差异较大。常见的聚类算法包括 Kmeans、系谱聚类、密度聚类等。对客户的细分，可以采用聚类算法。这样能够有效地划分出客户群体，使得群体内部成员具有相似性，但是群体之间存在差异性。其目的在于识别不同的客户群体，然后针对不同的客户群体，精准地进行产品设计和推送，从而节约营销成本，提高营销效率。

例如，针对商业银行中的零售客户进行细分，基于零售客户的特征变量（人口特征、资产特征、负债特征、结算特征），计算客户之间的差别。然后，按照这些差别，把相似的客户聚集为一类，从而有效地细分客户。将全体客户划分为诸如：理财偏好者、基金偏好者、活期偏好者、国债偏好者、风险均衡者、渠道偏好者等。

Kmeans（K均值聚类）是应用最广泛的聚类算法。它试图在数据集中找出 k 个簇群，这里 k 值由数据科学家指定。

（四）关联分析算法

关联分析的目的在于，找出项目（item）之间内在的联系。常常是指购物篮分析，即消费者常常会同时购买哪些产品（例如游泳裤、防晒霜），从而有助于商家的捆绑销售。

啤酒尿布是一个经典的关联分析故事。故事是这样的，沃尔玛发现一个非常有趣的现象，即把尿布与啤酒这两种风马牛不相及的商品摆在一起，能够大幅增加两者的销量。原因在于，美国的妇女通常在家照顾孩子，所以，她们常常会嘱咐丈夫在下班回家的路上为孩子买尿布，而丈夫在买尿布的同时又会顺手购买自己爱喝的啤酒。沃尔玛从数据中发现了这种关联性，因此，将这两种商品并置，从而大大提高了关联销售。啤酒尿布主要讲的是产品之间的关联性，如果大量的数据表明，消费者购买A商品的同时，也会顺带着购买B产品。那么A和B之间存在关联性。在超市中，常常会看到两个商品的捆绑销售，很可能就是关联性分析的结果。

（五）异常值分析算法

基于异常值分析算法的一个案例就是支付中的交易欺诈判断。当我们刷信用卡支付时，系统会实时判断这笔刷卡行为是否属于盗刷。通过判断刷卡的时间、地点、商户名称、金额、频率等要素进行判断。其基本原理就是寻找异常值。如果刷卡被判定为异常，这笔交易可能会被终止。

异常值的判断，可能包含两类规则，即事件类规则和模型类规则。

事件类规则：刷卡的时间是否异常（凌晨刷卡）、刷卡的地点是否异常（非经常所在地刷卡）、刷卡的商户是否异常（被列入黑名单的套现商户）、刷卡金额是否异常（是否偏离正常均值的三倍标准差）、刷卡频次是否异常（高频密集刷卡）。

模型类规则：通过算法判定交易是否属于欺诈。一般通过支付数据、卖家数据、结算数据，构建模型进行分析问题的判断。

异常检测就是找出不寻常的情况。如果已经知道"异常"代表什么含义，就能通过监督学习检测出数据集中的异常。在一些应用中，需要能找出以前从未见过的新型异常，如新欺诈方式。这些应用要用到非监督学习技术，通过学习，知道什么是正常输入，因此能够找出与历史数据有差异的新数据。这些新数据不一定是欺诈，它们只是不同寻常，因此值得做进一步调查。

（六）协同过滤（推荐引擎）算法

基于协同过滤的案例之一就是电商的猜你喜欢（即推荐引擎）。在网上购物时，总会有"猜你喜欢""根据您的浏览历史记录精心为您推荐""购买此商品的顾客同时也购买了**商品""浏览了该商品的顾客最终购买了**商品"，这些都是推荐引擎运算的结果。一般来说，电商的猜你喜欢都是在协同过滤算法（Collaborative Filter）的基础上，再搭建一套符合自身特点的规则库。即该算法会同时考虑其他顾客的选择和行为，在此基础上搭建产品相似性矩阵和用户相似性矩阵。基于此，找出最相似的顾客或最关联的产品，从而完成产品的推荐。

又如我们有一个数据集，记录了用户和歌唱家（歌曲）之间的播放信息，其中包括播放的次数，但是数据集中没有包含用户和歌唱家的更多信息。那么，根据两个用户播放过许多相同歌曲来判断他们可能都喜欢某类歌，这就是协同过滤的应用。

📖 任务实现

通过学习大数据概述、大数据系统架构、大数据分析算法，学生对大数据的特点、数据分析的流程、常用的数据分析算法及典型应用有了一个更深的认识。也能对生活中一些大数据分析的应用实例进行简单的原理分析。

任务总结

大数据具有 4V 特征，即 Volume（数据体量巨大）、Variety（数据类型繁多）、Velocity（数据产生的速度快）、Value（数据价值密度低）。数据挖掘算法分为分类、预测、聚类、关联。

任务 16.2　大数据应用

任务描述

通过学习常用的大数据处理工具，让同学们体会大数据技术在日常生活中各方面的应用，并让同学们思考大数据技术带来的一些问题。

任务分析

学习本任务，需要知道大数据处理的工具有哪些，大数据技术应用在哪些地方，大数据技术在应用时需要注意些什么。

任务知识模块

一、大数据处理工具

目前，大数据分析方面的工具和框架已经有很多，极大地方便了大数据的分析和挖掘工作，下面将按功能和目标分类来介绍大数据处理的相关工具，这将有助于读者了解大数据处理工具的生态系统。

（一）分布式文件系统

1. Hadoop 分布式文件系统（Hadoop Distributed File System，HDFS）

HDFS 是 Hadoop 的核心子项目，是一个可以运行在普通硬件设备上的分布式文件系统，是分布式计算中数据存储和管理的基础，是基于流数据模式访问和处理超大文件的需求而开发的。它所具有的高容错性、高可靠性、高可扩展性、高吞吐率等特征均为海量数据提供了不怕故障的存储，给超大数据集的应用处理带来了很多便利。

2. Ceph 分布式文件系统

Ceph 是一个统一的分布式存储系统，设计的初衷是提供较高的可靠性和可扩展性。Ceph 项目最早起源于 Sage Weil 就读博士期间的工作成果（最早的成果于 2004 年发表），并随后贡献给开源社区。在经过数年的发展之后，目前已得到众多云计算厂商的支持并被广泛应用。Red Hat 及 OpenStack 都可与 Ceph 整合以支持虚拟机镜像的后端存储。

3. Lustre 分布式文件系统

Lustre 是一款开源的、基于对象存储的集群并行分布式文件系统，具有很高的扩展性、可用性、易用性等，在高性能计算中应用很广泛，世界十大超级计算中心中的 7 个，以及超过 50% 的全球排名前 50 的超级计算机都在使用 Lustre。Lustre 可以支持上万个结点，可以存储 PB 数量级的数据。

（二）分布式编程框架

1. MapReduce 编程框架

MapReduce 是一种编程模型，被广泛应用于大规模数据的处理中。利用这款软件框架，开发人员可以快速地编写分布式应用程序。现今，该框架已被广泛地应用到日志分析、海量数据排序等任务中，MapReduce 编程模式实际上是基于一种传统的分治法而实现的。分治法是将复杂问题分成多个类似的子问题，直到子问题的规模小到能直接得出结果，再聚合到中间数据，得到最终结果，这个最终结果就是原问题的解。

2. Spark 编程框架

Spark 是 UC Berkeley AMP 实验室开源的类 Hadoop MapReduce 的通用并行计算框架，Spark 基于 MapReduce 算法实现分布式计算，拥有 Hadoop MapReduce 所具有的优点；但不同于 MapReduce 的是，Spark 中任务的输出和结果可以保存在内存中，从而不再需要读写 HDFS，因此，Spark 能更好地适用于数据挖掘与机器学习等需要迭代的 MapReduce 的算法。

3. Storm 编程框架

Storm 是一款最早由 BackType 公司（现已被 Twitter 公司收购）开发的分布式实时计算系统。Storm 为分布式实时计算提供了一组通用语言，其用法与 Hadoop 极其类似，也被称为实时计算版的 Hadoop。它也用于流处理中，实现实时处理消息并更新数据库。同时 Storm 可以采用任意编程语言编写。

4. Petuum 编程框架

Petuum 是一个专门针对机器学习的分布式平台，它致力于提供一个超大型机器学习的通用算法和系统接口。它的出现主要解决了机器学习在规模上面临的两类问题：大数据（大量的数据样本）和大模型（大量的模型参数）。Petuum 能够在集群和云计算（如 AmazonEC2 和 Google GCE）上高效运行。

（三）机器学习与数据分析平台

1. scikit-learn

scikit-learn 是开源的 Python 机器学习库，最早是在 2007 年由数据科学家 David Cournapeau 发起，它是基于 NumPy 和 SciPy 基础上的。scikit-learn 提供了大量用于数据挖掘和分析的工具，可以实现数据预处理、分类、回归、降维、模型选择等常用的机器学习算法。

2. NetworkX

NetworkX 是 Python 的一个开源包，用于对复杂网络进行创建、操作和学习。利用 NetworkX 可以以标准化和非标准化的数据格式存储网络、生成多种随机网络和经典网络、分析网络结构、建立网络模型、设计新的网络算法、进行网络绘制等。

（四）Python 数据分析常用类库

1. NumPy

NumPy 是 Numerical Python 的简称，是 Python 科学计算的基础包。NumPy 提供了以下内容。

1）快速高效的多维数组对象 ndarray。
2）用于对数组执行元素级计算以及直接对数组执行数学运算的函数。
3）用于读或写硬盘上基于数组的数据集的工具。
4）线性代数运算、傅里叶变换以及随机数生成。
5）用于将 CC++、FORTRAN 代码集成到 Python 的工具中。

对于数值型数据，NumPy 数组在存储和处理数据时要比内置的 Python 数据结构高效得多。此外，由低级语言（如 C 和 FORTRAN）编写的库可以直接操作 NumPy 数组中的数据，无须进行任何数据的复制工作。

2. SciPy

SciPy 是世界上著名的 Python 开源科学计算库，建立在 NumPy 之上。它增加的功能包括数值积分、最优化、统计和一些专用函数。SciPy 函数库在 NumPy 库的基础上增加了众多的数学、科学以及工程计算中常用的库函数，如线性代数、常微分方程数值求解、信号处理、图像处理、稀疏矩阵等。SciPy 是基于 NumPy 构建的一个集成了多种数学算法和函数的 Python 模块。通过给用户提供一些高层的命令和类，SciPy 在 Python 交互式会话中，大大增加了操作和可视化数据的能力，SciPy 绘制函数图如图 16-4 所示。

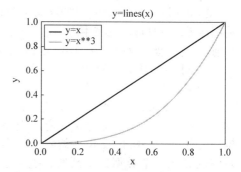

图 16-4　SciPy 绘制函数图

3. pandas

pandas 是 Python 数据分析的核心库，最初是作为金融数据分析工具而被开发出来的。pandas 为时间序列分析提供了很好的支持。它提供了一系列能够快速、便捷地处理结构化数据的数据结构和函数。

pandas 兼具 NumPy 高性能的数组计算功能及电子表格和关系型数据库灵活的数据处理功能。它提供了复杂精细的索引功能，以便更为便捷地完成重塑、切片和切块、聚合以及选取数据子集等操作。

4. Matplotlib

Matplotlib 是最流行的用于绘制数据图表的 Python 库，是 Python 的 2D 绘图库。它非常适合创建出版物中的图表。Matplotlib 最初由 JohnDHunter（JDH）创建，目前由一个庞大的开发团队维护。Matplotlib 的操作比较简单，用户只需几行代码即可生成直方图、功率谱图、条形图和散点图等图形。Matplotlib 提供了 Pylab 模块，其中包括了 NumPy 和 Pyplot 中许多常用的函数，方便用户快速进行计算和绘图。Matplotlib 与 IPython 结合得很好，提供了一种非常友好的交互式数据绘图环境。绘制的图表也是交互式的，用户可以利用绘图窗口工具栏中的相应工具放大图表中的某个区域，或对整个图表进行平移浏览。Matplotlib 可绘制散点图、折线图，如图 16-5、图 16-6 所示。

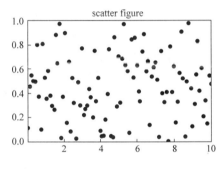

图 16-5 Matplotlib 绘制散点图

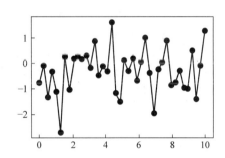

图 16-6 Matplotlib 绘制折线图

5. Seaborn

Seaborn 是 Python 基于 Matplotlib 的数据可视化工具。它提供了很多高层封装的函数，帮助数据分析人员快速绘制美观的数据图形，避免了许多额外的参数配置问题。Seaborn 可以轻松绘制常见的图形，如散点图、柱状图、饼图、直方图、盒图、概率密度图、小提琴图和点对图等。Seaborn 可绘制直方图、饼图，如图 16-7、图 16-8 所示。

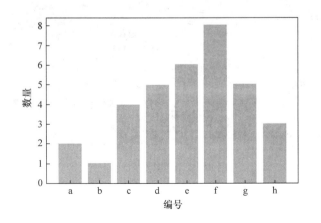

图 16-7 Seaborn 绘制直方图

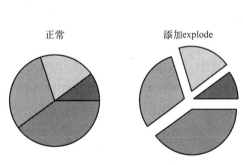

图 16-8 Seaborn 绘制饼图

6. Spyder

Spyder 是一个强大的交互式 Python 语言开发环境，提供高级的代码编辑、交互测试和调试等特性，支持 Windows、Linux 和 Mac 系统。Spyder 包含数值计算环境，得益于 NumPy、SciPy 和 Matplotlib 的支持。Spyder 可用于将调试控制台直接集成到图形用户界面的布局中。Spyder 的最大优点就是模仿 MATLAB 的"工作空间"，可以很方便地观察和修改数组的值。Spyder 的界面由许多窗格构成，用户可以根据自己的喜好调整它们的位置和大小。当多个窗格出现在同一个区域时，将使用标签页的形式显示。

二、大数据应用

大数据已经在社会生产和日常生活中得到了广泛的应用，对人类社会的发展进步起着重要的作用。大数据在互联网、生物医学、物流、城市管理、金融、汽车、零售、餐饮、能源、体育和娱乐、安全等方面都有很广泛的应用，我们可以深刻地感受到大数据对社会的影响及其重要价值。

（一）大数据在推荐系统中的应用

借助于搜索引擎，用户可以从海量信息中查找自己所需的信息。但是，通过搜索引擎查找内容是以用户有明确的需求为前提的，用户需要将其需求转化为相关的关键词进行搜索。因此，当用户需求很明确时，搜索结果通常能够较好地满足用户需求。比如用户打算从网络上下载一首名为《小苹果》的歌曲时，只要在百度音乐搜索中输入"小苹果"，就可以找到该歌曲的下载地址。然而，当用户没有明确需求时，就无法向搜索引擎提交明确的搜索关键词。这时，看似"神通广大"的搜索引擎也会变得无能为力，难以帮助用户对海量信息进行筛选。比如用户突然想听一首自己从未听过的最新流行歌曲，面对当前众多的流行歌曲，用户可能显得茫然无措，不知道自己想听哪首歌曲，因此他可能不会告诉搜索引擎要搜索什么名字的歌曲，搜索引擎自然无法为其找到爱听的歌曲。

推荐系统是可以解决上述问题的一个非常有潜力的办法，它通过分析用户的历史数据来了解用户的需求和兴趣，从而将用户感兴趣的信息、物品等主动推荐给用户。现在让我们设想一个生活中可能遇到的场景：假设你今天想看电影，但不明确想看哪部电影，这时你打开在线电影网站，面对近百年来所拍摄的成千上万部电影，要从中挑选一部自己感兴趣的电影就不是一件容易的事情。我们经常会打开一部看起来不错的电影，看几分钟后无法提起兴趣就结束观看，然后继续寻找下一部电影，等终于找到一部自己爱看的电影时，可能已经有点筋疲力尽了，渴望放松的心情也会荡然无存。为解决电影挑选的问题，你可以向朋友、电影爱好者进行请教，让他们为你推荐电影。但是，这需要一定的时间成本，而且，由于每个人的喜好不同，他人推荐的电影不一定会令你满意。此时，你可能更想要的是一个针对你的自动化工具，它可以分析你的观影记录，了解你对电影的喜好，并从庞大的电影库中找到符合你兴趣的电影供你选择。这个你所期望的工具就是"电影推荐系统"，如图 16-9 所示。

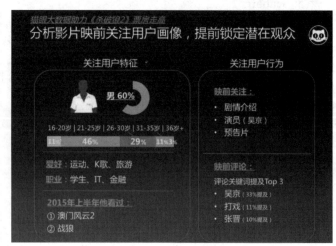

图 16-9　电影推荐系统

（二）大数据在生物医学领域的应用

大数据在生物医学领域得到了广泛的应用。在流行病预测方面，大数据彻底颠覆了传统的流行病预测方式，使人类在公共卫生管理领域迈上了一个全新的台阶。在智慧医疗方面，通过打造健康档案区域医疗信息平台，利用最先进的物联网技术和大数据技术，可以实现患者、医护人员、医疗服务提供商、保险公司等之间的无缝、协同、智能的互联，让患者体验一站式的医疗、护理和保险服务。在生物信息学方面，大数据使得我们可以利用先进的数据科学知识，更加深入地了解生物学过程、作物表型、致病基因等。

智慧医疗的核心就是"以患者为中心"，给予患者全面、专业、个性化的医疗体验。大数据助力智慧医疗，如图 16-10 所示。

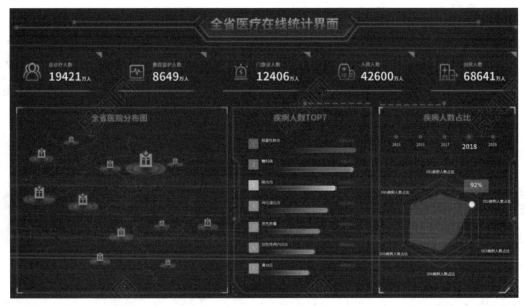

图 16-10 大数据助力智慧医疗

（三）大数据在物流领域中的应用

智能物流，又称智慧物流，是利用智能化技术，使物流系统能模仿人的智能，具有思维感知、学习、推理判断和自行解决物流中某些问题的能力，从而可实现物流资源优化调度和有效配置、物流系统效率提升的现代化物流管理模式。大数据助力智慧物流，如图 16-11 所示。

智慧物流是大数据在物流领域的典型应用。智慧物流融合了大数据、物联网和云计算等新兴 IT 技术，使物流系统能模仿人的工作技能，实现物流资源优化调度和有效配置，以及物流系统效率的提升。自从 IBM 在 2010 年提出智慧物流概念以来，智慧物流在全球范围内得到了快速发展。大数据技术是智慧物流发挥其重要作用的基础和核心，物流行业在货物流转、车辆追踪、仓储等各个环节中都会产生海量的数据，分析这些物流大数据，将有助于我们深刻认识物流活动背后隐藏的规律，优化物流过程，提升物流效率。

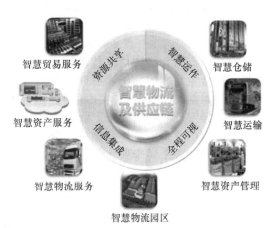

图 16-11 大数据助力智慧物流

（四）大数据在智慧交通领域中的应用

随着汽车数量的急剧增加，交通拥堵已经成为亟待解决的城市管理难题。许多城市纷纷将目光转向智慧交通，期望通过获得关于道路和车辆的各种实时信息，分析道路交通状况，发布交通引导信息，优化交通流量，提高道路通行能力，有效缓解交通拥堵问题。相关数据显示，智慧交通管理技术可以使交通工具的使用效率提升50%以上，交通事故死亡人数减少30%以上。

遍布城市各个角落的智慧交通基础设施（如摄像机、感应线圈、监控视频等），每时每刻都在生成大量感知数据，这些数据构成了智慧交通大数据。利用事先构建的模型对交通大数据进行实时分析和计算，就可以实现交通实时监控、交通智能引导、公共车辆管理、旅行信息服务、车辆辅助控制等各种应用。以公共车辆管理为例，今天，包括北京、上海、广州、深圳、厦门等在内的各大城市，都已经建立了公共车辆管理系统，道路上正在行驶的所有公交车和出租车都被纳入了实时监控，通过车辆上安装的GPS设备，管理中心可以实时获得各个车辆的当前位置信息，并根据实时道路情况计算车辆调度计划，发布车辆调度信息，指导车辆控制到达和发车时间，实现运力的合理分配，提高运输效率。作为乘客，只要在智能手机上安装"掌上公交"等软件，就可以通过手机随时随地查询各条公交线路以及公交车当前位置，避免焦急地等待。如果自己赶时间却发现自己等待的公交车还需要很长时间才能到达，就可以选择打出租车。此外，有些城市的公交车站还专门设置了电子公交站牌，可以实时显示经过本站的各路公交车的当前位置，大大方便了公交出行的群众，尤其是很多不会使用智能手机的中老年人。大数据助力智慧交通，如图16-12所示。

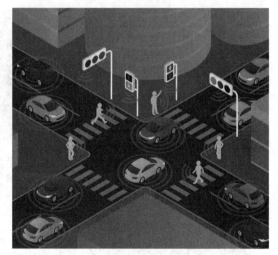

图16-12　大数据助力智慧交通

三、大数据未来

（一）大数据技术发展趋势

我国作为数据大国，在互联网、工业制造、金融、医疗等各个领域均有着庞大的数据基础，整体数据量大、数据品种丰富，这为我国大数据领域的发展提供了重要的基础支撑。我国大数据领域已步入快速推进期，核心技术逐步突破、涉及行业不断拓展，产业应用逐渐深入，呈现出资源集聚、创新驱动、融合应用、产业转型的新趋势。未来，大数据将成为企业、社会和国家层面重要的战略资源，也将不断成为各类机构尤其是企业的重要资产，还将成为提升机构和企业竞争力的有力"武器"。

1. 大数据将与实体经济深度融合

大数据作为新一代信息技术的重要标志，对生产制造、流通、分配、消费，以及经济运行机制、社会生活方式和国家治理能力均产生重要影响。面对目前新旧动能转化的关键时期我国应通过大数据与实体经济的深度融合，利用大数据采集、大数据存储、大数据处理、大数据分析、大数据管理等技术提升产业能效，加速传统行业经营管理方式变革、服务模式和商业模式创新，以及产业价值链体系重构，最终完成产业转型，培育新动能。大数据将重塑传统经济形态，可以说"未来属于那些传统产业里懂互联网的人，而不是那些懂互联网但不懂传统产业的人"。

2. 大数据将与新兴技术协同发展

大数据与人工智能、云计算、物联网、区块链等技术协同发展，成为各国抢抓未来发展机遇的战略性技术，数据资产与人工智能有效的结合成为资本追逐的焦点。我国正基于以人工智能、物联网、大数据为代表的ICT技术，研究开发先进机器人、超级计算机、传感器、高速通信（5G）等技术，实现网络空间与现实空间高度融合的信息与物理系统，运用大数据促使社会生活各领域实现高度智能化，推进经济发展与社会进步。未来，大数据将与智慧城市建设、智慧交通、绿色环保、民生安全等领域广泛融合。

3. 数据治理将成为大数据技术的重点发展领域

伴随大数据的热潮，大量的组织或单位对大数据技术平台建设、分析应用等方面盲目投入，缺乏对大数据资源的整体规划和综合治理。一些项目实施的终止和失败，以及数据量的激增，数据治理的重要性逐步得到业界的认同。治理是基础，技术是承载，分析是手段，应用是目的，随着国家政策支撑及产业实际需求的增长，如何通过数据治理提升组织或单位数据的管理能力，消除数据孤岛，挖掘数据的潜在价值将成为大数据重点发展的方向。

4. 共享经济将成为大数据技术的主要应用方向

共享经济在短时间内崛起并成为全球现象，其规模呈现出指数级增长。共享经济模式中企业对用户数据极度依赖，每一个运作共享经济模式的企业都是数据公司，它离不开用户数据的积累和对大数据的分析。通过利用大数据、云计算、人工智能，构建共享经济的智能平台，精准匹配供应端和需求端，将成为共享经济主要的发展方向。

5. 大数据将催生新的工作岗位

一个新行业的出现，必将在工作职位方面有新的需求，大数据的出现也将催生一批新的工作岗位。例如，大数据分析师、数据管理专家、大数据算法工程师、数据产品经理等。具有丰富经验的数据分析人才将成为稀缺的资源，数据驱动型工作将呈现爆炸式的增长。由于有强烈的市场需求，高校也开设了与大数据相关的专业，以培养相应的专业人才。企业应与高校紧密合作，与高校联合培养大数据人才。

（二）大数据技术在社会发展中将起到重要作用

大数据的关键在于信息共享和互通，大数据的核心在于分析和决策。大数据将成为信息产业持续高速增长的新引擎，大数据的利用将成为提高核心竞争力的关键因素，各行各业的决策手段正在从"业务驱动"转变为"数据驱动"。

1. 大数据技术将改变经济社会管理方式

大数据作为一种重要的战略资产，已经不同程度地渗透到各个行业领域和部门，其深度应用不仅有助于企业的经营活动，还有利于推动国民经济发展。在宏观层面，大数据使经济决策部门可以更敏锐地把握经济走向，制定并实施科学的经济政策。在微观层面，大数据可以提高企业经营决策水平和效率，推动创新，给企业、行业带来价值。大数据技术作为一种重要的信息技术，对提高安全保障能力、应急能力、优化公共事业服务，提高社会管理水平的作用正在日益凸显。在国防、反恐、安全等领域，应用大数据技术能够对来自多渠道的信息快速进行自动分类、整理、分析和反馈，有效解决情报、监视和侦察系统不足等问题，提高国家安全保障能力。

2. 大数据技术将促进行业融合发展

网络环境、移动终端随影而行，网上购物、社交网站、电子邮件、微信不可或缺，社会主体的日常生活在虚拟的环境下得到承载和体现。正如工业化时代商品和交易的快速流通催生了制造业大规模的发展，信息的大量、快速流通将伴随着行业的融合发展，使经济形态发生大范围变化。

大数据应用的关键在于信息共享，在于信息的互通，各行业已逐渐意识到单一数据无法发挥最大效能，行业或部门之间相互交换数据已成为一种发展趋势。在虚拟环境下，遵循类似于摩尔定律原则增长的海量数据，在技术和业务的促进下，跨领域、跨系统、跨地域的数据共享成为可能，大数据支持着机构业务决策和管理决策的精准性、科学性及社会整体层面业务协同效率的提高。

3. 大数据技术将推动产业转型升级

信息消费作为一种以信息产品和服务为消费对象的活动，覆盖多种服务形态、多种信息产品和多种服务模式。当围绕数据的业务在数据规模、类型和变化速度达到一定程度时，大数据对产业发展的影响将随之显现。

在面对多维度、爆炸式增长的数据时，信息通信技术（ICT）产业面临着有效存储、实时分析、高性能计算等挑战，这将对软件产业、芯片及存储产业产生重要影响，进而推动一体化数据存储处理服务器、内存计算等产品的升级创新。对数据快速处理和分析的需求，将推动商业智能、数据挖掘等软件在企业级的信息系统中得到融合应用，成为业务创新的重要手段。

同时，"互联网+"战略使大数据在促进网络通信技术与传统产业密切融合方面的作用更加凸显，将对传统产业的转型发展，创造出更多价值，影响重大。未来，大数据发展将使软硬件及服务等市场的价值更大，也将对有关传统行业的转型升级产生重要影响。

4. 大数据技术将助力智慧城市建设

信息资源的开发和利用水平，在某种程度上代表着信息时代下社会的整体发展水平和运转效率。大数据与智慧城市是信息化建设的内容与平台，两者互为推动力量。智慧城市是大数据的源头，大数据是智慧城市的内核。

政府方面，大数据为政府管理提供强大的决策支持。在城市规划方面，通过对城市地理、气象等自然信息和经济、社会、文化、人口等人文信息的挖掘，大数据可以为城市规划提供强大的决策支持，强化城市管理服务的科学性和前瞻性。在交通管理方面，通过对道路交通信息的实时挖掘，大数据能够有效缓解交通拥堵，并快速响应突发状况，为城市交通的良性运转提供科学的决策依据；在舆情监控方面，通过网络关键词搜索及语义智能分析，大数据能提高舆情分析的及时性、全面性，使政府全面掌握社情民意，提高公共服务能力，应对网络突发的公共事件，打击违法犯罪；在安防领域，通过大数据的挖掘，可以及时发现人为或自然灾害、恐怖事件，提高应急处理能力和安全防范能力。

针对民生，大数据将提高居民的生活品质。与民生密切相关的智慧应用包括智慧交通、智慧医疗、智慧家居、智慧安防等，这些智慧化的应用将极大地拓展民众生活空间，引领大数据时代智慧人生的到来。大数据是未来人们享受智慧生活的基础，将改变传统"简单平面"的生活常态，大数据的应用服务将使信息变得更加广泛，使生活变得多维和立体。

5. 大数据技术将创新商业模式

在大数据时代，产业发展模式和格局正在发生深刻变革。围绕着数据价值的行业创新发展将悄然影响各行各业的主营业态。随之而来的，则是大数据产业下的创新商业模式。

一方面围绕数据产品价值链而产生诸如数据租售模式、信息租售模式、知识租售模式等。数据租售旨在为客户提供原始的租售；信息租售旨在向客户租售某种主题的相关数据集，是对原始数据进行整合、提炼、萃取，使数据形成价值密度更高的信息；知识租售旨在为客户提供一体化的业务问题解决方案，是将原始数据或信息与行业知识利用相结合，通过行业专家深入介入客户业务流程，提供业务问题解决方案。

另一方面，通过对大数据的处理分析，企业现有的商业模式、业务流程、组织架构、生产体系、营销体系也将发生变化。以数据为中心，挖掘客户潜在的需求，不仅能够提升企业运作的效率，更可以借由数据重新思考商业社会的需求与自身业务模式的转型，快速重构新的价值链，建立新的行业领导能力，提升企业影响力。

6. 大数据技术将改变科学研究的方法论

大数据技术的兴起对传统的科学方法论带来了挑战和变革。随着计算机技术和网络技术的发展，采集、存储、传输和处理数据都已经成了容易实现的事情。面对复杂对象，研究者没有必要再做过多的还原和精简，而可以通过大量数据甚至海量数据来全面、完整地刻画对象，通过处理海量数据来找到研究对象的规律和本质。在大数据时代，当数据处理技术已经发生翻天覆地的变化时，我们需要的是所有数据，即"样本＝总体"，相比依赖于小数据和精确性的时代，大数据因为强调数据的完整性和混杂性，突出事务的关联性，为解决问题提供了新的视角，帮助研究者进一步接近事实的真相。

四、大数据安全

（一）大数据技术带来的问题

大数据是 21 世纪的关键资源，新时代的"金矿"，具有重要的应用价值，对人们的工作、生活、学习及思维方式等诸多方面都将产生深刻的影响。但大数据也是一把双刃剑，不可避免地带来新的社会问题。

1. 数据鸿沟

在大数据时代，由于经济、政治、文化、技术等方面的原因，新的数据鸿沟正在进一步扩大。数据鸿沟是一种技术鸿沟（Technological Divide），即先进技术的成果不能为人公平分享，于是造成"富者越富，穷者越穷"的情况。国家、地区、领域、群体和个人等因素的不同，应用大数据技术的程度也有很大差异；同时，城乡、区域和行业的大数据技术水平的"鸿沟"有扩大趋势。如今，如果大数据被某一企业或组织垄断或引领，不但不能给人带来"解放"，反而有可能成为欺负数据穷人的工具。

2. 数据暴力

当前，数据的生产者与使用者彼此分离、相互分开，只有很少"精英"掌握大数据技术，很容易导致"数据暴力"。维克托·迈尔·舍恩伯格指出：我们冒险把犯罪的定罪权放在了数据手中，借以表明我们对数据和我们的分析结果的崇尚，但是这实际上是一种滥用。比如，阿里巴巴、腾讯和百度三大互联网公司能主导国内的大片经济市场领域，因为这三家公司拥有大量消费者的社会轨迹数据，储存着数亿客户的身份资料、地理位置、上网痕迹等数据。一旦诸如此类大数据公司出现"失控"，失去社会责任与担当，将产生较为严重的"数据暴力"，也将极大影响社会稳定。另外，数据挖掘"功利主义"色彩浓艳，经济味道浓厚，数据暴力也成为数据的异化表现。

3. 隐私侵犯

据统计，截至2021年6月，中国网民的规模达到10.11亿，手机网民规模达10.07亿。巨大、丰富的数据，包含着网民的众多隐私信息。而在大数据笼罩下，我们似乎处于"第三只眼""老大哥"的监视下，感觉不再有隐私。隐私数据一旦泄露可能严重破坏个人的隐私权和自由权，并且隐私数据泄露造成的损失往往是很难挽回的，保护隐私是对人性自由的尊重，是一项基本的社会道德伦理要求，也是人类文明进步的一个标志——我们不得不重视大数据对隐私构成的威胁这一重要社会问题。大数据技术侵犯个人隐私，如图16-13所示。

4. 数据犯罪

在大数据技术的霓虹灯下，数据犯罪体现在很多方面。对个人而言，社会不良分子通过数据收集、挖掘、分析和预测，易于实施犯罪，例如2016年引发舆论轰动的徐玉玉案便是一个典型的例子。对政府而言，少数

图16-13 大数据技术侵犯个人隐私

对政府怀有不满情绪和敌对态度的不法分子将利用大数据支撑的网络平台对政府网站进行攻击和破坏，从而使政府的网站陷入瘫痪状态。近年来，国内外一些政府网站被黑客攻击，被贴上反动标语。2017年5月的"勒索病毒"席卷全球，造成了欧洲大部分政府网站瘫痪的严重后果。对社会而言，不法分子利用大数据搜集政府的各种不宜公开的信息或者机密文件，并向社会公布和传播，唯恐天下不乱，制造恐慌，破坏世界和平。另外，一旦恐怖主义、分裂主义、反人类分子进行大数据犯罪，将直接威胁到世界的和平与稳定、国家的安全与繁荣、民族的兴盛与福祉。

（二）规范、安全利用大数据技术

大数据正改变我们的社会，它既为人们的生产生活带来便利，又存在着风险。然而，因噎废食、削足适履等做法均不是顺应时代潮流的选择，我们需要采取多种措施，规范、安全利用大数据技术，构建协同共治的治理体系，加强社会治理创新，以有效化解大数据带来的社会问题。

1. 提高数据素养

数据素养是大数据时代人的生存技能，包括数据知识、数据理性、数据技能、道德修养等方面。要最大限度地预防大数据产生的社会问题，就要培养和提高人的数据素养。一是解放思想，适应大数据时代潮流。人们要具备数据思维观念，提高个人数据意识，以迎接大数据时代。

二是改进大数据认识方法。在高度重视大数据思维的同时，还要保持理性，认真对待其存在的局限性，警惕对大数据的过度崇拜，从整体兼顾部分、量化整合质化，在因果相关的互补中实现大数据思维的超越。三是不断提升大数据技能。大数据技能作为一种高级技能，具有很强的实践应用性。社会管理过程应体现这种实践技能，要在推进智慧城市、"互联网+"等行动中学习或更新大数据技能知识，进一步掌握网络、云计算、大数据等新知识、新业态、新技能。四是加强数据道德修养。在道德准则的约束下提高数据的安全性和可靠性，让数据更好地为人类社会服务。

2. 建立和完善法律

大数据领域不是法外之地，大数据引发的社会问题也必须开展"法治"。首先要进一步完善相关的法律法规。目前，国家已经出台了一系列互联网管理的法律法规，如《中华人民共和国网络安全法》《互联网信息服务管理办法》《信息网络传播权保护条例》《互联网新闻信息服务管理规定》《互联网新闻信息服务许可管理实施细则》等。可以说，我们在大数据领域开展"法治"具有了一定的法律基础。但是，现有的法律法规在整体上还不能满足和适应大数据时代国家治理的需要。因此，面对大数据带来的海量数据生产和数据传播现象，国家必须进一步完善和细化技术标准、数据安全、数据内容、数据传播等方面的法律法规，为大数据运行划定活动范围和界限。在完善和细化相关的法律法规之后，还要依据法律法规对利用大数据从事违法犯罪的行为进行严厉打击，在全社会形成威慑力，防止大数据犯罪现象的扩散和加剧。大数据技术应用规范，如图 16-14 所示。

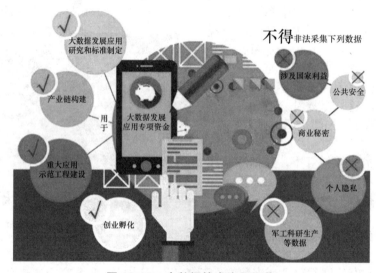

图 16-14 大数据技术应用规范

3. 加强道德建设

对于规范、安全利用大数据技术，发挥道德的约束作用显得更为重要。一是加强对数据使用者的德治，即道德教育，使数据使用者具有良好的道德意识。数据使用者只有形成良好的道德意识，在面对大数据资源时，他们才会控制自己的鼠标和键盘，从中获取正当的数据资源和发布正当的信息。二是加强道德引导，重视道德自律。应对大数据造成的道德越界现象，既要处理好各种利益关系，更要把伦理规范内化为主体内在的自律道德力量。三是加强对数据客体环境的净化，建设"清朗"数据文化。在数据文化建设的过程中，应重视数据文化的内容建设，重视经济价值和社会效益结合，生产优秀的数据文化产品，以满足人民的精神文化需求。

4. 注入人文关怀

大数据带领我们走向一个新的世界。但是，大数据不是万能解药，能不能用好大数据，核心还在于人、使用技术、社会环境和数据自身的结构等因素。大数据不是冷冰冰的数字，它需要思想，需要回归到人性，需要洞察，需要以人为本。只有将大数据回归到人，大数据的价值才真正地得以释放，大数据带来的社会问题才能真正得到解决。一是要坚持全面自由发展，坚持以人自身的全面发展为目的，培养个人对人类社会生存和发展承担义务的责任意识，自觉以全人类的全面发展及文明繁荣为己任。二是坚持增加人的彼此共同存在性。发展大数据体现了"己所不欲勿施于人"，体现了共同的人文与共在。三是坚持发扬人的主体地位。在发展大数据技术中始终坚持以人为本，超越技术层面，把人文关怀注入大数据技术发展中，处理好人与大数据、价值理性与工具理性之间的关系，尤其要把科学精神和人文精神有机结合起来，把技术的物质奇迹和人性的精神需要平衡起来，彰显大数据的温度。

5. 协同共治

大数据的社会治理不是仅仅依靠一种手段就能够实现，大数据的治理是一个系统工程，不仅需要数据修养的提高、法律建立的完善、道德伦理的"自律"及人文关怀的注入，还需协调好治理主体、治理手段、治理对象、治理载体等所有方面，特别是发挥政府治理主体的作用。一是政府要建立健全的大数据应用机制。在面对大数据带来的数据污染、数据暴力、数据崇拜、隐私权侵犯等社会问题时，要在机制的基础上强化数据治理，通过改善数据沉淀、数据清洗等方式解决大数据发展中的问题。面对分散化、条块式的部门数据，加强数据协同。二是发挥企业创新作用。企业应积极参与社会问题治理，不断创新技术，履行社会责任，兼顾社会利益与经济利益。比如，企业积极响应政府政策，沉淀历史数据，逐渐打通数据库中交互、行为数据，破解个性化、定制化、互动性等数据类型难题，达到既满足盈利需求，又满足社会、情感、生活需求的目的。三是发挥大数据社会组织的专业学术及技术作用。积极引导社会组织开展研究数据鸿沟、数据犯罪、数据安全等社会问题的学术活动，共同探讨大数据引发的社会问题治理之道。

📖 任务实现

通过学习大数据处理工具、大数据应用、大数据未来、大数据安全，使学生对大数据处理工具的生态系统有了一个详细的了解，体会到大数据技术在社会生产和日常生活中的广泛应用，认识到大数据技术带来的新的社会问题以及解决这些问题的方法。

📝 任务总结

大数据处理工具有分布式文件系统、分布式编程框架、机器学习与数据分析平台、Python数据分析常用类库；大数据技术在互联网、生物医学、物流、城市管理、金融、汽车、零售、餐饮、能源、体育和娱乐、安全领域、政府领域、日常生活等方面都有很广泛的应用；大数据技术带来的各种社会问题，我们需要采取多种措施，规范、安全利用大数据技术，构建协同共治的治理体系，加强社会治理创新，以有效化解大数据带来的社会问题。

项目 17 Project 人工智能

回复"71330+17"
观看视频

📢 项目导读

人工智能是研究、开发用于模拟、延伸和扩展人的智能的理论、方法、技术及应用系统的一门新的技术科学。熟悉和掌握人工智能相关技能，是建设未来智能社会的必要条件。本项目包含人工智能基础知识、人工智能核心技术、人工智能技术应用等内容。

☞ 项目知识点

1）了解人工智能的定义、基本特征和社会价值。
2）了解人工智能的发展历程，及其在互联网及各传统行业中的典型应用和发展趋势。
3）熟悉人工智能技术应用的常用开发平台、框架和工具，了解其特点和适用范围。
4）熟悉人工智能技术应用的基本流程和步骤。
5）了解人工智能涉及的核心技术及部分算法，能使用人工智能相关应用解决实际问题。
6）能辨析人工智能在社会应用中面临的伦理、道德和法律等问题。

任务　认识人工智能

📖 任务描述

通过学习本任务教学内容和查阅资料，能够把人工智能的发展历程用一种简单明了的方法描述出来。

✍ 任务分析

按照任务要求，这里讲述的人工智能发展 4 个阶段不能完全展示人工智能发展历程的详细过程，所以需要在查阅大量资料的基础上再结合教材内容，才能完成本任务。

📋 任务知识模块

一、人工智能概述

人工智能（Artificial Intelligence，AI），实际是直接用来研究、模拟和延伸人智力的理论和方法，最终也会成为一门新的技术学科。人工智能是计算机学科中的一个分支，为的就是在了解智能实质的基础上来形成一种以人的智力为基础的智能机器。人工智能领域内部所研究的内容主要由机器人、语言识别、图像识别和专家系统组成。人工智能的存在可以对人的思想、思维和信息过程有效地进行模拟。人工智能是一门具有极强挑战性的学科，从事这项工作的人必须全面掌握包括计算机、心理和人工智能等不同方面的知识，最终的目的就是通过借助机器智能来完成复杂的工作。

著名人工智能专家吴恩达认为："人工智能带来的影响不亚于100多年前的电。"人工智能正在快速融入人类工业生产、农业生产以及生活服务的方方面面。很多细分领域的智能技术持续不断地进步，其中许多技术已经达到甚至超越人类智能的水平。比如，人工智能能够更加准确地识别图像中不同的物体或人脸，以更加准确的方式翻译不同的人类语言，并且还会有一些基本的判断力。越来越多模拟人类智能的计算技术快速发展，如感知、推理、学习和与人交互等，人工智能正在通过算法和程序感知人类社会并与之互动。但是，人工智能到底是什么？事实上，由于人类对于自身智能的理解非常有限，对人类智能的产生机制也不清楚，所以很难定义什么是"人工智能"。

（一）人工智能概念

1. 智能的概念

在了解人工智能概念之前，需要先认识智能的概念，所谓的智能其实是一个不容易被完全精确定义的概念。

所谓的智是指人对事物的认知能力；所谓的能是指人的行动能力，它包括各种技能和正确的习惯等。

智能是知识与智力结合的产物，具有感知能力、记忆思维能力、学习与适应能力、行为能力的综合特征。

2. 人工智能的概念

人工智能是使用计算机来模拟人的某些思维过程和智能行为（如学习、推理、思考、规划等）的学科，主要包括实现智能的原理、制造类似于人脑智能的计算机，使计算机能实现更高层次的应用。

3. 人工智能的分类

在计算机领域中，按照人工智能的表现行为分类，人工智能可分为弱人工智能、强人工智能和超人工智能三类，也有把人工智能分为弱人工智能和强人工智能两类的分类方法。

（1）弱人工智能　弱人工智能指的是只能按照流程完成某一项或几项单独的特定任务，或解决某项特定问题的人工智能。

（2）强人工智能　强人工智能是指具备人的思维模式，能进行学习并能把学习积累的知识融合起来，进行相应的思考和做出对应决策的人工智能。

（3）超人工智能　超人工智能是指人工智能在学习、思考、思维、决策等方面已经具备和人一样的能力的同时，还在认知、思维、学习、思考等方面大大超越人类本身的人工智能。

人工智能的分类如图17-1所示。

（二）人工智能的定义

人工智能的概念提出来以后，不同阶段的专家在不同时期从不同角度给出了关于人工智能的很多定义，因为人工智能在不断地发展，各个时期的专家对人工智能的认知有限，所以在不同时期有不同的定义。

1. 专家对人工智能的定义

1）约翰·麦卡锡对人工智能的定义：用人工智能作为学科的名称，定义为制造智能机器的科学与工程。

2）1956年达特茅斯会议对人工智能的定义：运用数理逻辑和计算机的成果，提供关于形式化计算和处理的理论，模拟人类某些智能行为的基本方法和技术。

3）尼尔森对人工智能的定义：人工智能是关于知识的科学，即怎样表示知识、获取知识和使用知识的科学。

4）温斯顿对人工智能的定义：人工智能就是研究如何使计算机去做过去只有人才能做的富有智能的工作。

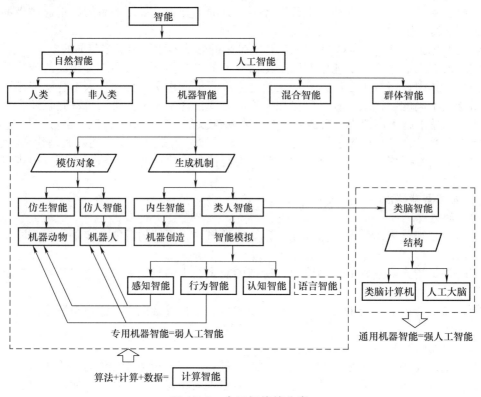

图 17-1 人工智能的分类

5）明斯基对人工智能的定义：让机器做本需要人的智能才能够做到的事情的一门科学。

6）费根鲍姆对人工智能的定义：人工智能是一个知识信息处理系统。

7）图灵测试对人工智能的定义：如果一台机器能够与人类展开对话（通过电传设备）而不能被辨别出其机器身份，那么称这台机器具有智能。

2. 人工智能的其他定义

1）人工智能标准化白皮书（2018版）：人工智能是利用数字计算机或者数字计算机控制的机器模拟、延伸和扩展人的智能，感知环境，获取知识并使用知识获得最佳结果的理论、方法、技术及应用系统。

2）其他定义：人工智能是智能机器所执行的通常与人类智能有关的智能行为，如判断、推理、证明、识别、感知、理解、通信、设计、思考、规划、学习和问题求解等思维活动。

（三）人工智能发展历程

人工智能的发展大致经过初创期、形成期、发展期和突破期4个发展历程。

1. 人工智能初创期（1936—1956年）

通用图灵机、早期的计算机、人工神经元模型、控制论等思想和理论的发展孕育了人工智能。

2. 人工智能形成期（1956—1969年）

人工智能诞生之后的几十年，大致有两条主线，一是从结构的角度模拟人类的智能，即利用人工神经网络模拟人的大脑结构实现人工智能，发展形成联结主义；另一种是从功能的角度模拟人类的智能，将智能看作大脑对各种符号进行处理的功能，发展形成了符号主义。

符号主义的最初工作由赫伯特·西蒙（Herbert A.Simon）和艾伦·纽厄尔（Allen Newell）在20世纪50年代推动。这个阶段，吸引了许多伟大的科学家针对人工智能各个方面提出创新性的基础理论，例如在知识表达、学习算法、人工神经网络等方面，但是由于计算机性能有限，这些理论并未实现，但却为20年后的实际应用指明了方式。

3. 人工智能发展期（1970年—20世纪90年代初）

这一时期分为两个阶段，1970年以后至70年代末，是人工智能发展的第一次低潮时期。人工智能的发展并不符合预期而遭受激烈批评和预算限制。1971年，罗森布拉特早逝，加上明斯基等人对感知机的激烈批评，人工神经网络被抛弃，联结主义因此停滞不前。这是人工智能发展历程中遭遇的第一个"寒冬"。

但即使是低潮的20世纪70年代，仍有许多新思想、新方法在发展和萌芽。20世纪70年代初，美国学者约翰·霍兰德（John Holland）创建了以达尔文进化论思想为基础的基于自然选择和遗传机制的计算模型，称为遗传算法，以遗传算法为基础，加上进化策略和90年代发展的遗传编程算法，形成了进化计算这一研究分支。1982年，美国加州工学院物理学家约翰·霍普菲尔德（Hopfield）提出了Hopfield神经网格模型，标志着人工神经网络新一轮的复兴。也就是第二阶段。这个阶段，比较大的收获是联结主义——人工神经网络的发展，由于少数学者的坚持，取得了最重要、最有意义的进步，这些进步促进了当代深度神经网络的发展和深度学习技术的全面爆发。

4. 人工智能大突破期（1993年至今）

20世纪90年代至今是一个非凡的创造性时期，联结主义的关键技术在这一时期得到承接和发展。1993年作家兼计算机科学家弗诺·文奇（Vernor Vinge）发表了一篇文章，在这篇文章中首次提到了人工智能的"奇点理论"。他认为未来某一天人工智能会超越人类，并且终结人类社会，进而主宰人类世界，被其称为"即将到来的技术奇点"。2010年，斯坦福大学教授李飞飞创建了一个名为ImageNet的大型数据库，其中包含数百万个带标签的图像，为深度学习技术性能测试和不断提升提供了一个舞台。2015年，微软亚洲研究院何凯明等人使用152层的残差网络（ResNet）参加了ImageNet图像分类竞赛，并取得了3.57%的整体错误率，这已经超过了人类平均水平5%的错误率。

2016年，美国的人工智能公司DeepMind开发的智能系统AlphaGo（阿尔法围棋）战胜人类冠军棋手，系统集成了多种包括人工神经网络和搜索技术在内的多种人工智能技术。这也是人工智能发展史上一个重要的里程碑。

近年来，随着移动网络的迅速普及，超级计算、大数据与人工智能联结主义结合的方式引发了人工智能第三轮爆发，基于深度神经网络的深度学习在信号处理、语音处理、自然语言处理、图像识别和机器翻译等方面接连取得了巨大突破和成功。

二、人工智能核心技术

人工智能技术是计算机科学技术的分支，它的目的是了解并掌握智能的实质，能够自动产生一种能以人类智能相似的方式做出反应的智能机器。该领域的研究包括计算机视觉技术、智能语音技术和机器学习等。

（一）计算机视觉技术

计算机视觉是指用计算机来模拟人的视觉机理，获取处理信息的能力，然后用摄像机和计算机代替人眼对目标进行识别、跟踪和测量，进一步对图形进行处理，即用计算机将图形处理成更适合人眼观察或传送给仪器检测的图像。计算机视觉是一门关于如何运用摄像机和计算机来获取我们所需的被拍摄对象的数据与信息的学科，试图建立能够从图像或者多维数据中获取信息的人工智能系统，使计算机能像人类一样通过视觉观察和理解世界，并具有自主适应环境的能力。计算机视觉的挑战是要为计算机和机器人开发具有与人类水平相当的视觉能力。计算机视觉需要图像信号、纹理和颜色建模、几何处理和推理、物体建模等。

随着深度学习的进步、计算机存储的扩大及可视化数据集的激增，计算机视觉技术得到了迅速发展。在目标跟踪、目标检测、目标识别等领域，计算机视觉都担当着重要角色。随着人工智能技术的日益成熟，计算机视觉技术将蓬勃发展，适应更多应用场景，帮助各行业创造更大的价值。

计算机视觉技术框架中较成熟的是OpenCV，OpenCV是一个基于BSD许可（开源）发行的跨平台计算机视觉包，于 1999 年由 Intel 建立，如今由 WillowGarage 提供支持。它可以运行在 Linux、Windows、macOS 上，轻量级而且高效，由一系列 C 语言函数和少量 C++ 类构成，同时提供了 Python、Ruby、MATLAB 等语言的接口，实现了图像处理和计算机视觉方面的很多通用算法。其覆盖了工业产品检测、医学成像、无人机飞行、无人驾驶、安防、卫星地图与电子地图拼接、信息安全、用户界面、摄像机标定、立体视觉和机器人等领域。OpenCV 框架结构如图 17-2 所示。

在进行物体检测时，可选择使用 Harr 分类器，用户可以直接在网上搜索别人训练好的 XML 文件，以便更快捷地进行物体检测。如果我们想自己构建分类器，比如用于识别火焰、汽车、数字、花等，同样也可以使用 OpenCV 来训练和构建。

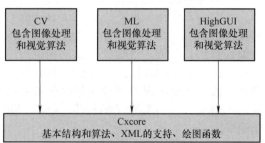

图 17-2 OpenCV 框架结构

（二）智能语音技术

智能语音技术是人工智能相对成熟的技术之一，并拥有交互的自然性，就是让智能设备听懂人类的语音。它是一门涉及数字信号处理、人工智能、语言学、数理统计学、声学、情感学及心理学等多学科交叉的科学。智能语音解决的问题，就是使设备可以用听觉感知周围的世界，用声音和人做最自然的交互，让操控和生活更为便捷。智能语音的基础在于通过神经网络技术，提升语音识别的识别率，同时可以用语义理解并分析出人的意图，进行相应的操控，反馈时可以通过播放预设的声音或播放通过语音合成的声音，输出结果。当前处理智能语音有多种方式，常见的有在线语音、离线语音等。

（三）机器学习

机器学习主要有人工神经网络和深度学习，它专门研究计算机怎样模拟或实现人类的学习行为，以获取新的知识或技能，重新组织已有的知识结构使之不断改善自身的性能。它是人工智能的核心研究领域之一，任何一个没有学习能力的系统都很难被认为是一个真正的智能系统。

人工神经网络（Artificial Neural Networks，ANN）系统是 20 世纪 40 年代后出现的。它是由众多的神经元可调的连接权值连接而成，具有大规模并行处理、分布式信息存储、良好的自组织自学习能力等特点。BP（Back Propagation）算法又称为误差反向传播算法，是人工神经网络中的一种监督式的学习算法。

深度学习（Deep Learning，DL）是机器学习（Machine Learning，ML）领域中一个新的研究方向，它被引入机器学习使其更接近于最初的目标——人工智能。

深度学习源于人工神经网络的研究，包含多隐层的多层感知器就是一种深度学习结构。深度学习是机器学习研究中的一个新的领域，其动机在于建立、模拟人脑进行分析学习的神经网络，它模仿人脑机制来解释数据，例如图像、声音和文本。深度学习是学习样本数据的内在规律和表示层次，这些学习过程中获得的信息对诸如文字、图像和声音等数据的解释有很大的帮助。它的最终目标是让机器能够像人一样具有分析学习能力，能够识别文字、图像和声音等数据。深度学习是一个复杂的机器学习算法，在语音和图像识别方面取得的效果，远远超过以前的相关技术。

三、人工智能开发框架和应用平台

人工智能是信息技术未来发展的一个新方向，未来在医疗、金融、军事、科技、工业和农业等行业均会有质变的飞跃发展过程，人工智能开发有许多开发框架和 AI 库。人工智能 AI 平台也不断涌现。

（一）人工智能开发框架和 AI 库

1. TensorFlow

TensorFlow 是人工智能领域最常用的框架，是一个使用数据流图进行数值计算的开源软件，该框架允许在任何 CPU 或 GPU 上进行计算，使用 C++ 和 Python 作为编程语言。

2. Caffe

Caffe 是一个强大的深度学习框架，主要采用 C++ 作为编程语言，深度学习速度非常快。

3. Accord.NET

Accord.NET 框架是一个 .NET 机器学习框架，主要使用 C# 作为编程语言。

4. CNTK

CNTK（Cognitive Toolkit）是一款开源深度学习工具包，是一个提高模块化和维护分离计算网络，提供学习算法和模型描述的库，可以同时利用多台服务器，速度比 TensorFlow 快，主要使用 C++ 作为编程语言。

5. Theano

Theano 是一个强大的 Python 库，该库使用 GPU 来执行数据密集型计算，操作效率很高，常被用于为大规模的计算密集型操作提供动力。

6. Keras

Keras 是一个用 Python 编写的开源神经网络库，与 TensorFlow、CNTK 和 Theano 不同，它作为一个接口，提供高层次的构建模块，让神经网络的配置变得简单。

7. Torch

Torch 是一个用于科学和数值的开源机器学习库，主要采用 C 语言作为编程语言，它是基于 Lua 的库，通过提供大量的算法，更易于深入学习和研究，而且提高了效率和速度。

8. Apache Spark Mllib

Apache Spark Mllib 是一个可扩展的机器学习库，可采用 Java、Scala、Python、R 作为编程语言，可以轻松插入到 Hadoop 工作流程中，提供了机器学习算法，如分类、回归、聚类等，处理大型数据时非常快速。

9. MindSpore

MindSpore 是华为自研 AI 开发框架，可采用 Python 作为编程语言，提供全场景统一 API，为全场景 AI 的模型开发、模型运行、模型部署提供端到端能力。

（二）人工智能开放平台

目前国内外已有多家人工智能开放平台，我国有华为、百度、阿里、腾讯、京东和中国平安等。

1. 百度 AI 开放平台

在浏览器中输入网址 https://ai.baidu.com 打开百度 AI 开放平台页面，如图 17-3 所示，即可看到百度 AI 开放平台提供的服务，通过注册与认证、创建应用、获取密钥即可下载 SDK 进行安装使用。

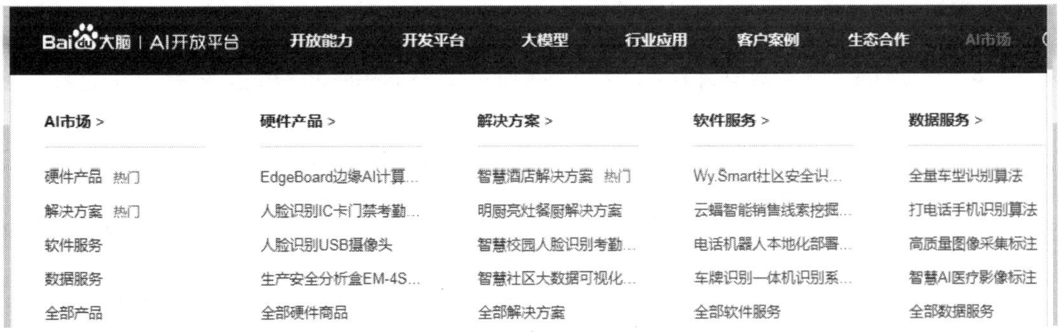

图 17-3 百度 AI 开放平台

2. 华为 AI 开放平台

在浏览器中输入华为官方网址 https：//www.huawei.com/cn 打开华为主页，在商用产品及方案下找到"昇腾 AI 计算"，单击即可进入华为 AI 开放平台页面，或者直接在浏览器中输入网址 https://e.huawei.com/cn/products/servers/ascend，也可直接进入华为 AI 开放平台页面，如图 17-4 所示。在页面上可以看到华为"面向'端、边、云'的全场景 AI 基础设施"，单击相关服务即可打开相应的服务，通过注册认证即可对平台提供的服务进行使用。

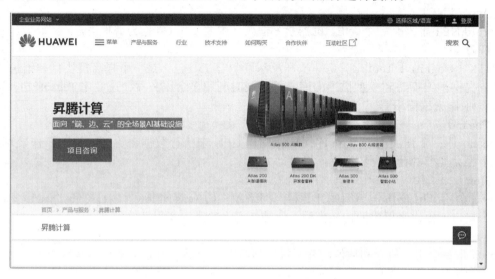

图 17-4　华为 AI 开放平台

四、人工智能应用

人工智能应用的范围很广，包括模式识别、机器证明、自然语言理解、专家系统、自动程序设计、人工神经网络和智能代理等，应用领域包含计算机科学、金融贸易、医药、重工业、运输、远程通信、在线和电话服务、法律、科学发现、玩具和游戏、音乐等。

（一）模式识别

模式识别（Pattern Recognition）是人工智能的一个重要分支，专门研究如何使机器具有感知能力。科学家们通过大量的研究，得出这样的结论：人们对外界信息的感知有 80% 以上来自视觉，10% 左右来自听觉。所以，一直以来，模式识别主要研究视觉模式和听觉模式的识别，如识别物体、地形、图像、字体（如签字）和语音等。

模式识别是一个不断发展的领域，它的理论基础和应用范围也在不断发展和扩大。迄今为止，在模式识别领域，模拟人脑的计算机实验方法已经成功地应用于手写字符的识别、指纹识别、语音识别等方面。

（二）自然语言理解

人类一切活动离不开语言，为了与计算机使用的程序设计语言相区别，我们把人类通常使用的语言称为自然语言。自然语言理解（Natural Language Understanding）要实现的目标，可归结为以下三个方面：

1）理解自然语言，使机器像人一样能理解别人讲的话或用文字表达的内容。

2）对自然语言表示的信息，进行分析、概括或编辑，产生新的表达形式。

3）机器翻译是使机器能将一种自然语言表达的内容翻译成另一种自然语言，例如将英文翻译为中文。

在 20 世纪 70 年代以后，许多国家都相继开展了人工智能的研究，但由于当时对实现机器智能的理解过于简单和片面，在获得一定成果的同时，问题也跟着出现了。例如机器翻译，当时人们往往认为只要用一部双向词典及词法知识，就能实现两种语言文字的互译，其实完全不是这么一回事。

（三）专家系统

在人工智能的研究进入低潮的时候，人工智能研究的先驱者们并没有放弃，而是经过认真的反思、总结经验和教训，认识到人的智能主要表现在人能学习知识，而且能运用已有的知识。因此，人工智能研究的开展应当以知识为中心来进行。

自从人工智能转向以知识为中心进行研究以来，科学家们开始研究如何让计算机充当"专家"，让计算机在各个领域中起到人类专家的作用，这就是专家系统（Expert System，ES）的由来。以专家知识为基础开发的专家系统在许多领域里获得成功。例如，地矿勘探专家系统拥有15种矿藏知识，能根据岩石标本及地质勘探数据对矿产资源进行估计和预测，能对矿床分布、储藏量、品位、开采价值等进行推断，制定合理的开采方案，成功地找到了超亿美元的钼矿。我国自行研制开发的中医专家系统"关幼波肝病诊断专家系统"，就是总结国宝级老中医专家关幼波教授一生的临床经验研制出的计算机系统，对我国中医学的发展有着相当大的意义。专家系统的成功，充分表明知识是智能的基础，人工智能的研究必须以知识为中心来进行。

（四）自动程序设计

自动程序设计（Automatic Programming）是人工智能的一个重要应用领域，主要包含自动程序验证与自动程序综合两个方面的内容。自动程序验证的任务是验证一个程序的正确性。目前常用的验证方法是用一组已知其结果的数据对程序进行测试，如果程序的运行结果与已知结果一致，就认为程序是正确的。这种方法可用于验证简单程序，但对于一个复杂系统来说，自动程序验证仍是一个比较困难的课题，有待进一步开展研究。

自动程序综合的任务是根据给定问题的原始描述，自动生成求解该问题的正确程序。例如，在某种意义上，编译程序已经在做"自动程序综合"的工作。编译程序接受一份有关想干什么的完整的源码说明，然后编写一份目标码程序去实现。自动程序设计的研究不仅可以促进半自动软件开发系统的发展，还可以使通过修正自身代码进行学习的人工智能系统得到更好的发展。

（五）智能代理

随着计算机网络及其基于网络的分布计算技术的发展，智能代理（Intelligent Agent）技术已经成为人工智能领域一个新的研究热点。智能代理可以理解为充分利用人工智能技术、网络技术、并行并发技术和多媒体技术等构成的一种计算机系统。它可以简单到一段子程序、一个进程，也可以是一个复杂的软件机器人，以主动服务的方式完成一组操作。它具有自主性、协作性、反应性和主动性等基本特性。

智能代理有着重要的应用，主要体现在以下3个方面。

1. 信息服务

信息服务是最广大的用户群接触网络环境的首要渠道。目前常见的搜索引擎一般都采用关键词检索方式，但许多情况下，用户很难简单地用关键词来准确地表达真正需要的信息内容，从而导致检索困难，检索结果往往不尽如人意。相比之下，以智能代理技术为核心的智能搜索引擎"本领"就大多了，它具有强大的功能：

（1）过滤　即按照用户指定的条件，从流向用户的大量信息中筛选符合条件的信息，并以不同级别（全文、详细摘要、简单摘要、标题）呈现给用户。

（2）整理　即为用户把已经下载的资源进行分门别类的组织。

（3）发现　即从大量的公共原始数据（比如股票行情等）中筛选和提炼有价值的信息，向有关用户发布。

2. 电子商务

电子商务正以与传统商业方式截然不同的形式，越来越被人们所接受。但是，在网上寻找品种繁多的商品则成为买方的一大负担；同时，卖方商品的推销也很难对客户进行针对性的主动服务。如果我们采用智能代理系统，就可以代表买方去网上查看"广告"，逛"商场"，找寻中意的商品，甚至讨价还价；也可以代表卖方分析不同用户的消费倾向，据此向特定的用户群主动推销特定的商品。

3. 远程教育

远程教育是促进教育机会平等的重要手段。在网络环境下，可以调动多种教学手段，包括讲解、演示、练习、实验和考试等。其中，练习和实验环节就是智能代理可以大显身手的地方。

智能代理可以作为虚拟的教师、虚拟的学习伙伴、虚拟的实验室设备、虚拟的图书馆管理员等出现在远程教育系统中，增加教学内容的趣味性和人性化色彩，改善教学效果。

五、人工智能未来发展分析

我国在进入21世纪后人工智能产业才得到逐渐恢复和发展，在政策推动和战略布局下逐步加快。自2013年起，我国颁布了一系列与人工智能有关的政策文件，发表了一系列意见建议与研究报告；2017年，也就是被媒体称为"AI元年"的一年，国务院发布了《新一代人工智能发展规划》，开始了对新时期我国人工智能发展的顶层设计与政策环境的营造；2018年，新一代人工智能发展规划推进办公室与新一代人工智能战略协调专家委员会成立；自2018年起，相关部门与主要研究机构陆续发布了《中国人工智能发展报告2018》《中国人工智能发展报告（2019—2020）》，以及《中国人工智能2.0发展战略研究》等重要研究成果。近年来我国人工智能产业发展更是突飞猛进。据统计，2018年我国人工智能赋能实体经济市场规模为251亿元人民币，预计未来将快速增长，有望在2023年突破2000亿元人民币。我国在人工智能相关论文发布数量、企业数量、融资总额、产业规模、专利申请数量等方面均居世界头部阵营，具有充分的市场竞争力。截至2019年年底，我国AI论文占全球AI论文的比重为28%；活跃企业1189家，占全球总数的22.08%；融资总额166亿美元，占全球比重达44.39%；相关产业规模达570亿元人民币；2008—2019年相关专利累计66508项，占全球总数的14.82%。可以说，人工智能已对我们的日常生活产生了显著的影响，它的发展存在以下主要趋势。

（一）人工智能技术进入大规模商用阶段

人工智能产品全面进入消费级市场。中国通信设备巨头华为已经发布了自主研发的人工智能芯片并将其应用在旗下智能手机产品中，苹果公司推出的iPhone X也采用了人工智能技术实现面部识别等功能。三星发布的语音助手Bixby则从软件层面对长期以来停留于"你问我答"模式的语音助手做出升级。人工智能借由智能手机已经与人们的生活越来越近。

在人形机器人市场，日本软银公司研发的人形情感机器人Pepper从2015年6月开始每月面向普通消费者发售1000台，每次都被抢购一空。人工智能机器人背后隐藏着的巨大商业机会同样让国内创业者陷入狂热，粗略统计目前国内人工智能机器人团队超过100家。图灵机器人CEO俞志晨相信未来几年："人们将会像挑选智能手机一样挑选机器人。"

随着人工智能产业和技术走向成熟，成本降低是必然趋势，同时市场竞争因素也将进一步拉低人工智能机器人产品的售价。吸引更多开发者，丰富产品功能和使用场景才是打开市场的关键。另外一个好的信号是，人工智能机器人正在引起商业巨头们的兴趣。零售巨头沃尔玛2016年开始与机器人公司Five Elements合作，将购物车升级为具备导购和自动跟随功能的机器人。中国的零售企业苏宁也与一家机器人公司合作，将智能机器人引入门店用于接待和导购。餐饮巨头肯德基也曾与百度合作，在餐厅引入机器人"度秘"来实现智能点餐。

（二）基于深度学习的人工智能的认知能力将达到人类专家顾问级别

近年来人工智能技术之所以能够获得快速发展，主要源于三个元素的融合：性能更强的神经元网络、价格低廉的芯片以及大数据。其中神经元网络是对人类大脑的模拟，是机器深度学习的基础，对某一领域的深度学习将使得人工智能逼近人类专家顾问的水平，并在未来进一步取代人类专家顾问。当然，这个学习过程也伴随着大数据的获取和积累。事实上在金融投资和保险领域，人工智能已经有取代人类专家顾问的迹象。国内一家创业团队目前正在将人工智能技术与保险业相结合，在保险产品数据库基础上进行分析和计算搭建知识图谱，并收集保险语料，为人工智能问答系统做数据储备，最终连接用户和保险产品，这对目前仍然以销售渠道为驱动的中国保险市场而言显然是个颠覆性的消息。像人类专家顾问的水平很大程度上取决于服务客户的经验一样，人工智能的经验就是数据以及处理数据的经历。随着使用人工智能专家顾问的人越来越多，人工智能有望达到人类专家顾问的水平。

（三）人工智能实用主义倾向显著

人工智能未来将成为一种可购买的智慧服务，过去我们曾看到俄罗斯的人工智能机器人尤金首次通过了著名的图灵测试，又见证了 AlphaGo 和 Master 接连战胜人类围棋冠军，尽管这些史无前例的事件隐约让我们知道人工智能技术已经发展到了一个很高的水平，但因为太过浓厚的"炫技"色彩也让公众对人工智能技术产生了很多质疑。

在人工智能技术的应用方面，我国的互联网企业似乎表现得更加实用主义一些。将主要精力投向人工智能领域的百度几乎把人工智能技术应用到了旗下所有产品和服务中，阿里巴巴也致力于将技术推向"普惠"。人工智能与不同产业的结合正使其实用主义倾向越来越显著，这让人工智能逐步成为一种可以购买的商品，未来我们可能会向人工智能公司购买智能服务。反过来，不同产业对人工智能技术的应用也加剧了人工智能的实用主义倾向。比如特斯拉公司就是使用人工智能技术专门用来提升自动驾驶技术的，再比如百度地图导航软件，就是专门使用人工智能技术用来为用户规划出行路线的。

目前全球主要经济体在人工智能领域发展迅速，且竞争激烈。当前的国际环境对于我国发展人工智能来说既是一大挑战，也是难得的机遇。我们只有抓住这个机遇，在支持和鼓励应用层和技术层发展的同时，重视基础研发，培养人工智能领域相关人才，保持经济高速发展，才能在国际竞争中处于有利地位。

任务实现

通过资料查询及本章学习，人工智能的发展历程如图 17-5 所示。

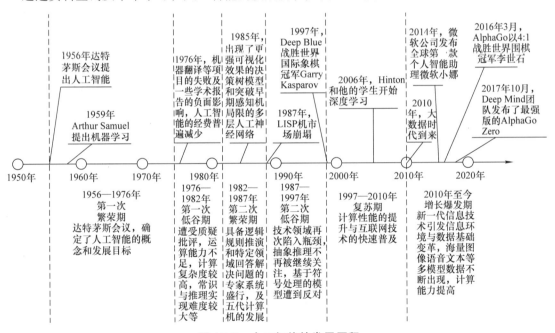

图 17-5 人工智能的发展历程

任务总结

通过任务的实现，人工智能的发展历程也可分为萌芽期、黄金期、瓶颈期、繁荣期和崛起期。

项目 18 云计算

Project

回复"71330+18"
观看视频

📢 项目导读

云计算是一种利用互联网实现随时随地、按需、便捷地使用和共享计算设施、存储设备、应用程序等资源的计算模式。熟悉和掌握云计算技术及关键应用,是助力新基建、推动产业数字化升级、构建现代数字社会、实现数字强国的关键技能之一。本项目介绍了云计算基础知识和模式、技术原理和架构、主流产品和应用等内容。

随着社会与经济的快速发展,传统 IT 行业的服务无法满足社会经济发展的需求,从而催生了云计算。而云计算的产生又反哺社会的商务、经济、国防、农业、政务等诸多行业。

云计算技术的兴起是 IT 技术的一场革命,云计算把 IT 技术领域推向新的高度,云计算就是一场信息技术革命的推手,云计算有广阔的发展空间和应用领域,云计算涉及理、工、文、法、商、农、金融等诸多领域和行业。云计算是信息技术革命的总舵手、是信息技术革命的引擎。云计算是抢占全球经济、科技制高点的强力武器。

随着计算机技术的不断发展,云计算已经成为推动社会生产力变革的新生力量。本项目将从云计算概述、云计算体系结构、云计算技术、云计算应用和云计算平台几方向对云计算进行描述。

👉 项目知识点

1)理解云计算的基本概念,了解云计算的主要应用行业和典型场景。
2)熟悉云计算的服务交付模式,包括基础设施即服务、平台即服务和软件即服务等。
3)熟悉云计算的部署模式,包括公有云、私有云、混合云等。
4)了解分布式计算的原理,熟悉云计算的技术架构。
5)了解云计算的关键技术,包括网络技术、数据中心技术、虚拟化技术、分布式存储技术和安全技术等。

任务 18.1 列举你身边的云计算

📖 任务描述

请根据你对云计算的认知程度,列举你身边云计算的例子。

✍ 任务分析

该任务要求学生了解身边的云计算,对身边云计算的应用,用举例子的方式对该问题进行回答。主要任务是考察对身边云计算的认知能力、观察能力以及在没有学习云计算之前对云计算基本应用和基本概念的认识,从而考察对云计算的原始理解能力。

任务知识模块

一、云计算概述

云计算是在社会经济发展需求、商业模式转变等IT应用行业的推动下,促进IT技术发生飞跃发展的产物。因此,云计算是网格计算(Grid Computing)、分布式计算(Distributed Computing)、并行计算(Parallel Computing)、网络存储(Network Storage Technologies)、虚拟化(Virtualization)和负载均衡(Load Balance)等传统计算机技术和网络技术发展融合的产物。

按照美国国家标准与技术研究院的定义:云计算是一种按使用量付费的模式,这种模式提供可用的、便捷的、按需的网络访问,进入可配置的计算资源共享池(资源包括网络、服务器、存储、应用软件和服务),这些资源能够被快速提供,只需投入很少的管理工作,或与服务供应商进行很少的交互。

按照维基百科定义:云计算是一种基于互联网的计算方式,通过这种方式,共享的软硬件资源和信息可以按需求提供给计算机和其他设备。云计算依赖资源的共享以达成规模经济,类似基础设施(如电力网)。

二、云计算体系结构

传统IT架构体系基础设施的硬件、软件、应用依赖性很强,而云计算体系构架经过虚拟化后,一方面降低了传统模式的系统资源依赖性,另外一方面大大提高了服务质量,降低了成本,提高了效率,如图18-1所示。

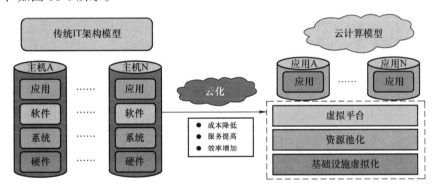

图18-1 传统IT与云计算

(一)云计算服务特征

与传统IT构架相比,云计算服务有以下几个重要的特征:

1. 按需自助服务的特征

云计算就像我们生活中使用水、电等资源一样,可根据自己的需求自主获取,用量的多少及什么时候要用,自由灵活。所以云计算具备按需自助服务的特征。

2. 无处不在的网络访问

云计算提供了各种多渠道的网络访问模式,只要有网络的地方就可以使用云计算,不论你是使用手机、笔记本、台式机或平板电脑均可自由访问。因此云计算具有无处不在的网络访问特征。

3. 资源池化

服务提供者把资源汇聚后,解耦了传统IT模式对资源的依赖模式,所有资源均在资源池中获取,无须担心传统IT模式中依赖性极强的耦合模式带来的诸多问题。

4. 快速灵活

云计算服务可以根据用户需求快速且灵活地提供各种基础设施、软件、硬件、平台、数据方面的服务，根据用户需求提供的各类服务不但快速而且还具有很强的灵活性。

5. 服务自动按量计费

云计算系统本身有很好的计量功能，通过该功能可以根据使用情况，根据用户使用的计费模式自动灵活地进行计费，进一步提高服务质量，具有很高的透明度和灵活性。

（二）云计算架构特征

云计算架构具体应用层与平台层解耦、资源可扩展性、服务云化、虚拟化提供的自助服务、高效率运维、灵活计费等特征。

1. 应用层与平台层解耦

传统IT技术中，应用层紧紧依靠平台层运行，一旦平台层出故障，应用层将无法运行，应用层和平台层之间有很强的耦合依赖性。云计算的出现，对资源进行整合池化管理、对用户提供服务，解耦了应用层对平台层的依赖。

2. 资源的可扩展性

通过云操作系统，对传统模式的服务器、网络、存储设备、计算进行集中资源池化管理，云操作系统将数据中心多个资源池进行集群化管理，整合为更大规模的逻辑（云化、虚拟化）资源池，再根据服务需求抽象化、标准化数据中心资源，从而对用户提供便捷灵活的服务。

3. 服务云化

云计算为商业、企业、政府机构、金融、个人等用户提供标准化的云服务平台，所有用户均可根据自身使用需求在云服务平台上搭建符合自身需求的定制化服务。或者直接采用云服务提供商提供的应用服务，与服务的交付模式高度自动化和标准化，使用者可以根据实际需求获取相应资源，并可以根据需求灵活取舍，资源利用率极高。

4. 虚拟化提供的自助服务

云计算数据中心由于采用了虚拟化及自动化管理技术，云计算用户大多经过自助方式获取云计算服务，这是云计算数据中心与传统数据中心的最大差别。云计算技术的计算虚拟化、存储虚拟化、网络虚拟化的快速发展及云平台自动管理能力的提升，使得云计算服务质量和服务能力的自助服务进一步得到提高。

5. 高效率运维

传统数据中心数据维护是很麻烦且效率和速度都相对低下的维护方式，维护成本极高。但是云计算由于虚拟化技术实现了资源池化，在逻辑上形成统一的逻辑资源，因此维护可以实现从基础设施层、平台层、应用层对硬件资源、虚拟化资源、应用软件资源进行统一的监管，而且实现了维护自动化。这对运维效率的提高，运维成本的降低，运维效果的改善都产生了惊人的变化。

6. 灵活计费

云计算的计费计量系统就像我们生活中使用的水电计费系统一样，直接根据用户的使用量、使用模式、使用类型对各类使用用户定制量化指标，进行合理而规范计费。云计算计费系统对资源进行全程监管和统一监控，提供优质透明的服务，进一步提高云计算服务水平和服务质量。

（三）云计算系统架构参考模型

云计算的目标是以低成本的方式提供可靠性高、规模强大、服务便捷、弹性伸缩、自动灵活、高效运维、自助获取、自动计量计费的个性化服务。如此规模强大且复杂的云计算，影响范围已经越来越大。需要云计算支持越来越复杂的企业环境，一套呼之欲出的云计算参考模型，经过十几年的发展和演进，终于产生了。那就是业界逐渐形成了共识，从管理和服务两方面考虑，规范了"四层两域"的云计算架构参考模型，其中"四层"指的是基础设施层、平台层、服务层和应用层，"两域"指的是业务域和管理域，如图18-2所示。该模型类似于计算机网络技术中的TCP/IP模型和OSI参考模型。

云计算"四层两域"参考模型首先从应用和维护两个方面出发，将云计算规范为业务域和管理域两大部分。

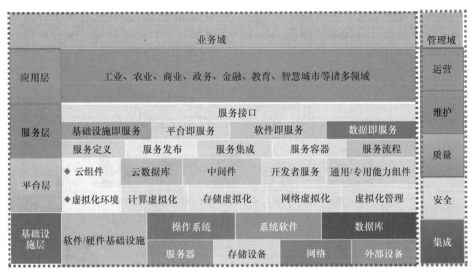

图 18-2　云计算架构参考模型

1. 管理域

管理域主要承担整个云数据中心的协调管理工作，是整个云计算系统的指挥中心，类似于人的大脑，为系统正常运行提供了可靠高效保障。管理域包括集成、安全、质量、维护和运营5个主要部分。

2. 业务域

业务域将基础设施、平台、服务、应用完全解耦，打破传统IT固化耦合模式，实现高效的资源统一调度和弹性使用，大大提高了资源利用率和服务质量。业务域包括基础设施层、平台层、服务层和应用层。

（1）基础设施层　基础设施层是数据中心基础设施部分，包括数据中心基础设施及服务器、存储、网络、外部设备等硬件设备，也包括与硬件相关的基础软件，如操作系统、系统软件、数据库等。

（2）平台层　平台层是承担各类云服务的基础平台，平台层整合了计算、网络、存储的虚拟化集群化资源，并对这些资源进行管理，同时管理中间件、数据库、各类能力组件，并为云服务开发者提供支持。

（3）服务层　服务层主要用于面向用户提供标准化、模块化云计算服务。服务层主要提供基础设施即服务（IaaS）、平台即服务（PaaS）、软件即服务（SaaS）、数据即服务（DaaS）四类服务，并提供相关的自动化服务流程和开放相关服务接口，同时还提供服务教程等相关服务。

（4）应用层　应用层是将云计算服务提供给用户的一个平台，包括软件开发者、商家、个人、企业、政府机构等部门用户。应用层根据产品的特点，将产品以各种需求的形式交付给不同需求的用户使用，以友好的用户界面提供各类应用软件和服务。用户只需按照需求自助租赁需要的服务即可在应用层上获得需要的服务。

（四）云计算部署模型

根据服务对象和服务类型的不同，云计算部署模型分为私有云、公有云和混合云。

1. 私有云

私有云也称为专用云，部署在企业或者部门的数据中心，或者部署在相对独立安全的外部环境中或部署在内网内，总之就是部署在相对安全度较高的环境中，需要提供更好的安全保障与服务质量保障，如图18-3所示。

私有云还有另外一个应用场景叫作行业

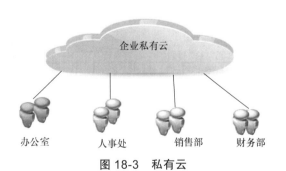

图 18-3　私有云

云，行业云的部署是按私有云的模式部署的，但是应用方式是以公开或者半公开的方式向指定的组织或者机构提供部分或全部的服务。行业云有区域性、行业性较强、特色鲜明、资源高度共享的特点，如图 18-4 所示。

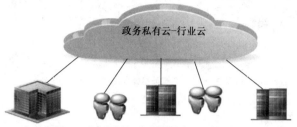

图 18-4　行业云

2. 公有云

公有云也称为公共云，公有云是云服务商家提供给用户的云计算相关服务，公有云服务和其他商品一样，通过互联网向客户提供，有免费的、免费试用的、按需付费使用的等多种模式，可根据客户需求定制灵活自由的服务板块，如图 18-5 所示。

公有云具有快速获取 IT 资源、按需使用、按量付费、弹性伸缩、安全可靠的明显特征。产品种类繁多，涵盖了工业、农业、商业、企业、个人、公司和团体等。华为云计算提供服务的界面如图 18-6 所示。

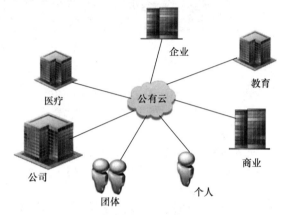

图 18-5　公有云

图 18-6　华为云计算

3. 混合云

混合云是公有云和私有云混合使用的云，如图 18-7 所示。混合云最主要的还是使用隧道技术，通过建立专线或者 VPN 隧道将私有云和公有云联通。混合云具有安全性好、可以进行成本控制的优点。混合云是目前发展的趋势。

任务实现

通过对云计算基本概念和技术架构的学习，了解我们身边的云计算。我们身边涉及云计算的有很多，如共享单车、百度搜索、搜狗搜索、天猫、京东、淘宝、饿了么、美团外卖、拼多多、网银、抖音、12306 售票系统和百度网盘等。

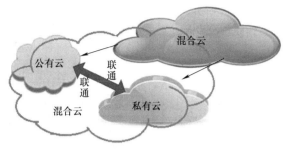

图 18-7　混合云

任务总结

通过对云计算基本概念的掌握和理解，以及对云计算架构四层提供的各类服务，我们可以理解云计算从基础设施即服务（IaaS）到软件即服务（SaaS）、数据即服务（DaaS）、平台即服务（PaaS）。云计算各类服务涉及内容广泛、领域众多，身边的云计算无处不在。

任务 18.2　华为云平台四层架构提供的服务

任务描述

请结合云计算系统架构知识，打开华为云网站，查询华为云平台四层架构提供的相关服务。

任务分析

本任务要求对华为云平台提供的服务，按照云计算架构四层服务模型，对华为云各层提供的相关服务进行详细的描述。

本任务一方面是对上节云计算体系结构内容的回顾，另外一方面通过完成本任务，在云计算体系结构的基础上，进一步学习云计算架构四层服务的相关内容。

任务知识模块

一、云计算技术

云计算呈现给用户的是统一友好的界面，然而云计算友好用户界面的背后，到底是什么呢？是什么技术为我们提供"云雾缭绕"一般的美好画面的？就是我们这里即将探讨的云计算技术问题。

其实云计算系统和我们传统计算机系统一样，依然离不开计算、存储、网络三大核心要素，而云计算技术中采用了两个核心技术对计算、存储、网络三大核心要素进行驾驭。这两大核心技术就是分布式技术和虚拟化技术。

（一）分布式技术

分布式技术是云化的计算机系统核心技术之一，首先我们需要理解分布式系统的基本概念，然后再理解分布式计算和分布式存储。

1. 分布式系统

分布式可以简单理解为一个任务分担给多台计算机同时进行处理，由多台计算机合作完成这个任务。在任务分担的时候一份任务同时分给多台计算机并行处理，如果一台计算机出现故障，其他计算机在做和故障机同样的任务，所以不会影响任务完成的最终结果，除非是分担同一任务的所有计算机同时出现故障，但是这种概率是非常低的，几乎是零概率事件；另外，为了确保每台计算机都能"不偷懒"地工作，在分布式系统中还专门派出"监工"计算机，对所有分担到任务的计算机进行监督和管理。这就是分布式最通俗的理解。

分布式通常定义为一组通过网络连接的计算机节点、为了完成共同的任务而协调工作的计算机系统。分布式有着低成本、高性能、多用户、分布式、协同工作、可靠性高、高可扩展性的技术特点。一般使用冗余技术提供故障保障。所谓冗余技术就是每个任务同时分配给多个节点。

2. 分布式计算

对于计算任务，将计算任务进行分割，每个节点承担其中的一部分，最后将所有计算结果汇总。利用分布式技术来解决计算问题就叫作分布式计算。

目前分布式计算经典的商业解决方案是采用 Hadoop MapReduce。Hadoop 是一个开源软件工具集，为分布式计算和分布式存储提供了软件构架。MapReduce 是 Hadoop 用来在集群上使用并行、分布式计算处理和生成大数据的软件构架，如图 18-8 所示。

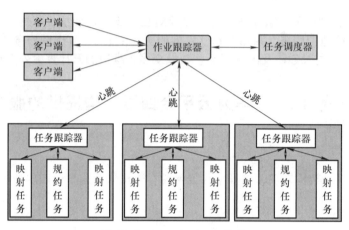

图 18-8　MapReduce 架构

3. 分布式存储

对于存储任务，每个节点存储其中的一部分。分布式存储对数据进行管理的技术主要包括分布式文件系统管理技术和分布式数据库系统管理技术。

分布式文件系统管理技术是将数据划分为很多块，将这些块分布存储于网络上不同的服务器中。这种管理技术主要是基于客户机/服务器模式来设计的。

分布式数据库管理系统一般把网络上不同区域的较小计算机进行连接，每台计算机上都可能有数据库管理系统完整的或部分副本，并且有自己的局部数据，所有节点计算机数据连接起来就构成一个完整的数据库，从而构成一个逻辑上完整、集中，但呈物理分布的大型数据库。分布式存储数据库系统设计的特点是有很高的可靠性、并发性和可扩展性。

（二）虚拟化技术

虚拟化最基本的思想是把硬件设备和软件系统解耦，将物理资源抽象化，给用户展示抽象化后的逻辑资源，为用户提供更好的服务，比如 CPU 虚拟化、内存虚拟化和网络虚拟化等。

1. CPU 虚拟化

CPU 虚拟化是指多个虚拟机共享一组 CPU 资源，这种情况在虚拟机使用中最为常见，其原理是虚拟机截获了虚拟机操作系统发出的指令，并模拟 CPU 执行操作。

图 18-9 中，虚拟机操作系统发出的"指令 1"原本应该是"物理机 CPU"执行的，但是"指令 1"被虚拟机截获，并模仿物理机 CPU 执行指令（1）。图 18-10 所示为虚拟机运行 Windows Server 2008 界面。

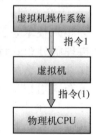

图 18-9　CPU 虚拟化

2. 内存虚拟化

内存虚拟化的工作原理是虚拟机把物理内存进行集中管理，然后封装分配给多个虚拟机使用，其关键是能使物理内存相互隔离，如图 18-11 所示。

图 18-12 所示为虚拟机操作系统虚拟化物理硬件设备,该虚拟系统内存为 2G,硬盘为 40G。

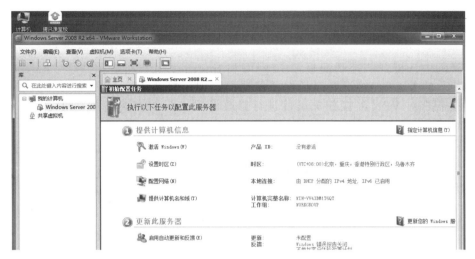

图 18-10　虚拟机运行 Windows Server 2008 界面

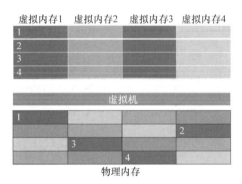

图 18-11　内存虚拟化

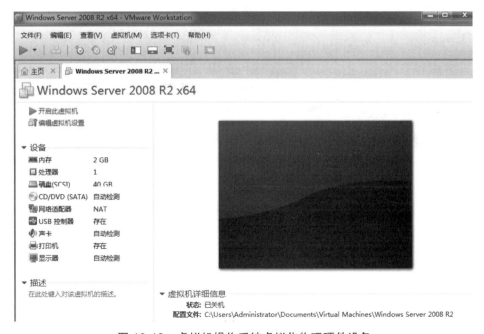

图 18-12　虚拟机操作系统虚拟化物理硬件设备

3. 网络虚拟化

网络虚拟化在云计算之前就有广泛的应用，主要是广为应用的 VPN 隧道技术、加密技术、解密技术、身份认证技术等。云计算中的网络虚拟化是指基于网络设备的虚拟化实现传统网络通信。

在计算机中，打开"控制面板"/"网络和 Internet"/"网络和共享中心"，即可打开图 18-13 所示的 VPN 连接设置对话框，根据提示即可快速建立 VPN 连接。连接完成后可以根据连接需求对 VPN 连接相关属性进行修改设置，图 18-14 所示为网络虚拟化的 VPN 属性连接。

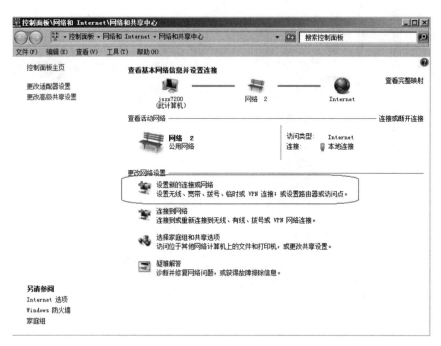

图 18-13　建立 VPN 连接

图 18-14　网络虚拟化的 VPN 属性连接

二、云计算应用

云计算作为一种商业模式向用户提供友好的界面服务,各大云服务商都推出了自己的服务产品,云计算企业都想抢占更多的市场份额,所以提供了"四层两域"云计算参考模型,即提供了基础设施即服务(IaaS)、平台即服务(PaaS)、软件即服务(SaaS)、数据即服务(DaaS)。

(一)云计算业务模型

1. 基础设施即服务(IaaS)

IaaS 租用计算、存储、网络等基础计算资源,主要提供云操作系统、云安全、虚拟化管理、服务器、云硬盘、云网络、云服务等关于基础设施层的服务。

2. 平台即服务(PaaS)

PaaS 在云上部署用户创建的应用软件,主要提供云数据库、中间件、其他通用组件等各种支撑平台服务。

3. 软件即服务(SaaS)

SaaS 通过网络使用提供商的应用软件,主要提供协同办公、信息公开、网盘、电子邮件等各类服务。

4. 数据即服务(DaaS)

DaaS 通过数据提供服务的平台,主要提供数据采集、数据清洗、数据分析、数据聚合、数据服务等数据管理与服务。

(二)云计算应用

云计算是在商业模式发生转变、应用需求不断提升、IT 技术的发展、网络技术提高等新技术共同作用下催生的产物,而云计算技术的不断发展又反哺各行各业,为不同行业提供了更为强大和安全可靠、弹性伸缩、按需自助等服务,服务项目包括计算、网络、存储、管理、数据、软件等优质服务。大数据、区块链、物联网、人工智能等均有云计算应用服务的相关内容。

云计算在工业云与智能制造、农业云与智慧农业、政务云与电子政务、金融云与智慧银行、商贸云与新零售、智慧城市、健康云医院、云机房等诸多领域均有云计算应用实例。

三、云计算平台

云计算市场提供按需、付费、方便、快捷的服务模式,随着云计算的不断发展,提供云计算服务的平台不断涌现。国内的有华为云、阿里云、腾讯云、百度云、西部数码、金山云、中国移动、中国联通、中国电信等一系列提供云计算服务的云平台。国外的有亚马逊、微软、Rackspace、Salesforce、Oracle、Virtustream 等提供云计算服务的平台。

📖 任务实现

打开华为官方网站 https://www.huawei.com/cn,单击"商用产品及方案"选项卡菜单下的"华为云",在"云与计算"模块中打开"华为云"服务界面(或者直接打开 https://www.huaweicloud.com/ 也可以直接进入"华为云"服务界面),如图 18-6 所示,即可看到关于华为云提供的服务,有精选推荐、计算、存储、网络、数据库、人工智能、大数据、开发与运维、安全与合规、物联网等一系列服务。光标移到左侧对应栏目则可以看到相关的服务项目。图 18-15 所示为"精选推荐"相关服务项目。

图 18-15　华为云服务

📝 任务总结

通过本任务的实现，进一步学习了云计算体系结构相关知识，巩固了云计算服务模式相关知识。学习到云计算业务模型提供的服务种类和名称，并且知道云计算具有按需、付费、方便、快捷等服务特性。

项目 19 现代通信技术

Project 19

回复"71330+19"
观看视频

🔔 项目导读

通信技术是实现人与人之间、人与物之间、物与物之间信息传递的一种技术。现代通信技术将通信技术与计算机技术、数字信号处理技术等新技术相结合,其发展具有数字化、综合化、宽带化、智能化和个人化的特点。现代通信技术是大数据、云计算、人工智能、物联网、虚拟现实等信息技术发展的基础,以 5G 为代表的现代通信技术是中国新型基础设施建设的重要领域。

本项目详细介绍了现代通信技术从 1G 到 5G 的五代移动通信技术的特点、功能、技术参数、应用场景等内容,同时对光纤通信技术、卫星通信技术、微波通信技术和 5G 通信技术做了更为全面和完整的介绍。

☞ 项目知识点

1)理解通信技术、现代通信技术、移动通信技术、5G 技术等概念,掌握相关的基础知识。
2)了解现代通信技术的发展历程及未来趋势。
3)熟悉移动通信技术中的传输技术、组网技术等。
4)了解 5G 的应用场景、基本特点和关键技术。
5)掌握 5G 网络架构和部署特点,掌握 5G 网络建设流程。
6)了解蓝牙、WiFi、ZigBee、射频识别、卫星通信、光纤通信等现代通信技术的特点和应用场景。
7)了解现代通信技术与其他信息技术的融合发展。

任务 19.1 移动通信技术发展历程

📖 任务描述

移动通信技术是现代通信技术的主要内容,请你对移动通信技术进行简单的描述。

✍ 任务分析

本任务需要在对现代通移动信技术中的蜂窝通信技术全面掌握的基础上,对移动通信技术从第一代移动通信技术(1G)到第五代移动通信技术(5G)有清晰的全面理解。

任务知识模块

一、现代通信技术基础

（一）通信的基本概念

通信是指人与人之间、人与自然之间、人与物之间或者物与物之间按照约定进行信息的传递与交流，通信有信源、信宿、信道三要素。通信中的信息可以通过文字、图片、声音、数据、多媒体等多种形式以某种载体或媒介为通道进行传播，人们可以通过听觉、视觉、嗅觉、感知、触觉等多种形式进行信息交流与传播。

信源是指通信过程中信息传输的起始端，信宿是指通信过程中信息接收终端，信道是指信息传输过程中的通道，即信息传输过程中的媒介或载体。

在信息传播过程中，信源一端发出的信号通过发送设备加载到传输载体或线路的信道当中，接收端通过接收设备从载体将信息传递到终端信宿，信息在信道传输过程中会有噪声伴随，整个通信传播过程如图 19-1 所示。

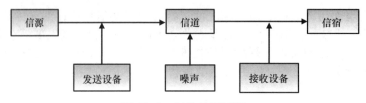

图 19-1　通信传播过程

（二）通信技术发展历程

通信技术的发展历程没有很严格的划分和界限，按照通信技术时代发展历程划分，大致可以划分为古代通信技术、近现代通信技术和新一代通信技术三个发展历程。

1. 古代通信技术

我国通信技术源远流长，古代有烽火通信、飞鸽传书、令牌传递、击鼓传令、驿道飞马传书、十二道金牌传令等。

2. 近现代通信技术

邮政通信、快递、物流、电话、电视、电报、传真、电子邮件、QQ、微信、微博等均属于近现代通信技术范畴。

3. 新一代通信技术

新一代通信技术有移动通信技术、光纤通信技术、无线通信技术、现代 5G 通信技术等。新一代通信技术还融合了云计算、物联网、虚拟现实、人工智能、区块链、大数据、量子技术等诸多新型计算机信息科学技术。

二、现代通信技术特征

现代通信技术飞速发展，为网络技术和信息技术的发展提供了技术支持，网络技术和信息技术的发展为现代通信技术带来了挑战和机遇，促进了现代通信技术的不断发展和提高。

在信息技术迅猛发展的冲击下，计算机技术、网络技术和通信技术等新技术融合发展，开拓了通信技术发展的新局面，新一代通信技术不断发展和更新迭代。

现代通信技术以现代高速网络技术为接入与传输基础，并通过计算机网络技术及路由交换技术对信息进行传播。现代高速网络技术包括光纤通信技术、卫星通信技术、微波通信技术、移动通信技术。现代通信技术是各种新型计算机技术、信息技术、网络技术、云计算技术、物联网、人工智能、区块链、大数据、数字媒体等技术高度融合发展的综合体。

三、无线通信技术

无线通信技术是现代通信技术的主要技术之一，包括移动通信技术、卫星通信技术、微波通信技术和红外线通信技术等。

（一）移动通信技术

移动通信是最为便捷的个人通信模式，随着移动通信技术的发展，现在几乎普及到所有的群体。移动通信从蜂窝通信技术发展到5G通信技术，第一代移动通信（1G）到第三代移动通信（3G）都仅仅能实现话音移动通信，到了第四代移动通信（4G）和第五代移动通信（5G），就已经实现了移动通信与Internet的无缝对接，从而进一步发展为新一代通信技术融合模式。

1. 基本通信模式

根据通信双方信息交互模式的不同，将通信模式分为单工、半双工和全双工三种通信模式，如图19-2所示。

1）单工通信。单工通信信道是单向信道，发送端和接收端的身份是固定的，发送端只能发送信息，不能接收信息；接收端只能接收信息，不能发送信息，数据信号只能从发送端传送到接收端，即信息流是单向传递。单工通信属于点到点的通信，信宿和信源之间只有一条线路。无线广播、有线广播、遥控器、电视广播、收音机等均属于单工通信。

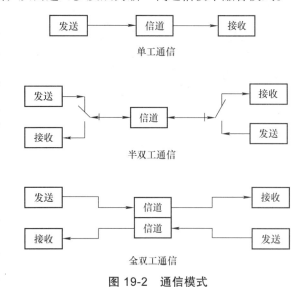

图 19-2　通信模式

2）半双工通信。双向交替通信又称为半双工通信，即通信的双方都可以发送信息或者接收信息，但双方不能同时发送信息，也不能同时接收信息。这种通信方式是交互的，一方发送，另一方接收。这种通信方式信宿和信源之间也只有一条线路，通信双方通过切换发送或者接收按钮，进行接收或者发送的角色转换，进行通信。一般小区保安用的无线对讲机就是半双工通信模式。

3）全双工通信。双向同时通信，又称为全双工或双工通信，即通信的双方可以同时发送和接收信息。单工通信和半双工通信只需要一条信道，而全双工通信则需要两条信道，每个方向各一条信道。移动电话通信就是全双工通信模式。

2. 蜂窝移动通信技术

蜂窝移动通信技术是把一个区域划分为多个称为蜂窝的区域，如图19-3所示，一个基站覆盖的区域用一个字母来代替，在终端和网络设备之间通过无线通道连接起来，进而实现用户在活动中可相互通信。其主要特征是终端的移动性，并具有越区切换和跨本地网自动漫游功能。切换过程由移动电话交换网自动识别完成，不需要用户做任何操作。

3. 移动通信技术的发展历程

移动通信经历了从1G到5G的五代发展，因技术在不断改进和提高，各个时代移动通信技术的功能有很大差别，见表19-1。

表 19-1　移动通信发展历程

类型	时间	功能	峰值速率	备注
1G	1980年	打电话	无	
2G	1990年	发短信、彩信、手机报	170kbit/s	2.5G
3G	2000年	链接因特网，手机网站	20000kbit/s	
4G	2010年	手机App，移动支付等与Internet无缝对接	100Mbit/s	
5G	2018年	万物互联，虚拟现实，与信息技术融合发展	20Gbit/s	

（1）模拟蜂窝通信技术（1G）　1978年美国贝尔实验室开发了高级移动电话系统，标志着

移动通信技术的开启,该技术采用模拟制式的频分双工(FDD)技术进行信息传输,频分双工采用一对频分线路,分别进行信息的上行和下行传输。采用蜂窝通信技术(AMPS)解决公用移动通信系统大容量要求与频谱资源限制的难题,从而实现第一代蜂窝移动电话通信。

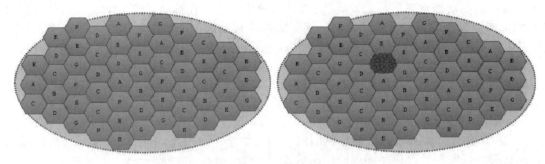

图 19-3　移动蜂窝通信

模拟蜂窝通信技术因没有国际通用标准,所以不能实现全球漫游通话,第一代移动通信只能实现语音通信,更不具备网络功能。这个时代典型的移动通信电话如摩托罗拉生产的"大哥大"。

美国是第一个使用蜂窝通信技术的国家。到了 1980 年,欧洲和日本都建立了第一代蜂窝移动电话系统。这就是移动通信的第一代技术(1G),是模拟制式的蜂窝通信技术。

1987 年 11 月中国电信开始运营模拟制式移动蜂窝通信,到 2021 年 12 月关闭模拟移动通信网,终结了 1G 时代。

(2)第二代移动通信技术(2G)　20 世纪 80 年代产生的 2G 采用数字蜂窝移动通信技术。数字蜂窝移动通信(Cellular Mobile Communication)是采用蜂窝无线组网方式,在终端和网络设备之间通过无线通道连接起来,进而实现用户在活动中可相互通信。2G 通信可以实现全球漫游功能,并具备短信和彩铃功能。

2G 典型代表有欧洲电信的 GSM 移动通信系统和美国高通公司的码分多址 CDMA 移动通信系统。我国最初采用的是欧洲标准的全球移动通信系统 GSM。

通用分组无线业务 GPRS 是 2G 的升级版,比 2G 速度快,但是比 3G 速度慢。GPRS 是基于分组交换技术的移动通信系统,理论传输速率达到 170kbit/s,实际传输速率为 30~70kbit/s。

(3)第三代移动通信技术(3G)　3G 诞生于 21 世纪初,第三代数字蜂窝通信系统除具备 2G 的所有功能外,还具备移动互联网接入功能。

3G 采用扩频码分多址 CDMA 技术,传输速率大幅提高,静止环境下可以达到 2Mbit/s 的理论传输速率。

1985 年,国际电信联盟 ITU 提出对第三代移动通信标准的制定,1996 年将 3G 国际标准正式命名为 ITM-2000。其中的 2000 有三层含义。

1)使用频段在 2000MHz 附近。

2)通信速率大约 2000kbit/s(即约 2Mbit/s)。

3)预计在 2000 年左右推广使用。

1999 年 3G 批准了 5 个国际标准,其中中国提出的标准为 TD-SCDMA,该标准属于时分双工模式。2007 年国际电信联盟 ITU 会议又批准第 6 个 3G 标准 WiMAX,称为 IMT-2000 OFDMA TDD WMAN,即无线城域网技术标准。

(4)第四代移动通信技术(4G)　随着网络技术的不断发展,通信技术也同步提高,4G 在移动通信信息传输形式和信息传输速率上均有大幅度的提高和改进。

4G 理论传输速率可达 100Mbit/s,可以与因特网实现无缝对接。4G 可以把蓝牙、无线局域网(WiFi)、3G 技术等技术融合在一起,形成无缝通信解决方案。4G 可以实现移动支付、手机 App、看电影、网上交流互动等个人计算机网络技术功能。

(5)第五代移动通信技术(5G)　5G 是具有高速率、低时延和大连接特点的新一代宽带移动通信技术，5G 通信设施是实现人、机、物互联的网络基础设施。

2018 年 6 月 3GPP（3GPP 由 7 个组织协会组成）第 80 次会议正式批准第五代移动通信系统标准（5G）独立组网功能，标志着 5G 时代的正式开启。

国际电信联盟（ITU）定义了 5G 的三大类应用场景，即增强移动宽带（eMBB）、超高可靠低时延通信（URLLC）和海量机器类通信（mMTC）。增强移动宽带（eMBB）主要面向移动互联网流量爆炸式增长，为移动互联网用户提供更加极致的应用体验。超高可靠低时延通信（URLLC）主要面向工业控制、远程医疗、自动驾驶等对时延和可靠性具有极高要求的垂直行业应用需求。海量机器类通信（mMTC）主要面向智慧城市、智能家居、环境监测等以传感和数据采集为目标的应用需求。

为满足 5G 多样化的应用场景需求，5G 的关键性能指标更加多元化。国际电信联盟（ITU）定义了 5G 八大关键性能指标，其中高速率（峰值下行速率高达 20Gbit/s）、低时延、大连接成为 5G 最突出的特征，用户体验速率达 1Gbit/s，时延低至 1ms，用户连接能力达 100 万连接 /km^2。

（二）无线局域网（WLAN）

1. WLAN 基本概念

无线局域网（Wireless Local Area Network，WLAN），是通过无线通信技术将计算机终端互联起来，从而实现网络资源共享和信息传输的网络体系结构。无线局域网的本质是连接模式不再依赖于线路连接，而是通过无线连接的方式连接，从而使网络的构建和终端的移动更加灵活，如图 19-4 所示。

无线局域网技术分为两大体系，一个是国际电气与电子工程师协会（IEEE）始于 1987 年制定的 IEEE802.11 标准体系，该体系是基于无线连接的网络协议，面向数据通信的标准体系，目前市场上大多数产品都是按照这个标准进行开发的。

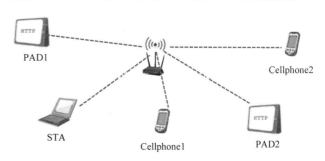

图 19-4　无线局域网 WLAN

另外一个是欧洲委员会（CEPT）制定的 HIPERLAN 标准体系，该体系是基于连接的无线局域网，致力于面向语言通信的蜂窝电话标准体系。

2. WLAN 通信技术

WLAN 可以按照使用通信技术进行分类，目前的无线网主要采用红外线、扩展频谱和窄带微波三种技术进行通信，可以替代有限局域网。

（1）红外线通信　红外线（IR）通信技术建立的 WLAN 有两个优点：第一是红外线频谱是无限的，因此能够提供极高的数据传输速率，其次是红外线频谱在世界范围内不受限制。红外线（IR）通信分为三种技术。

1）定向红外光束，可以用于点对点链路连接。

2）全方向广播红外线。

3）漫反射红外线。

（2）扩展频谱通信　扩展频谱通信技术起源于军事网络通信，其理论思路是将信号扩散分布到更宽的频谱上，以减少外界对信号的阻塞和干扰。扩展频谱通信技术包含两种技术。

1）频率跳动扩频：信号按照看似随机的无线电频谱发送，每个分组都采用不同的频率进行信息传输。这种信号传输方式的优点就是信号不容易被破译。

2）直接系列扩频：直接序列扩频（DS）是将信号频谱在频率域扩宽，从而降低空中传输信号的功率谱密度，使敌方对抗设备难以检测通信信号而实现其抗干扰的目的。

（3）窄带微波通信　窄带微波通信是使用窄带微波无线电频带（RF）进行数据传输，其带宽刚好能容纳传输信号。以前使用窄带微波无线产品都需要申请许可，现在已经出现免许可的窄带微波频带。

1）申请许可的窄带微波 RF：用于声音、视频和数据传输的微波无线电频率，为确保各个地区各个系统之间不会相互干扰，需要进行许可申请，进行频率协调。

2）免许可的窄带微波 RF：1995 年 Radio LAN 是第一个引进免许可窄带微波制造商，这种产品是一种对等配置网络，使用 5.8GHz 频带，数据速率为 10Mbit/s，有效覆盖范围为 150～300ft。Radio LAN 能够根据位置、干扰信号强度等参数自动调整，使得超越传输范围的终端也可以进行数据传输。

（三）无线个人网

无线个人网（WPAN）是一种小范围的无线通信系统，覆盖半径在 10m 左右，可以用来替代计算机、手机、数码相机、数码电视机等职能设备的硬件连接设备和接口设备，或者组成无线传感智能家居等小型智能家庭网络。无线个人网（WPAN）不需要基础网络的连接和支持，只能提供少量的小型设备组网，并且传输速率较低，如图 19-5 所示。

无线个人网（WPAN）又称为微微网，1 个主设备只能支持 7 个从设备的最大有限连接数，超过 7 个就不能接通，广泛用于手持设备。常见的无线个人网组网技术有蓝牙（Bluetooth）技术、紫蜂（ZigBee）技术。

图 19-5　无线个人网 WPAN

1. 蓝牙（Bluetooth）技术

1995 年爱立信、IBM、东芝、诺基亚、英特尔五家公司联合推出一种近距离无线通信技术。2001 年蓝牙标准 1.1 版通过 IEEE802.15.1 正式颁布，从而诞生了蓝牙技术。

蓝牙技术是一种无线数据和语音通信开放的无线传输技术，它是基于低成本的近距离无线连接，为固定设备和移动设备、移动设备和移动设备之间建立小型网络环境的一种特殊的近距离无线技术连接。

蓝牙的开放性、短距离、无线通信技术特性，为移动电话、车载音响、PDA、无线耳机、便携式计算机等移动外设提供方便快捷的组网模式，从而实现资源共享、信息传输、链接 Internet 等功能。

蓝牙组网时实现多个设备共享一个物理信道，各个设备必须由一个公共时钟同步，并调整到同样的跳频模式，从而实现跳频通信（FHSS），蓝牙组建的个人无线网信号速率和数据速率均为 1Mbit/s。

2. 紫蜂（ZigBee）技术

紫蜂技术是基于 IEEE802.15.4 标准开发的一组关于组网、安全和应用软件的技术标准。紫蜂联盟对网络层协议、安全标准、应用架构进行了标准化规范。

紫蜂（ZigBee）技术是一种低速率、低功耗、低成本、短距离、支持大量网络节点、支持多种网络拓扑的无线通信技术。紫蜂技术在网络部署方面具有简单快捷、安全可靠的优点。

紫蜂技术因其具有支持数千个微型传感器之间实现相互协调通信的功能，通信效率非常高。所以紫蜂技术在数字家庭领域、工业领域、智能交通领域、物联网、智能家居等领域均有广泛的应用。

（四）无线城域网

无线城域网（WMAN）是指在地域上覆盖城市及其郊区范围的分布节点之间传输信息的本地分配无线网络，能实现语音、数据、图像、多媒体、IP 等多业务的接入服务。其覆盖范围的典型值为 3～5km，点到点链路的覆盖可以高达几十千米，可以提供支持 QoS 的能力和具有一定范围移动性的共享接入能力，如图 19-6 所示。

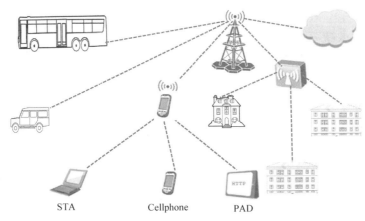

图 19-6　无线城域网 WMAN

IEEE 802.16 提出的空中接口标准是一种无线城域网技术，许多网络营运商都加入支持这个标准的行列，无线城域网是一种未来发展空间巨大的无线宽带联网新技术。无线城域网目前有两个比较成熟的标准。

一个是 2004 年发布的 802.16d 标准，也叫作固定 WiMAX，该标准支持无线固定接入；另一个是 2005 年发布的 802.16e 标准，该标准支持无线固定接入的同时还增加了对移动性的支持，因此该标准也称为移动 WiMAX。

WiMAX 技术的应用主要有两个方面，一方面是作为蜂窝网络、WiFi 热点和 WiFi Mesh 的回程链路；另一方面是作为最后 1000m 的无线宽带接入链路。

固定 WiMAX 技术可以提供低成本、远距离、高带宽的回程传输（回程链路是指从接入网络到达交换中心的连接）。

在无线宽带接入技术中，WiMAX 技术比 WiFi 的覆盖范围更大，数据速率更高，同时比 WiFi 有更好的可扩展性和安全性，具备实现电信级的多媒体通信技术服务功能。

通过 WiMAX 技术进一步发展而来的 WiMAX II，实现了与其他 B3G（Beyond 3G）技术的融合，WiMAX II（IEEE 802.16m）技术标准因此成为 4G 标准之一。

2013 年年底，工业和信息化部正式向三大营运商发放 4G 牌照，各个营运商均获得相应的商用经营频段。

中国移动：1880～1900MHz、2320～2370MHz、2575～2635MHz。

中国联通：2300～2320MHz、2555～2575MHz。

中国电信：2370～2390MHz、2365～2655MHz。

（五）卫星通信技术

卫星通信技术是采用微波频段频率进行无线通信的一种通信技术，是现代通信技术、航空航天技术、计算机技术、网络技术融合发展的产物。卫星通信技术是一种利用人造地球卫星作为中继站来转发无线电波而进行的两个或多个地球站之间的通信。

卫星通信技术具有频带宽、容量大、覆盖面广、性能稳定、投资与成本无关等优点，是现代通信技术广泛使用的一种通信方式。

1. 卫星通信的优点

1）传输距离远，通信成本与距离无关。由于卫星离地面距离较远，所以其覆盖范围较广，在卫星通信覆盖范围内，通信成本没有任何差别。如果采用地球静止卫星通信，只需要 3 颗卫星就可以实现对地球的全覆盖通信。

2）以广播方式工作，便于多址连接。卫星通信的通信卫星类似于一个多个发射台同时工作的广播系统，通信卫星发射出来的所有广播在其覆盖范围内的所有地球站均可以收到。因此可以在多个地球站之间建立通信连接，提供灵活的组网方式。

3）通信容量大，业务种类多。由于通信卫星采用的频率是微波频段频率，可以使用的频带较宽，因此卫星通信容量较大，可提供的服务业务种类多。

4）卫星通信质量好，可靠性高。卫星通信的电波主要在高空中传播，噪声小，通信质量好。因高空传播受到外界干扰较小，所以卫星通信的可靠性高。

2. 卫星通信的不足

1）卫星通信传播时延大。在地球同步卫星通信系统中，通信站到同步卫星的距离最大可达40000km，电磁波以光速（3×10^8m/s）传输，这样信号在卫星和地球站之间完成一个周期传播所需时间大约为0.27s。如果利用卫星通信打电话，由于两个地球站的用户都要经过卫星，因此，听到对方的回答必须等待0.54s的延时。所以类似于话音业务一类的卫星通信，必须解决时延问题。

2）卫星通信的姿态发生漂移。由于空间环境复杂多变，有时候通信卫星会发生空间上的漂移，从而带来通信的不稳定性。

3）存在地面信号干扰。由于地面微波通信会干扰卫星通信，从而影响卫星通信的信号质量。

4）存在通信盲区。把地球同步卫星作为通信卫星时，由于地球两极附近区域是卫星覆盖的盲区，因此不能利用地球同步卫星实现对地球两极的通信。

5）存在日凌中断、星蚀和雨衰现象。

① 日凌。当地球、卫星与太阳在一条直线上且卫星在地球与太阳之间时，地球站在接收卫星信号的同时，受到太阳辐射的影响，使通信中断，此现象称为日凌，如图19-7所示。

② 星蚀。当卫星、地球与太阳在一条直线上且地球在卫星与太阳之间时，此时卫星的太阳能电池不能正常工作，星载电池只能维持卫星自转而不能支持转发器正常工作，这种现象造成的通信中断称为星蚀，如图19-8所示。

③ 雨衰。雨衰是指卫星通信电波进入雨层中引起的信号衰减。

图19-7 日凌

图19-8 星蚀

3. 卫星通信频率

卫星通信是电磁波穿越大气层对地面建立的通信。大气层中的水分子、氧分子、离子对微波频段电磁波影响较小，因此卫星通信一般采用微波频段频率。

4. 卫星通信系统组成

卫星通信系统包括控制与管理系统、星上系统和地球站三个主要部分，如图19-9所示。

1）控制与管理系统。控制与管理系统是保证卫星通信系统正常运行的重要组成部分，其功能是控制和保持卫星在指定的轨道上正确运行。

2）星上系统。星上系统是通信卫星上的主体装置，是指卫星的软硬件系统。就通信卫星而言，星上系统主要包括遥控指令、控制系统、能源装置等主体内容。

3）地球站。地球站是卫星通信的地面部分，主要包含天线、发射设备、接收设备、信道终端设备、电源设备、馈线设备和天线跟踪伺服设备等。

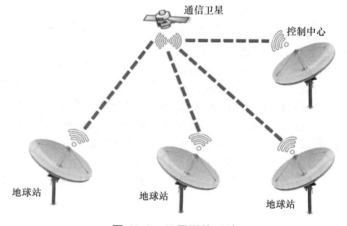

图19-9 卫星通信系统

（六）微波通信

1. 微波通信概念

微波通信是把微波信号作为载波信号，采用中继（接力）方式在地面上进行的无线电通信，微波频段为300MHz～300GHz。沿地球表面直线传播，一般只有50km左右。但若采用100m

高的天线塔，则距离可增大到100km，如图19-10所示。

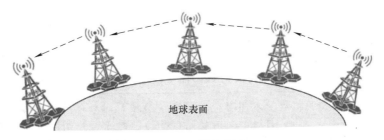

图 19-10　微波通信

地面微波通信是特殊环境下或者有线通信技术通信因不可抗力因素等受阻的情况下进行的有效通信手段。

1）在1976年的唐山大地震中，在京津之间的同轴电缆全部断裂的情况下，6个微波通道全部安然无恙。

2）1998年长江中下游的特大洪灾中，微波通信在抗洪救灾中展现其巨大优势。

3）在现代通信技术中，微波通信仍是最有发展前景的通信技术之一。

2. 微波通信的特点

1）通信频段的频带宽，传输信息容量大。

2）通信稳定可靠。

3）能够实现接力传输。

4）通信灵活性较大。

5）天线增益高、方向性强。

6）投资少、建设快。

四、光纤通信

光纤通信是现代通信技术中有线通信的典型代表，光纤通信在现代通信技术中起着举足轻重的作用。光纤通信作为一门新兴技术，其近年来发展速度之快、应用面之广是通信史上罕见的，也是世界新技术革命的重要标志和未来信息社会中各种信息的主要传送工具。

（一）光线通信概述

光纤通信是以光波作为信息传输的载体，以光纤（光导纤维）作为传输媒介将信息从一端传送至另一端的通信方式，被称之为"有线"光通信。当今，光纤以其传输频带宽、抗干扰性高和信号衰减小等优越性，远优于电缆、微波通信的传输，已成为世界现代通信技术中有线传输最主要的传输方式。

光纤通信系统包括电发送、电接收、光源、光检测器、光纤光缆、线路等部件，光纤通信系统组成结构如图19-11所示。

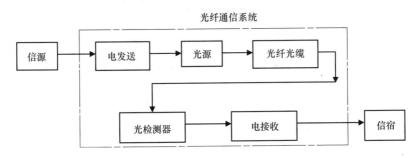

图 19-11　光纤通信系统组成结构

光纤通信广泛应用于计算机通信、公用通信、有线电视通信、航天及船舶内部通信控制、电力及铁道交通信号控制系统、核电站、炼油厂、油田矿井等区域内通信。

(二) 光纤通信原理与特性

1. 光纤通信的原理

光纤通信是按照调制解调原理进行工作的,即在发送端首先要把传送的信息变成电信号,然后加载(调制)到激光器发出的激光束上,并通过光纤发送出去;在接收端,检测器收到光信号后把它变换成电信号,将电信号转变为数据信号,即还原信号源(解调)。

> **提示:** 调制过程根据调制参量不同可分为调频(载波瞬时频率随调制信号而变化)、调幅(载波幅度随调制信号而变化)、调相(利用原始信号控制载波信号相位)三种调制方式。

由于激光具有高方向性、高相干性、高单色性等显著优点,光纤通信中采用的光波主要是激光,所以又叫作激光 - 光纤通信。

2. 光纤通信的优点

1) 频带宽、通信容量大、传输距离远。
2) 信号干扰小、保密性能好。
3) 抗电磁干扰、传输质量佳,电通信不能解决各种电磁干扰问题,唯有光纤通信不受各种电磁干扰。
4) 光纤尺寸小、重量轻,便于铺设和运输。
5) 材料来源丰富,环境保护好,有利于节约有色金属。
6) 无辐射,难于窃听,因为光纤传输的光波不能跑出光纤以外。
7) 光缆适应性强,使用寿命长。

3. 光纤通信的缺点

1) 质地脆,机械强度差。
2) 光纤的切断和接续需要一定的工具、设备和技术。
3) 分路、耦合不灵活。
4) 光纤光缆的弯曲半径不能过小(>20cm)。
5) 有供电困难问题。

📖 任务实现

根据移动通信发展历程,从 1G 到 5G 的发展历程总结如图 19-12 所示。

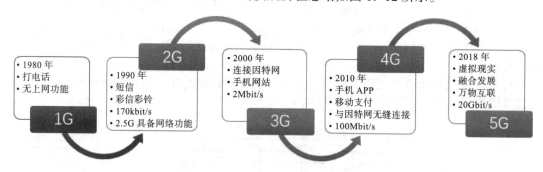

图 19-12 移动通信技术发展历程

✏️ 任务总结

通过本任务的完成,学习掌握了移动通信技术的核心内容(移动蜂窝通信技术),学习掌握了移动互联的无线个人网、无线局域网、无线城域网相关知识;同时,还学习了卫星通信技术和光纤通信技术等现代通信技术的相关知识。

任务 19.2　现代通信技术 5G 的性能指标

📖 任务描述

请对现代 5G 通信技术的主要性能指标及相关参数进行归纳和总结。

✏️ 任务分析

通过对 5G 通信技术的基本概念、技术特点及应用的学习，再查阅相关 5G 通信技术资料，可以完整回答任务提出的问题。

📖 任务知识模块

一、现代 5G 通信技术

2019 年 6 月 6 日，我国工业和信息化部正式向中国电信、中国移动、中国联通、中国广电发放 5G 商用牌照，标志着我国正式迈向"5G 时代"。

（一）现代 5G 通信技术概述和特点

1. 5G 通信技术概述

作为新一代移动通信技术，5G 与人工智能、物联网、大数据、云计算等智能技术的深度融合，将真正开启万物互联、万物智联的信息技术新时代，5G 与新兴的信息技术高度融合，开启了智能化信息时代的新篇章。

5G 时代将全面推动人类社会生产方式、生活方式和社会治理方式的智能化变革，5G 将为人类社会发展的未来带来无限幻想和期待。

5G 通信技术与其他技术的深度融合，将是当今世界各个国家抢占新一代信息技术的制高点，5G 通信技术将在军事、科技等领域开启划时代的意义。

2. 5G 通信技术特点

1) 5G 通信技术是实现万物互联、万物智联、全方位开启物联网时代的助推剂。
2) 5G 通信技术是推动计算机新兴技术融合发展的大舞台和催化剂。
3) 5G 通信技术是传统无线接入技术与新型无线接入技术高度融合的产物。
4) 5G 通信技术实现了网络制式的统一。
5) 5G 通信技术提供高速可靠的信息传输，可以提供高达 20Gbit/s 的峰值下行传输速率。
6) 5G 通信技术的大容量、高带宽为万物互联提供了广阔的舞台和空间。
7) 5G 通信技术具有网络低时延（低至 1ms）的响应速度。
8) 5G 通信技术还有其他诸多优越的特性。

（二）现代 5G 通信技术网络架构

5G 网络是在软件定义网络（SDN）、网络功能虚拟化（NFV）和云计算技术的基础上建立起来的网络系统，具有更高的灵活性、更高智能化、更高效、更开放的特点。中国电信在业界首先提出 5G "三朵云"的网络架构，它们分别是接入云、控制云和转发云，如图 19-13 所示。

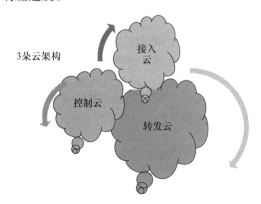

图 19-13　5G 三朵云架构

新型"三朵云"5G 网络架构通过引入 NFV 和 SDN 等技术，将未来移动网络的控制面与转发面分离，将作为上层应用的网络控制功能与底层网络基础设施分离，利用标准的 IT 虚拟化技术，在通用的高性能服务器、交换机和存储设备上，以软件形式部署各种功能模块，并通过网络编排与管理系统针对具体场景需求进行网络功能裁剪和按需组网部署，从而实现一种向业务场景适配的 5G

网络架构，是未来网络架构的发展趋势。

1. 接入云

接入云融合了集中式无线接入网和分布式无线接入网架构，支持多种无线制式的接入，适合多种回传链路，组网部署更灵活，无线资源管理更高效。

接入云可以支持多种形态的接入技术网络，针对各种业务场景选择部署，通过灵活的集中控制配合本地控制及多连接等无线接入技术，实现高速率接入和无缝切换，提供极致的用户体验。

2. 控制云

控制云可以实现对全局或局部对话进行控制，控制云在逻辑上作为5G蜂窝网络的集中控制核心，由多个虚拟化网络控制功能模块组成。网络控制功能模块从技术上应覆盖全部传统的控制功能以及针对5G网络和5G业务新增的控制功能，这些网络控制功能可以根据业务场景进行定制化裁剪和部署，从而保证移动管理与服务的质量，构建面向所有业务的网络开发接口，满足不同业务的开展需求，提高业务部署效率。

3. 转发云

逻辑上，转发云包括了单纯高速转发单元以及各种业务使能单元（防火墙、视频转码器等），转发云以通用硬件平台为基础，在控制云高效的网络控制与资源调度下，促使海量数据业务流实现高效率传输，缩短数据传输时延，均衡负载，从而保证数据传输的可靠性和稳定性。

二、现代通信技术与信息技术融合发展

未来的信息技术将会进入到"5G+"的时代，推动一场5G技术革命。现代5G通信技术应用将在"5G+教育""5G+医疗""5G+制造""5G+交通""5G+智慧城市""5G+能源""5G+AI（人工智能）""5G+IoT（物联网）""5G+AIoT（人工智能物联网）"等诸多领域产生深刻的影响，未来时代将进入到"5G+"的大融合时代。我国的TCL、百度、阿里、腾讯等公司未来在"5G+"领域均有相应的研发计划和部署。

TCL：全面布局AI×IoT生态。

百度：深度布局5G+AI。

阿里：打造5G商业操作系统。

腾讯：掘金产业互联网。

三、其他通信技术

现代通信技术还有我们比较熟悉的近距离无线通信技术WiFi、射频识别技术RFID、近距离高频无线通信技术NFC（近场通信）等。

任务实现

5G移动通信技术需满足连续广域覆盖、热点容量高、低功耗大连接、低延时、高可靠的应用场景需求，因此现代5G通信技术的性能指标总结如下：

1）峰值速率需要达到10~20Gbit/s，以满足高清视频、虚拟现实等大数据量传输。

2）空中接口时延低至1ms，满足自动驾驶、远程医疗等实时应用。

3）具备每平方千米百万连接的设备连接能力，满足物联网通信。

4）频谱效率要比LTE提升3倍以上。

5）连续广域覆盖和高移动性下，用户体验速率达到100Mbit/s。

6）流量密度达到每平方米10Mbit/s以上。

7）移动性支持500km/h的高速移动。

任务总结

通过查阅资料学习现代5G通信技术的三大应用场景和八大性能指标，结合本节内容回答5G通信技术指标问题。

项目 20 物 联 网

回复"71330+20"
观看视频

📢 项目导读

物联网是指通过信息传感设备，按约定的协议，将物体与网络相连接，物体通过信息传播媒介进行信息交换和通信，实现智能化识别、定位、跟踪、监管等功能的技术。物联网是继计算机、互联网和移动通信之后的新一轮信息技术革命。

物联网的概念最早出现于比尔·盖茨《未来之路》一书，在《未来之路》中，比尔盖茨已经提及物联网概念，只是当时受限于无线网络、硬件及传感设备的发展，并未引起世人的重视。

但是随着社会进步，人们意识到物物相连带来的革命性，认为万物互联已经成为公认的大趋势。

☞ 项目知识点

1）了解物联网的概念、应用领域和发展趋势。
2）了解物联网和其他技术的融合，如物联网与 5G 通信技术、物联网与人工智能技术等。
3）熟悉物联网感知层、网络层和应用层的三层体系结构，了解每层在物联网中的作用。
4）熟悉典型物联网应用系统的安装与配置。

任务 20.1　认识物联网

📖 任务描述

认识物联网体系结构，了解物联网体系结构的特点。

✍ 任务分析

该任务要求学生了解物联网的体系结构，了解不同层级中所使用的关键技术，并且对关键技术有一定的认识，而且要求学生观察周边物联网设备，举例分析该设备在物联网体系结构中是哪一个层级。考察学生的观察学习能力。

📋 任务知识模块

一、物联网概述

物联网（Internet of Things，IoT），即"万物相连的互联网"，是通过将各种信息传感设备与网络结合起来而形成的一个巨大网络，实现在任何时间、任何地点，人、机、物的互联互通。通俗来讲，物联网的用户端，延伸至了任意物体和物体之间，按照约定的协议，把任何物品和互联网相连接，进行信息交换和通信，用来实现物体的智能化识别、定位、监控、管理的一种网络。

2005年11月17日，国际电信联盟（ITU）发布了《ITU互联网报告2005：物联网》，正式提出"物联网"的概念，报告指出："物联网是一次技术性的革命，它是计算和通信的未来，它将各项先进技术融合到一起，形成物联网，让世界上的物体在感官上和智能上连接到一起"。

物联网具有全面感知、可靠传输、智能处理3个特征。

1）全面感知。全面感知是指利用无线射频识别（RFID）、传感器、定位器和二维码等手段，随时随地对物体进行信息采集和获取。全面感知解决的是人和物理世界的数据获取问题，这一特征相当于人的五官和皮肤，其主要功能是识别物体、采集信息。

2）可靠传输。可靠传输是指通过各种电信网络和因特网融合，对接收到的感知信息进行实时远程传送，实现信息的交互和共享，并进行各种有效的处理。通常需要用到现有的电信运行网络，包括无线网络和有线网络。由于传感器网络是一个局部的无线网，因而4G移动通信网络、5G移动通信网络、WiFi、ZigBee也是作为承载物联网的一个有力的支撑载体。

3）智能处理。智能处理是指利用模糊识别、云计算等各种智能计算技术，对随时接收到的跨行业、跨地域、跨部门的海量信息和数据进行分析和处理，提升对经济社会各种活动、物理世界和变化的洞察力，实现智能化的决策和控制。

二、物联网体系架构

物联网结构系统复杂，各种系统的功能、结构都存在差异性，但是我们根据计算机网络系统体系结构，能够总结出不同物联网系统内部的共性特征，我们一般按照业界认可，将物联网分为三层体系，从下至上依次是感知层、网络层、应用层。本项目主要介绍物联网体系架构和各层中的关键技术。

物联网的3个层级体现了物联网的三个特性，即全面感知、可靠传输、智能处理。物联网三层体系结构如图20-1所示。

图20-1　物联网三层体系结构

1. 感知层：全面感知、无处不在

感知层位于物联网体系结构的最底层，它是物联网的基础，它让物品有了实时感知的能力，让物理世界和虚拟信息世界有了交流的渠道。感知层主要采集物理世界中的物理信息量和相关数据，包括物体信息、身份信息、位置信息、音频数据和视频数据等。

感知层所使用的关键技术包括传感器技术、RFID 技术、条码技术和 GPS 技术等。

2. 网络层：可靠传输、无所不容

网络层主要承担数据传输的功能，是物联网数据传输的桥梁，网络层由互联网、私有网络、无线和有线通信网、网络管理系统和云计算平台构成。它相当于人的大脑和神经中枢，负责信息传递和感知层数据预处理。

网络层主要负责数据的安全传递、可靠传输、无障碍通信。它还需要将不同网络环境中的感知层数据进行格式处理，对感知层数据进行预处理、数据清洗等操作。

3. 应用层：智能处理、无所不能

应用层是物联网和用户（包括个人、组织或者其他系统）的接口，其主要任务是，对感知和传输来的信息进行分析和处理，做出正确的控制和决策，从而实现智能化的管理、应用和服务。应用层必须与行业发展应用需求相结合，该层主要解决的是信息处理和人机界面的问题。

应用层的关键技术包括云计算、数据挖掘、人工智能等。

任务实现

同学间划分小组讨论，并举例在身边的物联网设备分别是位于物联网体系结构中的哪一个层级。

任务总结

通过本任务的实现，进一步学习了物联网体系结构相关知识，并且将物联网的体系结构与现实生活中的物联网设备相联系起来，增加了学生对于现实设备的认知理解，更容易加深对物联网体系结构的理解。

任务 20.2　物联应用远景分析

任务描述

请结合物联网体系结构的知识，对物联网技术及相关应用前景进行描述。

任务分析

本任务要求学生掌握物联网体系结构的具体知识，了解物联网体系结构中各层级涉及的技术，了解每层结构技术的重点和难点。

本任务一方面是对物联网体系结构的回顾，另一方面是对物联网各层级中使用技术的认识。

任务知识模块

一、物联网技术

（一）RFID 技术

RFID 技术是非接触式的自动识别技术，它通过射频信号来识别目标对象并获取相关数据，识别工作无须人工干预。RFID 技术具有防水、防磁、耐高温、使用寿命长、读取距离大、标签上数据可以加密、存储数据容量更大、存储信息更改自如等优点。

RFID 技术可以应用于身份识别、门禁管制、停车场管制、生产线自动化和物料管理等。

一套完整的 RFID 系统，由阅读器（Reader）与电子标签（Tag）及应用系统软件 3 部分组

成。其工作原理是：由阅读器通过发射天线发送特定频率的射频信号，当电子标签进入有效工作区域时产生感应电流，从而获得能量被激活，使得电子标签将自身编码信号通过内置射频天线发送出去；阅读器的接收天线接收到从标签发送来的调制信号，经天线调节器传送到阅读器信号处理模块，经解调和解码后将有效信号送至后台主机系统进行相关处理；主机系统根据逻辑运算识别该标签的身份，针对不同的设定做出相应的处理和控制，最终发出指令信号控制阅读器完成不同的读写操作，如图20-2所示。

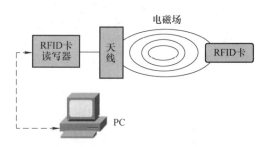

图20-2　RFID系统的工作原理

（1）标签（Tag）　由耦合元件及芯片组成，每个标签具有唯一的电子编码，高容量电子标签有用户可写入的存储空间，附着在物体上标识目标对象。标签进入RFID阅读器扫描场以后，接收到阅读器发出的射频信号，凭借感应电流获得的能量发送出存储在芯片中的电子编码（被动式标签），或者主动发送某一频率的信号（主动式标签）。常见的RFID标签如图20-3所示。

（2）阅读器（Reader）　由天线、耦合元件、芯片组成，是读取（或者写入）标签信息的设备，可设计为手持式RFID读写器或固定式读写器。阅读器是RFID系统最重要也是最复杂的一个组件。因其工作模式一般是主动向标签询问标识信息，所以有时又被称为询问器（Interrogator）。阅读器可以通过标准网口、RS232串口或USB接口同主机相连，通过天线同RFID标签通信。有时为了方便，阅读器和天线以及智能终端设备会集成在一起形成可移动的手持式阅读器。常见的RFID阅读器如图20-4所示。

图20-3　常见的RFID标签　　　　　图20-4　常见的RFID阅读器

（3）应用系统软件　RFID系统的应用系统软件，一般位于主机、智能终端中，主要是将阅读器收到的数据，进行分析并加以应用，应用软件可以根据RFID的数据，完成数据可视化，让操作者更方便地管理电子标签中的数据。

RFID是一项易于操控、简单实用且特别适合用于自动化控制的灵活性应用技术，其工作无须人工干预，它既可支持只读工作模式也可支持读写工作模式，且无须接触或瞄准；可自由工作在各种恶劣环境下：短距离射频产品不怕油渍、灰尘污染等恶劣的环境，可以替代条码，例如可用在工厂流水线上跟踪物体；长距射频产品多用于交通上，识别距离可达几十米，如自动收费或识别车辆身份等。

射频识别系统主要有以下几个方面的优势：

1）读取方便快捷：数据的读取无需光源，甚至可以透过外包装来进行。有效识别距离更大，采用自带电池的主动标签时，有效识别距离可达到30m以上。

2）识别速度快：标签一进入磁场，解读器就可以即时读取其中的信息，而且能够同时处理多个标签，实现批量识别。

3）数据容量大：数据容量最大的二维条形码（PDF417），最多也只能存储2725个数字；若包含字母，存储量则会更少；RFID标签则可以根据用户的需要扩充到数十KB。

4）使用寿命长，应用范围广：其无线电通信方式，使其可以应用于粉尘、油污等高污染环境和放射性环境，而且其封闭式包装使得其寿命大大超过印刷的条形码。

5）标签数据可动态更改：利用编程器可以写入数据，从而赋予 RFID 标签交互式便携数据文件的功能，而且写入时间相比打印条形码更短。

6）更好的安全性：不仅可以嵌入或附着在不同形状、类型的产品上，而且可以为标签数据的读写设置密码保护，从而具有更高的安全性。

7）动态实时通信：标签以 50～100 次/s 的频率与解读器进行通信，所以只要 RFID 标签所附着的物体出现在解读器的有效识别范围内，就可以对其位置进行动态的追踪和监控。

（二）传感器技术

传感器技术可以感知周围环境或者特殊物质（如气体感知、光线感知、温湿度感知、人体感知等），把模拟信号转化成数字信号，给中央处理器处理，最终形成结果显示出来（如气体浓度参数、光线强度参数、范围内是否有人探测、温度湿度数据等）。传感器技术是迅猛发展的高新技术之一，也是当代科学技术发展的一个重要标志。

传感器技术是科学研究和工业技术的"耳目"。在基础学科和尖端技术的研究中，大到上千光年的茫茫宇宙，小到 10^{-13} cm 的微观粒子；长到数十亿年的天体演化，短到 10^{-24} s 的瞬间反应；低到 0.01K 的超低温、10^{-13} Pa 的超真空；强到 25T 以上的超强磁场，弱到 10^{-11} T 的超弱磁场等。要测量或检测如此极端的信息，人的感觉器官和一般的电子设备已无能为力，必须借助于配有相应传感器的高精度测控仪器或大型测控系统才能完成。传感器是人类五官的延伸，故人们形象地把传感器称为"电五官"。

传感器的作用一般是把被测的非电量转换成电量输出，因此它首先应包含一个元件去感受被测非电量的变化。传感器中完成测量功能的元件称为敏感元件（或预变换器）。例如应变式压力传感器的作用是将输入的压力信号变换成电压信号输出，它的敏感元件是一个弹性膜片，其作用是将压力转换成膜片的变形。敏感元件是直接感受被测量的部分。

传感器中将敏感元件输出的中间非电量转换成电量输出的元件称为转换元件（或转换器），它是利用某种物理的、化学的效应来达到这一目的的。例如应变式压力传感器的转换元件是一个应变片，它利用电阻应变效应（金属导体或半导体的电阻随着它所受机械变形的大小而发生变化的现象），将弹性膜片的变形转换为电阻值的变化。转换元件是将敏感元件被测量的信号转换成电信号的部分。但是对于一些传感器，它的敏感元件和转换元件是合二为一的，它的被测非电量可以直接转换成电量。例如热电阻温度传感器的铜电阻，可以直接将被测温度转换为电阻值的输出。

转换元件输出的电量常常难以直接进行显示、处理和控制，这时需要将其进一步变换成可直接利用的电信号，而传感器中完成这一功能的部分称为信号调理电路。它是把传感元件输出的电信号转换为便于显示、处理和控制的有用电信号的电路。例如应变式压力传感器中的测量电路是一个电桥电路，它可以将应变片输出的电阻值转换为一个电压信号，经过放大后即可推动记录、显示仪表的工作。信号调理电路的选择视转换元件的类型而定，经常采用的有电桥电路、脉宽调制电路、振荡电路、高阻抗输入电路等。

综上所述，传感器一般由敏感元件、转换元件、信号调理电路和辅助电源 4 部分组成，如图 20-5 所示。其中敏感元件和转换元件可以合二为一，而有的传感器不需要辅助电源。

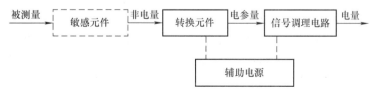

图 20-5 传感器组成

常见的传感器类型有电阻式传感器、变频功率传感器、称重传感器、电阻应变式传感器、压阻式传感器、热电阻传感器、激光传感器、霍尔传感器、温度传感器、无线温度传感器、智能传感器、光敏传感器、生物传感器、视觉传感器、位移传感器、压力传感器、超声波测距传感器、2.4GHz 雷达传感器、一体化温度传感器、液位传感器、真空度传感器和电导传感器。

（三）通信技术

物联网就是用新一代的信息通信技术（ICT）将分布在不同地点的物体互联起来，使得相互之间的物体能够像人与人一样相互通信，以增强物体智能化。物联网通信技术解决的是具有智能的物体在局域或者广域范围内信息可靠传递，让分处不同地域的物体能够协同工作。

现代通信技术是以电磁波、声波或光波的形式把信息通过电脉冲，从发送端（信源）传输到一个或多个接收端（信宿）。接收端能否正确辨认信息，取决于传输中的损耗功率高低。所以，现代通信技术最终的目的是去除外部影响，正确地传递信息。

而物联网中的通信，是建立在互联网通信的基础上，利用了互联网通信中的多种方法，如光纤通信技术、混合光纤同轴电缆通信技术（HFC）、移动通信技术（4G、5G）等，还有专门面向物联网的通信技术，如窄带物联网（NB-IoT）技术、蓝牙（Bluetooth）技术、ZigBee 技术等。

1. 窄带物联网（NB-IoT）技术

NB-IoT 是一种革新性的技术，是由华为主导，由 3GPP 定义的基于蜂窝网络的窄带物联网技术。NB-IoT 协议栈基于 LTE 设计，但是根据物联网的低速率、低功耗的需求，去掉了一些不必要的功能，减少了协议栈处理流程的开销。NB-IoT 相对于其他短距离通信技术优势明显。

NB-IoT 是基于 FDDLTE 技术改进的，物理层设计大部分沿用 LTE 系统技术，NB-IoT 标准与 LTE 的空口标准有很多相同或相似之处，比如 NB-IoT 沿用 LTE 定义的频段号，Release13 为 NB-IoT 指定了 14 个频段，用 SC-FDMA，下行采用 OFDM。高层协议设计沿用 LTE 协议，针对其小数据包、低功耗和大连接特性进行功能增强。核心网部分基于 S1 接口连接，支持独立部署和升级部署两种方式。

NB-IoT 技术具有低功耗和大容量的特点，适合于大规模部署的水表、电表等设备。

2. 蓝牙（Bluetooth）技术

蓝牙是一种无线通信技术标准，实现两个设备之间的短距离信息交换。该技术由爱立信公司推出。

蓝牙技术融合了快速跳频、时分多和短包等先进技术，提供了点对点和点对多点通信，同时提供了统一的通信接口协议，克服了数据同步的难题，简化设备之间和设备与 Internet 之间的通信，使得数据传输更加高速有效。蓝牙技术的特点归纳为如下几点：

1）标准统一，使用 2.4GHz，无须申请许可。
2）采用电路交换和分组交换技术，可同时传输语音和数据。
3）采用跳频（Frequency Hopping）技术，抗干扰能力强。
4）提供了加密和认证功能，保证通信安全。
5）体积小，便于集成，功耗低，可以更好地融入嵌入式系统。
6）通信距离为 10m，根据设备需要可扩展至 100m。

3. ZigBee 技术

ZigBee 是一种无线数传网络，可以工作在 2.4GHz（全球通行）、868MHz（欧洲流行）和 915 MHz（美国流行）3 个频段上，分别具有最高 250kbit/s、20kbit/s 和 40kbit/s 的传输速率，它的传输距离在 10～75m 的范围内，但可以继续增加。作为一种无线通信技术，它有如下特点：

1）低功耗。由于 ZigBee 的传输速率低，发射功率仅为 1MW，支持休眠和唤醒模式，功耗更低。据估算，ZigBee 设备仅靠两节 5 号电池就可以维持长达 6 个月到 2 年的使用时间。

2）时延短。通信时延和从休眠状态激活的时延都非常短，典型的搜索设备时延 30ms，休眠激活的时延是 15ms，活动设备信道接入的时延是 15ms。因此 ZigBee 技术适用于对时延要求苛刻的无线控制（如工业控制场合等）应用。

3）网络容量大。ZigBee 是一个由多达 65535 个模块组成的无线数传网络平台，在整个网络范围内，每一个 ZigBee 模块之间可以相互通信，每个网络节点间的距离可以从标准的 75m 无限扩展。

4）安全可靠。采取了碰撞避免策略，同时为需要固定带宽的通信业务预留了专用时隙，避开了发送数据的竞争和冲突。MAC 层采用了完全确认的数据传输模式,每个发送的数据包都必须等待接收方的确认信息。如果传输过程中出现问题可以进行重发。ZigBee 提供了基于循环冗余校验(CRC)功能,支持数据包完整性鉴权和认证,采用了 AES-128 的加密算法,各个应用可以灵活确定其安全属性。

(四)M2M 技术

M2M(Machine to Machine)即"机器对机器"的缩写,也有人理解为人对机器、机器对人等,旨在通过通信技术来实现人、机器和系统三者之间的智能化、交互式无缝连接。

M2M 的核心目标就是使生活中所有的机器设备都具备联网和通信的能力,是物联网实现的基础平台。M2M 是基于特定行业终端,以公共无线网络为接入手段,为客户提供机器到机器的通信解决方案,满足客户对生产过程监控、指挥调度、远程数据采集和测量、远程诊断等方面的信息化需求。

物联网是物物相连的网络,机器与机器之间的对话成为切入物联网的关键。M2M 正是解决机器开口说话的关键技术,其宗旨是增强所有机器设备的通信和网络能力。机器的互联、通信方式的选择、数据的整合成为 M2M 技术的关键。

M2M 不是简单的数据在机器和机器之间的传输,而是机器和机器之间的一种智能化、交互式的通信。也就是说,即使人们没有实时发出信号,机器也会根据既定程序主动进行通信,并根据所得到的数据智能化地做出选择,对相关设备发出正确的指令。可以说,智能化、交互式成为 M2M 有别于其他应用的典型特征,这一特征下的机器也被赋予了更多的"思想"和"智慧"。

二、物联网应用

(一)智慧城市

"智慧城市"在广义上是指城市信息化。即通过建设宽带多媒体信息网络、地理信息系统等基础设施平台,整合城市信息资源,建立电子政务、电子商务、劳动社会保险等信息化社区,逐步实现城市国民经济和社会的信息化,使城市在信息化时代的竞争中立于不败之地。

智慧城市将人与人之间的 P2P 通信扩展到了机器与机器之间的 M2M 通信;通信网 + 互联网 + 物联网构成了智慧城市的基础通信网络,并在通信网络上叠加城市信息化应用。

全球有 600 多个城市正在建设"智慧城市"。智慧城市以构建面向未来的绿色智能城市为理念,提供平安城市、应急指挥、智能交通、政府热线、无线城市、数字城管、数字景区和数字医疗等丰富的城市信息化解决方案,如图 20-6 所示。

图 20-6 智慧城市全景图

(二)智能家居

智能家居可以让用户使用更方便的手段来管理家庭电子电器设备,进而提高生活品质,如通过手机或无线遥控器、电话、互联网控制家用设备(灯光、窗帘、电视及空调等),更可以执行场景操作,使多个设备形成联动。

另一方面,智能家居内的各种设备相互间可以通信,不需要用户指挥也能根据不同的状态互动运行,从而给用户带来最大限度的高效、便利、舒适与安全。

家居系统主要由安全防护系统、家电控制系统、照明管理系统、健康监测系统、环境调节系统和应急服务系统等组成,如图20-7所示。

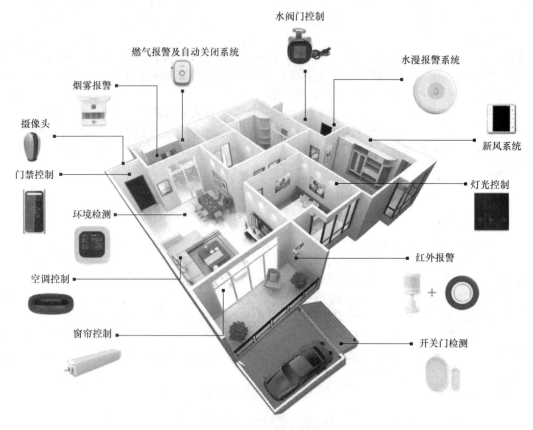

图20-7 智能家居系统

总之,智能家居可以为人们带来更为惬意、轻松的生活。如今人们的工作生活节奏越来越快,智能家居可以为人们减少烦琐家务,提高效率,节约时间,让人们有更多的时间去休息、教育子女、锻炼身体和进修,使人们的生活质量有一个很大的提高。智能家居的解决方案有各种不同的方式,可以以互联网为中心,在家庭网络连接下结合多种智能家居功能解决方案,包括家居设施控制、信息服务、通信交流、商务、娱乐、教育、医疗保健、移动通信等来实现家居的各种智能化控制手段与功能。

(三)智能物流

智能物流就是利用条形码、射频识别技术、传感器、全球定位系统等先进的物联网技术通过信息处理和网络通信技术平台广泛应用于物流业的运输、仓储、配送、包装、拆卸等基本活动环节,实现货物运输过程的自动化运作和效率优化管理,提高物流行业的服务水平,降低成本,减少自然资源和社会资源消耗。物联网为物流业将传统物流技术与智能化系统运作管理相结合提供了一个很好的平台,进而能够更好更快地实现智能物流的信息化、智能化、自动化、透明化、系统化的运作模式。智能物流在实施过程中强调的是物流过程数据智慧化、网络协同化和决策智慧化。智能物流在功能上要实现 6 个 "正确"，即正确的货物、正确的数量、正确的地点、正确的质量、正确的时间、正确的价格；在技术上要实现：物品识别、地点跟踪、物品溯源、物品监控和实时响应。

物流业是较早接触物联网的行业，也较早地应用了物联网技术。智能物流理念的提出，符合物联网发展的趋势。大数据时代的互联网、人工智能、自动化设备的智能物流也会带来新的契机。

智能物流的关键技术有：自动识别技术、GIS 技术、人工智能技术、数据挖掘技术。

（四）智慧交通

智慧交通是在智能交通的基础上，融入物联网、云计算、大数据、移动互联网等新技术，通过汇集交通信息，提供实时交通数据的交通信息服务。大量使用了数据模型、数据挖掘等数据处理技术，实现了智慧交通的系统性、实时性、信息交流的交互性以及服务的广泛性。其目标在于提高运输效率，保障交通安全，缓解交通拥堵，减少空气污染。

智慧交通应用系统包括以下内容：

1. 电子警察

高清闯红灯电子警察系统利用先进的光电、计算机、图像处理式识别、远程数据访问等技术。利用每一辆车对应唯一的车牌号的条件，对监控路面过往的每一辆机动车的车辆和车号牌图像进行连续全天候实时记录。交通电子警察系统如图 20-8 所示。

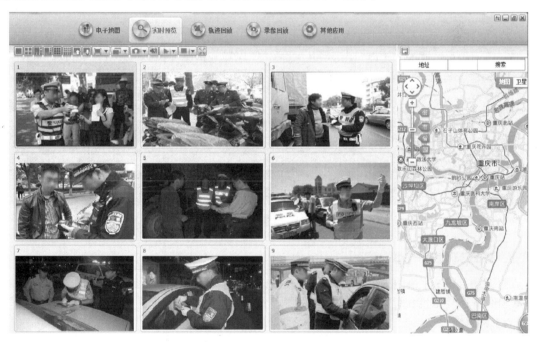

图 20-8　交通电子警察系统

2. 道路情况可视化

利用 GIS 和 GPS 系统，将道路信息和车辆信息同步到系统中，如图 20-9 所示。

3. 交通信息发布系统

交通诱导信息屏主要对出行车辆进行群体性交通诱导，由出行车辆根据诱导信息自主选择出行路径。根据不同的设置地点可以选择以下三种交通诱导屏，如图 20-10 所示。

1）可变信息标志屏。采用绿、黄、红分别表示路段畅通、拥挤、堵塞。

2）图文 + 可变信息标志屏。交通信息提示事故、施工、交通管制等。

3）可变图文 LED 显示屏。可以显示前方路段实时交通路况、滚动显示交通事件以及公共交通安全信息宣传。

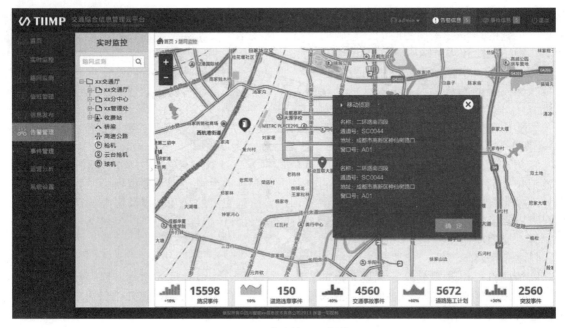

图 20-9 道路情况可视化

图 20-10 交通诱导信息屏

三、物联网发展趋势

随着万物互联时代的来临，作为新一代信息技术的集成和应用，物联网必然对新一轮的产业变革和经济社会绿色、智能、可持续化发展起到重要作用。

（一）新机遇

随着我国物联网行业应用需求升级，将为物联网产业发展带来新机遇。

1）传统产业智能化升级将驱动物联网应用进一步深化。当前物联网应向工业研发、制造、管理、服务等业务全流程渗透，农业、交通、零售等行业物联网集成应用试点也在加速开展。

2）消费物联网应用市场潜力将逐步释放。全屋智能、健康管理、可穿戴设备、智能门锁、车载智能终端等消费领域市场保持高速增长，共享经济蓬勃发展，"双创"新活力持续迸发。

3）新型智慧城市全面落地实施将带动物联网规模应用和开环应用。全国智慧城市由分批试点步入全面建设阶段，促使物联网从小范围局部性应用向较大范围规模化应用转变，从垂直应用和闭环应用向跨界融合、水平化和开环应用转变。

（二）新挑战

我国物联网产业核心基础能力相对薄弱、高端产品对外依存度高、原始创新能力不足等问题长期存在。此外，随着物联网产业和应用的加速发展，一些新问题日益突出，主要体现在以下几个方面：

1）产业整合和引领能力不足。当前全球巨头企业纷纷以平台为核心构建产业生态，通过兼并整合、开放合作等方式增强产业链上下游资源整合能力，在企业营收、应用规模、合作伙伴数量等方面均大幅领先。而我国缺少整合产业链上下游资源、引领产业协调发展的龙头企业，产业链协同性能力较弱。

2）物联网安全问题日益突出。数以亿计的设备接入物联网，针对用户隐私、基础网络环境等的安全攻击不断增多，物联网风险评估、安全评测等尚不成熟，成为推广物联网应用的重要制约因素。

3）标准体系仍不完善。一些重要标准研制进度较慢，跨行业应用标准制定推进困难，尚难满足产业急需和规模应用需求。

因此，我国必须重新审视物联网对经济社会发展的基础性、先导性和战略性意义，牢牢把握物联网发展的新一轮重大转折机遇，进一步聚焦发展方向，优化调整发展思路，持续推动我国物联网产业保持健康有序发展，抢占物联网生态发展主动权和话语权，为我国国家战略部署的落地实施奠定坚实基础。

任务实现

同学间划分小组讨论，举例回答老师对于物联网技术的提问。

任务总结

通过本任务的实现，进一步学习了物联网技术及其应用的相关知识，并且将物联网的体系结构与物联网技术联系起来，让学生对物联网技术有具体的认识，更容易加深对物联网体系结构和物联网应用技术的理解。

项目 21 Project 数字媒体

回复 "71330+21"
观看视频

项目导读

数字媒体是指以二进制数的形式记录、处理、传播、获取过程的信息载体,包括数字化的文字、图形、图像、声音、视频影像和动画等感觉媒体及其表示媒体等(统称逻辑媒体),以及存储、传输、显示逻辑媒体的实物媒体。理解数字媒体的概念,掌握数字媒体技术是现代信息传播的通用技能之一。

本项目通过数字媒体概述对数字媒体的定义、构成、要素、特征等进行了详细的讲述,对当前的数字媒体进行了较为全面的简介和说明,对现在及未来数字媒体融合发展进行了介绍和展望;并对较为实用和流行的媒体处理软件进行了简单的应用描述,同时对 HTML 的媒体应用相关语句的方法和事件进行了总结和介绍。

项目知识点

1)理解数字媒体和数字媒体技术的概念。
2)了解数字媒体技术的发展趋势,如虚拟现实技术、融媒体技术等。
3)了解数字文本处理的技术过程,掌握文本准备、文本编辑、文本处理、文本存储和传输、文本展现等操作。
4)了解数字图像处理的技术过程,掌握对数字图像进行去噪、增强、复制、分割、提取特征、压缩、存储和检索等操作。
5)了解数字声音的特点,熟悉处理、存储和传输声音的数字化过程,掌握通过移动端应用程序进行声音录制、剪辑与发布等操作。
6)了解数字视频的特点,熟悉数字视频处理的技术过程,掌握通过移动端应用程序进行视频制作、剪辑与发布等操作。
7)了解 HTML5 应用的新特性,掌握 HTML5 应用的制作和发布。

任务 21.1　数字媒体应用

任务描述

请对你认识和熟悉的数字媒体应用进行分类归纳,并分类总结描述出来。

任务分析

本任务需要在学习数字媒体定义、数字媒体应用、融合数字媒体定义、融合数字媒体应用相关知识点的基础上才能熟练作答。

任务知识模块

一、数字媒体概述

（一）媒体

媒体是信息表示和信息传输的载体。它是人们用来传递信息与表示信息的工具、渠道、载体、中介物、方法或技术手段，也是传送文字、声音等信息的工具和手段。媒体包含两层意义，一是承载信息的物体，二是储存、呈现、处理、传递信息的实体。

（二）数字媒体

2005年"中国数字媒体发展技术白皮书"定义数字媒体为：数字媒体是数字化的内容作品，以现代网络为传输载体，同完善的服务体系，分发到终端或用户消费的全过程。

1. 数字媒体的构成要素

数字媒体是与网络和数字化技术息息相关的媒体，具有下列构成要素。

1）依托网络技术、计算机技术和数字化手段。
2）依靠新技术支持，以多媒体形式呈现。
3）具有可交互性。
4）商业模式创新。
5）媒介融合趋势增强。
6）全天候全覆盖。

2. 数字媒体的分类

1）按照时间属性分类。按照时间属性数字媒体可分为静止媒体和连续媒体。静止媒体是指内容不会随着时间而变化的数字媒体，比如文本和图片。而连续媒体是指内容随着时间而变化的数字媒体，比如音频和视频。

2）按照来源属性分类。按照来源属性数字媒体可分为自然媒体和合成媒体。其中自然媒体是指客观世界存在的景物和声音等，经过专门的设备进行数字化和编码处理之后得到的数字媒体，比如数码相机拍的照片。合成媒体则是指以计算机为工具，采用特定符号、语言或算法表示的，由计算机生成（合成）的文本、音乐、语音、图像和动画等，比如用3D制作软件制作出来的动画角色。

3）按照组成元素分类。按照组成元素数字媒体可以分为单一媒体和多媒体。顾名思义，单一媒体是指单一信息载体组成的媒体；而多媒体则是指多种信息载体的表现形式和传递方式的媒体。

4）按照感知属性分类。按照感知属性数字媒体可分为视觉媒体、听觉媒体和视听媒体。

3. 数字媒体的特征

1）数字化。数字媒体是以二进制的形式通过计算机进行处理、传播和存储的。
2）交互性。具有人机交互特性是数字媒体的显著特征。
3）集成性。数字媒体能够综合处理图像、文字、声音等多种综合信息，集成性是数字媒体的重要特性之一。
4）趣味性。互联网、数字电视、移动流媒体等数字媒体为人们提供了丰富多彩的媒体形式。
5）实时性。随着互联网技术的不断发展和无处不在的访问形式，数字媒体具有实时传播的特征。
6）融合性。随着计算机技术和网络技术的不断发展，数字媒体不再是单一的组成形式，而是以多种技术融合而成的形式展现。

4. 数字媒体的产品形式

根据用户的不同需求，数字媒体的产品形式越来越多样化，内容丰富多彩，形式多样。常见的数字媒体产品形式有微电影、动漫、游戏、VR、电子图书和3D等形式多样的数字媒体产品。

1）微电影。微电影又称为微影，是指能够通过互联网新媒体平台传播的影片，适合在移动状态和短时休闲状态下观看，具有完整故事情节的"微时"放映，内容融合了幽默搞怪、时尚潮流、公益教育、商业定制等主题，可以单独成篇，也可以连续成剧。

2）动漫。动漫即动画和漫画的合称，指动画与漫画的集合，动画的概念不同于一般意义上的动画片，动画是一种综合艺术，它是集合了绘画、漫画、电影、数字媒体、摄影、音乐和文学等众多艺术门类于一身的艺术表现形式。漫画是一种艺术形式，是用简单而夸张的手法来描绘生活或时事的图画。一般运用变形、比拟、象征、暗示、影射的方法，构成幽默诙谐的画面或画面组，以取得讽刺或歌颂的效果。

3）游戏。游戏是一种基于物质需求满足之上的，在一些特定时间、空间范围内遵循某种特定规则的，追求精神世界需求满足的社会行为方式。

4）VR。VR又叫作虚拟现实技术，是20世纪发展起来的一项全新的实用技术。它通过计算机技术、电子信息技术、仿真技术，实现对虚拟环境的模拟，从而给人以沉浸感。

5）电子图书。电子图书又称为e-book，是借助计算机技术和网络技术手段，以数字化形式展现给读者的数字化出版物，是利用计算机高容量的存储介质来储存图书信息的一种新型图书记载形式。

6）3D。数字媒体中的3D主要是指基于计算机、互联网的三维数字化技术。它包括3D软件的开发技术、3D硬件的开发技术，以及3D软件、3D硬件与其他软件硬件数字化平台、设备相结合在不同行业和不同需求上的应用技术。

二、数字媒体的发展趋势

随着云计算技术、5G通信技术、虚拟化技术、物联网、大数据等系列技术的不断融合发展，未来的数字媒体将会向虚拟化、融媒体方向不断发展。

（一）虚拟现实技术 VR

1. 虚拟现实技术的概念

虚拟现实（Virtual Reality，VR）也译为临境、灵境等，是利用计算机模拟产生一个三维空间的虚拟世界，提供用户关于视觉等感官的模拟，让用户感觉仿佛身历其境，可以及时、没有限制地观察三维空间内的事物。用户进行位置移动时，计算机可以立即进行复杂的运算，将精确的三维世界视频传回产生临场感。该技术集成了计算机图形、计算机仿真、人工智能、感应、显示及网络并行处理等技术的最新发展成果，是一种由计算机技术辅助生成的高技术模拟系统。

2. 虚拟现实技术的特征

从技术角度来说，虚拟现实系统具有三个基本特征，即沉浸（Immersion）、交互（Interaction）、构想（Imagination），它强调了在虚拟系统中人的主导作用。从过去人只能从计算机系统的外部去观测处理的结果，到人能够沉浸到计算机系统所创建的环境中，从过去人只能通过键盘、鼠标与计算环境中的单维数字信息发生作用，到人能够用多种传感器与多维信息的环境发生交互作用；从过去的人只能以定量计算为主的结果中启发从而加深对事物的认识，到人有可能从定性和定量综合集成的环境中得到感知和理性的认识从而深化概念和萌发新意。总之，在未来的虚拟系统中，人们的目的是使这个由计算机及其他传感器所组成的信息处理系统去尽量"满足"人的需要，而不是强迫人去"凑合"那些不是很亲切的计算机系统。

现在的大部分虚拟现实技术都是视觉体验，一般是通过计算机屏幕、特殊显示设备或立体显示设备获得的，不过一些仿真中还包含了其他感觉处理，如从音响和耳机中获得声音效果。在一些高级的触觉系统中还包含了触觉信息，也称为力反馈，在医学和游戏领域有这样的应用。人们与虚拟环境交互，要么通过使用标准装置，如一套键盘与鼠标；要么通过仿真装置，如一只有线手套；要么通过情景手臂和（或）全方位踏车。虚拟环境是可以和现实世界类似的，如飞行仿真和作战训练，也可以和现实世界有明显差异，如虚拟现实游戏等。就目前的实际情况来说，它还很难形成一个高逼真的虚拟现实环境，这主要是技术上的限制造成的，这些限制来自计算机处理能力、图像分辨率和通信带宽。然而，随着时间的推移，处理器、图像和数据通信技术变得更加强大，这些限制将最终被克服。

3. 虚拟现实相关设备

一般的虚拟现实设备至少包含一个屏幕、一组感测器及一组计算组件，这些东西被组装在虚拟现实设备中。图 21-1 所示为某公司的原始 VR 眼镜。屏幕用来显示仿真的视频，投射在用户的视网膜上，感测器用来感知用户的旋转角度，计算组件收集感测器的数据，决定屏幕显示的画面。

图 21-1 某公司的原始 VR 眼镜

额外的设备可能包括一台高级计算机，用以补充计算组件的不足，也可能有一对把手及定位器，用以侦测用户的位置。

对屏幕最重要的要求是反应时间，目前计算机、手机等设备所使用的屏幕多为 TFT、LCD，反应时间太长难以满足虚拟现实的要求，这也是行动虚拟现实最大的挑战。当前所知效果最好的屏幕为 OLED，但全世界能够达到足够质量要求的公司很少。

（二）融媒体技术

"融媒体"是充分利用媒介载体，把广播、电视、报纸等既有共同点，又存在互补性的不同媒体，在人力、内容、宣传等方面进行全面整合，实现"资源通融、内容兼融、宣传互融、利益共融"的新型媒体。目前新型媒体还不是一种固化的成熟的媒介组织形态，而是不断探索、不断创新的媒体融合方式和运营模式。

1. 融媒体是信息技术数字媒体

融媒体是信息时代的产物，因此需要综合应用各种信息技术，这些技术应用包括三部分：一是支撑融媒体的技术接入，包括基于云计算的基础平台和连接各种应用的平台；二是基于用户需求的内容生产和分布，如数字技术、云计算、物联网技术等；三是满足垂直领域和个性化需求的服务，如电商、支付等。这里面既需要硬件建设，也需要软件开发。

2. 融媒体是融合创新数字媒体

融媒体的"融"需要将不同领域、不同媒介、不同组织和不同的社会资源通过整合、转换融合在一起，这就意味着创新和挑战。而在这个创新过程中，需要制度创新、体制改革、机制创新和顶层设计相互配合，需要兼顾公众、政府和市场各方的诉求，需要全方位的通力合作与支持。

3. 融媒体是智能化数字媒体

智能化的"智"主要在于人工智能。人工智能对于融媒体，不只是解决效率问题，还要解决效益问题，比如说通过大数据了解用户喜好，满足用户需求，进而取得融媒体商业利益。对于融媒体来说，不仅要解决效率和效益问题，还要解决价值问题，如智能把关和优化算法体现文化价值，实现融媒体社会效益的最大化。

（三）自媒体发展

1. 自媒体的概念

自媒体又称为个人媒体或公民媒体，是以现代化信息传播手段，向不特定的或者特定的单个或者多个群体或个人传播新媒体的总称。自媒体具有私人化、平民化、普泛化、自主化、多途径、多样式等传播特点。常见的自媒体平台有抖音、博客、微信、微博、天涯社区及各种论坛等网络社区平台。

2. 自媒体的发展趋势

自媒体的快速发展，从发展内容来看，发展内容越来越专业化，更垂直、更长尾、更可信。从组织机构发展来看，其运作方式从个人运作兼容走向公司化运作，投资常规化，运营规范化，监管进一步强化内容授权与平台自律。

（四）全媒体发展

1. 全媒体的概念

全媒体是指媒介信息传播采用文字、声音、影像、动画、网页等多种媒体表现形式，通过广播、电视、音像、电影、出版、报纸、杂志、网站等不同媒介为载体，通过融合的广电网络、电信网络，以及互联网等手段进行传播的媒体。

2. 全媒体的特征

全媒体有融合性、系统性、开放性三个特征。融合性是指在内容组成形式、传播载体、媒体内容、媒体传播手段上均有多种媒体的融合。系统性是指全媒体内容、形式、手段可以采用单一化表现形式，也可以采用系统化表现形式对媒体资源进行传播。

3. 全媒体的发展趋势

全媒体是一个全新的数字媒体发展宏观规划和构想理念，全媒体的发展有巨大的空间和机遇，同时也面临巨大的挑战。

三、数字媒体技术

（一）网络数字新媒体技术

网络数字新媒体技术包括中国互联网、即时通信类数字媒体、微博类数字媒体、网络视频类数字媒体、搜索引擎类和互联网新闻等数字媒体技术。

1. 中国互联网

按照中国互联网络信息中心发布的《中国互联网络发展状况统计报告》数据，中国互联网络发展具有以下显著特点：基础资源保有量稳步提升、互联网普及率逐年增高、入网门槛逐步降低、电子商务领域首部法律出台、行业加速动能转换、线下支付习惯持续巩固、国际支付市场加速拓展、互联网娱乐进入规范化轨道、短视频用户使用率近八成、在线政务服务效能大幅提升。

2. 即时通信类数字媒体

即时通信（Instant Message，IM）是指能够即时发送和接收互联网消息等业务。这是目前最为流行的网络通信方式。常见的即时通信类数字媒体软件有微信、钉钉、腾讯会议、腾讯课堂和Skype等。

3. 微博类数字媒体

微博（Micro-blog）是指一种基于用户关系信息分享、传播以及获取的通过关注机制分享简短实时信息的广播式的社交媒体、网络平台。常见的微博平台有Twitter、腾讯微博、新浪微博、网易微博、搜狐微博等社交网络平台。

微博具有信息获取自主选择性强、影响力与内容高度相关、内容短小精悍、信息共享便捷迅速等特点。微博具有评论、关注、转发、私信、搜索等基本功能。

4. 网络视频类数字媒体

中国互联网络信息中心对网络视频的定义是"通过互联网，借助浏览器、客户端播放软件等工具，在线观看视频节目的互联网应用。"

百度百科对网络视频的定义是：以计算机或者移动设备为终端，利用QQ、MSN等即时通信工具，进行可视化聊天的一项技术或应用。网络视频一般需要独立的播放器，文件格式主要是基于P2P技术占用客户端资源较少的FLV流媒体格式。

除上述网络数字新媒体技术外，还有搜索引擎、互联网新闻等网络数字新媒体技术。其中互联网新闻具有时效性、无界限、存储低廉等特性。

（二）手机数字新媒体技术

1. 手机媒体概述

短信的出现使手机有了报纸的功能；彩信使手机有了广播的功能；手机电视的出现使手机有了电视的功能。手机媒体随着手机功能和网络功能的发展，已达到和Internet的无缝对接，手机在一定程度上与报纸、广播、电视、网络互相结合、渗透、融合，成了一种"全媒体"。

手机媒体是以手机为视听终端、手机上网为平台的个性化信息传播载体，是以分众为传播目标，以定向为传播效果，以互动为传播应用的大众传播媒介。

手机的普及性、信息传达的有效性、丰富的表现手法使得手机具备了成为大众传媒的理想条件，手机继而成为报纸、广播、电视、网络之外被公认的"第五媒体"。

2. 手机媒体的特点
1）体积小，重量轻，便于携带。
2）易于使用，无须学习就能掌握它的操作方法。
3）像计算机一样具有应用的可延展性。
4）仍然在不断进步，手机的各项技术还有很大的提升空间。
5）产品层次丰富，价格多样，几乎每个人都可以拥有一部自己能消费得起的手机。
6）一对一的传播，信息传达有效性强。
7）传播形式多元化。

（三）数字网络电视

1. 数字网络电视概述

网络电视又称为 IPTV（Internet Protocol TV），它基于宽带高速 IP 网，以网络视频资源为主体，将电视机、个人计算机及手持设备作为显示终端，通过机顶盒或计算机接入宽带网络，实现数字电视、时移电视、互动电视等服务。网络电视的出现给人们带来了一种全新的电视观看方法，改变了以往被动的电视观看模式，实现了电视以网络为基础按需观看、随看随停的便捷方式。

2. 数字网络电视的特点
1）多屏互动，融合传输。
2）跨越区域限制，传播范围更广泛。
3）智能化及分享功能。
4）节目内容丰富多样化。
5）个性化定制。

（四）融合数字新媒体

1. 媒体融合的概念

媒体融合的概念包括狭义和广义两种，狭义的概念是指将不同的媒介形态"融合"在一起，产生"质变"，形成一种新的媒介形态，如电子杂志、博客新闻等；而广义的"媒介融合"则范围广阔，包括一切媒介及其有关要素的结合、汇聚甚至融合，不仅包括媒介形态的融合，还包括媒介功能、传播手段、所有权、组织结构等要素的融合。也就是说，"媒体融合"是信息传输通道的多元化下的新作业模式，是把报纸、电视台、电台等传统媒体，与互联网、手机、手持智能终端等新兴媒体传播通道有效结合起来，资源共享，集中处理，衍生出不同形式的信息产品，然后通过不同的平台传播给受众。

常见的融合数字新媒体有数字图书馆、移动短视频、视频直播、楼宇电视、户外媒体、3D 打印、虚拟增强现实和智能穿戴等。

2. 数字图书馆

数字图书馆（Digital Library）是用数字技术处理和存储各种图文并茂文献的图书馆，实质上是一种多媒体制作的分布式信息系统。它把各种不同载体、不同地理位置的信息资源用数字技术存储，以便于跨越区域、面向对象的网络查询和传播。它涉及信息资源加工、存储、检索、传输和利用的全过程。通俗地说，数字图书馆就是虚拟的、没有围墙的图书馆，是基于网络环境下共建共享的可扩展的知识网络系统，是超大规模的、分布式的、便于使用的、没有时空限制的、可以实现跨库无缝连接与智能检索的知识中心。

数字图书馆的特征如下：
1）信息储存空间小，且不易损坏。
2）信息查阅检索方便。
3）远程传递信息迅速。
4）同一信息可多人同时使用。

3. 移动短视频

移动短视频是一种基于智能手机、PAD 等移动终端的全新社交应用，依托于微视、秒拍、美拍等短视频应用,以 UGC 形式为主,视频主要由终端使用用户提供,并支持快速编辑美化功能,主要代表有抖音、快手、美拍等。

4. 视频直播

网络视频直播是依托移动互联的网络环境,以手机等移动终端设备和直播应用程序为支撑,以实时呈现和交互传播的形式传递的网络视频信息。常见的视频直播有抖音直播、快手直播、斗鱼直播、熊猫直播、映客直播和花椒直播等。

5. 楼宇电视

楼宇电视是指采用数字电视机为接收终端,把楼、场、堂、厅、馆等公共场所作为传播空间,播放各种信息的新兴电视传播形态。一般由多媒体信息机、控制台计算机、服务器、网络设备和电缆组成。常见的有分众传媒、华视传媒等。

6. 户外媒体

户外媒体广义的定义是指存在于公共空间的一种传播介质,户外媒体必须具有存在的空间是公共空间,并且是一种传播介质这两个基本要素。公交车站、小区门口、停车场、广场、火车站、高大建筑物顶等设置的户外媒体广告等均属于户外媒体。

7. 3D 打印

3D 打印是快速成型技术的一种,又称为增材制造,它是一种以数字模型文件为基础,运用粉末状金属或塑料等可粘合材料,通过逐层打印的方式来构造物体的技术。它主要通过运用 3D 建模软件、计算机辅助设计工具、计算机辅助诊断层摄影技术和 X 射线结晶学,将三维数字内容构建成实际物品,实现打印。

3D 打印通常是采用数字技术材料打印机来实现的,被用于制造模型,后逐渐用于一些产品的直接制造。该技术在珠宝、鞋类、工业设计、建筑、工程和施工、汽车、航空航天、牙科和医疗产业、教育、地理信息系统、土木工程,以及其他领域都有所应用。3D 打印被称为是第三次工业革命的重要生产工具。

8. 虚拟增强现实

虚拟现实简称 VR,增强现实简称 AR。增强现实是一种实时地计算摄影机影像的位置及角度并加上相应图像的技术,这种技术的目标是在屏幕上把虚拟世界套在现实世界并进行互动。这种技术随着随身电子产品运算能力的提升,其用途将会越来越广泛。

对于增强现实相关设备,已上市的 AR 硬件包含光学投影系统、监视器、行动装置、头戴式显示器、抬头显示器。在开发中的还有仿生隐形眼镜等。AR 的应用有百度地图的 AR 导航功能等。

9. 智能穿戴

智能穿戴又名可穿戴设备,是应用穿戴式技术对日常穿戴进行智能化设计、开发出可以穿戴的设备的总称,如眼镜、手套、手表、项链、手链、服饰及鞋等。

常见智能穿戴设备头戴类的有 VR 眼镜、VR 头盔等;身着类的有触感背心、触感衣等;手戴类的有手表、手环、触感手套、手柄等;辅助配套装备有 VR 跑步机、触觉椅、情绪控制器等。

📖 任务实现

网络数字媒体应用有:微信、钉钉、腾讯课堂、腾讯会议、微博、网络视频、搜索引擎和互联网新闻等。

手机数字媒体类应用有:手机报、手机电视、手机小说和手机游戏等。

融合数字新媒体应用有:数字图书馆、移动短视频、视频直播、楼宇电视、户外媒体、3D 打印、虚拟增强现实和智能穿戴等。

✏️ 任务总结

通过对数字媒体相关概念及相关应用的学习,对数字媒体的定义、概念、分类,有了全方位的认识;同时进一步学习和掌握数字融合媒体的概念和未来的发展趋势等知识。

任务 21.2　数字媒体素材处理软件应用

📖 任务描述

请任意选择一款你熟悉的数字媒体应用软件，实现对数字媒体的简单编辑处理工作。

✍ 任务分析

本任务需要在学习数字媒体素材处理内容的基础上，并基本掌握一个数字媒体处理软件后，才能完成本任务提出的问题。

📘 任务知识模块

一、数字媒体素材处理

（一）数字文本处理

数字文本处理是指对数字文本准备、文本编辑、文本处理、文本存储和传输、文本展现等操作。常见的文本格式有 DOC、TXT、RTF。

对于数字文本的处理，一种方法是使用网页编辑软件的文本处理工具直接处理；另一种方式是使用其他文本编辑后导入。

使用其他义本编辑后导入，会因为兼容问题导致文本效果的改变或者出错，一旦出现这种情况，可以采用直接复制粘贴或者以图片形式嵌入到网页页面的方法进行处理。

（二）数字图像处理

数字图像处理是指对数字图像进行去噪、增强、复制、分割、提取特征、压缩、存储和检索等操作。

目前最为流行的数字图像处理软件就是 Adobe Photoshop（PS），是由 Adobe Systems 开发和发行的图像处理软件。Photoshop 主要处理以像素构成的数字图像。

从功能上看，该软件可分为图像编辑、图像合成、校色调色及功能色效制作等。图像编辑是图像处理的基础，可以对图像做各种变换，如放大、缩小、旋转、倾斜、镜像和透视等；也可进行复制、去除斑点、修补、修饰图像的残损等。

（三）数字声音处理

数字声音处理是指通过对声音的特点进行了解，然后对声音进行存储和传输，以及对声音录制、剪辑与发布等操作的数字化过程。

可使用的音频编辑软件很多，常见的有 Adobe Audition、Sonar、Vegas、Samplitude、Nuendo、SoundForge、WaveCN、GoldWave 和 WaveLab 等。

1. Adobe Audition

Adobe Audition（简称 Au）是由 Adobe 公司开发的一个专业音频编辑软件。Audition 专为在照相室、广播设备和后期制作设备方面工作的音频和视频专业人员设计，可提供先进的音频混合、编辑、控制和效果处理功能。

Audition 最多混合 128 个声道，可编辑单个音频文件，创建回路并可使用 45 种以上的数字信号处理效果。Audition 是一个完善的多声道录音室，可提供灵活的工作流程并且使用非常简便。

2. GoldWave

GoldWave 是一个功能强大的数字音乐编辑器，是一个集声音编辑、播放、录制和转换的音频工具。它还可以对音频内容进行格式转换等处理。它体积小巧，功能却无比强大，支持许多格式的音频文件，包括 WAV、OGG、VOC、IFF、AIFF、AIFC、AU、SND、MP3、MAT、DWD、SMP、VOX、SDS、AVI、MOV、APE 等音频格式。用户可从 CD、VCD 和 DVD 或其他视频文件中提取声音。它内含丰富的音频处理特效，从一般特效如多普勒、回声、混响、降噪到高级的公式计算，效果丰富。

(四)数字视频处理

数字视频处理是指使用移动端应用程序进行视频制作、剪辑与发布等操作。视频处理软件很多,这里介绍一款专业级别的视频制作软件 Premiere。

Adobe Premiere Pro(简称 Pr)是由 Adobe 公司开发的一款视频编辑软件。Premiere Pro 有较好的兼容性,且可以与 Adobe 公司推出的其他软件相互协作。这款软件广泛应用于广告制作和电视节目制作。

Premiere Pro 是视频编辑爱好者和专业人士必不可少的视频编辑工具,可以提升用户的创作能力和创作自由度。它是易学、高效、精确的视频剪辑软件。Premiere 提供了采集、剪辑、调色、美化音频、字幕添加、输出、DVD 刻录等一整套流程,并和其他 Adobe 软件高效集成,使用户得以完成在编辑、制作、工作流上遇到的所有挑战,满足用户创建高质量作品的要求。

二、HTML5 多媒体应用

(一)HTML5 概述

HTML5 是构建 Web 内容的一种语言描述方式。HTML5 是互联网的下一代标准,是构建以及呈现互联网内容的一种语言方式,被认为是互联网的核心技术之一。HTML 产生于 1990 年,1997 年 HTML4 成为互联网标准,并广泛用于互联网应用的开发。

HTML5 是 Web 中核心语言 HTML 的规范,用户使用任何手段进行网页浏览时看到的内容原本都是 HTML 格式的,在浏览器中通过一些技术处理将其转换成为可识别的信息。HTML5 在 HTML4.01 的基础上进行了一定的改进,虽然技术人员在开发过程中可能不会将这些新技术投入应用,但是对于该种技术的新特性,网站开发技术人员是必须要有所了解的。

HTML5 将 Web 带入一个成熟的应用平台,在这个平台上,对视频、音频、图像、动画以及与设备的交互都进行了规范。

(二)HTML5 多媒体基础

HTML5 最大特色之一就是支持音频视频,在通过增加了 <audio>、<video> 两个标签来实现对多媒体中的音频、视频使用的支持,只要在 Web 网页中嵌入这两个标签,而无需第三方插件(如 Flash)就可以实现音视频的播放功能。HTML5 对音频、视频文件的支持使得浏览器摆脱了对插件的依赖,加快了页面的加载速度,扩展了互联网多媒体技术的发展空间。HTML5 的多媒体标签见表 21-1。

表 21-1 HTML5 的多媒体标签

标签	描述
<audio>	定义音频内容
<video>	定义视频(video 或者 movie)
<source>	定义多媒体资源 <video> 和 <audio>
<embed>	定义嵌入的内容,比如插件
<track>	为诸如 <video> 和 <audio> 元素之类的媒介规定外部文本轨道

(三)HTML5 多媒体特性

在网页设计中,多媒体技术主要是指在网页上运行音频、视频文件信息,随着网络传输速度的提高,音频视频文件在网页上传输更直观完美,更能表达丰富的内容。在 HTML5 没有出现之前,浏览器并没有将网页文件的音频视频文件纳入到其读取标准当中,多媒体内容大多数情况下都是通过第三方插件读取,或集成在 Web 浏览器的应用程序中进行读取。比如最流行的方式就是安装 Flash Player 插件将视频和音频嵌入到网页中。

1. 在 HTML5 中嵌入视频

在 HTML5 中,video 标签用于定义播放视频文件的标准,支持三种视频格式,分别为 OGG、WEBM 和 MPEG4,基本语法格式如下:

<video scr=" 视频文件路径 "controls="controls"></video>

在上面的语法格式中，src 属性用于设置视频文件的路径，controls 属性用于控制是否显示播放控件，这两个属性是 video 标签的基本属性。在 <video> 和 </video> 之间还可以插入文字，当浏览器不支持 video 标签时，就会在浏览器中显示该文字。

2. 在 HTML5 中嵌入音频

在 HTML5 中，audio 标签用于定义播放音频文件的标准，支持三种音频格式，分别为 OGG、WAV 和 MP3，基本语法格式如下：

<audio scr=" 音频文件路径 "controls="controls"></audio>

在上面的语法格式中，src 属性用于设置音频文件的路径，controls 属性用于控制是否显示播放控件，这两个属性是 audio 标签的基本属性。在 <audio> 和 </audio> 之间也可以插入文字，当浏览器不支持 video 标签时，就会在浏览器中显示该文字。

3. HTML5 视频和音频的接口方法和事件

HTML5 DOM 为 audio 和 video 元素提供了方法、属性和事件。这些方法、属性和事件允许用户使用 JavaScript 来操作 audio 和 video 元素。

1）audio 和 video 的方法。HTML5 为 audio 和 video 提供的接口方法见表 21-2。

表 21-2　audio 和 video 的方法

方法	描述
addTextTrack（）	向音频/视频添加新的文本轨道
canPlayType（）	检测浏览器是否能播放指定的音频/视频类型
load（）	重新加载音频/视频元素
play（）	开始播放音频/视频
pause（）	暂停当前播放的音频/视频

2）audio 和 video 的事件。HTML5 为 audio 和 video 提供的接口事件见表 21-3。

表 21-3　audio 和 video 的事件

事件	描述
abort	当音频/视频的加载已放弃时触发
canplay	当浏览器播放音频/视频当前播放速率需要缓冲时触发
canplaythrough	当浏览器播放音频/视频当前播放速率不需要缓冲时触发
durationchange	当音频/视频的播放时长已更改时触发
emptied	当目前的播放列表为空时触发
ended	当目前的播放列表已结束时触发
error	当在音频/视频加载期间发生错误时触发
loadeddata	当浏览器已加载音频/视频的当前播放数据时触发
loadedmetadata	当浏览器已加载音频/视频的元数据加载完成时触发
loadstart	当浏览器开始查找音频/视频时触发
pause	当音频/视频已暂停时触发
play	当音频/视频已开始或不再暂停时触发
playing	当音频/视频在已因缓冲而暂停或停止后已就绪时触发
progress	当浏览器正在下载音频/视频时触发
ratechange	当音频/视频的播放速度已更改时触发
seeked	当用户已移动/跳跃到音频/视频中的新位置时触发
seeking	当用户开始移动/跳跃到音频/视频中的新位置时触发
stalled	当浏览器尝试获取媒体数据，但数据不可用时触发

（续）

事件	描述
suspend	当浏览器刻意不获取媒体数据时触发
timeupdate	当目前的播放位置已更改时触发
volumechange	当音量已更改时触发
waiting	当视频由于需要缓冲下一帧而停止时触发

4．HTML5 音视频的发展趋势

随着计算机技术的不断发展，可以预见 HTML5 在未来的发展将会呈现井喷式的增长。HTML5 技术将会从以下几个方面得到发展。

1）移动端方向发展。HTML5 技术主要发展的市场还是移动端互联网领域，现阶段移动浏览器有应用体验不佳、网页标准不统一的劣势，这两个方面是移动端网页发展的障碍，而 HTML5 技术能够解决这两个问题，并且将劣势转化为优势，整体推动整个移动端网页的发展。

2）Web 内核标准提升。目前移动端网页内核大多采用 Web 内核，相信随着智能端的逐渐普及，HTML5 在 Web 内核方面的应用将会得到极大的显现。

3）提升 Web 操作体验。随着硬件能力的提升、WebGL 标准化的普及以及手机网页游戏的逐渐成熟，手机网页游戏向 3D 化发展是大势所趋。

4）向网络营销游戏化方向发展。通过一些游戏化、场景化以及跨屏互动等环节，不仅增加用户游戏体验，还能够满足广告主大部分的营销需求，在推销产品的过程中，让用户体验游戏的乐趣。

5）移动视频、在线直播。HTML5 将会改变视频数据的传输方式，让视频播放更加流畅，与此同时，视频还能够与网页相结合，让用户轻松看视频。

任务实现

选择一款数字应用媒体录屏软件喀秋莎（Camtasia）实现该任务，喀秋莎的下载安装不在这里描述，具体操作实现过程如下：

第 1 步：打开喀秋莎软件，单击"新建项目"，如图 21-2 所示。

第 2 步：在打开的对话框中单击"导入媒体"，如图 21-3 所示，导入本章素材"Camtasia 录屏软件使用说明 .MP4"，把视频文件导入到界面。

图 21-2　新建项目

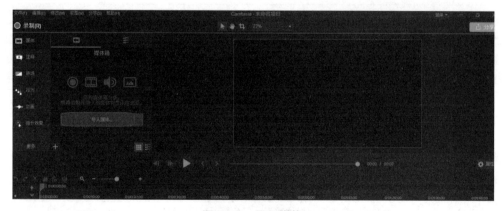

图 21-3　导入媒体

第 3 步：把上一步导入到界面的媒体文件拖拽到"轨道 1"里面，如图 21-4 所示。

第 4 步：单击或拖放"缩放"滑块，把媒体缩放到界面可见范围内，查看"轨道 1"右边的脉冲信号，把指针拖放到没有信号的区域，使用"分割"工具，把没有声音脉冲的区域切割开，如图 21-5 所示。

图 21-4　轨道植入媒体

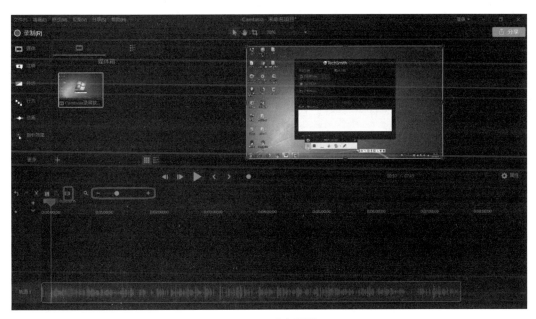

图 21-5　分割媒体

第 5 步：拖放轨道上左右两部分内容，将它们链接在一起，单击菜单栏的"分享"，在下拉菜单中选择"本地文件"，打开分享本地文件对话框，选择"自定义生成器设置"，单击"下一步"，打开如图 21-6 所示对话框，选择相应的输出设置，单击"下一步"，最后选择存储位置，输出想要的格式文件。

图 21-6　输出选项

📝 任务总结

通过本任务的实现，学习了视频剪辑的简单应用，通过使用喀秋莎录屏软件剪辑视频，掌握了视频剪辑处理的几个关键要点。第一个要点是理解轨道的概念；第二个要点是学会菜单编辑工具的使用；第三个要点是学会输出存放工具的使用。结合前面章节学过的 Photoshop、Flash 应用软件的使用，要领悟到所有视频、音频处理软件使用方法大同小异，要学会利用举一反三，自学本任务讲述到的其他音频视频处理软件。

项目 22

虚拟现实

Project **22**

回复 "71330+22"
观看视频

项目导读

虚拟现实是一种可创建和体验虚拟世界的计算机仿真系统,其利用高性能计算机生成一种模拟环境,是一种多源信息融合的、交互式的三维动态视景和实体行为的系统仿真。虚拟现实具有浸沉感、交互性和构想性三大特点,已广泛应用于娱乐、教育、设计、医学、军事等多个领域。本章内容包含虚拟现实技术的概念、虚拟现实应用开发流程和工具、简单虚拟现实应用程序开发等内容。

项目知识点

1)理解虚拟现实技术的概念。
2)了解虚拟现实技术的发展历程、应用场景和未来趋势。
3)了解虚拟现实应用开发的流程和相关工具。
4)了解不同虚拟现实引擎开发工具的特点和差异。
5)熟悉一种主流虚拟现实引擎开发工具的简单使用方法。
6)能使用虚拟现实引擎开发工具完成简单虚拟现实应用程序的开发。

任务 虚拟现实应用

任务描述

思考如何通过三维动画与虚拟现实技术相融合。

任务分析

让学生通过学习掌握 3ds Max 的使用,在虚拟现实系统中应用并构建基于模型的三维虚拟场景。

任务知识模块

一、虚拟现实的概念

什么是虚拟现实?它是计算机模拟产生的一个三维空间的虚拟世界,主要模拟环境、技能、传感设备和感知等,让使用者如同身临其境一般,为用户提供多信息、三维动态、交互式的仿真体验。

二、虚拟现实应用开发流程和工具

三维动画与虚拟现实技术是目前三维图形、图像表现技术中颇为典型的代表性技术。三维动画技术和虚拟现实技术作为对模拟真实和想象世界进行视觉再现的一种高端图形、图像技术,在实时性、

交互性方面的优势，是其他同类技术所无法比拟的。其中，三维动画技术已经成为高质量影视、游戏制作不可缺少的手段，如三维扫描、动画捕捉系统等。而虚拟现实技术主要应用于仿真，是一种交互性技术，如场景再现、城市规划、方案模拟论证、娱乐和飞行训练等。

（一）虚拟现实作品的制作流程

第一步，制作模型，根据相关资料使用第三方建模软件，如 3D Studio Max、Maya、Lightwave 或 Softimage XSI 等，也可以使用三维扫描仪或者类似 Cabinetware（类似 Canoma 类的照片建模软件）的软件。

第二步，引入模型到虚拟现实制作软件中。该设计软件可以合并多个模型，添加动画、声音、图片、交互编程、Shader 编写、与其他软件的通信等，然后可以输出为单独的标准 Windows 可执行文件（EXE 文件）或在线浏览的文件格式。

第三步，通过执行输出的可执行文件（EXE 文件）或浏览器播放插件把模型显示在屏幕上，使用鼠标和键盘单击设置的交互区域进行人机互动。

与此类似开发过程的虚拟现实技术工具包括 Virtools、VR-Platform、Quest3D、ViewPoint、Turntools 和 Cult 3D 等。

（二）虚拟现实技术

虚拟现实技术是包含多学科的、一体的人机交互显示技术。虚拟现实又称为灵境技术，是以沉浸性、交互性和构想性为基本特征的高级计算机人机界面。它利用了计算机多媒体技术、图形学、仿真技术学、人工智能技术、通信网络技术、传感器技术，仿真实现人的视觉、听觉等感觉器官的功能。使用者能够通过虚拟现实系统感受到"身临其境"的逼真性，从而达到使用者去不到的地方，体验现实局限达不到的意境。

三维动画技术和虚拟现实技术都是用于对模拟真实和想象世界的视觉再现。三维动画技术的出现是影视特技、游戏制作技术上的一次飞跃，它给人们带来了全新的视觉刺激和享受，已经成为高质量影视、游戏制作不可缺少的手段。在三维动画软件发展方面，功能强大的 Maya、3ds Max 等三维软件给三维动画制作带来了极大的技术便利。同时，三维扫描、表演动画捕捉等三维动画新技术的出现，在技术层面上对三维动画技术的发展做出了进一步的升华。

1. 三维动画技术的应用原理

三维动画技术又称为三维预渲染回放技术，即先进行三维预渲染，得到完整的三维动画视频，然后再利用播放器将三维动画视频播放出来。这种传统的计算机动画，是采用关键帧（对于在运动过程中，出现的主要画面，称为关键帧）的方式制作的，所以也叫作关键帧动画或帧动画。帧动画是由若干幅连续的画面组成图像或图形序列，即物体的运动路径需被人为指定。制作这一类动画常用的工具平台有 3ds Max、AutoCAD、Maya、Softimage 3D、LightWave 3D、RenderMan 和 Animator 等。

三维动画技术原理主要包含四个部分：造型、动画、绘图和着色输出。

（1）造型　三维建模就是利用三维造型软件在计算机上绘制三维物体。在造型之前需要设计好各个三维物体的形状以及它们在整个场景中的位置，组成一个完整的场景。

（2）动画　所谓动画就是使各种造型（即各个三维物体）运动起来。这就使人们可做出与现实世界非常一致的动画。

（3）绘图　绘画的重点是非交互的美学和视觉效果。绘图包括贴图和光线控制等，目的是保证制作的动画形象逼真。

（4）着色输出　这指的是现在的动画制作软件都直接提供动画的生成过程，形成一个类似电影一样的文件，需要时播放这个文件就可以了。

2. 三维动画技术的特点

现阶段随着三维动画与计算机软硬件技术相结合的快速发展，三维动画技术可以概括有以下几个特点：

1）适于表现真实物体的纯技巧的拟人手法，从而表现出趣味性和诱惑力。比如：1987 年获得克里奥大奖的广告作品中有一条收录机广告，这台收录机播放着音色优美的音乐，借助于抠像的手法，使原来没有生命力的物体，都踏着节拍欣然起舞，把观众带到了一种超现实的境界，以新的视觉印象唤起观众丰富的联想。

2）材质更加真实生动逼真，可以构造自然界中很难创造的光线条件。有些动画软件就有很好的材质结构，还可以人为地建立物体之间的反射、透明、折射关系，从而夸大真实感中赏心悦目的成分，例如汽车广告中常出现的风窗玻璃高度反光的效果，以及汽车造型轮廓边缘上高光点等，这一切都得力于计算机图形学中真实感图形、图像技术的发展。

3）更加有效地利用现有的图像，达到编辑机、特技机所无法达到的视觉效果。例如，利用贴图效果可以使图像贴在翻动的书页的固定的某个地方，同时书中图像也在连续地变化。

4）充分与其他学科相结合，并为电视画面提供更加丰富的内容。例如激光技术、医学中的扫描技术，都有效地为图形输入提供了新途径。

5）实现真人与真景的结合，可以有效地增强动画效果。而没有真人与真景的动画将给人留下脱离现实的虚拟印象。

3. 三维动画的应用领域

三维动画在社会发展的众多领域都有着广阔的应用发展前景，它能够为理论研究、工业生产、影视制作、广告设计、文化教育、航空航天、体育训练等提供有效的演示方法、论证依据和研究工具。例如，利用仿真人体可以进行多种工业产品设计的人机工程研究，还可以进行服装设计、体育训练等与人体有关的多领域研究工作。

在衣食住行方面，通过计算机三维动画技术，当你要搬家的时候，可以在计算机中预先设计好新房，看看如何装饰最为完美；当你要购买衣服的时候，只需将你身体的立体图形扫描进入计算机，再与服装店的衣服立体数据相结合，即可通过计算机选择到合适的衣服；在气象方面，预报人员可以通过观测到的气象数据模拟出真实的三维云层及其运动过程，向观众传达更形象、更直观的气象信息。

在国外，三维动画技术还被应用于法律分析。譬如动画可以把罪犯射出子弹的时间、弹道和位置准确地展示在法庭上。通过计算机准确无误地进行图像模拟，可将事实真相公布于大庭广众之下。

三、虚拟现实系统的构建

虚拟现实显示原理分析：用户带上特殊的眼镜后，一只眼睛只能看到奇数帧图像，另一只眼睛只能看到偶数帧图像，奇、偶帧之间的不同也就是视差，就产生了立体感（3D 眼镜的效果）。

近年来，三维动画在影视领域中，取得了非凡的成就，国内外许多影视、广告都运用三维动画技术和计算机软硬件的配合制作出令人赏心悦目的视觉效果。所谓的三维动画就是借助计算机生成一系列静态图像（又称为画面），再将这些静态图像高速播放（PAL 制为 25 帧/s），对人眼来说便产生了动态效果。三维动画是建立在软硬件、数学、图形学、摄影、美学等多学科基础上不断发展的图形、图像技术。软硬件技术水平的飞速提高，使三维动画为视觉内容的表达提供了更多可能性，数学及图形学的发展为设计三维动画软件提供了先进的算法，影视数码产品的制作实践为三维动画技术的发展开辟了市场。在我国，尤其是 20 世纪 90 年代初期，三维动画技术日益显露出经济价值、艺术价值、学术价值和实用价值。越来越多的研究人员开始对三维动画中的深层次技术进行研究。

近几年来获得了极大发展的虚拟现实技术，是 20 世纪末才兴起的一门崭新的综合性信息技术，它是在众多相关技术如计算机图形学、仿真技术、多媒体技术、传感器技术和人工智能等基础上发展起来的。目前虚拟现实技术已经得了广泛的应用，由于利用它生成的模拟环境是类似现实的、逼真的，人机交互是和谐友好的，它将改观传统的人机交互现状，成为新一代高级的用户界面。

（一）构建一个虚拟现实系统的两种方案

1）使用图形开发库。图形开发库常采用 OpenGL 3D 或 Direct3D，开发语言是 C++。3ds Max 是用 OpenGL 3D 语言和 C++ 编写的应用软件，用它来建模，交互性好，而且方便直观。

2）使用专业三维虚拟开发软件。设计一个虚拟现实漫游系统除了必须具备相关的硬件设备（如数据手套、数据头盔等），关键问题是构建一个逼真的虚拟环境，这个虚拟环境包括三维场景、三维声音等。所以创建一个逼真而又合理的模型，并能实时动态地显示是最重要的。虚拟现实漫游系列构建的绝大部分工作量是建造逼真的、适于快速刷新的三维模型。

（二）3ds Max 技术在建构虚拟场景中的强大功能优势

3ds Max 在虚拟现实中构建三维虚拟场景中具有强大的功能优势，主要体现在以下几方面：

1）可以从外部参考体系、示意视图引入模型，也可以用其他程序从外部加以控制，而不必激活它的工作界面。

2）用户自定义界面、宏记录、插件代码、变换 Gizmo 和轨迹条等功能。

3）不仅渲染速度快，而且画面质量高。

4）建模功能强大，主要包括：细分曲面技术、柔性选择、曲面工具和 NUBRS 技术。

5）游戏功能支持：角色动画功能、顶点信息及贴图坐标功能等。

（三）基于模型的三维虚拟场景创建

3ds Max 的对象建模主要有多边形（Polygon）建模、非均匀有理 B 样条曲线（NUBRS）建模、细分曲面（SUBDIVISION SURFACE）建模。通常建立一个模型可分别采用上述技术或它们之间的有机组合来实现，但均以不增加面片数为大前提。

IBR 技术是一种全新的图形绘制技术，它在具有普通计算能力的计算机上实现真实感图形的实时绘制。该技术基于一些预先生成的图像（或环境映射）来生成不同视点的场景画面，与传统绘制技术相比，有以下特点：

1）图形绘制独立于复杂场景，仅与所要生成画面的分辨率有关。

2）预先存储的图像（或环境映射）既可以是计算机合成的，也可以是数码相机实拍摄影的画面，而且两者可以融合、交替使用。

3）该技术对计算机资源的要求不高，因而可以在普通工作站和个人计算机上实现复杂场景实时显示。由于每一帧画面都只描述给定视源点沿某一特定方向（视线）观察场景的结果，并不是从图像中恢复几何模型或光影效果，为了摆脱单帧画面视域的局限性，我们可在一个给定的视源点处拍摄或通过计算机得到其沿所有方向的图像，并将它们拼接成一张全景图。为使用户能在场景中漫游，我们需要建立不同视源点位置的全景图，继而通过视图插值或变形来获得临近视点的对应视图。IBR 技术是新兴的研究领域，它将使计算机图形学获得更加广泛的应用。

3ds Max 在 IBR 中的应用是自然的，3ds Max 出色的纹理视图，强大的贴图控制功能，各种空间扭曲和变形，对图像和环境映射的控制和处理提供了方便的途径。利用 3ds Max 可以根据所需的全景图类型生成对应的图像，然后将图像拼接成全景图，而且可以将拼接过程编制成脚本（Script）文件，做出插件嵌入到 3ds Max 的 Plug-in 中。事实上，目前已经有第三方厂商开发了一些全景图生成和校正的插件，大大方便了制作。

用 3ds Max 为 VR 系统创建好模型以后，根据 VR 系统的编辑环境将模型输出为编辑环境能接受的文件类型，如 VRML97 或 DXF 等格式。具体做法是：单击"File/Export"，出现一个对话框，再单击"存为类型"下拉列表框，选取"VRML2.0（*.WRL）"类型文件，命名后单击"保存"，出现一个 VRML EXPORT 对话框，选择默认值，单击"OK"生成一个以 .WRL 为后缀的文件，可以直接用 Netscape 浏览器打开浏览，因 Netscape 浏览器自带 VRML 的插件，若使用 IE 浏览器，则需另外安装插件。

（四）在 3ds Max 中设置双摄像机

在 VR 系统中经常需要有视差和景深的立体视图，可以通过在 3ds Max 中设置双摄像机模拟人的双眼来渲染立体视图对象，这需要调整双摄像机的相对位置，然后分别渲染不同的摄像机视图。当然，从本质上说，在场景中放置摄像机不是一种建模技术，但因为在一个成功的 VRML 环境中，摄像机非常有用。在导览时，在场景中所建立的不同摄像机由 VRML 浏览器列出。若在场景中放置足够多的摄像机，精心调整视角，并给摄像机逐一取名，则用户在浏览时，可通过单击右键来选择不同的摄像机在场景中导航，这比用户用鼠标导航要简单得多，而且用摄像机导航，能展示最佳场景。

四、虚拟现实技术的应用领域

目前，虽然虚拟现实技术还不够成熟，但它已经可以满足部分应用领域的要求。国内外已出现了一些较为成功的应用系统，如日本松下公司的"虚拟厨房设计系统"ViVA、美国 NASA 的"虚拟风洞系统"、美军的 SIMNET 训练系统以及英国的 Virtuality 游戏系统等。目前，虚拟现实技术已扩展到科研、教育培训、工程设计、商业、军事、航天、医学、影视、艺术和娱乐等领域。随着软件、硬件技术的进步，虚拟现实技术的应用将会更加普遍。

（一）飞行模拟

现代飞机具有高性能的动力装置、精确的导航系统、可靠的自动飞行和自动着陆系统以及复杂的航空电子系统。飞行员应具备精湛的驾驶技术，但在真实的飞机上训练驾驶技术耗资太大，受到空域和场地的限制，而且有些特殊情况（如发动机停车、大仰角失速等）难以在真实飞机上实现。因此，通过模拟器训练飞行员是一条有效的途径。同时，飞行模拟器可以作为一种试验床，对飞机的操纵性、稳定性和机动性进行测试和评定，较容易分析飞机气动参数的修改对飞行品质的影响。因此，飞机飞行模拟器已广泛应用于飞行员的训练和新飞机的设计研制。在技术发达的国家，已经能够比较充分地利用飞行模拟器开展人员训练和新机研制，做到了没有一个飞行员不是经过飞行模拟器训练培养的，没有一架新飞机的研制不是经过飞行模拟器仿真试验的。

（二）空间技术

空间技术最为成功的例子就是"哈勃望远镜的修复和维护"。在训练中，宇航员坐在一个模拟"载人操纵飞行器"功能并带有传感器的椅子上。椅子上有用于虚拟空间中做直线运动的位移控制器和绕宇航员重力中心调节宇航员朝向的旋转控制器。宇航员头戴立体头盔显示器，用于显示望远镜、航天飞机以及太空的模型，并用数据手套作为与系统进行交互的手段。这样，训练时，宇航员就可以在望远镜周围进行操作，并且可以通过虚拟手接触黄色的操纵杆来抓住需要更换的"模拟更换仪 MRI"。抓住 MRI 之后，宇航员可以利用座椅的控制器在空中飞行。座椅上还有三个按钮，分别用于望远镜外盖的开闭、望远镜天线的开闭以及望远镜太阳能面板朝向的调节。经过这个虚拟系统的训练，宇航员于 1993 年 12 月，成功地完成了从航天飞机上取出备件更换哈勃太空望远镜上损坏的零件这一复杂而又费时的任务。

（三）科学计算可视化

引起科技界注目的是设计波音 747 获得成功。波音 747 飞机由 300 多万个零件组成，这些零件以及飞机的整体设计是在一个由数百台工作站组成的环境系统上进行的。当设计师戴上头盔显示器后，就能穿行于这个虚拟的"飞机"中，去审视"飞机"的各项设计。过去为设计一架新型的飞机必须先建造两个实体模型，每个模型造价约为 60 万美元。应用 VR 技术后，不仅节约了研制经费，也缩短了研制时间，且保证了机翼和机身结合的一次成功。

（四）医学方面

VR 可以用于教学、复杂手术过程的规划、在手术过程中提供操作和信息上的辅助、预测手术结果等。此外，远程医疗服务也是一个很有潜力的应用领域，例如，在偏远山区，通过远程医疗 VR 系统，人们可以不用进城就能够接受名医的治疗，对于危急病人还可以实施远程手术。在战场上，可以通过系统对前线的危急伤员进行远程手术，使他们得到及时的抢救。同时它在医学心理学，尤其是在与心理失调有关的恐惧和忧虑疾病治疗方面得到了应用。

（五）虚拟战场（作战仿真系统）

既可以通过建立虚拟战场环境来训练军事人员，同时又可以通过虚拟战场来检查和评估武器系统的性能。在虚拟战场中，参与者可以看到在地面行进的坦克和装甲车，在空中飞行的直升机、歼击机和导弹，在水下的舰艇，可以看到坦克行进时扬起的尘土和被击中坦克的燃烧浓烟，可以听到坦克或飞机的隆隆声由远而近，从声音来辨别目标的来向与速度。参与者可以瞄准、射击上述目标，也可以驾驶坦克、飞机等武器平台仿真器。这样，不仅可以节省大量的资金、物资，而且还可以通过改变不同状态来反复进行各种战场态势下的战术和决策研究。

（六）娱乐游戏

VR 技术在娱乐游戏上的应用也十分广泛，如家庭中的桌面游戏，公共场所的各种仿真等。目前基于虚拟现实技术的游戏主要有驾驶型游戏、作战型游戏和智力型游戏三类。由于很多游戏都是联网的，因而许多玩游戏的人可以同时进入一个虚拟境界，他们相互之间可以展开竞争，也可以与计算机生成的对手竞争。为了赢得游戏的胜利，他们在投入该虚拟环境的同时，还必须做到智慧、逻辑和手眼的协同。

虚拟现实技术是一门具有很大潜力的前瞻性科学技术，虽然目前已在一些领域实际应用中比较成功，但总体上仍处于初级发展阶段，随着相关技术的进步，虚拟现实技术将会在未来的各个领域里发挥更大的影响和作用。

五、虚拟现实引擎 Unity3D 与 Unreal Engine 4

Unity3D 是由 Unity Technologies 公司开发的综合性专业引擎，可以让用户轻松创建诸如三维游戏、建筑可视化、实时渲染动画等类型互动内容的多平台开发工具。Unity3D 整合多种 DCC 文件格式，包含 3DS MAX、Maya、LightWare、Collade 等文档，可直接拖拽到 Unity 中，除原有内容外，还包含众多 UVS、Vertex 和骨骼动画等功能。

Unreal Engine 4 是大名鼎鼎的虚幻引擎。自 1998 年初正式诞生至今，虚幻引擎已经成为整个游戏业界运用范围最广，整体运用程度最高，画面标准最高的一款引擎。在游戏整体细节的把握和大场景构建的丰富程度上，虚幻引擎已经做到了下一代单机游戏所能达到的最高水平。

六、虚拟仿真软件 Creator 与 Vega Prime

三维虚拟环境的建模是虚拟现实和视景仿真技术的基础，Creator 是一个完整的游戏开发解决方案，包含游戏引擎、资源管理、场景编辑、游戏预览等游戏开发所需的全套功能，能实现三维虚拟环境的构建和视景仿真，画面运行流畅，能达到很好的实时性演示效果。

Vega Prime 是 Multigen Paradigm 公司推出的最新虚拟现实开发工具，具有面向对象、功能强大、平台兼容性好等特点。Vega Prime 是一个应用程序编程接口（API），大大扩展了 Vega Prime Graph，也是一个跨平台的可视化模拟实时开发工具。Vega Prime 是一个进行实时仿真和虚拟现实开发的高性能软件环境和良好工具，由以下三部分组成：图形用户接口 LynX Prime，图形用户界面配置工具 Vega Prime 库，C++ 头文件可以调用的函数。Vega Prime 的功能还可以被其他特殊功能模块所扩展，这些模块在扩展用户接口的同时，也为应用开发提供了功能库。

七、虚拟现实可视化开发平台 VRP

VRP（VR-Platform）三维互动仿真平台是由中视典数字科技有限公司独立开发的具有完全自主知识产权的一款三维虚拟现实平台软件。可广泛地应用于工业仿真、古迹复原、桥梁道路设计、视景仿真、城市规划、室内设计和军事模拟等专业。其具有适用性强、操作简单、功能强大、高度可视化等优点。

八、虚拟现实三维动画技术

三维动画技术的出现是影视特技、游戏制作技术上的一次飞跃，它给人们带来了全新的视觉刺激和享受，实现了过去无法想象的特技效果，已经成为高质量影视、游戏制作不可缺少的手段。从 Alias、Wavefront 及 3D Studio 到今天的 3ds Max、Maya、Softimage 等，各种软件给三维动画制作以极大的便利和强大的技术支持。

（一）几种三维动画软件的介绍和分析

目前市场上比较流行的各种动画软件中，三维动画创作软件所占的比重非常大，看过三维动画的人，都会被那迷人的动画世界所吸引，希望有一天自己也可以遨游在想象的空间中，创造出属于自己的动画。随着科学技术的日新月异，以及计算机软硬件功能的不断完善，计算机价格的不断下降，各软件公司不断推出新版本的软件，使计算机动画技术更加普及。下面将就目前前较为流行的三维动画软件进行分析和比较。

1. 3ds Max

Autodesk 下属子公司开发的 3D Studio，虽然曾经出尽了风头，但是随着三维软件的不断发展，3D Studio 逐渐受到专业人士的冷落。为了恢复往日的雄风，Autodesk 推翻了 3D Studio，而推出了全新的 3ds Max，它支持 Windows 95/98、Windows NT 平台，具有多线程运算能力，支持多处理器的并行运算、建模和动画能力，材质编辑系统也很出色。现在，人们眼中的 3ds Max 再不是一个运行在平台上的业余软件了，从电影到电视，我们都可以看到 3ds Max 的风姿。3ds Max 是当前世界上销售量最大的三维建模、动画及渲染解决方案，广泛应用于视觉效果、角色动画及下一代的游戏。至今 3ds Max 获得多个业界奖项。比如在《迷失太空》中，绝大部分的太空镜头都是由 3ds Max 制作的。另外，3ds Max 最大的优点在于插件特别多，许多专业技术公司都在为 3ds Max 设计各种插件，其中许多插件是非常专业的，如专用于设计火、烟、云效果的 After-burn，制作肌肉的 Metareye 等，利用这些插件可以制作出更加精彩的效果。

2. Maya

法国的 TDI、加拿大的 Alian 和美国的 Wavefront，曾经是竞争的对手，都设计了非常出色的三维动画软件。在竞争中，SGI 兼并了以上三者，组成 Alias/Wavefront 公司，并推出了一个新版本，这就是"Maya"。它凝结着几个国家无数三维动画精英们的心血。因此，对于广大三维动画爱好者来说，这是一个期待值很高的三维动画制作软件。相信看过《星河战队》的观众都会感受到 Maya 强大的功能。Maya Unlimited 版本提供的用于建立衣物、毛发的特殊造型动画的外挂模块，更是让同类的其他软件望尘莫及。

3. Softimage

1994 年 Microsoft 公司收购了三维动画软件公司 Softimage，并随之推出了 Softimage 3D PC 版。Softimage 3D 是由工作站 SGI 移植而来，主要应用于 Windows NT 平台，最擅长卡通造型和角色动画以及模拟各种虚幻的情景、光影，是影视制作不可缺少的重要工具。电影《侏罗纪公园》中的恐龙就是用 Softimage 3D 制作完成的。Softimage 3D 的建模能力很强，支持网络、NURBS 及变形球等对象。它的渲染效果也非常好，国内电视台和一些影视广告公司都用它来制作片头，如中央电视台的《东方时空》和《中国新闻》等。

（二）三维动画关键技术分析

三维动画制作关键技术主要包括 4 个步骤：几何建模技术；材质调整研究；运动轨迹设定；着色输出。下面仅就几何建模技术和材质调整研究进行介绍和分析。

1. 几何建模技术

计算机三维动画制作的首要步骤就是对客观物体进行计算机三维模型重建，而客观物体形态万千，因此利用计算机进行几何建模的方法也各不相同。目前广泛采用的几何建模包括以下几种：

1）利用基本元素（如平面多边形、正方形、圆柱形、圆锥体、球体、曲面片）进行拼接组合来制作几何模型。

2）通过两个造型之间进行布尔运算交、并、差等来产生新的几何模型。

3）通过 Sweep（即造型工具）来制作客观物体模型。这种方法是目前应用最广泛的造型方法之一。它首先通过数字化仪或鼠标在二维平面上描绘出客观物体的各种特征曲线（一般又为轮廓线或横断面截线），然后通过 Sweep（即方法）将这些曲线转变成三维模型。简单的 Sweep 法包括平移扫描及旋转扫描法。平移扫描法是将 2D 曲线沿一路径平移后，再与原曲线连接而成三维模型。

4）利用三维变换产生新的造型。将三维模型进行线性或非线性变换，从而产生新造型。常用的变换包括旋转、缩放、弯曲、扭曲、倾斜和锥形变形等。

5）利用粒子模拟几何造型。通过一系列的粒子来定义物体，每个粒子都有出生、生命期、死亡过程。在粒子的生命期，粒子属性如色彩、透明度、大小、运动速度、加速度、运动方向等可随时间变化，从而产生某些自然现象如云、雾、雪、雨、火、瀑布等物体模型。

6）三维扫描技术。三维扫描技术是目前技术最为先进的三维建模方式。通常平面扫描仪能将二维平面的信息，如图样、照片上的信息输入计算机，数字摄像机和图像采集卡能将物体的一个侧面的图像存为二维数字化图片，这些都是计算机动画师常见的装备。但仅有二维的信息是远远不能满足三维动画的需要的，为解决三维信息数字化的问题，三维扫描仪应运而生。

三维扫描仪又称为数字化仪，能迅速地获得物体表面的立体坐标和色彩信息，并将其转化为计算机能够直接处理的三维彩色数字化模型。首先，摄像机只能够拍摄物体某一侧面，而且在将物体拍摄成平面图片的过程中会丢失大量深度信息。再次，三维扫描仪输出的不是普通的二维图像，而是包含了物体表面每个采样点空间三维坐标和色彩的三维彩色数字模型文件。

7）其他。除上述介绍的 6 种建模技术外，为满足不同的造型需要，还有很多其他的造型方法。如为生成树及植物的模型，可用合适的算法规则定义；为产生山及地层表面，可用 Fractal 法；为产生海水波浪，可用基于傅里叶变换的频域函数等。

2. 材质调整研究

在三维动画中，为模拟自然界中各种物体表现出来的千差万别的材料质感，主要从三个方面定义模型的色彩特征，即色彩、纹理模型及属性。除定义几何物体的色彩外，还需定义光的色彩及类型。

1）色彩分析。在真实自然界环境中，物体与光线之间的作用是相当复杂的。在计算机图形学中，一般从三个方面考虑物体所受的光线，即环境光引起的漫反射；入射光引起的漫反射；入射光引起的镜面反射。

2）纹理贴图式样分析。除色彩设定外，计算机三维动画还需要通过各种纹理贴图来表现出实际物体表面的各种纹理贴图，而且正是由于纹理贴图技术，才使得计算机能逼真地模拟出客观世界。主要贴图式样 Texture 贴图，是将一幅预先准备好的纹理图像按一定的映射方式（如平面、圆柱、球形映射）映射在几何模型表面上。例如为制作出室内瓷砖地板效果，将一瓷砖地板纹理图像贴在一个二维平面上即可。

3）物体属性分类。为表现物体的各种质感，还为物体设定了各种属性。在着色运算时，通常根据设定的物体属性来选择适当的光照模型进行着色处理。

4）光源设定分类。光源的设定主要从三个方面考虑：光的模式、光的位置、光的颜色。光的模式包括点光源、平行光源、聚光灯三种。

任务实现

现在计算机游戏制作越来越精美，尤其是那些 3D 游戏，EA 公司的极品飞车系列，图像做得简直可以以假乱真，让人有种身临其境的感觉。请同学们思考，如何运用 3ds Max 再现 3D 游戏《极品飞车 5》中逼真的场景，以使得我们可以对三维动画技术制作流程形成系统的理解。

任务总结

三维动画与虚拟现实技术都已在各自技术应用领域显示出强大的应用功能，随着计算机视觉、计算机图像图形、电子技术以及计算机软硬件性能的进一步提高，这两种技术在各自的研究领域必将会有更为广阔的技术延伸。不言而喻，三维动画与虚拟现实技术的理论研究是两者在技术拓展应用中的基石和根本保证。我们有理由相信，随着科学技术的不断进步，三维动画与虚拟现实技术作为 21 世纪视觉表现技术的代表，在其理论研究领域会有更多的研究与创新，并且在计算机软硬件技术飞速发展的推动下，两者也必将有着广泛、密切的互动和交叉应用领域。

项目 23 区块链

回复"71330+23"
观看视频

📢 项目导读

区块链是分布式数据存储、点对点传输、共识机制、加密算法等计算机技术的新型应用模式。从本质上说，区块链是一个分布式的共享账本和数据库，具有去中心化、不可篡改、全程留痕、可以追溯、集体维护、公开透明等特点，已被逐步应用于金融、供应链、公共服务、数字版权等领域。本章内容包含区块链基础知识、区块链应用领域、区块链核心技术等内容。

本项目从比特币故事引入，然后有序介绍了区块链技术相关的特征，区块链的技术标准，介绍了区块链的联盟链、公有链及大型区块链相关项目。本节还介绍了区块链、以太坊、超级账本的相关概念特征。最后还根据区块链技术的特征，详细介绍了使用区块链应用判断的五个准则，结合区块链技术特征判断区块链适合的应用场景；还同步介绍了构建区块链应用过程中，构建方案的几个关键步骤。

📖 项目知识点

1）了解区块链的概念、发展历史、技术基础和特性等。
2）了解区块链的分类，包括公有链、联盟链和私有链。
3）了解区块链技术在金融、供应链、公共服务、数字版权等领域的应用。
4）了解区块链技术的价值和未来发展趋势。
5）了解比特币等典型区块链项目的机制和特点。
6）了解分布式账本、非对称加密算法、智能合约、共识机制的技术原理。

任务 23.1 认识区块链与比特币

📖 任务描述

请你用通俗的语言描述比特币的起源、比特币的故事、比特币挖矿，并归纳总结比特币的缺陷。

✍ 任务分析

通过对比特币的起源和发展以及对区块链内在原理进行学习和总结，通过查阅资料和阅读教材，对比特币全方位进行学习，从而完成本任务。

任务知识模块

一、区块链概述

（一）比特币的诞生

2008年11月，一位化名为中本聪（Satoshi Nakamoto）的人，在密码学论坛发表的一篇名为"比特币：一个点对点的电子现金系统"的论文中首先提出了比特币。2009年1月3日，中本聪发布了比特币系统并挖掘出第一个区块，被称为创世区块，最初的50个比特币宣告问世，从此诞生了比特币。

截至2022年5月，比特币系统已经运行超过了13年，时至今日，我们也无法知道这个化名为中本聪的真人是何许人。比特币区块链系统一直以开源、分布式、无中央管理器、无运维主体的模式运行。比特币系统曾遭到大量黑客无数次攻击，然而神奇的是，这样一个"三无"系统，十余年来一直都在稳定运行，没有发生过重大事故。这一点无疑展示了比特币系统技术的完备性和可靠性。

随着比特币风靡全球，越来越多的人对其背后的区块链技术非常感兴趣，希望将这样一个去中心化的稳定系统应用到各类行业中去。

（二）比特币挖矿

区块链实质上就是一个超级账本，只要链上的所有节点都一致认同，就可以对区块链上的数据进行记账，那么记账的原则是什么呢？比特币是按照挖矿的原则抢夺记账权，谁先挖到矿，谁就拥有记账权。

也就是说，一旦区块链上某个副本节点在某个时间挖到了矿，就获得了比特币奖励，并向全网广播，在大家按照原则一致确认这个比特币的真实性之后，所有节点就把获得比特币这个事情记录下来，并且永久保存。

比特币是用什么规则来确定谁先挖到矿的？这就是区块链的挖矿原理。挖矿最主要的工作就是计算数学难题，最先得出解的矿工就获得比特币的记账权。

按照中本聪设计的比特币数学模型，最初每生产一个交易记录区块可以获得50个比特币的系统奖励，为了控制比特币发行总量，该奖励每4年就会减半，到2140年则会基本发放完毕，最终整个系统中最多只能有2100万个比特币。比特币系统大约每10min会产生一个数据块，这个数据块里包含了这10min内全网待确认的部分或全部交易。所谓挖矿，就是争夺将这些交易打包成交易记录区块的权利。比特币系统会随机生成一道数学难题，所有参与挖矿的节点均参与计算这道数学难题，首先算出结果的节点将获得记账权。

如何命题这个数学难题呢？在描述这个数学难题前，先简单介绍一下哈希算法。哈希算法的基本功能概括来说，就是把任意长度的输入通过一定的计算，生成一个固定长度的字符串，输出的字符串即该输入的哈希值。比特币系统中采用SHA-256算法，该算法最终输出的哈希值长度为256bit。

比特币中每个区块生成时，需要把上一个区块的哈希值和本区块的账本信息计算出一个新的哈希值。为了保证10min产生一个区块，该工作必须具有一定难度，即哈希值必须以若干个0开头。哈希算法的特点是，输入信息的任何微小改动都会引起哈希值的巨大变动，而且这个变动不具有规律性。因此，本区块的账本信息不仅包含所有交易的相关信息，还需要引入一个随机数。因为哈希值的位数是有限的，通过不断尝试随机数，总可以计算出一个符合要求的哈希值，且该随机数无法通过寻找规律计算出来。这就意味着，该随机数只能通过暴力枚举的方式获得。挖矿中计算数学难题就是寻找这个随机数的过程。

（三）区块链概念与特征

1. 通俗的区块链概念

既然比特币这么稳定，那比特币背后的区块链技术是什么呢？通俗点解释区块链就是一个去中心化的副本节点，如图23-1所示。

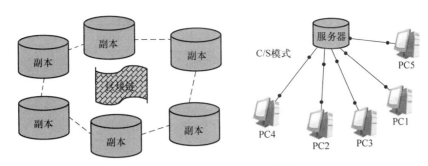

图 23-1　区块链与 C/S 模式

通过图 23-1 区块链与中心化服务器模式的比对，区块链与传统 C/S 模式的区别在于以下几个方面。

1）去中心化：区块链没有传统的数据中心，每个副本节点存储的资源完全一样。

2）透明性：因为区块链上所有副本节点存储的数据完全一致，对于区块链上所有的节点来说，没有隐藏的问题，所有节点存储的东西都是完全一致且透明的。

3）防篡改：因为区块链上所有副本节点数据完全一致，若其中某个节点想篡改数据，务必与链上其他所有节点数据发生了不一致性，这将被所有节点发现，所以可以防篡改。

4）可溯源：若区块链副本节点上的数据需要修改，那只有当所有节点都同意之后，在区块链上所有节点一致修改，才能保持区块链数据的一致性。但这个修改过程将会被区块链日志完整记录，所以有源可以追溯。

5）集体维护：区块链代码是公开的，就是以大家一致认可的方式维护这个超级账本，所以集体维护，没有谁是高级管理员，没有谁有特权。

6）高可靠性：每个副本节点存储的内容是完全一致的，即使个别节点数据出问题，也不会造成数据丢失。

2. 区块链定义及相关概念

（1）区块链定义　区块链就是"区块（Block）+ 链（Chain）= 区块链（Blockchain）"，如图 23-2 所示。区块链普遍的官方定义有狭义的区块链和广义的区块链两种。下面是 2016 年区块链技术和应用发展白皮书对区块链的定义。

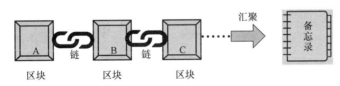

图 23-2　区块链

1）狭义：区块链是一种按照时间顺序将数据区块以顺序相连的方式组合成的一种链式数据结构，并以密码学方式保证的不可篡改和不可伪造的分布式账本。

2）广义：区块链技术是利用块链式数据结构来验证和存储数据、利用分布式节点共识算法来生成和更新数据、利用密码学的方式保证数据传输和访问的安全、利用由自动化脚本代码组成的智能合约来编程和操作数据的一种全新的分布式基础架构与计算方式。

（2）区块链技术相关概念　区块链就是在区块中记录数据，通过相关算法把各个区块链接起来形成一条链，按照时间顺序将交易过程记录下来的过程，区块链包含以下几个基本概念。

1）交易：一次操作，导致账本状态的一次改变，称为交易。

2）区块：记录一段时间内发生的交易和状态结果，是对当前账本状态的一次共识。

3）链：把一个个区块按照发生顺序串联起来，是状态变化的"日志"记录。

每发生一笔交易，当所有人都达成共识，获得认可后，账本就发生一次改变，生成一个新的区块，如图 23-3 所示。

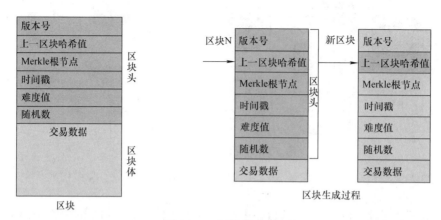

图 23-3 区块的生成

区块是区块链中的主要数据存储结构,一个区块由区块头和区块体两个主要部分组成。区块头保存区块之间的连接信息,包括版本号、上一区块哈希值、Merkle 根节点、时间戳、难度值、随机数。区块体保存交易数据信息。

区块链通过哈希算法生成一个字符串,生成的字符串保存在区块的头部,一个区块通过指向上一个区块的哈希值的方式加入区块链中。

如果想篡改一个区块,就得同时篡改区块链中后面所有的区块,由于区块链计算一个区块的哈希值都非常困难,若想要改变后面的所有哈希值,难度是非常大的,甚至几乎没有可能。因此,所有区块链具有不可篡改性。

如果仅仅改变其中的某个或者极少数几个区块,则会导致区块链分叉,分叉的情况就会临时出现一个链上两个区块同时存在的问题,产生分链。区块链的分叉会带来双花问题,如图 23-4 所示。

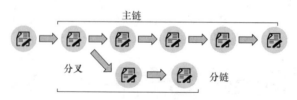

图 23-4 区块链分叉

所谓的双花,可以通俗理解为你包里只有一块钱,你已经花了一次,你还要再花一次,所以称为双花,那说明其中有一次肯定是假币。

区块链分叉也一样,一旦产生分叉,则以最长链为主链,分叉链就是分链,不会被广泛认可。

(3)区块链工作流程 区块链工作过程需经过交易产生、交易广播、节点计算、获取记账权、记账权广播、验证区块、完成记账一系列流程,如图 23-5 所示。

图 23-5 区块链工作流程

1)交易产生:用户向区块链发布一笔交易信息。
2)交易广播:当有交易信息产生时,区块链会向全网进行广播,网络中所有节点均会接收到广播信息。

3）节点计算：收到交易信息的节点会把新的交易放置到区块中，通过共识机制确定谁有记账权。

4）获得记账权：根据不同的共识算法，产生获得记账权的节点。

5）记账权广播：获得记账权的节点向网络中所有节点广播信息。

6）验证区块：收到广播的节点对区块所包含的交易信息进行验证，确认有效后，接收该区块，并在区块尾部连接上新区块。

7）完成记账：所有节点全部接收该区块后，完成一个新区块上链，网络中的节点等待下一个交易产生再重复上述流程，继而产生新区块。

二、区块链技术原理

（一）区块链核心技术

区块链就是一个分布式数据库，区块链数据库融合了多种成熟的技术，从而实现了去中心化、分布式、防篡改、共识机制等目标。区块链核心技术主要有点对点传输、密码学、共识机制、智能合约等相关技术。

1. 点对点传输

点对点的信息传输是一种去中心化的信息交换方式，区块链使用 P2P（点对点网络）网络协议实现端对端的数据传输，在区块链中实现点对点的数据交换，不需要第三方授权或确认，如图 23-6 所示。

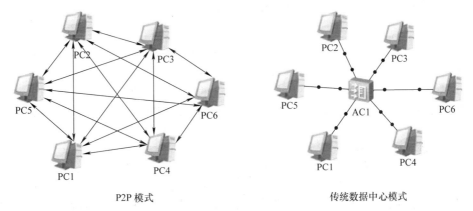

图 23-6　P2P 与传统数据中心模式

2. 密码学

区块链技术使用密码学进行加密，区块链使用的密码学技术主要有哈希算法、非对称加密算法、对称加密算法、数字签名算法和数字证书等。

（1）非对称加密　区块链技术中普遍采用非对称加密算法。因为加密和解密使用的是两个不同的密钥，所以这种算法叫作非对称加密算法。非对称加密算法需要两个密钥：公开密钥（Publickey，简称公钥）和私有密钥（Privatekey，简称私钥）。公钥与私钥是一对，如果用公钥对数据进行加密，只有用对应的私钥才能解密。

（2）非对称加密的工作流程

1）A 要向 B 发送信息，A 和 B 都要产生一对用于加密和解密的公钥和私钥。

2）A 的私钥保密，A 的公钥告诉 B；B 的私钥保密，B 的公钥告诉 A。

3）A 要给 B 发送信息时，A 用 B 的公钥加密信息，因为 A 知道 B 的公钥。

4）A 将这个消息发给 B（已经用 B 的公钥加密信息）。

5）B 收到这个消息后，B 用自己的私钥解密 A 的信息。

（3）对称加密　对称加密（也叫作私钥加密）指加密和解密使用相同密钥的加密算法。在对称加密算法中，使用的密钥只有一个，收发双方都使用这个密钥对数据进行加密和解密，这就要求解密方事先必须知道加密密钥。对称密码体制中密钥是和明文一起经过算法处理后发送给对方。所以中途一旦被破译，就有安全隐患。

（4）对称加密的工作流程

1）A将数据明文（原始数据）和加密密钥一起经过特殊加密算法处理后，使其变成复杂的加密密文发送出去。

2）B收到密文后使用同样的密钥（加密密钥）及相同算法的逆算法，对密文进行解密，使其恢复成原明文。

非对称加密算法强度复杂，安全性依赖于算法与密钥，但是由于其算法复杂，而使得加密解密速度没有对称加密解密的速度快。但是不需要像对称加密那样传输密钥，传输过程没有被破译的风险，如图23-7所示。

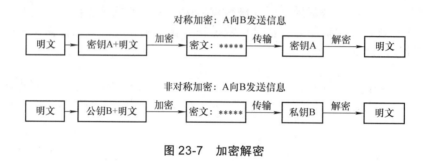

图 23-7　加密解密

3. 共识机制

共识机制是区块链技术的基础和核心，决定了集群节点之间以何种方式对交易的执行顺序与内容达成一致的一种算法，保障节点账本数据的一致性。

在区块链上，每个节点都会有一份记录在链上的所有交易账本，链上每产生一笔新的交易，每个节点收到信息的时间都不一样，需要所有节点对收到的信息进行确认后，才可以写入区块中。

目前常见的共识机制算法有工作量证明机制（PoW）、拜占庭容错算法（BFT）、股权证明机制（PoS）、授权股权证明机制（DPoS）几种共识机制。

1）工作量证明机制。工作量证明机制是比特币使用的共识机制，通过付出一定的工作，获取相应的奖励，算力越高获得奖励"代币"的时间就会越短，这种计算过程被称作"挖矿"。

2）拜占庭容错算法。拜占庭容错算法是分布式共识的一类问题，没有代币奖励，以计算为基础，由链上所有节点参与投票，当反对票数少于（$N-1$）/3个节点数时（这里的N是总节点数），即少数服从多数原则，就获得记账权。

3）股权证明机制。股权证明机制是对节点和验证人进行奖励，获得的奖励是通过持币而产生的利息，并非挖矿而获得的奖励。

4）授权股权证明机制。授权股权证明机制和股权证明机制类似，授权股权证明机制是通过授权一些代表来参与以后的交易验证和记账。

4. 智能合约

智能合约的引入可谓是区块链发展过程中的一个重要里程碑。智能合约的核心是当满足了一定的触发条件，就能被自动执行。智能合约是由事件驱动的、具有状态的、存储和运行在区块链上的程序。

一个基于区块链的智能合约需要包括事务处理机制、数据存储机制以及完备的状态，用于接受和处理各种条件，并且事务的触发、处理及数据保存都必须在链上进行。当满足触发条件后，智能合约即会根据预设逻辑，读取相应数据并进行计算，最后将计算结果永久保存在链式结构中。智能合约在区块链中的运行逻辑如图23-8所示。

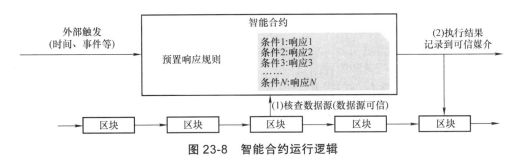

图 23-8 智能合约运行逻辑

(二) 区块链分类及代表

根据网络范围及参与节点特性，区块链可划分为公有链、联盟链、私有链三类。这三类区块链的参与者、共识机制、激励机制、中心化程度、承载能力均不一致。

1. 公有链

1）公有链比特币系统。公有链中的"公有"就是任何人都可以参与区块链数据的维护和读取，不受单个中央机构的控制。数据完全开放透明，比特币就是典型的公有链代表。

2）公有链以太坊系统。自比特币创建以来，受到许多人的追捧，越来越多的人参与到比特币的交易、研究之中。由于比特币本身在当时是一个非常"极客"的新生事物，参与到比特币社区的人也大多都是各有抱负的年轻"极客"。在当时参与讨论的"极客"群体中，有一位出生于 1994 年的俄罗斯青年 Vitalik Buterin。在接触到比特币的魅力之后，Vitalik 决定完全投入到对这样的一个完全去中心化的系统的研究之中。

2013 年，Vitalik 高中毕业后进入以计算机科学闻名的加拿大滑铁卢大学，但倍感在学校的学习不能够完全满足他想与更多的区块链爱好者交流学习的需求后，他在入学仅 8 个月时便毅然退学，走访美国、西班牙、意大利以及以色列等国家的比特币开发者社群，并积极参与到比特币转型工作之中。

然而，随着 Vitalik 对比特币转型工作，即寻求比特币在加密数字货币以外的应用与开展，Vitalik 意识到比特币系统在设计上具有一些先天的局限性，比如，带来巨大能源损失的挖矿机制。而这些局限性是难以通过后期的完善来克服的。因此，Vitalik 决定自己开发一个全新的通用的区块链平台，该平台的目的主要在于扩展区块链在更多领域的应用，让所有的开发者能够利用该平台构建各种各样的去中心化应用（Decentralized Application，DAPP），这就是以太坊。以太坊改进了比特币的挖矿方式，使得大规模专用矿机不再有优势，同时以太坊平台增添了"智能合约"的功能，即开发者能够基于以太坊虚拟机提供的智能合约开发接口，对他们自己的去中心化应用进行搭建。

在 2020 年年底，以太坊已经启动了 1.0 版本到 2.0 版本的升级。以太坊 2.0 版本最重要的改变是使用了新的共识算法及分片机制，大幅提升了整体性能，解决以太坊的拥堵问题；同时优化账户模型，解决费用过高的问题。

3）公有链特征。公有链任何人都可以自由参与、采用 POW 等共识机制、记账人是所有参与者、需要去中心化的激励机制。其特点是：网络接入不受限制；用户匿名；账本写入的见证者列表是不确定的；没有系统管理员。

2. 联盟链

（1）超级账本 Fabric 联盟链通常在多个互相已知身份的组织之间构建，比如，多个银行之间的支付结算、多个企业之间的供应链管理、政府部门之间的数据共享等。因此，联盟链系统一般都需要严格的身份认证和权限管理，节点的数量在一定时间段内往往也是确定的，适合处理组织间需要达成共识的业务。

联盟链就是由联盟成员参与、分布式一致性算法共识机制、记账由联盟成员协商确定、多中心化的区块链。联盟链的典型代表是 Hyperledger Fabric 系统。

（2）联盟链的特征与优点
1）网络接入需要进行管理和控制。
2）用户需要验证。
3）账本写入的见证者列表是确定的。
4）有系统管理员，可配置和管控系统。
5）效率较公有链有很大幅度的提升。
6）更好的安全隐私保护措施。
7）不需要代币激励。

3．私有链
所谓私有链就是指不对外开放，仅仅在组织或公司内部使用。私有链是联盟链的一种特殊形态，即联盟中只有一个成员。比如，企业内部的票据管理、账务审计、供应链管理等，或者政府部门内部管理系统等都是私有链的典型应用。私有链通常具备完善的权限管理体系，要求使用者提交身份认证。

在私有链环境中，参与方的数量和节点状态通常是确定的、可控的，且节点数目要远小于公有链。因此私有链具有效率更高，有更好的安全隐私保护等特点。

（三）区块链参考架构
随着区块链技术的不断发展，出现了种类繁多的链，每种链根据自身的业务需要和发展都有自身不同的架构。下面以一种比较经典的6层架构对区块链架构进行介绍，如图23-9所示。

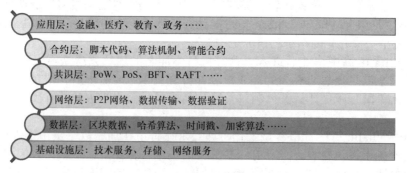

图23-9　区块链6层参考架构

区块链6层架构模型从下到上分别为基础设施层、数据层、网络层、共识层、合约层以及应用层。其中数据层、网络层、共识层是区块链的核心层级，是实现区块链的基础保障，不可缺少。

1．应用层
1）应用层包括各种应用场景和示例，区块链应用涉及金融、医疗、教育、政务等领域。
2）区块链的应用层主要负责适配区块链的各类应用场景，为用户提供各种服务和应用。
3）客户端应用程序通常通过触发交易来启动整个业务工作流。
4）客户端应用程序通过指定节点调用智能合约层功能，继续执行底层相应的功能。
5）客户端应用程序可以使用Java、Golang、Python等多种软件编程语言来实现，并且可以运行在各种操作系统中。
6）应用程序既可以使用任何区块链框架实现所提供的命令行接口（CLI）工具，也可以使用特定编程语言的软件开发工具包（SDK）与网络上的节点通信。
7）用户在开发客户端时，只需要关注自己的业务逻辑，调用相应接口封装并发送消息即可，不需要关注底层消息发送接收的具体过程。

2．合约层
1）合约层包括脚本代码、算法机制、智能合约相关内容。
2）合约层实现区块链的可编程性。

3）智能合约（Smart Contract）的概念最早出现在 1993 年，跨领域学者 Nick Szabo 对智能合约进行了定义，"一个智能合约是一套以数字形式定义的承诺，包括合约参与方可以在上面执行这些承诺的协议。"对智能合约通俗的理解是，为在满足一定条件时，就能自动执行的计算机程序，自动售货柜员机就是一个智能合约的典型应用。

4）智能合约的真正意义在于将传统合约的背书执行交由代码执行。

5）区块链系统中的合约层主要负责智能合约的功能和实现。智能合约是一段在区块链上存储、验证和执行的代码，被认为是第二代区块链的技术核心。

6）智能合约是区块链从虚拟货币、金融交易协议到通用工具发展的必然结果。

7）目前几乎所有的区块链技术公司都已在其产品中支持智能合约产品，这些产品的推出极大地丰富了智能合约技术的内涵和范围，为区块链技术在不同领域的现实应用奠定了基础，也代表了区块链未来发展的方向。

3．共识层

1）共识层包括工作量证明（PoW）、权益证明（PoS）、拜占庭容错算法（BFT）以及多种基于 BFT 优化的算法等一系列共识算法。

2）共识层是区块链的核心，主要封装了区块链节点间协同运行的各类共识算法，并利用这些共识算法实现高安全性、去中心化、去信任化等特性。保证了各节点在高度去中心化的环境中对区块数据的有效性达成一致。

3）区块链系统是一个高度去中心化的系统，各节点需要维护相同的账本数据，共识算法需要解决的主要问题就是，在复杂的网络环境中保证各节点数据的一致性。

4）共识算法要求具备高安全性，以确保正常节点之间就特定数据达成一致。

5）共识算法是去中心化的，支持多个节点组成分布式共识集群，共同参与交易的验证与执行，无需依赖中心化的第三方就能正常运转。

6）共识算法节点之间并不需要彼此信任，只要参与共同的共识机制，就能最终达成对账本的一致认可。

4．网络层

1）网络层包括 P2P 网络、数据传输、数据验证机制，区块链网络的本质实际就是一个 P2P 的网络。

2）网络层涉及大量互相连接的分布式节点或装置，这些节点在网络中是平等的，没有权威中心节点，从而保障了区块链去中心化的交互模型。

3）在区块链系统中，网络层实现了分布式组网机制、消息传播协议和数据验证机制，大多数区块链系统中都采用了点对点组网的方式，这与 TCP/IP 定义的网络层不同。

4）区块链上的每个节点都承担了网络路由、验证区块数据以及传播区块数据的功能。

5）区块链 P2P 网络经过一段时间后，整个区块链网络中的所有节点都具有同样的数据，从而保证所有节点副本数据的一致性。

5．数据层

1）数据层包括区块数据、时间戳、哈希算法、加密算法等内容，是区块链底层的数据结构，一般以"区块 + 链"式结构呈现。该层的技术解决了数据怎么存、何时存的问题。

2）数据层主要描述区块链的物理形式，是最底层的技术。数据层主要包括数据结构、数据存储方面的内容。

6．基础设施层

1）基础设施层为应用层、合约层、共识层、网络层和数据层提供其所需的计算、存储和网络等资源。

2）基础设施层包括计算服务、存储服务、网络服务等基础设施内容，该层提供了区块链的操作环境。

3）为了使基础设施层满足多租户、弹性、稳定可靠和安全等需求，技术上必须进行资源的池化管理。

4）基础设施层为系统实现提供了必要的基础，可作为云计算资源提供，也可以作为物理设备提供。

5）基础设施层通过虚拟化技术将资源虚拟池化，根据用户的需求提供弹性分配，同时确保安全和隔离。

6）根据虚拟化资源类型的不同，基础设施层主要进行计算虚拟化、存储虚拟化和网络虚拟化。

除上述六层外，区块链架构还提供了跨层功能组件，该功能提供了跨越多个层次的功能组件，按照对外提供的功能，可将跨层功能分为开发、运营、安全、治理与审计几大组件。

1）开发组件：支撑区块链服务开发方的开发活动。
2）运营组件：区块链操作相关的管理功能，用于管理和控制提供给用户使用的区块链服务。
3）安全组件：数据通信提供机密性、完整性、可用性和隐私保护。
4）治理和审计组件：区块链服务符合可治理与可审计的特性集合。

📖 任务实现

1. 比特币发展历程

1）2008年11月，一个自称中本聪（Satoshi Nakamoto）的人在论坛中发表论文提及比特币。2009年1月3日，比特币创世区块诞生，最初的50个比特币宣告问世。

2）比特币价格跌宕起伏，第一笔现实世界的交易中，1比特币价值0.25美分，而最高交易突破6.1万美元，溢价近2500万倍。

2. 比特币故事

1）比特币比萨日：2010年5月22日一名叫Laszlo Hanyecz的程序员用1万个比特币购买了两个比萨。

2）疯狂的比特币价格：最高点突破6.1万美元。

3. 比特币矿池原理

1）比特币通过分布式账本保证不可篡改，通过激励保证链自动安全运行，通过矿工挖矿解决记账一致性。

2）共识（挖矿）解决"人人记账以谁的记录为准"的问题。

3）两大共识准则。记账权准则，两个参与者都获得候选记账权，谁先找出符合规则的nonce，谁拥有候选记账权。主链准则，分叉时最终链长者为主链，出现多人拥有候选记账权时，区块链分叉，选择最长链为主链。

4）矿工收益。矿工加入矿池可使挖矿收益更加稳定。矿池分配任务给旷工，负责区块验证和存储，按照矿工提交方案数量计算贡献的算力，最后根据算力分配收益。

4. 比特币缺陷

比特币存在高耗能、效率低、波动大、难监管等缺陷。

✏️ 任务总结

通过对比特币的发展历程、比特币的故事、比特币挖矿、比特币矿池原理、比特币缺陷等的详细分析，对比特币进行全方位的总结，进一步通过比特币的故事学习了区块链相关知识。

任务23.2　区块链应用

📖 任务描述

区块链既然有那么多优于传统中心数据库模式的优点，那么在什么情况下可以使用区块链技术解决问题？用区块链解决实际问题的时候，有哪些关键步骤？

📝 任务分析

解决本任务需要具备两个方面的知识,第一要熟练掌握区块链应用的 5 条判断准则。第二要熟悉区块链应用场景的应用思路和关键步骤。

📋 任务知识模块

一、区块链产业发展

在国家政策、基础技术推动和下游应用领域需求不断增加的促进下,区块链行业市场规模不断扩大。在国内,由工业和信息化部(简称工信部)、国家信息中心、中国人民银行共同牵头建设了几个大型的区块链网络项目,搭建了区块链构建新型基础设施。

2020 年 3 月 15 日上午,由云南省人民政府主办的全国首个区块链产业中心——云南省区块链中心挂牌仪式在昆明市五华科技产业园举行。截至 2022 年 3 月全国已有 51 家区块链产业园建成。

(一)大型区块链项目

1. 星火·链网

星火·链网建设内容是以"星火·链网——区块链网络基础设施建设工程"为核心,以"星火·链网国家技术创新中心"为载体,以"星火·许可链——底层区块链核心技术研发平台"和"星火·标识码——区块链身份标识核心技术研发平台"为依托,打造"区块链 + 工业 / 民生 / 金融 / 能源"等十大产业集聚平台、"区块链 + 云计算 /5G/ 人工智能 / 大数据"等四大技术创新平台、"区块链基础运行监测平台"等三大国家网络安全保障平台,从而建设形成具有全球影响力的国家级区块链网络基础设施,构建涵盖核心技术、关键系统、支撑平台和集成应用的较为完备的区块链产业体系,更好发挥区块链对建设网络强国、发展数字经济、助力经济社会发展等方面的重要作用。按照"环节完备、有序发展"原则,国内建立完整的供给侧能力和完善的生态、终端、网络、平台等产业支撑环节。由于其不存在明显的短板,所以在国际上具备一定的主导能力,如图 23-10 所示。

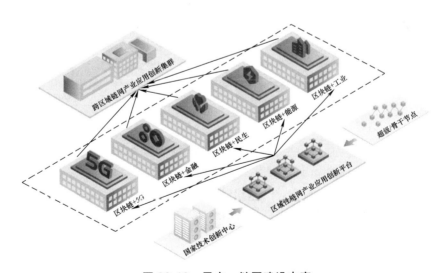

图 23-10 星火·链网建设内容

(1)星火·链网概述 星火·链网是基于现有国家顶级节点的建设,为持续推进产业数字化转型,进一步提升区块链自主创新能力,而谋划布局的面向数字经济的"新型基础设施"。星火·链网以代表产业数字化转型的工业互联网为主要应用场景,以网络标识这一数字化关键资源为突破口,推动区块链的应用发展,实现新基建的引擎作用。

（2）星火·链网的两类节点

1）星火·链网超级节点：面向政府提供监测监管能力，面向企业提供底层技术支持能力、生态接入能力、应用服务能力等，催生数字经济新业态，打造区域数字技术创新引擎载体。

2）星火·链网骨干节点：提供子链接入管理、数字身份管理、标识资源分配等基础服务能力，以扩大互通为目的，接入行业/区域应用，构建行业/区域的产业生态集群发展模式。

（3）星火·链网的两大职能

1）支撑各类工业互联网标识方案的注册、管理需求。其基础标识体系包括BID标识和VAA标识。BID是基于W3C的DID协议、可验证的分布式标识符，可基于星火链实现自注册、管理，具备永久性、全球可解析、加密可验证和分散等特点。VAA由国际标准ISO/IEC15459注册管理机构国际自动识别与移动技术协会（AIM）官方批准，可进行全球标识分配的编码。

2）作为通用的底层区块链平台，提供资产上链、跨链互通、监管支撑、数据价值化等服务，应用于5G、金融、能源、民生和工业等各大领域。

（4）星火·链网的发展历程

1）自2020年4月，由工信部提出"星火"品牌以来，项目推进与落地十分迅速，至2021年2月，星火·链网已经拥有12个超级节点、3个骨干节点和34个服务节点，运行了23条子链。

2）未来计划：2022年进一步开放许可；2023—2025年形成可持续发展的商业模式。

（5）星火·链网核心产品逻辑架构 星火·链网核心产品包含底层链平台、区块链浏览器、星火链App、公共数据服务平台、多标识融合平台、业务管理平台、资源数据管理平台、运行监测平台8大系统产品，每个系统都可独立部署。逻辑架构如图23-11所示。

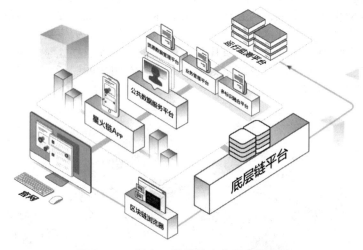

图23-11 星火·链网核心产品逻辑架构

2. 国家区块链服务网络BSN

（1）国家区块链服务网络BSN概述 区块链服务网络（Blockchain-based Service Network，BSN）于2019年8月16日正式发布上线，是由国家信息中心顶层设计，中国移动通信集团公司、中国银联股份有限公司、北京红枣科技有限公司等单位共同建设的一个跨云服务、跨门户、跨底层框架，用于部署和运行区块链应用的全球性公共基础设施网络。其目的是极大地降低区块链应用的开发、部署、运维、互通和监管成本。

BSN致力于解决目前联盟链应用的高成本问题，为开发者提供公共的区块链资源环境。区块链应用发布者和参与者不再需要购买物理服务器或者云服务来搭建自己的区块链运行环境，而是使用BSN统一提供的公共服务，并按需租用共享资源，从而降低发布者和参与者的成本。通过这种方式，鼓励中小微企业以及个人进行区块链应用的创新、创业，促进区块链技术的快速发展和普及。

（2）国家区块链服务网络 BSN 的职能

1）共识排序服务集群服务：网络为所有应用提供统一的共识排序服务。

2）公共城市节点：由云资源或数据中心的提供者所有，供使用者购买资源与服务。

3）智能网关：负责链下业务系统与公共城市节点之间的适配。

4）链下业务系统：使用者开发的区块链应用或服务系统。

（3）国家区块链服务网络 BSN 的发展历程

1）区块链服务网络于 2019 年 8 月 16 日正式发布上线，共规划了 128 个公共城市节点，其中国内节点 120 个，海外节点 8 个。

2）截至 2020 年 6 月，BSN 已经在全国建立了 76 个公共城市节点，仍有 44 个公共城市节点在建设中。

（4）BSN 网络架构　国家区块链服务网络 BSN 网络架构由公共城市节点、共识排序集群服务、权限管理链、智能网关组成，如图 23-12 所示。

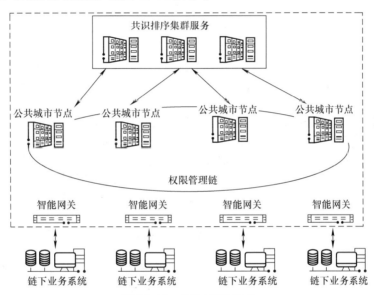

图 23-12　BSN 网络架构

（5）BSN 的优缺点

1）BSN 优点：价格低：适用于中小企业构建区块链应用；适配广，适配多种区块链类型，包括公有链与联盟链，可实现多场景跨链互通。

2）BSN 风险：成本动态增长，BSN 成本随 TPS 与规模的增大而提升；数据安全，面向全球建设，多链混合，数据安全保护难度大。

3. 华为区块链项目

1）华为 2015 年开始研发区块链。

2）2016 年加入超级账本联盟。

3）2017 年获得中国技术工作组主席职位和 Sawtooth、Fabric 两个项目的 Maintainer 职位。

4）2018 年 11 月，华为云区块链正式商用。

4. 其他区块链项目

除上述三个区块链项目外，还有金融系统广泛使用的中国人民银行贸易金融区块链平台、央行数字票据交易平台等其他大型区块链项目。

（二）区块链发展动态

区块链诞生以来，IBM、微软、脸书（现名 Meta）、蚂蚁、腾讯、百度、京东和平安等科技公司纷纷投入区块链的研发工作。

1. IBM

IBM 是最早大力进军区块链技术研发领域的企业之一,引领了联盟链/私有链的持续发展。

IBM 区块链当前主要推出三款产品,即 IBM 区块链平台(IBM Blockchain Platform)、IBM 食物信任(IBM Food Trust)以及 IBM 供应链(IBM Blockchain Transparent Supply)。

2. 微软

微软早在 2014 年便投身比特币市场,并于 2015 年正式进行区块链技术构建,成为全球首家进军区块链技术领域的 IT 企业。

微软呈现的是在云上支撑区块链,将区块链更好地与互联网结合,利用云计算、大数据来为区块链赋能。

截至 2019 年年底,微软全球生态合作伙伴达数十万家,云合作伙伴达数万家,云解决方案提供商年收入增速超 200%。

3. 脸书(现名 Meta)

Facebook(脸书)公司成立于 2004 年,是全球社交网络的巨头。2020 年,公司核心产品(包含 Facebook、Instagram、WhatsApp、Messenger)日活跃用户人数为 23.6 亿,月活跃用户人数为 29.9 亿,全球超过半数的互联网使用者都是 Facebook 的用户,其影响力巨大。

Facebook 并没有选择直接推出自己的区块链产品,而是选择联合全球 28 家各行业巨头成立非营利组织 Libra 协会,来运营基于区块链技术的 Libra 项目。

4. 蚂蚁

蚂蚁集团是中国最大的移动支付平台支付宝的母公司,也是全球领先的金融科技开放平台,致力于以科技推动包括金融服务业在内的全球现代服务业的数字化升级,携手合作伙伴为消费者和小微企业提供普惠、绿色、可持续的服务。

从 2004 年支付宝诞生开始,蚂蚁(2014 年 10 月正式成立蚂蚁金服)就致力于解决数字经济发展中的信任问题。2015 年,蚂蚁集团开始投身区块链,蚂蚁链是蚂蚁集团代表性的科技品牌,以 Blockchain(区块链)、AI(人工智能)、Security(安全)、IoT(物联网)和 Cloudcomputing(云计算)五大 BASIC 技术作为蚂蚁金融科创新发展的基石。

5. 腾讯

在 2018 年第三次组织架构调整中,腾讯提出在扎根消费互联网的同时,积极拥抱产业互联网的长远战略目标。腾讯聚焦产业区块链,在不断发展基础设施建设的同时,大力推进"区块链+"行业解决方案落地,以推动企业间及企业和消费者间的价值连接。

近年腾讯在区块链应用中重点突破供应链金融和智慧税务,另外在司法存证、游戏娱乐、保险直赔、资金结算、智慧医疗、公益慈善等方面均有解决方案落地。

6. 百度

作为国内搜索引擎与人工智能领域的领军厂商,百度在区块链领域的发展也引人注目。2019 年,百度云升级为百度智能云,提出了 ABC(AI+Big Data+Cloud)+IoT+Blockchain 全方位技术战略,而其中百度智能云的超级链 BaaS 平台 XUPERBAAS(Xuper BaaS)就是该布局中 Blockchain 的核心产品。

目前百度 XuperChain 应用场景已涵盖司法、版权、金融、政务和溯源等多个领域。

7. 京东

京东科技集团是京东集团旗下专注于以技术为产业服务的业务子集团,致力于为企业、金融机构、政府等各类客户提供全价值链的技术性产品与解决方案。它以"数字、普惠、创新、连接"作为公司践行社会责任的核心理念,始终坚持服务实体经济,创造社会长期价值,促进可持续发展。

8. 平安

2015 年,中国平安正式启动区块链研究,2016 年 4 月,中国平安正式加入 R3 分布式分类账联盟,同时也是中国首家加入该联盟的金融机构。

二、区块链技术应用

随着区块链技术的不断发展和壮大,区块链技术应用到越来越多的行业。区块链技术应用已从最初的加密数字货币不断扩展到金融领域的跨境清算、供应链、政务、数字版权、能源、民生、文化等领域。

(1)区块链在政务领域的应用 区块链在政务领域的应用已涉及区块链政务数据共享、区块链电子证照、区块链司法存证、区块链房屋租赁管理、区块链税务、区块链财政票据、区块链基础设施等政务相关诸多行业。

(2)区块链技术在金融领域的应用 区块链技术在金融领域广泛应用,已涉及区块链跨境清算、区块链供应链、区块链征信等场景的应用。

(3)区块链技术在民生领域的应用 区块链技术在民生领域健康档案管理、学情分析、精准扶贫、防伪溯源等场景中均有应用。

(4)区块链技术在物流领域的应用 区块链技术在供应链物流、零部件溯源、供应链协同、供应链监管等整个物流行业均有不同程度的广泛应用。

(5)区块链技术在其他行业的应用 区块链技术在文化旅游方面已应用于版权保护、旅游等环节,在能源行业、环保领域、工程管理等诸多领域均有广泛应用。

随着区块链技术的不断发展和成熟,未来的区块链技术将会在更多的行业发挥其技术优势,务必会促进"区块链+"系列产业的大力发展和不断进步。

(一)区块链应用判断准则

1. 区块链技术使用场景

目前认为在现阶段适合区块链技术的场景有三个特征。第一,存在去中心化、多方参与和写入数据需求;第二,对数据真实性要求高;第三,存在初始情况下相互不信任的多个参与者建立分布式信任的需求。

一般认为符合上述三个特征即可以判断为可以使用区块链技术进行相关场景的应用。

2. 区块链应用判断准则

区块链应用按照是否存储状态、是否多方协同写入、是否多方互信、是否限制参与、TTP是否完美解决五个准则进行判断。

1)是否存储状态。是否存储状态主要就是判断什么样的数据适合上链的问题?总的来说,就是需要共享的、需要具备可信度、不能被篡改并且需要可追溯的数据。

2)是否多方协同写入。是否存储状态只是判断流程的第一步,其次还要依据是否多方协同写入来进行判断。因此一个合适布局区块链技术的应用场景,是要求参与的各方都可以具备预先规定好的写入权限,并且相互制衡,从而达到去中心化的目的。

3)是否多方互信。是否多方互信也是判断应用是否适合区块链的重要指标之一。区块链区别于传统数据库的核心在于去中心化,所以区块链与生俱来的互信特性就是去中心化的基础。

4)TTP是否完美解决。判断应用是否适用区块链的另一个重要标准就是可信第三方(Trusted Third Party,TTP)是否能完美解决当前的信任问题。如果TTP能完美解决,那么就没有使用区块链的必要。反之则可以考虑使用区块链技术解决问题。

5)是否限制参与。通过上述的四个判断准则,已基本确定场景是否适合使用区块链,因此是否限制参与这一准则,只是用来判断我们的应用到底适合公有链还是联盟链的问题。

(二)区块链应用的关键步骤

使用区块链技术解决问题,需要先对行业的场景进行分析,在分析完场景后,结合五个判断准则进一步确认场景是否适合使用区块链技术。接下来需要对行业现状及痛点进行逐项分析,最后针对行业痛点,再结合区块链固有优越性,使用区块链技术解决行业痛点问题,从而达到使用区块链技术解决问题的目标。

三、区块链未来发展趋势

（一）区块链的发展

从 2009 年比特币诞生至今，历经 13 年多，区块链技术已经有了快速的进步，并且取得了相当大的进展。区块链以其去（弱）中心化、难以篡改、便于追溯的特征，逐步在金融、政务、民生、制造、文化等领域得到了一定的应用，成为打造可信新技术基础设施的重要组成部分。

（二）区块链价值与前景

信息技术的不断进步和应用已证明科学技术是第一生产力这个真理性问题。未来的世界，从技术发展的角度来看，区块链是互联网技术的发展和补充，如果把互联网比作信息的高速公路，那么区块链就好比高速路上的一系列安全行车标志，让行车更安全、更可靠。互联网技术开拓了信息的高速通道，区块链则可以实现在互联网这条高速路上的自动巡航、导航功能，结合 IoT 技术、云计算技术、物联网技术、人工智能等新技术的融合，区块链技术必将进一步推动生产力的发展。

从发展趋势来看，互联网将向着高速、可信、万物互联、智能化的方向发展，其代表技术方向分别是 5G、区块链、IoT、机器智能。

随着云计算技术和 5G 技术等新技术的不断发展，"万物互联"将逐步实现，区块链以其去中心化、可溯源、不可篡改的特性，未来的世界，"区块链 +"将会惠及生活中的各行业和领域。

（三）区块链未来趋势

未来区块链将会向两个方面发展：一方面，区块链将会从本身特点和优势出发，不断优化和发展自身技术优势；另外一方面，区块链将会与云计算、大数据、人工智能、物联网、边缘计算等系列新技术融合发展。

📖 任务实现

1）区块链应用判断的五个准则：是否存储状态、是否多方协同写入、是否多方互信、TTP 是否完美解决、是否限制参与。

2）区块链解决问题的关键步骤：业务场景分析、行业痛点分析、区块链解决方案及价值。

✏️ 任务总结

通过对区块链技术相关应用的学习，在后续的工作学习中，要掌握三点主要内容：第一点，掌握好区块链技术的主要特征；第二点，熟练使用区块链技术应用判断准则，结合区块链技术特征，判断哪些场景可以考虑使用区块链技术解决问题；第三点，要熟练掌握区块链技术应用的三大关键步骤，并能在实际应用中用于解决实际应用问题。

参 考 文 献

[1] 李伯虎. 云计算导论 [M]. 北京：机械工业出版社，2021.
[2] 陈国良，明仲. 云计算工程 [M]. 北京：人民邮电出版社，2016.
[3] 舒望皎，訾永所. 大学计算机基础教程 [M]. 北京：中国水利水电出版社，2017.
[4] 雷震甲. 网络工程师教程 [M]. 5 版. 北京：清华大学出版社，2021.
[5] 董明，罗少甫. 计算机网络技术基础与实训 [M]. 2 版. 北京：北京邮电大学出版社，2020.
[6] 刘东明. 5G 革命 [M]. 北京：中国经济出版社，2020.
[7] 眭碧霞. 信息技术基础 [M]. 2 版. 北京：高等教育出版社，2021.
[8] 纪越峰. 现代通信技术 [M]. 5 版. 北京：北京邮电大学出版社，2020.
[9] 司占军，贾兆阳. 数字媒体技术 [M]. 北京：中国轻工业出版社，2020.
[10] 传智播客高教产品研发部. HTML5+CSS3 网站设计基础教程 [M]. 北京：人民邮电出版社，2019.
[11] 华为区块链技术开发团队. 区块链技术及应用 [M]. 2 版. 北京：清华大学出版社，2021.
[12] 林维锋，莫毓昌. 超级账本 HyperLedger Fabric 区块链开发实战 [M]. 北京：人民邮电出版社，2021.
[13] 王津. 计算机应用基础 [M]. 2 版. 北京：高等教育出版社，2017.
[14] 王宁. 信息素养 [M]. 昆明：云南大学出版社，2020.